爱的终结

THE END OF LOVE

A Sociology of Negative Relations

Eva Illouz

[法]伊娃·易洛思———著

叶晗————译

CNS | 岳麓书社
PUBLISHING & MEDIA

献给我的儿子们，内塔内尔、伊曼纽尔，还有阿米塔伊

献给我的母亲，爱丽丝

献给我的哥哥姐姐们，迈克尔、马克、娜塔丽和阿里

对你们，"不"这个前缀永不适用

目　录

我只是当下时代的记录者。我希望我的作品叩问的是，身为一个活在此时此刻的人，究竟意味着什么。

——马克·奎恩 [i 1]

要理解，成为颠覆者就意味着要从个体走向集体。
——阿卜杜勒·马利克，《塞泽尔（从乌季达到布拉柴维尔）》[ii 2]

我向人们询问的不是关于社会主义，而是关于爱情、嫉妒、童年、老年……。这是把灾难驱赶到习惯思维的范围中，并且说出或猜出某些真谛的唯一方法。

——S.A. 阿列克谢耶维奇，《二手时间》[iii 3]

---

i 马克·奎恩（Marc Quinn，1964— ），英国当代视觉艺术家，他的作品用雕塑、装置、绘画等形式来探讨生存于当代世界中的人的境况。（本书所有脚注均为译者注）

ii 阿卜杜勒·马利克（Abd Al Malik，1975— ），刚果裔法国说唱音乐艺术家。《塞泽尔（从乌季达到布拉柴维尔）》[*Césaire（Brazzaville via Oujda）*] 是他的一首说唱歌曲，收录于 2008 年发行的专辑《但丁》（*Dante*）。这首歌的标题致敬了专辑制作那年逝世的著名反殖民知识分子艾梅·塞泽尔。艾梅·塞泽尔（Aimé Césaire，1913—2008），出生于法属马提尼克岛，作家、政治家，"黑人性"（Négritude）运动的发起者之一。乌季达是摩洛哥东部大区的首府，布拉柴维尔是刚果（布）的首都，而这两个国家都是法国的前殖民地。

iii S.A. 阿列克谢耶维奇（S.A. Alexievitch，1948— ），生于乌克兰，白俄罗斯作家、记者，2015 年诺贝尔文学奖奖主。《二手时间》是她在 2016 年出版的一部关于后苏联时代俄罗斯普通人社会生活的口述史。

第一章

不爱：消极选择的社会学导论

要看清鼻子底下的事情，你必须不停地进行挣扎。

——乔治·奥威尔,《就在你的鼻子底下》[1]

关于爱是如何奇迹般地降临于人们的生命，西方文化有无穷无尽的表现方式：被天造地设的缘分击中的那神秘一瞬；期盼一通电话或一封邮件时那亢奋燥热的等待；还有某张面孔浮现在脑海里的时刻，那触电一样扫过脊柱的战栗。陷入爱情就是变得精通柏拉图，要能从一个人身上看到一种"理念"（Idea），完美而整全的"理念"。[2]无数小说、诗歌或电影都在教导我们成为柏拉图门生的艺术——去爱我们所爱之人体现出来的完美。可是，我们小心避免爱上某人或者感到爱意消失的时刻，让我们彻夜难眠的人冷漠甩开了我们的时刻，从几个月甚至几个小时前还一起寻欢作乐的人身畔匆匆抽身离去的时刻——这些时刻同样神秘，但一个可以无休无止地谈论爱的文化却对此失语了。这种失语更令人困惑，因为在关系才确立不久就分手，或在感情之路上最终还是撞进了死胡同，这样的例子多得骇人。或许我们的文化不知道如何表现或思考这个问题，因为我们生活在故事和戏剧之中，也通过故事和戏剧来理解生活，而"不爱"（unloving）不是一段结构清晰的情节设定。更多的时候，爱不是从一个明确的开端或一个被击中的时刻开始的。相反，有些关系还没好好开始，或开始之后还没多久就已宣告消逝，而有些关系是一段拖沓、漫长、无从理解的死亡过程。[3] 但从社会学的视角来看，"不爱"负载着许多意义，因为它关乎社会纽带的瓦解（unmaking），而自埃米尔·涂尔干（Émile Durkheim）的巨著《自杀论》（*Suicide*）问世以来，[4] 我们必须把这个问题放在也许是社会学研究最核心的位置来理解。不过，在网络化的现代性中，失范（anomie）——社会关系和社会团结的解体——并不以疏离（alienation，或译"异化"）或孤独为主要形式。恰恰相反，亲近和私密纽带（无论是潜在的还是现实中存在的）的瓦解似乎与实体的或虚拟的社会网络的增加，与科技，以及与经济规模庞大、为人们提供建议和帮助的咨询产业深度相关。各种流派的心理学家、谈话节目主持人、色情制品与性玩具产业、心理自助产业、购物和消费场所全都在为社会纽带形成与瓦解的过程服务，而这个过程一再反复，无休无止。如果社会学传统把失范归因于孤立，或被某个共同体社群、宗教组织排除了真正的成员资格，[5] 那么当下这门学科必须解释的是，在我们所处的这个超联通的现代性（hyperconnective modernity）中，社会纽带所具有的一项更难以捉摸的属性：不稳定性——这些关系哪怕处于紧密的社会网络、超强的技术和消费的包裹与支撑中，仍然很不稳定，而且其不稳定性正是经由这些因素达成的。人们选择从性关系和浪漫关系中抽身而退，已然是这些关系的一项常态了，本书力图探究的正是能够解释它的文化状况和社会状况。而"不爱"正是一块地形有利的阵地，可以帮助我们理解资本主义、性[i]、性别关系和科技之间的交叉如何生成了社会性（或非社会性）的一种新的形式。

*

我们放心地把修复、塑造、指导性生活和浪漫关系的重任托付给心理学家。总体而言，虽然他们非常成功地说服了我们，去相信他们的言语技巧和情感技能可以帮我们过上更好的生活，但对于我们的浪漫生活所共同遭受的集体性困扰，他们其实并没有得出什么洞见。人们在心理咨询的隐私环境里倾诉的各种各样的故事，当然会有重复出现的结构和某些共同的主题，超越了不同故事讲述者的特殊性。我们甚至不难猜到，在不同倾诉场景里所听到的抱怨会有哪些反复出现的主题和结构："为什么我就是很难建立或维持爱的亲密关系？""这段关系是在滋养我，还是

---

i 本书所有单独出现的作为名词的"性"，几乎均指代英文的"sexuality"，而"sex"则视语境翻译为"性爱""性生活""性行为"等。"Sexuality"指从人类的性活动（sex）出发的与之相关的一切社会、政治等各方面的存在，通常被译为性相（李康译法）、性存在或全性（潘绥铭译法）、性经验（余碧平对福柯 *The History of Sexuality* 的译法）等。关于"sex"与"sexuality"的含义与译法讨论，参见黄盈盈、潘绥铭，"第四章：性的基本概念；第一节：性的基本定义：从 sex 到 sexuality"，《性社会学》，中国人民大学出版社，2011，第 36—37 页；黄盈盈，"Sexuality 的翻译与'性'的概念框架"，《性别、身体与故事社会学》，社会科学文献出版社，2018，第 6—11 页。

在消耗我？""我应不应该跟他离婚？"越来越无孔不入的心理治疗建议以各种各样的形式出现，比如心理咨询、情感工作坊或情绪自助读物等，它们都被我们拿来当作生活的指导，但这些建议所直面的反复回响的问题是有一些共同点的：情感生活无休无止地、深深地折磨着我们的不确定性；解读自我和他人感受的无能，和不知道该妥协什么、如何妥协的迷惘；无法判断我们应该为对方做什么以及对方又应该为我们做什么的困惑。对此，心理治疗师莱斯利·贝尔（Leslie Bell）这样描述："对于年轻女性，在我和她们的谈话以及心理治疗的实践当中，我发现她们前所未有的困惑——不仅仅困惑于如何得到她们想要的东西，更困惑于她们想要的东西到底是什么。"⁶这样的困惑不只在心理咨询室里很常见，走出心理学家的办公室一样到处都是。它们通常被归因于人类心理的矛盾性、延迟进入成年期的心理效应，或是关于女性特质（femininity）的各种相互冲突的文化信息给人造成的心理混乱。然而，本书要向读者展示，爱、浪漫与性的领域中所出现的情感不确定性，是"个体选择"（individual choice）以各种方式装配并植入消费市场、心理治疗产业和互联网技术而产生的直接社会学效应，而这种"个体选择"的意识形态已经成为组织个人自由最主要的文化框架。缠扰各类当代关系的不确定性作为一种社会学现象，并非从古至今一直都有，就算过去存在，也起码没有今天这般严重；它在过去并不普遍，至少不像现在这样比比皆是；它的意涵，今时今日的男男女女所体会到的与过去截然不同；当然，它在过去也不曾引起各门各派的专家、各种知识体系的系统性关注。迷惑、困扰、难以捉摸是许多关系的特征，也会让人在心理上自我欺骗，但它们其实都是关系中普遍化的"不确定性"的一种表达。千千万万种不同的现代生活都展现了同样的不确定性，这并非表示某种矛盾的无意识（conflicted unconscious）在人们心中普遍存在，而指向的是生存境况的全球化。

二十多年来，我一直在研究资本主义和现代性的文化是如何改变我们的情感生活与浪漫关系的，而这本书代表了又一项阶段性的成果。我对情感二十多年的研究始终秉持着一个信念，那就是对私人的、亲密的生活失组织化（disorganization）的讨论，绝不能只有心理学的声音。社会学一直坚信：各种心理体验——需求、强迫、矛盾、欲望、焦虑——都是集体生活的戏码的反复展演；同时，我们的主体经验反映和延展着社会结构，它们实际上就是实实在在的、具体的、活生生的结构。因此，社会学可以对这个问题的研究做出很多贡献。其实，从非心理学的角度对内心生活做出分析，反而是更加迫切的要求，因为资本主义市场和消费文化迫使行动者把自己的内在性（interiority），即他们的主体经验，当作唯一真实可感的存在位面（plane of existence），让他们把各种形式的自主 ^i 、自由和愉悦当作指引内在性的行动指南。[7]我们也许确实有过这样的经验——退避于个体性、情感性和内在

---

i 在康德哲学的传统中，"autonomy"一般被翻译为"自律"，强调人根据自我的理性而非外在的约束做出道德判断和行动。在本书中，"autonomy"较少强调规范和约束的层面，因此通译为"自主"或"自主性"。

性的堡垒中，把它们当作自我壮大（self-empowerment[i]）的地盘。但讽刺的是，这恰恰是在践行和操演着会导向以经济为考量的资本主义主体性的前提预设，而正是这种资本主义主体性把社会世界变得支离破碎，让其原本真实可感的客观性显得虚无缥缈。这就是为什么，性与情感的社会学批判对批判资本主义本身至关重要。

我对情感生活、资本主义和现代性多年来的研究，得到本书的初步结论，靠的是更深入地探讨那个从 19 世纪以来就一直摆在自由主义哲学台面上的问题：自由是否损害了有意义、有约束力的纽带——在本书中，特别指浪漫关系的纽带——形成的可能性？过去的两百年间，在共同体消亡而市场经济关系崛起的背景下，[8] 这个问题的一般形式不断地被人们提出，但在情感领域却很少被问及，哪怕情感自由已经事实上完全颠覆了主体性和主体间性（intersubjectivity）的定义，而它在现代性中扮演的角色也并不逊于其他各种形式的自由。而且，相比其他自由，情感自由的模糊和难解（aporia）之处一点也不少。

---

i 将"empowerment"和"empower"翻译为"壮大"参考了何春蕤的译法。

作为自由的爱

　　爱，本质上是一种融合性的情感。它矛盾地包含了自主与自由发展史的一个片段，尽管这部宏大而复杂的历史主要是由政治的话语写就的。例如，浪漫喜剧（romantic comedy）这种肇端于古希腊的米南德[i]，又被罗马人继承（比如普劳图斯[ii]或泰伦斯[iii]的戏剧作品），最终在文艺复兴时期被发扬光大的文体，往往在表达年轻人反抗父母师长一辈、争取自由的主题。虽然在印度和中国，爱是在受制于宗教价值的故事中讲述的，是神灵生活不可或缺的一部分，而且不那么反抗社会权威，但在西欧（也包括东欧，不过没有西欧这么激进）和美国，爱逐渐从宗教宇宙观中脱离出来，成为追求一种新的生活方式的贵族精英们培养的对象。[9] 由此，过去注定奉献给上帝的爱，[10] 现在却成为一道向标，指引着情感个体主义的形成，[11] 将情感[iv]导向那些被认为内在

---

i　米南德（Menander，约公元前342—前291），古希腊剧作家，创作多部以家庭生活与浪漫爱情为主题的喜剧，其作品被古罗马的喜剧作家普劳图斯和泰伦斯改编，因而影响了文艺复兴和现代喜剧的发展。

ii　普劳图斯（Plautus，约公元前245—前184），古罗马剧作家。

iii　泰伦斯（Terence，约公元前195—前159），古罗马剧作家。

iv　本书翻译不特别区分"emotion""sentiment"等词，统一处理为"情感"。但在不同词汇并举或确有必要作出区分的语境中，按这样的译法处理：情感（emotion）、感情（sentiment）、感觉／感受（feeling）、情动（affect）、情绪（mood）、情欲（eroticism）。

性已经从社会制度中独立出来的个人身上。慢慢地，爱挣脱了内婚制[i]的礼法规矩，挣脱了父权或宗教的权威，挣脱了共同体的控制。18世纪的畅销小说，如《新爱洛伊丝》(*Julie, ou la Nouvelle Héloïse*, 1761)，就提出了个体对其情感的权利问题，以及由此引出的个体遵从自己的意志来选择恋爱与结婚对象的权利问题。内在性、自由、情感、选择，四者共同构成了一组矩阵，使婚配的实践与婚姻的地位发生了巨变。在这个全新的文化与情感秩序里，意志不再被定义为人们约束自己欲望的能力（如在基督教中那样），而是完全相反地被定义为人们依循欲望的指令行事，按照发源于个人意志的个体情感来选择婚恋对象的能力。有鉴于此，在个人的领域中，浪漫之爱与浪漫情感变成了对自由与自主的道德诉求的基础。这种对自由与自主的诉求，如同在政治这个公共的、男性的领域中一样，也会在个人领域中发挥不遑多让的强大能量，虽然个体情感的革命并不像政治革命一样，有许多公开的示威、议会的法案，或者真刀实枪的打斗。相反，这场革命是由小说家、萌芽的女权主义者（proto-feminist）、哲学家与对性苦苦求索的思想家，以及平凡的男男女女所领导的。主张情感自主性既是爱的题中应有之义，也是推动社会变革的强大能动体（agent），从根本上改变了婚配的过程，改变了婚姻的职能和使命，以及传统社会能动力（agency）的权威。[12]因此，浪漫之

---

i 内婚制（endogamy），在所处的共同体内部寻找婚配对象的婚姻制度，这种共同体通常是宗族、部落、宗教群体等。

爱哪怕看似只是私人的情感，实际上却包含了一种政治抱负的萌芽。选择我们所爱对象的权利慢慢演化成了将个体感受作为支配自身行动的权威来源的权利，[13] 而这种权利本身是自主性的历史不可或缺的组成部分。所以在西方，爱的历史不仅仅是现代性的发展史这幅宏大壁画中一处细枝末节的主题，而且是重塑个体的婚姻和亲属关系的重要载体，对婚姻以往在经济范畴内的作用也产生了重大影响。将道德权威赋予爱与情感，不仅改变了婚姻，也改变了生殖与性的模式，甚至改变了经济积累与交换的模式。[14]

我们所说的情感和个人自由其实是一种形态多样的现象。它伴随着私人领域的逐渐巩固而出现，并开始远离共同体或教会的长臂管辖，而慢慢被国家与保障隐私的法律纳入保护的范围；它哺育了艺术精英及其后的媒体工业作为先锋来打头阵的文化变革；它还促进了构想与表达由女性自己来决定自己身体的权利（在过去，女性的身体不属于她自己，而是理所当然地属于其监护人）。因此，情感自主包含了两种主张：主体内在性的自由和（更晚近的）性-身体的自由，即使这两种自由拥有各自不同的文化历史。情感自由根植于意识（conscience）自由的历史与私密生活的历史，性自由则源于女性争取解放的历史，以及关于身体的新法律理念。在很晚近的时代以前，女性并非理所当然地拥有她们的身体（比如，她们无法拒绝丈夫对性行为的要求）。但这两种自由——性自由与情感自由——日渐紧密地交织，并在自由至上主义（libertarian）的"自我所有"[i] 这个宽泛范畴之内彼此裨补："自由至上主义的自我所有原则（principle of self-ownership）表明，每一个人对其自身及其能力具有完全不可分割的控制权和使用权，因此在没有立约的情况下，他没有义务向他人提供任何服务和产品。"[15] 更具体地说，自由至上主义的自我所有原则包括拥有个人感觉的自由和拥有并掌控个人身体的自由——这第二种自由会在后来催生遵从个人意志来选择性伴侣、进入或退出一段关系的自由。简而言之，"自我所有"包括在个人的内在性空间之内不受外界干扰地进行自己的情感生活与性生活，因而让由情感、欲望或主体所定义的目标来决定个人的选择与经验。情感自由是一种特殊形式的自我所有，情感在其中指引且证成了与情感选择的对象发生身体接触和性关系的自由。这种情感与身体的自我所有，就是向我所谓"情感现代性"变迁的标志。自18世纪起，情感现代性就开始生成，但直到20世纪60年代后，基于纯粹主体性的情感理由与享乐意图的性选择实现了文化上的正当化，它方才完全实现；而在互联网上追求性与浪漫关系的应用程序出现之后，我们见证了它的最新发展。

安东尼·吉登斯（Anthony Giddens）是最早阐明情感现代性

---

i "自我所有"（self-ownership）指"每一个人从道德的角度来说都是他自己的人身和能力的合法所有者，因此每一个人都有随心所欲地运用这些能力的自由（从道德的角度来说），只要他没有运用这些能力去侵犯他人"。参见：G. A. 柯亨，《自我所有、自由和平等》，李朝晖译，东方出版社，2008，第81—87页。

本质的社会学家之一。他视亲密性（intimacy[i]）为个体自由的终极表达，或个体从宗教、传统等旧框架，从作为一种经济生存框架的婚姻中的逐渐脱离。[16]吉登斯认为，个体拥有资源从自身内部塑造这样一种能力，让他在达成自主的同时又可实现亲密。而在他看来，个体要为此付出的代价是一种"本体的不安全感"（ontological insecurity），一种恒久的焦虑。但整体而言，他所提出的"纯粹关系"（pure relationship）这个引发广泛讨论的概念，是对现代性的一种描述性、规范性的认可，因为这个概念显示出亲密性演变成了现代自由主体的核心价值——知晓自我的权利，且有能力践行这些权利。这一点在通过隐性契约随意进入与退出亲密关系的能力上体现得最为显著。对吉登斯来说，进入纯粹关系的主体是自由的，他完全知晓自己的需求，并能够与对方协商这些需求。吉登斯的"纯粹关系"就是一种大写的自由主义社会契约。在与吉登斯相呼应的理论脉络中，阿克塞尔·霍耐特（Axel Honneth，还有在他之前的黑格尔）认为，自由是在与他人的关系当中实现的。[17]因此，自由是爱与家庭的规范性基础，而家庭恰恰成为在一个照护单元（caring unit）中实现自由的表达。在自由主义的传统模式中，自我将他人视作实现个人自由的障碍，而吉登斯与霍耐特让这种传统模式更加复杂了：对他们二位思想家来说，自由的自我只有通过爱与亲密关系才能得以充分实现。

---

i "intimacy"一般直接译为"亲密""亲密性"或"亲密感"，但也视语境将其译为"亲密关系"（intimate relationship）。

但本书将表明，他们提出的这种自由模式带来了新的问题。亲密不再是一种——我们先假定它曾经是——两个具有充分意识的主体订立契约的过程，而契约中的每项条款他们都完全知晓且同意。事实恰恰相反，制定契约的可能性、了解条款的可能性，还有知晓且同意履约程序的可能性，都变得难以捉摸，叫人苦恼。要订立契约，就必须双方均同意它的条款，而这得以实现的前提是双方有明确表达出来的意愿，都知道这个契约究竟想干什么。契约还要求一个达成一致的程序和惩罚违约方的措施。而根据契约的定义，它还得有应对任何意外事项的条款。这些为达成基于契约的关系所预设的前提，在当代关系中根本难觅影踪。

经由消费文化与技术而实现的性自由的制度化产生了完全相悖的后果，它使性与情感契约的实质、框架和目标从根本上变得不确定，变成人们永不停息地争逐、质疑的对象。因此，它让契约这个比喻完全不足以用于理解我所称的"当代关系的消极结构"，即行动者不知道如何按照可预测的、稳定的社会脚本来定义、评估、实践他们所进入的关系。性自由与情感自由把定义关系条款的可能性变成了一道答案开放的问题、一种让人迷惘的疑难，而这个问题或疑难既是心理学层面上的，也是社会学层面上的。在当下，主导性关系与浪漫关系形成的并不是契约逻辑，而是一种普遍化的、长期的、结构性的不确定性。虽然我们通常假定性自由与情感自由相互依存、相互映照，但本书对此也提出质疑，并且希望表明：情感自由与性自由遵循不同的制度路径和社会学路径。在今天，性自由是一个"万事顺利"的互动领域：行动者坐拥丰富的技术资源、文化脚本和无数图像，来指引他们的行为，帮助他们在互动中寻求愉悦，并为互动划定边界。而情感已经变成"制造问题"的那个社会经验的位面，一块由困惑、无常乃至混乱主宰的领域。

在通过讨论其所引发的或没能引发的那些情感经验来探究性自由时，本研究希望完全避开保守主义对性自由发出的那种哀叹，也希望完全避开自由至上主义把自由看作高于其他一切价值的认知。本研究力求通过具体的经验材料，探求情感自由与性自由对社会关系的影响，来批判性地探讨它们的意义。无论你认可自由还是谴责自由，自由都是一种具有制度结构的东西，而这种结构反过来又会改造自我理解与社会关系。要审视这种影响，就必须悬置对单偶制、贞操、核心家庭、多重高潮、群交或不经心性爱（casual sex[i]）的利弊做出的先验假设。

---

i "casual sex" 在本书中译作"不经心性爱"。不少文章将其译为"休闲性性行为"。"casual" 的意思是"随意的，非正式的，偶发性的"，借用中文俚语中"走心／走肾"的说法，译者将其作如是处理，"casuality" 相应地翻译为"不经心"。

对自由批判之难

这种取向的研究必然招致好几类知识群体的不安或抵制。首先要出来反对的，是性自由至上主义者。对他们来说，批评（性）自由，就等于处在一个"歇斯底里的道德说教和假道学的反动阶段"——借用卡米尔·帕利亚（Camille Paglia）的严厉谴责。[18] 可是，这种立场本身就相当于说，对经济自由或放松管制的批判，等于要我们回归热火朝天地渴望建设集体农庄。对自由的批判，保守主义学者与解放派的学者享有同等的权利，并且批判自由完全不意味着要求我们回归道学，也不要求我们羞辱自由，或对它持一种双重标准。批判性地审视情感自由与性自由的当下状态，实际上是回归古典社会学的核心问题：自由与失范之间的断层线（fault line）究竟位于何处？[19] 自由与非道德的混乱之间，界限又划在哪里？在这个意义上，我对性自由的社会影响与情感影响的研究，标志着我要回归涂尔干讨论社会秩序与失范问题的核心；我所拷问的是，资本主义对私人领域的入侵如何改变和破坏了这个领域核心的规范性原则。

第二个出来反对的，也许来自许多不同的学科，比如文化研究、酷儿研究、性别研究等。这些学科传统上专注于讨论权利被剥夺（disenfranchisement）这个问题，因而或隐或显地把自由当作指导学术的最高价值。阿克塞尔·霍耐特做出了正确的观察：

对现代人来说，自由胜过大部分乃至全部其他价值，包括平等与公正。[20]抱持自由至上主义的女权主义者和同志社运人士（尤其是支持色情的社运分子与知识分子），以及同样持自由至上主义的文学学者和哲学学者，都以各自不同的形式视自由为所有善好当中最脆弱的那一个，因而拒绝关注自由在病态时的机理，除非是在批判那已经被批判得烂大街的新自由主义，或是在批判消费市场哺育出的"自恋"或"功利享乐主义"（utilitarian hedonism）时。面对这种对批判自由的拒绝，也许可以报以两种不同类型的回应。温迪·布朗（Wendy Brown）非常好地表述出了第一种："自由在历史上、符号学上、文化上形态多端，在政治上更是模糊不明，在自由主义体制中，它反而太容易被窃用，以达到最犬儒（cynical）、最不解放的政治目的。"[21]如果此情属实，那么自由作为一种社会安排（social arrangement），我们就应该不仅将其视为亟待保护的对象，也将其当作亟待质疑的对象。从第一种回应出发，我们可以得到第二种回应，一种方法论层面上的回应。依照大卫·布鲁尔（David Bloor）提出的对称性原则——对称地审视不同的社会现象，不预设谁好谁坏、谁赢谁输——我们或许可以建议，以对称性的方式在经济领域与人际领域中批判性地审视自由。[22]我们这些从事批判理论的学者如果能分析自由在经济行为的领域中所发挥的腐蚀效应，那就没有理由不去探究它在个人、情感和性的领域里的负面影响。对于新保守主义者对市场与政治自由的颂扬，和看上去持进步主义立场的派别对性自由的颂扬，我们必须平等地加以审视。这样做并非出于理查德·波斯纳在《性与理性》（*Sex and Reason*）中所要求的那种中立[23]，而是为了更全面地观察自由的影响。[24] 对称性原则也关涉另一个层面：对当下文化的性化（sexualization）的批判来自若干不同的文化领域：有的来自拒绝在定义健康自我时把性放在核心位置的无性（a-sexuality）运动；有的来自女权主义者和心理学家，他们担心文化的性化会引发不良后果；还有的来自生活在欧美、占信仰人群多数的基督教派人士和宗教少数派人士（主要是穆斯林）。这些批判都对文化的性化程度之深表示了忧虑，但只有女权主义学者在关注这种忧虑。莱拉·阿布-卢古德（Lila Abu-Lughod）和萨巴·马哈茂德（Saba Mahmood）等人类学家从穆斯林女性的主体性这个立场出发，批评了欧洲中心主义的性解放模式，[25] 呼唤我们想象性与情感主体的多样形式。本书对性的批判性审视不是源自一种对性进行清教徒式控制的冲动（我心中绝无此类设想），而是出于这样的期望：要在历史与情境中定位我们对性与爱的信念，理解在性的现代性（sexual modernity）的文化理想与政治理想中，有哪些东西可能被经济与技术力量劫持或扭曲，而与被我们当作爱的必要基础的情感理想和规范相冲突。如果一定要说有什么隐含的规范贯穿本书的研究，那就是，（各种形式的）爱仍然是形成社会关系的最有意义的方式。

我对性与情感自由的拷问可能遇到的最后一种反对，也许与人文和社会科学的每一个角落都浮现着米歇尔·福柯（Michel Foucault）巨作投下的阴影有关。他的《规训与惩罚》（*Discipline and Punish*）[26] 影响无远弗届，广泛地传播了这样的疑虑：民主体制的自由不过是一种伎俩，掩饰了新形式的知识与对人类的控制所带来的监视与规训。社会学家们由此开始关注监视，并以福柯的视角，把自由看作由一套强大的规训与控制系统所支撑的自由主义幻象（liberal illusion）。在这个意义上，以自由作为研究对象，就变得不如以它创造出来的主体性幻象作为研究对象更有意思。然而，福柯晚年在法兰西公学院（Collège de France）的课程演讲中，越来越关注自由与治理术（governmentality）之间的关系，也就是关注在市场中，自由的理念如何重新定义了福柯所谓的"行动的场域"（field of action）[i]。[27] 本书在情感的文化社会学的立场上，赞同福柯晚期的研究。[28] 本书认为，自由确实是对行动场域的一种重构，它是最有力、最广泛的文化框架，它组织了我们的道德感、我们对教育和人际关系的理解、我们的法律基础、我们对性别的观念与实践，更广泛地说，它是现代人对自我性（selfhood[ii]）的基本定义。对我这样的文化社会学家来说，自由并不是一个由庙堂维护的道德与政治理想，而是一个持久的、深刻的、广泛的文化框架，它组织着现代人的自我定义以及与他人的关系。作为一种被无数个体和制度矢志不渝怀抱的价值，自由引导了千千万万种文化实践，其中最引人注目的，也许是性主体

---

i 参考福柯，"主体与权力（1982）"，汪民安译，《自我技术：福柯文选Ⅲ》，北京大学出版社，第 105—138 页。

ii "selfhood"即自我（self）之所以为自我的最基要的属性，哲学上有时翻译为"自身性"。类似的，"personhood"即人之所以为人的基本属性，在本书大多数情况下翻译为"人格性"。人类学有时将"selfhood"和"personhood"翻译为"我观"与"人观"。

（sexual subjectivity）的文化实践。性主体的定义，是"一个人对自己作为一种性存在（sexual being）的经验，她感觉自己有权获得性快感和性安全，她主动地做出性选择，并且她有一个作为性存在的身份认同"[29]。福柯向我们揭示性作为一种自我解放的现代实践时，却也讽刺地延续了基督教文化对性活动的执迷，而在他提出疑问的地方，我关注的是另一个问题：在消费实践与科技实践中表达的性自由，是如何在浪漫关系的初始阶段、在形成的过程中、在共享的家庭生活中，重塑我们对它的认知及实践的？

自由的问题前所未有地紧迫。因为自由主义政体的大众哲学和司法机构为一种特定形式的自由（liberty）赋予了特权，那就是消极自由——行动者只要不伤害他人，或妨害他人实现自由，那他就可以不受外界阻碍，做任何想做的事。法律保护这种自由，许多宣称保障个人权利和隐私的机构——它们宣称保障的权利和隐私几乎没有什么规范性内容——也在鼓励这种自由。正是这种消极自由的"空泛性"创造出了一个空间（"不受阻碍"的空间），一个能被资本主义市场、消费文化和技术这些现代社会最强劲的制度与文化轻易殖民的空间。卡尔·马克思早已说过，自由内在地包含着使不平等肆意滋长的风险。凯瑟琳·麦金农（Catharine MacKinnon）贴切地阐发了这一点："把自由置于平等和公正之前，只会释放强者的强权。"[30]于是，不能让自由胜过平等，因为不平等会妨害实现自由的可能。如果异性恋（heterosexuality）这种制度组织起了不同性别之间的不平等，并使之自然化了，我们就会指望自由来回应这种不平等，要么对抗它，要么顺应它。而在异性恋关系中，自由几乎无法胜过不平等。

以赛亚·伯林（Isaiah Berlin）所谓的"消极自由"让消费市场的话语和实践重塑了主体性的词汇和语法。利益、功利、即时满足、以自我为中心的行动、积累、变化万端和庞杂多样的经验……同样的一套话语在当下充斥着浪漫的纽带和性的纽带。因此，这要求我们清醒地审视性的意义和影响，但不是去诘难女权主义与 LGBTQ 运动所代表的道德进步。认可这些运动的历史成就，或是将它们的斗争继续推进下去，都不应当阻遏我们审视自由的道德理想是如何以市场的形式被历史地、经验地部署的，而这些市场的形式同样诉诸自由。[31] 其实，思想与价值一旦被制度化，就不一定会一直沿着它们的拥趸最初设想的轨迹前进了，只要我们理解了这一点，就能够帮助我们重新夺回最初的自由理想，而这个目标也正是这些争取自由的运动背后的驱动力。所以，如果新自由主义会造成经济交易中规范性的消亡（把公共机构转变为营利组织，把自我利益变成行动者最自然而然的认识论）这一点已经路人皆知的话，我们就没有理由不去质询，性自由是否会对亲密关系造成类似的影响。也就是说，这些影响是否标志着，在自然化（naturalize）以自我为中心的愉悦以及开启性竞争和性积累的过程中，规范性已经消亡，从而让关系逃脱了道德与伦理准则的约束？换句话说，性自由是否已经成为私人领域的新自由主义哲学[32]，成了一种话语和实践，它消解了关系的规范性，把消费伦理与技术自然化为一种新的情感自我组织形式，并让主体间性的规范性和道德核心变得模糊难解？虽然自由本身也是一个强有力的规范性主张，它反对强迫的指定婚姻或没有感情基础的婚姻制度，坚持让人们拥有离婚的权利，可以按照个人的喜好来实践性生活和情感生活，还赋予性少数群体以平等，但我们还是想问：在如今，那同一种自由是否把性关系从它最初从属的道德话语中剥离了出去——比如说，把全部或绝大多数传统社会交往所使用的责任和互惠的话语抛弃了？正如当代的垄断资本主义与曾是早期市场和商业概念核心价值的自由交换精神相矛盾一样，被消费和技术的文化紧密组织起来的性主体也与性革命的核心愿景——获得解放的性——相冲突，因为那种性主体终将强迫性地再生产出思想与行动的体制，使得技术和经济成为我们社会纽带的无形推动者和塑造者。

研究这个问题，异性恋是比同性恋更为有利的阵地，有以下几点原因。首先，当下这种形式的异性恋是基于性别差异的，而在现实中，性别差异往往更常以性别不平等的面目出现。异性恋这种制度反过来又会把这些不平等组织成一个情感系统，这个系统会把浪漫关系成功与否的重负压在人们的心理上，而且主要是女性的心理上。自由会让情感不平等既不能被识破，也得不到解决。男男女女们，但主要还是女人们，为了处理这种情感不平等里所包含的象征性暴力和创伤，只能反躬于自己的心理："为什么他这么冷淡疏远？""是不是我太黏人了？""我该怎么抓住他的心？""我到底做错了什么他非得离开我？"所有这些针对女性并由女性提出的问题都指向一个事实：在文化上，异性恋女性感觉自己要为情感成功和关系的管理负很大责任。相比之下，同性恋并没有把性别转化为差异，把差异转化为不平等；同性恋也不是以生理上的性别差异和劳动的性别分工这两大异性恋家庭的重要特征为基础的。在这个意义上，研究自由对异性恋的影响在社会学上更为迫切，因为性自由与两性不平等这个依然普遍的强大结构相互作用，使得异性恋充满了矛盾与危机。[33] 其次，异性恋受到求爱（courtship）的社会系统的严格约束和编码，而求爱又被视为直接通向婚姻的途径，所以，向情感自由与性自由的转变让我们得以更精确地把握自由对性实践的影响，以及自由可能会与异性恋的核心——婚姻（或伴侣关系）制度——产生的矛盾。相较而言，直到最近，同性恋都还是一种隐秘的、对立性的社会形式，所以它从一开始（ab origine）就被定义为一种自由实践，与婚姻这种利用女性、异化女性而为男性赋予父权角色的家庭制度是相抵触的。因此可以说，本书是一本研究当代异性恋的民族志（虽然偶尔我也会访谈同性恋者）。作为一种社会制度，异性恋始终处在我们社会的资本主义、消费主义和技术力量的推拉之下，而这些力量既具有解放性又极为保守，既现代又传统，既主观又有代表性。

我研究情感自由与性自由的取径与各种形式的自由至上主义背道而驰。对后者而言，愉悦构成了各种经验的终极目的（telos），而性在消费文化各个层面令人咂舌的扩张是一个可喜的标志——引用卡米尔·帕利亚尖锐的话来说，大众文化（及其性意涵）是"西方从无败绩的异教精神（paganism）的爆发"[34]。在性自由至上主义者看来，以消费市场为中介的性解放了人们的性欲、能量和创造力，并呼唤女权主义（还有可想而知的其他社会运动）向"处于各种沉郁阴晦、令人不安的奥义中的艺术与性"[35]敞开怀抱。这样的观点很诱人，但它建立在一个天真的假设之上：驱动大众文化的市场力量实际上为人们最本原的创造性能量提供了渠道，而且恰好与之志趣相合，而不是比如说，在开拓某些大型企业的经济利益，而那些企业图谋鼓励人们通过需求得到即时满足而建立起主体性。我找不到任何有说服力的理由，来假设被市场利用的那些创造性能量在本质上更加"异教"，而非更反动、更守旧，或更混乱。就像某位杰出的酷儿理论家曾说的，玛格丽特·撒切尔（Margaret Thatcher）和罗纳德·里根（Ronald Reagan）一辈子都在倡导家庭价值，但实际上在他们解除市场管制的新自由主义政策中，掀起了规模最大的一场性革命。[36]"个体的自由不会止步于市场；要是你拥有买卖的绝对自由，那么要阻挡你选择性伴侣、性生活方式，以及身份与幻想的自由，似乎是没有逻辑的。"[37]

选择

当代的性不是被去道德（amoral）的大众文化释放出来的原始异教能量的表达，而是多种社会力量的载体，而被这些社会力量贬损的价值观曾经激励了性解放的斗争。性已经成为心理学技巧、科技与消费市场的场所，而这三者都给出了一套关于自由的语法，即把欲望和人际关系组织起来，并转化为纯粹的个体选择问题。选择——无论是性的、消费的或情感的——是自由主义政体中用来组织自我与意志的最主要的话语（trope）。拥有一个现代或晚近现代（late-modern）的自我，就意味着要做出各种选择，要增加选择的主体经验。

作为一种自我性的话语，选择把自由与经济领域和情感领域连接了起来；在消费领域和性领域中，它是主体性最主要的形式。选择包括两个独立的观念：其一指向商品的供给，也就是客观上大量存在的东西（如"本超市供给大量新鲜有机蔬菜"）；其二关涉主体性的某种属性，即个体面对各种可能性时做出的决定，也被称为"选择"（如"她做了正确的选择"）。所以，选择既表达了世界的某种组织形式，它表现为主体不依靠中介而直接遭遇的一系列可能性，又表达了个人的意志被组织为需求、情感和欲望。选择的意志是一种特定形式的慎思（deliberative）意志，它面对着一个像市场一样结构的世界，也就是说，这个世界就是一系列丰富的可能性，而主体为了极大程度地满足自己的幸福、愉悦和利益，必须在其中精挑细选。从文化社会学的角度来看，要理解市场这个强大的结构是如何转化为行动的认知属性与情感属性的，选择就代表了一个最好的方式。在技术与消费文化的影响之下，选择文化所要求的意志发生了巨大的变化，这让我们不得不从社会学的角度去追问欲望的经济与传统的社会结构之间的关系。

本书对这个主题的探讨沿着如下论证脉络：在性自由的统摄之下，异性恋关系采取了市场的形式——情感与性的供给直接和情感与性的需求相遇。[38] 供给与需求高度依赖消费对象、消费空间以及技术（参见第二章）。如市场一般被组织起来的性接触（sexual encounters），在人们的体验中既是选择，也是不确定性。这种市场的形式允许个体彼此协商性接触的条件，约束与禁令较少，但它创造出了普遍存在且影响深远的认知与情感的不确定性（参见第三章）。"市场"的概念在此不是单纯作为一种经济的比喻，而是被互联网技术与消费文化所驱动的性接触所采取的社会形式。当人们在一个开放的市场上相遇时，他们会直接与对方接触，完全不依靠或极少依靠人类中介；他们的接触依靠的是旨在增加择偶效率的技术；他们的相遇会使用各类脚本：交换的脚本、时间效率的脚本、享乐算计的脚本，以及比较思维的脚本——这些全都是发达资本主义的交换所特有的。由于市场是一种由供给与需求所支配的社会形式，而供需关系本身的结构又受制于社会网络与行动者的社会地位，因此在这个意义上，市场是开放式的。发生在市场中的性交换导致女性处在了一种矛盾的地位：经由她们的性，她们既获得了壮大，又遭受了贬抑（参见第四章），这种矛盾指向的是消费资本主义通过壮大权力（empowerment）来运作的方式。在性场域中，性自由-消费文化-技术这条关系链，加上仍然强大的男性统治，让进入和形成过去曾被市场和婚姻认定为主导的社会形式（契约）的可能性大大降低（参见第五章）。逃离关系，不能或不愿意进入关系，从一段关系中跳到另一段——我用"不爱"这个术语来概括这些选择——是性关系采用的这种新的市场形式的组成部分。这些困难与不确定性一直延续至婚姻制度本身（参见第六章）。在以"不爱"为重要标志的这种主体性的新形式中，选择的实践既是积极的（想要或欲求某物），也是消极的（通过反复逃避或拒绝关系来定义自己，或对欲望感到十分困惑和矛盾，或想要积累太多经验而让选择失去了它在情感与认知上的相关性，或把不断离开或结束关系作为确定自我及其自主性的方式）。因此，"不爱"既是主体性的一种形式——我们是谁，我们如何做——也是一种社会过程，反映了资本主义对社会关系造成的深远影响。正如社会学家沃尔夫冈·施特雷克（Wolfgang Streeck）与延斯·贝克特（Jens Beckert）曾十分有力地论证的那样，资本主义改变了社会行动，我们也可以加上一句：它改变了社会情感。[39]

*

在《战争与和平》(*War and Peace*)里，主人公皮埃尔·别祖霍夫遇见安德烈公爵时，被公爵问及他近来的情况。"怎么样，你最后决定了没有？你想做骑卫兵还是外交官？"安德烈公爵停了一下问道。[40] 在安德烈公爵这个问题的遣词中，选择是在两个明确的选项中择其一，必须做出选择的人和外部观察者都知晓这一点。这个行为有相当明晰的边界：选择其一，就等于排除其他。此外，安德烈公爵的问题隐含着一个预设，也就是许多经济学家和心理学家所主张的：选择是一个关乎个人偏好和信息的问题。皮埃尔要想选择自己的职业，只需要运用（一般性的）能力，来了解自己的偏好并做出排序，搞清楚自己究竟是喜欢战争的艺术还是外交的艺术——两个判然有别的选项。

不过从 19 世纪末至今，社会学家们并不认可这种认识人类行动的观点。他们认为，人类是服膺于习惯与规范的动物，而不是能做出慎思决定的动物。詹姆斯·杜森伯里（James Duesenberry）对此调侃道："经济学讨论的问题都是关于人们如何做出选择的；社会学讨论的则是人们毫无选择的余地。"[41] 然而，社会学家们也许忽略了经济学家和心理学家无意中领悟到的东西：资本主义将社会生活的许多场域改造成了市场，把社会行动改造成了反身性[i]的选择与决策，于是选择成了一种新的、至

---

i 反身性（reflexivity），或译"反思性""自反性"，是一个具有复杂渊源和深远影响的社会学概念，涉及主体性、知识和权力等社会学重点关注的问题。通俗地说，它指的是行动者对其所处的社会情境的理解，与他们在社会情境中的行动之间互相影响的辩证关系。行动者的行动会影响其所处的情境，而情境的变化会让行动者对它的理解也发生变化，进而又影响自身的行动。

关重要的社会形式，现代主体通过这种社会形式在他们生活的大多数乃至全部层面理解和实现自我。[42]毫不夸张地说，现代人是通过这样的慎思行为来锻炼自己的能力从而长大成人的：从各种各样的对象中做出选择，包括服装或音乐品位、大学学位和职业、性伴侣的数量、性伴侣的性别、自身的性别、亲近或疏远的朋友等，都是"选择"出来的，都是深思熟虑和反躬自省的结果。社会学家们担忧，认同"选择"的观念就代表着对理性行为的天真、唯意志论（voluntarist）的认可，于是他们完全抛弃或者忽略了这样的事实：选择已经不仅仅是主体性的一个层面，而且变成了制度化（institutionalize）行动的一种方式。社会学家们顽固地把选择看成是资本主义意识形态的支柱，或是经济学的错误的认识论预设，或是自由主义的前锋，或是心理学生产出来的关于生命历程的幻象，或是消费者欲望的主要文化结构。在这本书里，我要提出一个全然不同的视角：虽然社会学已经积累了无可辩驳的大量数据，表明阶级与性别的限制是在选择之中运作与构造的，但无论选择是否只是一种幻象，它都是现代人与社会环境及其自我相连接的基本模式。选择构成了社会可理解性（intelligibility）的模式。比如说，"成熟而健康的自我"就代表着这个人发展出了这样的能力：可以做出情感上成熟且真实可靠的选择；能逃离强迫性的、成瘾性的行为；能将自己改造成一个自由选择的、见多识广的、具有自我意识的情感体（emotionality）。女权主义呈现在世人面前的样貌也是一种选择的政治。世界级畅销系列小说《暮光之城》（*Twilight*）的作者斯蒂芬妮·梅尔

（Stephenie Meyer）在自己的网页上言简意赅地写道："女权主义的基石就是能够选择。反过来，反女权主义的核心就是告诉女性不能做某事，仅仅因为她是女性——由于她的性别而放弃任何选择。"[43] "支持选择"（pro-choice）甚至是女权主义运动中最重要的派别之一的代号。消费文化可以说是现代身份的支点，它就几乎自然地建立在永不停息的比较与选择之上。哪怕在实践中，选择确实是受限的或被决定的，但现代生活的相当大一部分依然是以主体选择的结果为形式进入人们的经验之中的，或表现为主体选择的结果。这个事实极大地改变了人们形塑或体验自己的主体性的方式。因而，选择变成了现代人最主要的文化叙事。如果选择已经成为婚姻、工作、消费或政治等各种制度中最主要的主体性载体——人们如何进入这些制度以及如何感受这些制度——那么选择本身也必须成为一个值得社会学研究的范畴，成为行动的某种形式，我们需要以"自由""自主"为最主要的文化框架对其进行分析。制度化的自由在消费、观念、品位、关系等领域生产出了近乎无穷的可能性，并迫使自我用五光十色的选择行为——它们的认知风格与情感风格明确但各不相同（比如，当下的择偶、择业就需要采用不同的认知策略）——来操演或演成自我的定义。所以，选择不仅像蕾娜塔·莎莉塞（Reneta Salecl）精彩地向我们展示的那样，是一种广泛的意识形态，[44] 而且是在大多数的社会制度（如学校、市场、司法和消费市场等）和政治运动（如女权主义、同性恋者权益、跨性别者权益等）中，自主性制度化的一种实实在在的、具体的效应。选择是人们与他们的自我发展出的一种实践性的关系，在这种关系中，人们通过超越和克服阶级、年龄或性别的决定论（比如获取大学学位，接受整形手术，改变性别身份）实现活出"真实""理想"自我的宏伟目标。

在经济学思维的影响下，我们几乎总是对积极行为的选择（也就是我们说的"做出决定"）感兴趣，但我们忽略了选择更加重要的一个层面，那就是消极选择，即以自由和自我实现的名义，拒绝、回避或退出我们面对的承诺、羁绊和关系。在与当下显然不同的20世纪初的知识（以及文化）处境中，许多声名卓著的思想家都曾拷问"消极关系"，如西格蒙德·弗洛伊德在对死亡本能的讨论里研究过它，埃米尔·涂尔干在失范这个主题下也探究过它。1920年，弗洛伊德在《超越唯乐原则》一文中探讨了会驱使主体重复排演痛苦经历的强迫感（compulsion），而这种重复可能会将主体带向自我毁灭，使其永不可能完全进入关系或维系关系。比弗洛伊德稍早，涂尔干在1897年出版的《自杀论》是一份社会学研究奠基性的文本，[45] 它就可以被看作是在研究消极关系，或反向的社会性，也就是研究社会成员的身份是如何瓦解的。弗洛伊德和涂尔干都同时抓住了两个相互对立的原则，即社会性与反社会性（anti-sociality），二者拥有共同的外延，也是相互接续的（contiguous）。我虽然追随两位前辈的脚步，但并不用本质主义的术语去看待反社会性，而是把消极社会性作为当代自由意识形态、选择的技术、发达消费资本主义的一种表达，并且把它作为资本主义部署的象征性想象的基本组成部分来探究。在新自由主义的性主体性中，人们所体验到的消极的社交性（sociability）其实并非一种消极的心理状态（由恐惧、死亡或孤独的想法构成），反而是君特·安德斯[i]所说的一种"自我肯定式的自由"——自我通过否定别人、无视别人来肯定自己。[46] 自我肯定式的自由也许是个人关系中最普遍形式的自由，并且正如我在本书中表明的，它展现了异性恋制度中自由的全部道德模糊性。

---

[i] 君特·安德斯（Günther Anders，1902—1992），犹太裔德国哲学家、记者、评论家、诗人。

消极选择

　　研究现代性的社会学家认为，从 16 世纪到 20 世纪，所有社会群体普遍都在培育新形式的关系，这些关系包括基于爱情的婚姻、不涉及私利的友情、对陌生人的同情心以及国民团结等。这些关系都可以说是新的社会关系、新制度与新情感的合而为一，而且它们都依赖于选择。因此，早期的情感现代性是这样一种现代性，（选择的）自由在其中被制度化，而个体通过情感体验在日益精进的选择实践中体验他们的自由。"友谊""浪漫之爱""婚姻"或"离婚"等纽带都是自足的、界限分明的社会形式，它们各自所包含的情感都是明确的，每一种情感也都拥有确定的名称；这些纽带能被明确地定义，且比较稳定，社会学将它们作为经验性的、现象学的关系来研究。与之形成鲜明对比的是，当代超联通的现代性似乎以准关系（quasi-proxy）或消极纽带的形成作为标志：一夜情、速交、约炮、走点心的约炮（fling）、炮友（fuck buddy）、能打炮的朋友（friends with benefits）、不经心性爱、不经心约会、网络性爱等。这里列举出来的这些名词只是短暂关系的代表，这样的关系基本不触及人的自我，通常缺乏情感，包含一种自我享乐主义，且把性行为当作主要且唯一的目标。在这种网络化的现代性中，不形成纽带这个事实本身变成了社会学现象，变成了社会范畴与认识论范畴。[47] 如果早期现代性和盛期现代性（high modernity）以争取某种形式的社交性为特点，在这种社交性中，爱、友谊、性能够摆脱道德和社会的束缚，那么在网络化的现代性中，情感经验则似乎在拼命逃避从关系更稳固的时代继承下来的、对情感与关系的命名。当代关系的终结、断裂、黯淡、消失，遵循着一套由积极选择和消极选择共同构成的动力学，而这种动力学把纽带与非纽带（non-bonds）交织在了一起。

我在本书中试图阐明的正是这种动力学，因而延续了我先前对爱、选择和资本主义文化交互作用的关注。[48] 在我之前的研究里，我阐明了"选择伴侣"的观念与结构的变化，但在本书里，我关注的是选择的一个新的范畴：选择"不选"（unchoose）——经过两百年各种追求自由的斗争之后出现的一种选择形式。如果在现代性的形成阶段，行动者争取的是不受社群或社会约束的性权利，那么在当代现代性中，他们已经理所当然地把性看成一种选择、一种权利，根本无须质疑，也无从质疑（也许同性婚姻除外，这是争取性自由的悠久斗争最新的战线）。在当下，人们不断行使自由，靠的是有权利不参与某些关系，或从某些关系中脱离，这个过程我们也许可以称为"选择不选"（choice to unchoose）：在关系的任何阶段选择抽身而退。

资本主义的历史与各种浪漫形式的历史，这二者之间的类比相似得惊人，但我并非在暗示这是一种直接的因果关系。在资本主义发展到现代化的时期，企业、有限责任公司、国际金融市场、商业合同等诸多不同的样态是它在经济上的形式。在这些经济形式中，等级、控制与契约处在核心的位置。这些要素都反映在把爱视作一种契约关系的观点里：可以自由进入，受承诺（commitment）的伦理规则约束，产出明显的回报并要求长期的情感策略与投资。保险公司是化解风险的关键机构，作为两个缔约方之间的第三方，它增加了商业契约的可靠性。这种资本主义的社会组织逐渐进化，演变为分支遍布全球的网络，所有权和控制权分散各处。如今，通过弹性工时、劳务外包等手段，它实践着各种新形式的"不承诺"（non-commitment），也几乎不提供社会安全网，还在割裂劳工与资方在法律和实践中的各种纽带，让企业对员工的承诺大大减少。同时，当代资本主义也发展出了各种利用不确定性来牟利的工具，比如金融衍生产品，甚至让特定商品的价值变得不确定，从而创造出商品价格随需求不断调整的"现货市场"（spot markets），一边创造出不确定性，一边又在利用不确定性赚取利润。"不承诺"和"不选择"的各种实践让企业可以即时退出某项交易，或即时调整商品价格，使得企业可以即时地创造出人们对它的忠诚，又即时地打碎它。同时，企业还能迅速更新迭代产品线，无所阻碍地开除劳动力。这些都是"不选择"的实践。选择，这个原本"坚若磐石的资本主义"早期高举的信条，在当下已经演变成"不选择"，即"随时随地"地调整自己的偏好，不介入、不追求、不承诺一般意义上的关系，不管是经济关系还是浪漫关系。而这些不选择的实践又与风险评估的密集计算策略紧紧捆绑在一起。

传统的社会学——尤其是符号互动论——总是理所当然地关

注社会纽带形成的微观机制，因而从定义上说，它就难以理解关系如何结束、崩塌、消散或蒸发这种更加模糊不明的机制。在网络化的现代性中，更恰当的研究对象转变成了纽带的瓦解，而这种瓦解本身又被视为一种新的社会形式。关系的瓦解并非经由关系的直接破裂——异化、物化、工具化、剥削——而发生，而是通过一些道德强制令发生的。这些道德强制令构成了资本主义主体性的核心想象，它们包括：要变得自由自主；要改变自我，让自己变得更好，实现自我的潜能；要让愉悦、健康和生产力最大化。正是这种要求生产和最优化自我的积极强制令ⁱ塑造了"消极选择"。我将会向读者展示，"选择不选"是当下的主体性的一个至关重要的形态，而让"选择不选"得以实现的是一系列的制度变革：无过错离婚让人们因为主观的情感理由退出婚姻变得更容易了；避孕药让人们更容易地发生性关系而不用承担婚姻这个制度性代价，因此也就无须做出情感承诺；休闲娱乐的消费市场提供了大量的见面场所以及源源不断的性伴侣供给；互联网提供的技术，特别是Tinder（一款手机交友软件）或"百合姻缘网"（Match.com）这类约会网站提供的技术把主体变成了性爱与情感的消费者，让他们能够随意使用或丢弃这种特定商品；Facebook（脸谱网）这类平台在世界范围内的成功既让关系网络成倍增长，又让人们能够在软件上享受快速"解除好友"这一技术功能

---

i "强制令"（injunction），即在某些司法体系中存在的"禁制令"。但在司法实践中，这种强制令可以分为消极的（不许受令对象做某事）和积极的（强制要求受令对象做某事）。

等。以上这些因素，再加上本书记录下来的其他更加隐蔽的文化特性，让"选择不选"成为网络化现代性与当代社会——以商品化发达、性选择倍增、经济理性渗透各个领域为特征——中的主体性的主要形态。[49] 行动者如何以及为何会结束、脱离、无视或忽略他们的各种关系，这个问题才是更有趣的，因为有非常强的经验证据表明，行动者普遍都是"损失规避"（loss averse）型的，这意味着[50] 他们会花大力气避免失去他们已经拥有或可以拥有的东西。实际上，正如第二章和第三章所显示的，在超联通政体中，借由市场、技术和消费力量的融合，行动者可以轻易地克服损失规避，而且也常常这样做。对身处超联通现代性中的人们来说，"消极选择"有着强大的影响力且紧贴时代，正如在现代性的形成阶段，人们往往会积极选择与他人形成纽带或关系一样。

在许多重要的方面，消极选择带来的社会效应都十分明显。第一个方面的影响体现在以下事实中：因为出生率下降，许多国家已经难以维持人口数量了。比如，年轻的日本人在"婚配"上遇到了巨大的困境，结果造成了"生育率急跌，一名日本女性在一生当中可以期望拥有的孩子数量，从1970年的2.13个，跌至现在的1.42个"。[51] 东欧和大部分西欧地区，人口增长率已经变成负值。出生率的下跌不仅仅影响人口比例，更会影响经济。人口萎缩会产生一连串政治和经济冲击，比如移民潮、养老基金难以保障或老年人口的赡养困难等。如果资本主义扩张的前提是人口的增长以及家庭持续充当经济与社会的中介结构，那么当下新形式的资本主义正日益瓦解着人口与家庭、资本主义扩张之间的关联。作为生产商品的机器，资本主义几乎无坚不摧、无往不利，但要保证再生产（reproduction）的社会需要，它的力量已经捉襟见肘了，这也就是哲学家南希·弗雷泽（Nancy Fraser）说的，资本主义的"照护危机"（crisis of care）。[52] 现代的男男女女们或有意识地决定，或无意识地实践着不进入稳定的纽带，不生孩子，一人户（single-household）在过去的20年间也显著增加，[53] 这些事实都是消极关系明白无误的体现。第二个方面的影响是离婚率的增加。例如在美国，从1960年到1980年，离婚率几乎翻了一番。[54] 于20世纪70年代和80年代结婚的人口，到了2014年，这个人群的离婚率已经超过45%。[55] 这意味着对于相当大比例的人口来说，离婚属于相当可能发生的事件。第三个方面的影响在于，更多的人处于多边爱（polyamorous）或其他类型的多重关系之中，这为单偶婚制（monogamy）以及附属于这个制度的忠诚、长期承诺等价值的重要性打上了一个问号。越来越多的人在他们的一生中都处于流动的状态，离开又进入、进入又离开越来越多的关系。第四个方面的影响是自婚制（sologamy）的出现，这个令人困惑的现象看起来似乎刚好与多边爱完全相反，（主要）发生在女性群体中。她们选择嫁给自己，[56] 以宣告她们对自我的爱，并肯定单身的价值。最后，消极选择在某种意义上与某位评论者所说的"孤独流行病"有关："根据美国退休人员协会（American Association of Retired Persons）的研究，约有4260万45岁以上的美国人在遭受慢性孤独的折磨，这显著增加了他们过早死亡的风险。[57] 一位研究者说[58] 孤独流行病[59] 对健康的威胁尤甚于肥胖。"[60] 孤独流行病还有另一种形态。琼·特文格（Jean Twenge，圣迭戈州立大学心理学教授）表示，"我"一代[i]（千禧一代之后的一代人）要比前两代人拥有更少的性伴侣，这个事实让性的匮乏反而变成了一种新的社会现象。我认为，这种现象背后的原因，是文化在向消极选择、向从关系中迅速抽身而退或根本不形成关系的风尚变迁。[61]

在亲密关系的领域中，选择是在一种相当不同于皮埃尔·别祖霍夫所处的时代背景下进行的。在《战争与和平》中，选择通常意味着要面对两条明确的、截然不同的路。而在新技术平台的巨大影响之下，自由创造出了太多的可能性，浪漫选择的情感条件与认知条件已经从根本上改变了。由此，这里需要提出的问题是，让人们修改、撤销、拒绝、回避关系——无论是自愿的还是非自愿的——背后的文化机制和情感机制究竟是什么？让偏好改变（离开一段已经身处其中的关系）的情感动力学又是什么？虽然在今天，许多人或者大多数人仍然处在某种令人满意的伴侣关系当中（或暂时的性安排与情感安排中），但本书所要讨论的，是许多人达到这一点所跋涉的艰难历程，以及许多人——无论是出于"选择"还是"不选择"——并没有处在一段稳定关系当中的事实。本书不是要去批驳伴侣关系的理想形态，也不是在呼吁

---

i "我"一代（iGen），指 1995 年以后出生的一代人，名称里的"i"借用自苹果公司的手机产品 iPhone，意指这一代人的青少年时期都是在智能手机上度过的。千禧一代（millennials）指的是在 1981 年到 1996 年间出生的一代人，他们的青少年时期是在千禧年之后。

我们回归更稳定的结成伴侣的方式，而是要描述性自由这个看上去很美的概念是如何被资本主义劫持的，还要揭示在性关系和浪漫关系变得无常易逝得令人困惑的过程中，资本主义到底是如何牵连其中的。

大部分社会学研究都是关于有规律的、例行性的日常生活的常态结构，并围绕着这种研究旨趣发展出了大量令人惊叹的方法。但当下的时代也许在要求另一种类型的社会学，我暂且称之为研究危机与不确定性的学问。对大部分人来说，现代制度的秩序性（orderliness）和可预测性（predictability）已然开始动荡；与循规蹈矩的常规结构共存于我们的生命中的，是普遍而且没完没了的不确定感和不安全感。如果保一辈子的饭碗不再靠得住了，日益动荡的市场回报指望不上了，婚姻的稳定、地缘的稳定也都成了大问题，那么许多传统的社会学概念是时候结束它们的时代使命了。现在，我们应该听听"不爱"这种新文化的实践者们是怎么说的。因此，我在法国、英国、德国、以色列与美国等地访谈了年龄从 19 岁到 72 岁的男女共 92 人，[62] 这些人的故事让本书在经验材料上有了可靠的支柱。他们身上全都带着劳伦·贝兰特[i]所说的"庸常性危机"（crisis of ordinariness）的印痕，也就是说，身处不同文化背景、不同社会经济地位的行动者，以低调的方式与不稳定性和不确定性的细微戏码斗争着，[63] 也与我所说的消极关系的各种特性斗争着。在不同阶级、不同国家的框架之

---

i 劳伦·贝兰特（Lauren Berlant，1957—2021），美国学者，文化评论家。

下，各种不同的消极关系显然以不同的形式出现，但这些关系包含了一些反复体现的元素：它们体现了经济与技术的特性；它们没有固化为一种稳定的社会形式，而是被人们评估为短暂的、易逝的；哪怕会带来丧失和痛苦，它们依然被人们实践着。我们将会在本书接下来的部分看到，无论带来的是愉悦还是痛苦，这两种过程都构成了"不爱"（unloving），而在这里，前缀"不"（un-）既表达了对既有事物的有意撤销或解除，比如"解开"（untying）一个结，也表达了对于实现某些目标的力所不及，比如"不能"（unable）。某些形式的不爱必然出现于爱之前（例如一夜情），而某些形式的不爱则会出现在爱之后（例如离婚）。但这两种情况都让我们得以理解，在这个以激进个人自由为标志的时代中，人们的情感与关系的状况。我在本书里要拨开的，正是这种状况的层层迷雾。

第二章

前现代的求爱、社会确定性与消极关系的兴起

说到底，要是问我们这一代作家代表了什么，要是有什么东西是我们曾为之而斗争的话，那便是一场性革命。

　　　　　　　　　　　——诺曼·梅勒（Norman Mailer）[1]

　　安东尼·特罗洛普[i]1884 年的小说《一位老人的爱》（*An Old Man's Love*）是一个绝佳的文学文本的例子，使读者可以看到在 19 世纪，情感是要向婚姻的社会规范看齐的。小说的主人公，年幼的玛丽·劳里是个孤儿，被老惠特尔斯塔夫先生带回家里养大。因为惠特尔斯塔夫先生一生未婚，玛丽便在心中预演，如果他来向自己求婚的话，她必然要做出的决定。她是这么考虑的：

　　　　她对自己说，他有许多优秀的品质。而且，就像她在这世上见识过的那样，要是有什么年长的男人"想要她"，她的生活会有多大的改变啊！这个男人身上有多少是她知道自己可以学着去爱的东西呢？她绝不会觉得他让自己丢了脸，因为他是一位看上去非常得体的绅士，举止潇洒，相貌堂

---

i　安东尼·特罗洛普（Anthony Trollope，1815—1882），英国作家，代表作品有《巴彻斯特养老院》《巴彻斯特大教堂》等。

堂。她得有多幸运啊，居然真的成了惠特尔斯塔夫太太——世人会这样说她吗？……她细细思量了一个小时，终于觉得，自己要嫁给惠特尔斯塔夫先生。[2]

她心中所考量的，并不是她和惠特尔斯塔夫先生的感受将会如何。其实，她很确定他会来求婚，哪怕他以前并没有明确地表示过。而她为这场脑子里推演的求婚所做出的决定也很清楚。在一个小时以内，玛丽就决定了自己婚姻的未来，靠的只是在脑子里提出几个接受求婚会带来的问题，再排演一下问题的答案，而这些问题几乎全都是关于对方的品质，和自己想象的，如果真的成了他的妻子，"世人会这样说"的话。她在他身上看到的品质和世人所看到的品质是一样的，也就是说，个人的判断与集体的判断是重叠的。玛丽的决定符合社会学的"镜中自我"（looking-glass self）理论[i]，[3] 她把世人的看法纳入了自己的选择过程中。她对惠特尔斯塔夫先生的评价和好感都是建立在大众共同的标准之上，因此可以说，她对他的评价以及世人对他的评价，都是被人所共知的好男人的社会脚本，被婚姻的规范和得体女性的成规所塑造的。她做决定的过程就是在参与这个人们都知晓其规范的共同世界。她的感受和决定综合了她的情感、婚姻的经济价值，以及一

---

i 美国社会学家查尔斯·霍顿·库利（Charles Horton Cooley）在《人类本性与社会秩序》（Human Nature and the Social Order）中提出，人们在与周围人的交往中，把他人对自己的评价与认知当成一面镜子，让人们从中来认知自己，也就是说，我们的自我认知中充满了他人的意见。

个处于她这种地位的女人的社会期望。感受与规范组成了单一的文化矩阵，并直接影响了她的决策。

可是，当读者读到玛丽在三年前就已经把芳心许给了约翰·戈登时，她的决定和她对惠特尔斯塔夫先生的婚诺一下子就陷入了两难。玛丽和戈登这两位年轻人虽然只有几次短暂的交往，但已经足以使他们约定等他从南非淘金归来后就结为连理。可三年来，他没有消息，于是玛丽·劳里放弃了对他的承诺，答应了惠特尔斯塔夫先生的求婚。小说情节的冲突就开始于戈登重新出现的那一刻，玛丽不得不面临第二次，也是更戏剧性的选择——两个男人、两种截然不同的情感，该如何选？她尤其需要面对的，是选择背弃对她有好感的那位"老先生"的承诺，还是履行自己对三年前就爱上的那个小伙子许下的情感誓言。因为信守承诺是19世纪英格兰中产阶级士绅最基本的价值，所以她做出了庄严的决定，没有背离她对惠特尔斯塔夫先生的承诺。

如果把这部小说构造的困境看成人们在情感的决定与理性的决定之间、社会责任与个体激情之间所面临的两难，是很有吸引力的。但这样做只是混淆了心理学和社会学。玛丽的两种抉择都是出于情感的——无论是好感还是爱——也都符合她所处环境的规范。无论她如何选，她的情感都是向一种规范性的秩序紧密看齐的。嫁给她只见过三面、没有发生过性关系的男人，或是嫁给"老"惠特尔斯塔夫，在当时的世人看来都一样得体。因此，这两个不同的情感选项其实最终通向了同一条婚姻的道德与社会路径。在两种选择下，玛丽的情感都是在一个等级化的道德宇宙中运作的。并且实际上，正是通过她的情感，她才得以沉浸于 19 世纪婚姻的规范性宇宙之中。

从社会学而不是心理学的角度看，玛丽对惠特尔斯塔夫先生充满理性的好感、她对戈登一见倾心的爱，以及她的个人情感和社会习惯，共同组成了一个单一的矩阵。并且，无论玛丽或其他角色有多苦恼，他们都很清楚，对方的犹豫不决是为了什么。在那个世界里，每个人都共享着同一套个体的偏好和规范性的要求，应该按何种优先级来排列的规范信息。其实到最后，恰恰是因为惠特尔斯塔夫先生知道限制玛丽的规范是什么，他才选择放手，把玛丽从她自己的承诺中解脱了出来。信守承诺和婚姻制度是一种规范性秩序，这种秩序渗透着欲望与爱恋，并从内部组织它们。

*

人们也许认可，是埃米尔·涂尔干第一个把握到了这种情感的、规范的、制度的秩序崩塌究竟意味着什么。[4] 但不常被社会学家们注意到的是，在涂尔干已被奉为典范的对自杀的社会学研究中，他所提出的失范的概念在多大程度上与性和婚姻的欲望相关。涂尔干用极具先见之明的话描述了法国社会中新出现的一种社会类型——独身男子——的情感结构：[5]

如果他［已婚男子］的享乐是限定的，那么这种享乐就是有保证的，而且这种可靠性构成了他的精神基态。独身者的情况则完全是另一回事。因为独身者有权爱慕任何他所喜欢的人，所以他渴望一切，但什么都不能使他满足。这种追求无限的病态渴望永远伴随着失范，并可能伤害我们的这部分意识，就像伤害我们意识的任何其他部分一样；它往往表现为一种缪塞（Musset）所描写的性行为方式。一个人一旦不受任何约束，他就不会自我约束。在已经体验过的欢乐之外，他还想象并希望得到其他欢乐；如果他几乎尝试过可能的一切范围，他就会梦想着尝一尝不可能得到的东西，他就渴望得到根本不存在的东西。在这种无休止的追求中，感情怎么会不激化呢？为了使感情达到这种程度，他甚至不需要像唐璜那样无限地增加爱情和生活的体验，普通独身者的平庸生活就已经足够了。新的希望不断地产生和落空，留下的是厌倦和幻灭。而且，既然欲望没有把握能留住吸引它的东西，它又怎能一成不变；因为失范具有两重性：正像一个人不能无限享受一样，他也没有任何绝对属于他的东西。未来的不确定性加上他自身的不确定性，使他处于永久的变动之中。这一切产生了一种心神不定、骚动和不满的状态，这种状态必然增加自杀的可能性。[6]

我们或许可以将这类主题的研究称为欲望与情感决策的社会学，而涂尔干在此提供了一种绝妙的思路：有些欲望可以转化为直接的决策，有些则不行。独身男子的欲望是失范型的（anomic），因为它损害了出于一个明确的目的而欲求某一个客体（对象）的能力。失范型欲望既非抑郁，也非无感，恰恰相反，它是处于心中涌动难平、激发过度、永远在追求着某种东西的状态，这种状态甚至被涂尔干称为"病态"。这种欲望永远无法导向婚姻，因为它无法创造希求（want）某个单一客体的心理状况。这种欲望彻底缺乏某个客体，而正因为这样，它就永远无法得到满足。于是，它创造出了一种特殊的行动形式——永远处在变动的状态当中（从一个客体转移到另一个客体），缺乏总体的行动目的。

所以，根据涂尔干的理论，失范型欲望有以下几个特点：（1）它不包含目的论（teleology），也就是说，它缺乏一种目的。它自由地飘浮着、游荡着。（2）它没有目的论的原因，在于它缺乏一个内在的规范性锚点，因而无法围绕着这个锚点建立起一个总体的叙事结构。（3）对于独身男子来说，未来是不确定的，因此不能为当下引导方向。而已婚男子通过规范性的知识和对规范的参与，拥有一个已知的、确定的未来：他知道有哪些愉悦在等着他，而且通过婚姻这种制度，他可以持续拥有它们。独身男子则不同，他无法想象未来，他被困在只蕴含着希望性（hopefulness，法语 *espérance*）的现在之中。通过希望性——一种远比人们对未来的投射要更加模糊不定的情感——人们思量着某种新的愉悦的潜在可能，而那些愉悦很可能只会骤然而逝。这种形式的欲望显示出了失范的性质：它不能被社会整合（因为它并非来源于社会规范），而抱持这种欲望的人也不把参与一个社会单元作为他的目标。（4）最后，在失范型欲望中，主体的内在生命——涂尔干说的"精神基态"——变得不确定，不断地从一个客体转移到另一个客体上，因而他的行动永远处在一种不确定的状态之下，他会因为不能把欲望固定在某一个人、某一种制度之上，而无法做出决定。已婚男子从定义上说，就是已经做出决定的人，而单身男子只能无限期地积累经验，积累欲望和伴侣。不确定性、积累[i]、变动、无力（或无意愿）去想象未来——这些都构成了涂尔干所认为的无法适应社会规范、无法认同各种制度的失范型欲望的本质。失范型欲望存在于一个水平等价的位面上，而非像特罗洛普的故事那样，是由一个等级化的规范性目的论宇宙组织起来的。

因此，性失范同时代表了许多东西：从脱离社会规范的自我当中形成的那种过度的欲望，以及由于自我脱离了社会规范而形成的某种犹豫不定、无法固定在一个客体上的状态。在此，一个以自我为中心的主体性并没有明确的需求和欲望，而正相反，这种主体性是散漫的、模糊的、矛盾的、无目的的。因为这种主体性无法感知明晰的情感，它就不能驱策自我沿着一条叙事性和规范性的路途一直前进。我来换一种说法吧：一个涂尔干所描述的那种独身男子无法达成决策，因为他的"精神基态"不是围绕着确定性而组织起来的。那么，对于涂尔干来说，只有当情感建立

---

i 这里的"积累"（accumulation）是一种马克思意义上的积累，很类似于资本的积累，即积累不是因为某种德行偏好或者宗教要求，而是资本的内在要求，"为积累而积累"。

在一个清晰的规范性结构之上时，它才可以成为确定性的来源和决策的出发点。

在此，涂尔干为欲望与情感决策的社会学奠定了理论的根基，也帮助我们阐明了社会纽带与情感选择的两套语法：一种是欲望源于主体性，一路自由漂流，没有终点；另一种是欲望通过外在于自我的事物，诸如经济利益、婚姻规范、性别角色等组织起来。这两套语法帮我们阐明了性解放的核心悖论：从规范性限制和仪式性结构中解放出来的欲望，却阻碍了人们的情感选择。本章剩下的部分将探讨这两套语法。

求爱作为一种社会结构

人们尚未充分认识到，从传统的浪漫向 20 世纪 70 年代之后的性秩序的变迁，是从求爱[i]作为男女互动的主导模式，向一种男女交往规则完全改变的性秩序所转变的过程。在这种新的性秩序中，男女交往的规则变得模糊不定，同时又受到同意（consent）伦理的严格约束。求爱的消失其实是现代浪漫实践的一个显著特点，它标志着传统和当代的浪漫实践之间具有鲜明的差异。所以，求爱值得我们研究性与婚姻的社会学家做出比以往的研究更深入、持续的审视。通过考察传统的求爱行为，我想对社会纽带与欲望的那两套语法做一番比较，我会突出传统与当代之间的鲜明对比，从而大大简化对实际的前现代求爱实践的描述（因为性失范早在现代性之前就存在了；而在现代社会中，求爱也仍然存在于许多地方）。所以，我的研究策略有其局限性：它没能捕捉到一系列让过去类似当下的行为，也没能把握住过去是如何依然活在当下并塑造当下的。我很清楚这些局限，但我还是可以自信地认为，我的策略足够阐明求爱实践所经历的转变的性质，也就是情感主体进入社会互动的规则与方式的变化。要理解基督教主导的欧洲的求爱实践，就必须讨论对性的约束。实际上，对性的

---

i "求爱"（Courtship）代表了一种未婚男女以婚姻为目的进行交往的规范，因此在具有基督教色彩的语境中，这个词有时被译为"婚前交往"。

约束塑造了求爱的结构和内容。

前现代对性的约束

要理解基督教世界的性有什么特殊，我们或许可以简要地将其与古希腊世界做一个对比。在古希腊，性行为不是从关系的层面来理解的，也不是"反映亲密情感的共同体验，而是一种单方面的插入行为"[7]。性行为反映并表现了权力的关系与男性的地位。对年轻或稍微年长一些的男性来说，性行为就像战事行为一样，有"光荣"或"耻辱"之分。在这个意义上，性是被男性的政治法则与社会法则所组织起来的，并且是一个人公共地位和政治地位的直接延伸。正是基督教逐渐把性转变为一种异性恋的关系纽带，让它既表达也约束着主体的内在性，将性与灵魂的精神行为联系在一起。奥古斯丁定下了原罪的教义，让后世遵守。根据教义，淫欲的存在就是在不断地提醒着人类的局限性，因而淫欲就是原罪烙印在人类身上的永恒耻辱。[8]通过把性行为转化为诱惑的问题，转化为心中所犯的罪孽，奥古斯丁的教义也把性行为转移到了思想、意念、私人欲望的内在领域。性由此标志着一个人有德（或堕落）的"灵魂"的内容与边界，因而成为人的内在生命这片领域的核心所在，它被永不停歇地仔细审查和监控着，以满足把救赎押注在性纯洁上的宗教对信徒们的精神要求。在基督教中，性既具有深刻的道德意义（它是罪孽与拯救发生的场所），也具有深刻的情感意义（它是意念、情感与欲望发生的场所）。总体而言，爱与愉悦是实现美好灵魂的阻碍。[9] 教会逐渐意识到，它无法要求所有人都保持禁欲和纯洁，[10] 于是开始以婚姻这种自带节欲理想的制度作为一种妥协，并越来越多地以婚姻的要求来划定性的合法界限。[11] 如果性行为只有发生在已婚的夫妻之间才能算合法，那么通奸、婚前性行为就不可避免地成了非法行为。大多数欧洲社会都拥有"一套精细的司法系统，来惩治通奸者（adulterer）、私奸者（fornicator）[i]，还有妓女和生下私生子的人。成文法、习惯法、庄园和自治区的风俗，以及教会的法庭全都积极地维护着一套惩治非法性行为的规则，来禁绝这种绝对无法见容于世的公共罪行"[12]。对性规范的逾越其实相对来说比较常见，但这种行为被视为对整个共同体的威胁。当基督教全面掌控了性实践之后，性开始反映且包含了深刻的宗教意义。如"私通"等概念，就包含了对于人类灵魂本质的宗教信念，并且隐隐指向一些相当宏大崇高的问题，比如世界的起源，或允许性逾越的个体与群体的灵魂被罚入地狱或得到拯救的问题等。就像历史学家理查德·戈德比尔（Richard Godbeer）指出的："早期的美国人为性爱所烦扰，因为他们坚信，性行为真的体现了他们的身份认同和价值，无论是个体层面的还是集体层面的。"[13] 宗教对性的关注以政治斗争的形式在英格兰教会（英国国教会）中一再上演，而性是教会非常喜欢用来展现自己权威的阵地。[14] 美国建国之初，也是靠尝试管控性行为来与这个新生国家的政治动荡相

---

i 通奸指男子与非配偶的已婚女子性交，私奸指未婚男子与未婚女子性交。

对抗的。因此，对一个信仰基督教的人来说，性是他所栖身的整个道德世界、整个形而上世界的关键，因为是性把自我与包含拯救、救赎、堕落、原罪和灵修的一整套宏大叙事连接了起来。这种对性的观念深受神学信仰的影响，并从根本上受其制约，如婚姻结合的圣礼（sacrament）就是一个例子。而反过来，这一套宏大叙事又把自己转化为对基督教信仰者来说最重要的情感，比如羞耻、罪咎、诱惑和节制等。

18世纪开始，这种情况开始改变，对性的宽容放纵和世俗主义兴起，标志着与过去发生了"决定性的断裂"[15]。就像在其他领域一样，启蒙观念也给性带来了许多重要的改变，虽然它们并没有从根本上挑战性和身体应该被约束的想法（浪荡派的精英们是例外，他们确实挑战了这个想法）。大卫·休谟和伊曼努尔·康德也许原本在关于道德基础的观点上针锋相对，但他们二人都强烈反对松绑性道德。[16]康德甚至认为，性行为与道德是相互背反的，因为性行为所带来的愉悦会让工具主义（instrumentalism）玷污人们的关系。"性欲之爱让被爱的人沦为欲望的客体；当欲望得到满足，那个人就会像一只被吸干汁水的柠檬一样被丢到一边去。"[17]对康德来说，性欲之爱"不过是欲望而已"，而且"是人性的堕落"。[18]然而，康德理论最大的新异之处在于，他把性行为当作对另一个人类的侮慢，而非对神的亵渎，由此，他就把性从神学带入了人类道德的领域。19世纪那些浪荡派的精英和空想社会主义者们对自由恋爱的拥护，以及早期女权主义者对婚姻的批评，[19]都进一步质疑了教会对性的强力掌控。然而，虽然有越来越多的人在宣扬性宽容，但在完全进入 20 世纪之前，婚前性行为仍然受到约束（直到 20 世纪 60 年代，一位"名节有亏"的女性只能指望男方"负起责任"）。因此，在规范性秩序如此严格的约束之下，性往往要遵循求爱——这个年轻人参与浪漫互动的"平台"——所要求的明确道德和社会语法。

作为前现代的情感决策模式的求爱

求爱是一种正式的社会交往，围绕着家庭和教会施加的性限制而组织起来。在中世纪的法国，求爱是一位骑士（通常是领主的封臣）向一位贵妇小姐（有时甚至正是领主的妻子）做出的正式的仪式性行为。求爱融合了英勇无畏的男性修辞和虔诚而热情的宗教动机 [20]（在某些形式的爱恋中，求爱的对象甚至是死去的女性，比如彼特拉克和劳拉，或但丁和贝雅特丽齐）。[21] 欧洲的宫廷（court）建立起来之后，"courtship"这个词开始代表廷臣（courtier）在宫廷之中的行为 [22]，而后才有了更一般的意义——带着性／浪漫的意图，与一位女性进行的仪式性互动。[23] 文艺复兴时期以后，特别是 17 世纪和 18 世纪，法国宫廷中发展出一种关于殷勤（gallantry）的社会系统，就反映了"courtship"意义演变的过程。尼克拉斯·卢曼 [i] 把"殷勤"定义为一种"社会交往风格，

---

i　尼克拉斯·卢曼（Niklas Luhmann, 1927—1998），德国社会学家，社会系统理论的创始人。

既适用于欺骗和诱惑行为，也适用于真诚的求爱"。[24] 殷勤可以是社交的纯粹表象，也可以是异性交往的美学，它有自己的准则、规范和礼节。它偶尔会避开贞洁至上的观念。作为一种审美化了的互动，殷勤不一定是为婚姻做准备，而是反映着贵族复杂的礼仪规矩，有时甚至会演变为浪荡（libertinage）。

在新教国家，资产阶级对道德的定义拥有更强的掌控。在那里，性的约束对于婚姻的意义，对于人们感知社会秩序的意义，都更加重要。[25] 在新教国家，求爱并不是为了表现殷勤，而是更明确地与婚姻挂钩。所以，那里的男男女女在求爱的过程中展现了性的道德准则和宗教法则，以及与之相交织的，由他们的阶级所决定的情感表达的话语模式与行为模式。[26]

在 18、19 世纪的欧洲和美国，求爱反映了劳伦斯·斯通[i] 所描述的一种变化，即中产阶级与贵族中情感个人主义的兴起。[27] 过去，求爱可以在男女双方获得女方父母的认可之后进行，这代表了家庭原则上同意婚姻并允许这对年轻人发展情感的公开表达。随着社会个性化程度的提高，求爱转变为个人用来确认和探索情感、做出结婚（或不结婚）的决定所依靠的框架。在求爱这个社会框架中，双方根据他们通常知晓的关于表达、互惠或交换的规则，进行组织化、仪式化的情感互动。求爱的结果很明确，只有答应或不答应，但开始求爱这个简单的事实表明，双方都对婚姻感兴趣，求爱也促使他们共同朝向婚姻的目标迈进。在这个

---

[i] 劳伦斯·斯通（Lawrence Stone，1919—1999），英国历史学家。

意义上，求爱这个框架是为了做出决策，或者是为了确认要不要早早地开始探索以婚姻为导向的情感。

由此，我把求爱定义为一个结构性的社会框架，目的是做出决定，而这里的决定或是情感的（"我爱他吗?"），或是现实的（"我想嫁给他吗?"），或二者兼有。求爱包括一个开端、一套组织其进程的仪式化规则，还包括一个正式的结束（通常是从求爱进展到求婚，但有时也会进展到断绝联系）。因此，求爱是一种决策的文化技能，而要做出一个决定，依靠的是求爱这个社会框架所提供的各种程序——个体的内在性被固定于这套程序之中，并围绕双方共同知晓的规则而变得明确。也就是说，求爱是一种社会结构，在其中，行动者可以在增加确定性（以及安东尼·吉登斯所说的"本体安全感"[i]）的社会条件下，[28] 做出一个有风险的决定（是否成婚）。

作为一种社会形式，前现代求爱产生了确定性，这并非在于它能保证结果（虽然它确实有助于实现结果），而是在一种双重的意义上：一方面，它没有把未来变成一种问题（因为求爱的目的是被各方知晓且接受的）；另一方面，它依赖于一套明确的规则，这套规则把情感和互动组织为已知的文化路径。情感的确定性——解读自己和他人的感受，并遵循着一系列可预测的事件序列前进——之所以能够实现，是因为求爱是以目的论的方式围绕着婚姻这个目标组织起来的。

---

i 按照吉登斯在《现代性与自我认同》中的定义，"本体安全感"（ontological security）指的是人们对"时间上的连续和有序的感受"。参见：安东尼·吉登斯，《现代性与自我认同》，赵旭东、方文译，生活·读书·新知三联书店，1998，第274页。

确定性作为一种社会结构

德国社会学家尼克拉斯·卢曼把"确定性"当作社会互动的核心特征。在卢曼看来，复杂性和不确定性的减少，是社会过程的基本组成要素。[29] 与真理、金钱或权力一样，爱是一种沟通的媒介，帮助人们建立预期、选出众多决定中的一个、把动机和行动连接起来，以及在关系中创造确定性和可预测性。这种沟通的媒介所创造出的人物角色，反过来又会产出可预见的结果（卢曼给的例子是，要是妻子问丈夫"为什么你今天这么晚回家"这个问题，丈夫不会拒绝回答）。[30] 可预测性是社会互动的一个基本维度，可以在诸如仪式的社会过程里发现它。当互动被仪式化，它就会在行动者对某段关系的定义、他们在这段关系中的位置、开展这段关系的规则等方面产生确定性。确定性可以被描述为"一个人在各种社会情境中，描述、预测、解释某个行为的能力"。[31] 或者，从相反的方面来看，可以参照《布莱克维尔社会学百科全书》（*The Blackwell Encyclopedia of Sociology*）对"不确定性"的定义："一种不清晰、不明确，或矛盾的认知建构，会给人们带来不确定的感觉。"[32] 不仅仪式的清晰性可以产生确定性，规范的清晰性（清楚地知晓互动的规范、规则和在其中行动者要扮演的角色是什么）也会产生确定性，而这种确定性关乎人们对各种互动情境的定义，以及人们在某个给定情境当中的位置。确定性既是人的心理属性，也是互动的属性。能产生确定性的这种互动，是由什么组成的呢？

规范的确定性

规范的确定性（normative certainty）与人们在互动中感知到的规范和价值观的清晰度有关。在一场互动当中，越容易识别（无论是有意识还是无意识地被人们识别到）的规范，就越有力度，而那场互动也就越可被预测（例如，在第三次约会时，穿戴整齐就要比买花更可被预测）。

在完全进入 20 世纪以前，对妇女贞洁的保护一直都是传统求爱中最基本的准则之一。女性必须保护自己在性上的纯洁，而男性则要为任何违反性行为准则的越轨行为担负责任。[33] 比如，哲学家亚瑟·叔本华有一个妹妹阿黛勒，她思想开通，对哥哥一向全心崇敬。可当她发现哥哥居然让他们家的管家怀孕时，她气得写道："我觉得很恶心。"亚瑟逃跑了，但那个时期的规则和惯例要求，他必须"搞定"这个局面，而他只能（不合礼节地）求妹妹，替他给自己孩子的母亲施以金钱的援手，来代他收拾这个烂摊子。[34]

社会经济条件较差的女性往往是社会阶层较高的男性发起性掠夺（sexual predation）的受害者（比如，在她们以女仆身份工作的宅子里，这种情况多有发生），而且发起这种行为的男性大多不会受到惩罚。但由于性行为的规范为当时的道德准则，所以男人们必须表现出尊重这些准则的样子，这就意味着，有大量不合规范的性行为，或是被遮掩了起来，或是用婚姻的承诺甚至表面的婚姻来挡过去。例如，在17世纪早期的英格兰，"大量存在的婚前性行为并不表示普通人肆无忌惮地拒绝遵守道德规范，相反，它出于一种普遍的信念：双方一旦决定彼此相许，就能跨越不合法与合法性行为之间的界限"。[35] 就像一个人会通过弹琴、骑马、写信的能力来展示自己的修养一样，他也通过显示自己得体地尊重求爱的规则和在性上的节制，还有对行为规范的适当尊重，来展示自己的修养。数不胜数的例子可以显示，人们对合乎体统的行为规范的意识，已经内化于求爱之中了。

19世纪的约翰·米勒牧师（Rev. John Miller）和萨莉·麦克道尔（Sally McDowell）经历了一场漫长的求爱过程。在这期间，他们不得不克服许多障碍。1854年9月，此时他们还处在互通书信的最初阶段，米勒牧师在信中诉说了他对自己情感的苦苦求索："我用最轻、最匆忙的脚步，踏进了你私人历史的圣殿。在这座圣殿中，我诚惶诚恐，害怕做出什么品行不端之事来……我是出于如此痛苦的动机才表现体面的，而你一直对我那样好，认为我是主动想要举止规范的，认为我或许不可能会故意品行不端。"

"我真希望这就是事实，也祈求你把也许会怪我轻率不检的地方，归罪于我缺乏头脑。"[36] "痛苦的动机才表现体面"清楚地表明，这个男人宁愿让对方以为自己是傻瓜（"缺乏头脑"），也不想被她认为品行不端，缺乏尊重女性的得体举止和准则。所以，在浪漫互动中，表现出尊重社会规范的能力，对人的自我感（sense of self）来说非常重要。遵守由阶级与道德共同决定的特定行为准则，就表示他够格爱别人，也值得被爱。爱，完全浸没于规范性之中。

另一个例子：乔治·赫伯特·帕尔默（George Herbert Palmer）在追求艾丽斯·弗里曼（Alice Freeman）的时候，[37]女方对这段求爱的过程是否合乎体统犹疑不决。于是1887年，帕尔默写了一封信，来回应她的担忧："当罗伯特·勃朗宁（Robert Browning）迎娶伊丽莎白·巴雷特（Elizabeth Barrett）的时候，世人看到了一对天造地设的璧人，看到了新生活的富足，所以为他们感到喜悦。而我们也可以带给彼此新的生命，比他们的还要更登对更互补。世人也会感觉得到的。我们的自豪他们也会感同身受，那会是世人对我们结为连理的认可。我对世人的慷慨充满信心，相信他们有能力看到什么才是相配的，而不会认为我们的结合应该被批评。"[38]勃朗宁夫妇这对诗人爱侣选择了私奔，来抗拒女方的父亲不许她嫁给男方的禁令。而帕尔默在这里引用这段佳话，是为了安抚艾丽斯，让她相信，"世人"会对他们未来的求爱关系给予规范性的认可。这样的安抚表明，二人都深深在意世人的评判，都希望能获得世人的认可。情感是经由将外在的、规范性的社会评判内在化的过程而被体验到的（玛丽·劳里正是如此）。帕尔默并没有因为艾丽斯竟然担忧得不到社会的认可，而怀疑她究竟爱不爱他。相反，她的担忧和他的安抚恰恰证明了，他们都在试着把自己的情感锚定于他们共同知晓的社会规范之中，而正是这些规范构成了组织情感的正当途径。

存在的确定性

规范的确定性会带来另一种确定性，我称之为存在的确定性（existential certainty），也就是一个人能感知到，他的主体性与客体性（社会）经验是契合的。存在的确定性让人能够轻易地回答这样的问题：在这个情境里，我是谁？对我来说，谁是我的他者？由此，人们也很容易回应这样的问题：在这个情境里，我应该要为这个人做些什么？在求爱的系统中，性别分野和性别差异对这个系统的可预测性至关重要。求爱所针对的客体是一位女性，她必须决定是否回应由男方发起的情感或行动，因此在这个意义上，求爱的结构是被性别角色的截然两分所塑造的。就像简·奥斯丁在《诺桑觉寺》（*Northanger Abbey*）里借亨利·蒂尔尼之口说的："男人有挑选的便利，女人只有拒绝的权利。"[39] 一旦男人选定了求爱的对象，女人就得做出接受还是拒绝的决定了。再然后，求爱的过程就会沿着一条构建了情感交换、情感体验和情感沟通的路径走下去。女性是男性欲望的客体而非自己欲望的主体，这个事实是以截然两分的性别为基础的，而性别的两分反过来又实现了求爱的形式化。我们能够识别互动的意义框架，并且清楚我们在框架中的位置与角色——存在的确定性正是由此而产生的。它在阶级和性别界限非常明确且相对来说无法调和的互动中逐渐积累，从而让人产生一种"位置感"。

可以参考下面这个例子，看看一对得克萨斯州农民是怎么求爱的。1892 年，戴维·费恩（David Fain）给初识的杰西·布莱索（Jessie Bledsoe）写了这样的信：

> 亲爱的小姐，我希望你能原谅我的失礼，居然放肆给你写这封短笺，因为我曾以为，在离开谢泼德前能有机会与你再次晤面相谈。我要跟你相谈的事情非常严肃，需要我们都认真考虑，因为这是关于婚姻的大事。[40]

费恩还不怎么认识布莱索，却能这般迅速地把婚姻的问题摆上台面，正是因为他可以扮演男性的角色（男性是可以提出求婚的人）。在这个例子里，向她提议缔结婚姻，也是提议由她来照顾他（亡妻留下）的孩子。也就是说，求婚就等于提议一个明确的角色，让女性选择是否接受。所以，他这么迅速地提出结婚的问题，并不会有损他的男性特质或良好名声。

本体的确定性

在求爱中，第三种确定性的创造机制，蕴含于情感经由信物、礼物所组成的物质世界而被客体化的过程之中。情感虽然拥有传奇般的力量，却苦于自身流动性太强、太不稳定。在前现代的求爱行动中，交换（各种不等价值的）礼物和信物是对双方意图的标记和确认。礼物的重要性不在于它表达了自我的内在性，而在于礼物能约束一个人的意图和情感。历史学家约翰·吉利斯（John Gillis）曾谈道："［礼物的］给予者的意图与礼物是否具有约束力大大相关。"[41] 各种客体对于将关系客体化的过程来说意义重大，也就是说，客体对于记录关系的进度，确定关系的节奏，标示关系的开始、发展和立约等不同阶段，起了很重要的作用。举一个英国的习俗为例：求爱中的男女将一枚三便士的硬币一分为二，各持一半，作为代表双方约定的信物。如果求爱的过程终止了，双方都必须把各自所持的半枚交回来。[42] 也就是说，情感是在礼物赠予所创造出的实体化的物质性框架之内被组织起来的；情感获得了一种本体的客体性，而这种客体性源于关系被转化为客体的事实，这一事实使得情感拥有了实体的形态，变得客体化而外在于主体。安东尼·特罗洛普有另一部小说《你能原谅她吗》(Can You Forgive Her)，其中的女主角艾丽斯·瓦瓦索尔虽然与自己的表哥乔治订婚了，却没能让他看到任何爱的表示和关心的迹象。乔治对她表现出来的漠然很是生气，于是冲进她的房间，找到了某件东西，然后拿走了它，就好像那个物件可以替代她拒绝表达出来的情感，或这样做能多保住一点她对他的婚约一样。"人们相信礼物拥有魔力，所以送出一缕头发、几件衣服，哪怕一个吻，都是把自己置于另一个人的占有之下。"[43] 约翰·吉利斯对此进一步解释道，人们为了确定一个人是随便玩玩地勾引，还是真心地追求，大量使用了各种中介，作为对方言辞和行动的见证[44]；这些客体和见证之物构成了一个系统，将承诺、意图、言辞和感受铭刻或固定于其中，并将情感从主体的内在带到可以被双方和世人看见的公共世界中来。人们在这个公共世界中给出同意，就是把朋友转化为恋人，把恋人转化为未来的配偶。这表明，关系是通过礼物交换和物证的客体化系统操演性地建立起来的，而非经由主体内省（subjective introspection）和情感表达而建立。如果一个人终止了婚约，那他多半会退回或者送还原来收到的礼物，这说明客体交换的经济是有约束力的，因为它铭刻于外部世界中，从而使情感转化为有形实体，因而不那么脆弱易变。

评估的确定性

　　评估的确定性（evaluative certainty）在于有能力收集有关他人的可靠信息，或知道该如何根据既有的评估标准和规范来对他人进行评估，或是两种能力的兼备。在前现代的求爱中，要达成这个任务，就只能靠从贴近自己的社会网络中来选择未来的伴侣。"伴侣要么来自同一个村、同一个镇，或者工作的时候住在同一个地方。许多夫妻在结婚之前就非常了解彼此了，而这是通过他们所属的宗教团体或共同社群而实现的。当时的许多婚姻发生于住在同一个宅子里的仆人、学徒之间。"[45] 当时，大多数人都对他们的婚配对象很了解，要么是通过村子、镇子，要么是通过对方在共同体中传播开来的声名。在这种信息收集模式下，评估既是私人行为，也是集体的行为，而声名在择偶中起了很大作用。当然，这种信息收集模式并不比现代的、更加个体化的信息收集模式更加可靠。不过，进入 20 世纪以后，这种模式还延续了相当长的时间。

1932 年的一项关于住所的地域在婚姻选择中所起作用的研究，有一个相当让人吃惊的发现：在登记结婚的 1 万人中，有超过 6000 人婚前的住所与后来的配偶原先住的地方相距不到 20 个街区，而这当中更有超过一半的人，住得离对方只有 5 个街区不到。[46] 甚至到 20 世纪 60 年代末，空间上的同类婚制（spatial homogamy）——在居住于同地域的人群中选择伴侣——仍然是在择偶时最能预测到的因素，也是收集对方信息的一个工具，因为空间上的相近极可能意味着他们共享一个同类相交的（homophilic）社会网络。也就是说，哪怕在家庭不能直接控制择偶的时候，空间上的同类婚制依然可以确保，那个配偶的选择能够在为人所知的社会网络中追溯得到。这减少了评估的不确定性，也减少了规范的不确定性。哪怕个体的喜好在择偶中起了一定的作用——当然，个体喜好确实起了作用——喜好仍然依赖于邻近的社会网络，所以反过来又巩固了评估的确定性。

程序的确定性

程序的确定性（procedural certainty）关乎各种规则（rule），有了这些规则，一个人就能把自己的意图或参与的互动向前推进。规则与规范（norm）不同，规则与事情被完成的序列有关，也与把互动向前推进的能力有关。比如，在 19 世纪的资产阶级家庭里，广泛被实践着的"拜见父母大人"（calling）的做法，就遵守了一套礼节：某位男性有了向一位女性求爱的想法，要先把这个念头呈给女方父母定夺，征得他们的允许之后，他才能被接纳。我们可以通过居斯塔夫·福楼拜的《包法利夫人》（*Madame Bovary*）对法国 19 世纪地方风俗无比写实的刻画，来体会一下规则在求爱中起到的作用。下面的选段没有透露爱玛·卢欧和查理·包法利的命运，读者只知道查理生性羞怯，容易尴尬，而他已经看中了爱玛。查理的羞怯是一个很好的例子，让读者可以体会到，在行动者宣示自己情感的过程中，社会规则起了什么样的作用，也能让我们看到，这些情感是如何转化为决定的。福楼拜先描写了爱玛的父亲卢欧老爹，怎么看待这段她和查理的关系：

> 所以，看见查理挨近他女儿就脸红，这意味着有一天，查理会向他女儿求婚，他便提前考虑了一番。他觉得查理人有些单薄，不是他一直想望的女婿；不过人家说他品行端正，省吃俭用，很有学问，不用说，不会太计较陪嫁。何况卢欧老爹欠泥瓦匠、马具商许多钱，压榨器的大轴又该更换，他的产业非卖掉二十二英亩应付不了。他想："他问我要她的话，我就给他。"[47]

到了开口的时候了。

> 查理盘算，走到篱笆角落，一定开口。最后都过去了，

他嗫嚅道："卢欧先生，我打算同您谈一点事。"他们站住，查理又不吱声了。卢欧老爹微微笑道："把您的事说给我听吧！我还有什么不清楚的！"查理结结巴巴道："卢欧老爹……卢欧老爹……"佃农继续道："就我来说，我是求之不得。不用说，闺女和我是一个心思，不过总该问问她才好算数……"第二天，才九点钟，他就到了田庄。爱玛见他进来，脸红了，碍着面子，勉强笑了一笑。卢欧老爹拥抱未婚女婿。银钱事项留到日后再谈；而且他们目前有的是时间……[48]

在这个简短的场景中，哪怕查理那样情感木讷，爱玛的父亲也能立刻领会他的意图，由他来把查理的正式请求转达爱玛，而卢欧老爹的认可和转达才开启了求爱的过程——这整个过程能够实现，都是因为在他们所共同生活的世界里，每一方都非常明确地知道这个世界的规则。这个片段体现出，个体情感与公共习俗非常微妙且复杂地混在了一起。两位主人公在情感上虽然谨慎，但他们能解码他人隐蔽情感的幽微之处，也能通过人所共知的脚本和规则来推进自己的意图。查理的个人意志和求婚意图之所以能够实现，靠的是社会规则和习俗，他自己的情感可没有帮上什么忙。在这样的世界中，人们几乎不需要内在地审视自己的情感。从查理话都没说出口的脸红，到爱玛掩饰尴尬的勉强一笑，一切已然敲定，是因为在这个世界中，是社会规则在把社会互动和情感向前推进。使人们彼此连接的，是社会规则和程序，而非主体性的情感。

规则和程序之所以能向前推进，是因为求爱具有一种叙事结构，它就是一种需要历经不同的阶段和次序的体验。这便是为什么，情感交换相当可能依循一条叙事的进程前进。人们在求爱时是带着一种"方向"的感觉，一步一步地推进的，而正是这个互动的"方向"为互动的意义赋予了确定性，也给每个人应该要扮演的角色带来了确定性。"当时存在一套已经相当完善的事件序列一直通向婚姻，包括教会发布结婚公告以便征求社群的评论和意见。"[49] 求爱的叙事性或序列性之所以能够实现，是因为在当时，社会互动和情感紧紧地缠结在宗教的文化宇宙观之中，而这些宇宙观已经通过属于七圣事之一的婚姻，把爱与性神圣化了。

情感的确定性

由传统的求爱所传达的确定性还有最后一个方面，它与这样的事实相关：行动者们所采取的行动，给人感觉就好像他们既十分清楚自己情感的本质与强度，也能轻松地确知他人情感的本质与强度一样。与情感的确定性（emotional certainty）紧密相连的能力，是行动者能把情感转化为各种事件序列、叙事、目标和客体化的符号——它们都表达以及操演地引发了情感。情感是通过互动建立起来的，它也是互动的催化剂。哪怕只是发起一场求爱，通常也需要一个人投入自己全部的情感。比如在 1836 年，西奥多·德怀特·韦尔德（Theodore Dwight Weld），美国废奴运动的主要的推手之一，认识了萨拉·格里姆克与安吉丽娜·格里姆克，一对为女性不受男性残暴对待而抗争的姐妹。见了几次面之后，1838年2月，韦尔德写了一封措辞十分慎重的信，向安吉丽娜·格里姆克表达了自己的倾慕。他是这样写的："已经好久好久，我的整颗心都被你占据了。"[50] 短短几周后，当安吉丽娜同意他可以开始追求自己时，韦尔德又写道，他感觉自己"痛彻心扉，向你伸出手去，和你紧紧相依，不再分为你我，我们合而为一了"。[51] 在这个例子里，人们认为爱是一种能够被迅速知晓的情感，而且也是这样把爱付诸实践的。所以，爱只需要"告白"出来就可以了，而且通常是由男性向女性告白。这种告白构成了求爱的起点而不是终点，并且通常是男性的情感确立之后，女性才会被他求爱。当韦尔德在3月再次和安吉丽娜匆匆一晤之后，他马上就向她告白说，自己的情感"如在奔涌，就好像瞬间融入了你的情感之中"。[52] 他们二人只用了几周，就以一种精神性的、平等的婚姻为名，许下了终身的约定。我们可以参考另一个例子，这是1854年10月13日，萨莉·麦克道尔写给约翰·米勒的信：

　　它们［您的感情］重重包围着我，而我却全然不知它们的存在。我竟然唤醒了它们，这真是个奇迹，但也仍然是一个谜。可是，当它们现身的时候，我还是努力用尽各种善意来对待它们。这些年来，我听到过多次如您这般的请求，这是我第一次给出善意。直到此刻以前，出于我在前信中提及的那些理由，面对各种求婚的追求，我总是带着几丝惧怕而避之不理。但在您的情况中（原谅我说得太直白了，我不想被您误解）我没有逃避，不是因为我的决心动摇了，而是因为我对您的尊重，让我必须更友善地对待您，跟对别人不同。我觉得您太草率了。我不知道您是怎么在这么短的时间内爱上我的。您似乎被自己心中的一种感受占据了、征服了，而这种情感在第一次爆发的那一刻就会全部耗尽。可是，您的真诚又如此强烈，所以哪怕我不得不给您以打击，我都不敢显示分毫的严厉。[53]

从最开始，情感就被"告白"出来了，而一旦告白，它就会沿着一条当事诸人都早已知晓的路线行进下去，这让情感"告白"变成了一个重要的时间点。卡尔文·林德利·罗恩（Calvin Lindley Rhone）向得克萨斯州布雷纳姆（Brenham）的一所非裔美国人学校的女老师露西娅·J. 诺茨（Lucia J. Knotts）求爱，形式如同上面的例子一样，都是一种突然被击中的爱的启示。1886 年 5 月31 日，他给露西娅写了一封信，如此便开启了一段长达 19 个月的求爱之旅，并做出了婚姻的决定。他的信这么写道："你可曾想起我？露西娅小姐，我不必出口你也一定知道，我全心全意地爱着你。"[54] 许多 19 世纪的求爱案例都表明，在这个过程的开始，爱就被告白出来了，而且它是二人互动的起点，而非终点。所以，求爱一开始就告白，抵消了情感的不确定性。并且，情感的确定性往往构成了女性与男性互动的前提。通过宣告自我，男性可以增加赢取芳心的概率。安东尼·特罗洛普的作品为我们提供了19世纪英国中产阶级的求爱史可靠的资料。在他1867年的小说《克拉弗林一家》(*The Claverings*) 中，同样展示了一次"告白"的时刻。索尔先生向一直怀疑他意图的范妮·克拉弗林表明心迹：

> 是的，克拉弗林小姐，我现在必须继续说下去了。但我不是非要你今天就给我一个答复。我已经爱上了你，如果你也可以爱我的话，我会牵上你的手，让你成为我的妻子。在你身上，我发现了我爱得无法割舍、无法自拔的东西，甚至不讳言地说，我想永远据之为己有。你能考虑一下吗？认真考虑过之后，你能给我一个答案吗？[55]

在这个例子里，紧随告白而来的是婚姻的请求，这也是大多数告白的情况。她只能要么答应，要么拒绝。

以上所描述的各种形式的确定性，都源自求爱的一个关键的社会学特征——它具有仪式的结构。仪式与认知或表征无关。相反，仪式创造了一个动态的能量场，通过制定共同的规则并参与一个活跃的象征性现实，把行动者联系在一起。[56]和规范一样，仪式也定义了情感的强度、边界和对象。背后的原因涂尔干说得很清楚：仪式减少了不确定性和模糊性。[57]社会现实总有着失去秩序的危险，而一旦失序发生，就会让混乱和不可预测性进入我们的意识。仪式的存在，正是为了抵消混乱带来的危险。乔尔·罗宾斯（Joel Robbins）在回应罗伊·拉帕波特（Roy Rappaport）大量关于仪式的研究时，很有洞见地指出，仪式为"[它们所要传达的]信息带来了清晰性、确定性、可靠性和正统性"。[58]仪式中包含着可以为人们所预测的共同规则，这些规则强化且鲜明化了人们的情感，减少了自我觉知，并且增强了人们对所处情境的现实性报之以信任的能力。正是通过这些规则，仪式把人们聚集在一起。因为仪式是一种结构化的行为，它把注意力导向了人们互动的对象上，而非内在的自我。这就是为什么道格拉斯·马歇尔[i]认为，参与到仪式中的行动者，能体验到自己的意志：当注意力集中在某个外部对象上时，占据自我意识核心位置的，是和该对象的情感关联。与之相较，如果行动者自我观照式地把注意力放在情感表达的规则之上，则会让互动变得更加不确定，而且会让它变成双方拉锯的对象，而不是众所周知的路径会导向的结果。[59]此外，求爱的仪式具有高度叙事化和序列化的结构，这源于其自身具有的强规范性。哪怕求爱的基调是务实的、就事论事的，它还是具有一个根本目的，从而使得求爱的互动也具有高度的目的性，并且遵从稳定发展的序列。

总结一下：前现代的求爱是在一个符号性的、社会性的、规范性的框架内组织起来的；这种框架创造出的文化路径，让情感得以通过共同的规范和规则，以目的性和叙事性的方式被组织起来。当然，这些路径建立的基础，包括性别不平等，包括把性与

---

i 道格拉斯·马歇尔（Douglas Marshall），美国南阿拉巴马大学社会学教授。

罪等同的观念，包括法律崇尚的异性恋正统主义 [i]，还包括婚姻在经济地位和道德声名中所处的核心位置。这种形式的确定性无法与宗教父权制、性别不平等、性罪论分离开来。哪怕这种道德和文化的框架受到的拷问日益增加，但直到 20 世纪 60 年代，它仍然占据着主导地位。比如，美国哲学家迈克尔·沃尔泽（Michael Walzer）在和哈里·克赖斯勒（Harry Kreisler）对谈时，忆及 1957 年他即将远赴英国剑桥大学学习时的情景。他当时的女朋友朱迪想和他一起去，但她的父母坚决反对她去，除非他先娶她过门。[60]

卢曼认为，爱的关键就在于两种不同的主体性来创造一个共同的世界，并且爱是在固定的、已知的意义中展开的。[61] 但也许是卢曼没有太关注感情（sentiments）的缘故，他完全忽视了感情和爱的区别，也忽视了让这种感情发展的仪式。某些社会形式能使看上去可信的未来内嵌于互动之中，而当爱被组织在这样的社会形式中时，它就会产生出确定性。[62] 如果不存在一个能产生确定性的社会结构，爱自身并不能产生确定性。更进一步，求爱的消亡，包括与求爱相伴的文化与情感结构的消亡，肇因于传统上被称为性自由的东西，而它是在一个复杂的制度装置（institutional apparatus）中逐渐展现出来的。下一节将会考察确定性是如何崩溃，如何随着自由在道德与制度层面上占据主导，而转变为不确定性的。

---

i　异性恋正统主义（heteronormativity），指认为异性恋是唯一"正常"性倾向的社会认知模式。

作为一种消费自由的性自由

社会学家韦罗妮克·莫捷（Véronique Mottier）在《性存在》（*Sexuality: A Short Introduction*）中问道："我们又是怎样认识到性对我们的身份的重要性的？"[63] 我相信，对这个问题的答案可以概括为：我们的性，是作为自由的价值和实践而被我们活出来的，这种自由愈加强大，愈加普遍，已经在很多个领域中被制度化了。

我在第一章已经表明，我在这里所考察的一般的自由，以及特定的情感与性的自由，指的并不是那种指引民主革命的光辉的道德理想。[64] 我沿着福柯的进路，[65] 把自由看成一种不断重组限制与选择之间关系的制度化实践，看成诸多实践都在其中生发的一块领域，看成经济性、技术性、医疗性、符号性实践等各种新异多样实践的源泉。并且，自由绝非始终保持静态不变；它的形式与内涵都会演变，因为在不同的社会语境中，如在权利被剥夺的环境中，与自由和自主在道德和法律上都得到保障的环境中，它的运作方式是不同的。妇女与同性恋者在与父权制作斗争的过程中争取的自由，与在视频聊天室里玩在线性爱的自由就不相同［后一种自由并不包含什么政治或道德的意图，而只是为了镜像投射式（specular）的赏玩］。

性如何变得自由

看似逐渐从宗教中获得解放的过程，实则要归因于强大的经济力量和文化力量，这些力量慢慢隐蔽地改造了性的意义。最早出动改变性定义的社会力量，是在法庭上发力的。19世纪中期，把性当作私人事务，认为它不应受到公众的审视或作为惩罚的对象，这种观念已经开始流行。[66] "独处的权利"（the right to be alone）这个概念，就表达了这个已经深入人心的观点。"独处的权利"是美国著名律师塞缪尔·沃伦（Samuel Warren）和路易斯·布兰代斯（Louis Brandeis）在一篇题为"隐私的权利"（The Right to Privacy）的文章中提出来的："总的目标是要保护私人生活的隐私。"[67] 这个先例非常重要，人们用它来划定私人生活的界限，让性可以在界限之内远离社群的监视或监督。"独处的权利"在当时的人那里意味着：一个人有权使自己脱离他人的注目，有权处在一个免遭审视的隐私环境中。这个早期的法律概念——免遭审视的自由——为后来保障性自由的法律观点奠定了基础，也为这样一种文化观点铺平了道路，即性是个体私人选择的特权，因此是自由的。

现代性发展的历史上，另一个重要的转变是19世纪末性科学（sexual science）[i]的出现。从前人们认为，女人的身体只是男人

---

i 关于科学范式的性学（sexology）的简要发展史，及其与作为人文社会科学范式研究对象的性（sexuality）这两个概念的辨析，请参考黄盈盈、潘绥铭，"第一章：性社会学的发展史"，《性社会学》，中国人民大学出版社，2011，第3—13页；黄盈盈，"'性学'的滥用"，《性别、身体与故事社会学》，社会科学文献出版社，2018，第2—6页。

身体不完美的仿制品，是作为人类这个种属一般范本的男性身体的一种性器官内缩式的简化版。但性科学把男人和女人变成了在性与生物学的层面上本体迥异的生物。[68] 男女之间的差别变成了生物学的差别，刻写在他们不同的性别身体（sexed body）的物质实体上，昭然可见。这也为人们带来了一个新的观点，那就是性别不仅是不同的，而且是对立的。"男人女人现在截然有别，优劣互补。"[69]

如果性是一种生物驱力，那就意味着它是自然而然的，没有蒙染什么原罪。[70] 而如果它是无罪的，那就很容易把性身体（sexual body）想象成纵欲享乐之体，欢愉满足之场。弗洛伊德流派的革命也进一步推动了一些人把这样的观点奉为圭臬：性作为一种愉悦原则，虽然为社会所压抑，但无时无刻不在意识的潜流中暗涌，从而把精神分析的主体送上了一条征途，去追寻解放这种被压抑的愉悦。第三种大型文化力量，即消费者休闲领域，也开始把生物学的享乐身体变成自己要攻占的对象和目标。[71] 随着城市化的扩张和消费者休闲领域的兴起，性变成了一种娱乐，是为了快乐而不是为了生殖，在各种消费场所中探索和实现着"不被压抑"的自我。[72]

因此，我们可以小结一下性所经历的几个重大而且相互影响的文化变迁：经由法律领域，性被私人化了，变成了个体的特权；经由生物学对身体考察的观点，性被科学化了，也因此逃离了宗教的道德；最后，通过弗洛伊德主义，也通过消费文化，性身体被改造为一种享乐的单元。性变成了大众消费文化和视觉文化的中心主题，变成了对人（男人和女人）身体的科学研究的中心主题，也变成了艺术和文学的中心主题；[73] 它重新定义了良好生活的内涵——现在，性是要从社会规范的枷锁中被解放出来的健康自我所必备的一项基本属性。[74] 从 19 世纪到 20 世纪，这些变化不断发生着，而它们之所以能迅速在社会上波及开来，是因为它们至少一直在被各种社会文化精英实践着，甚至也许是宣扬着，哪怕在 20 世纪 60 年代以前就是如此了。这些过着"声名狼藉的生活"的名人包括：演员（离婚的英格丽·褒曼）、知识分子（西蒙娜·德·波伏瓦和让-保罗·萨特）、作家（D. H. 劳伦斯、F. 斯科特·菲茨杰拉德、亨利·米勒、弗拉基米尔·纳博科夫、阿那伊斯·宁等）、艺术家和先锋分子们，[75] 还有许多科学家（西格蒙德·弗洛伊德、阿尔弗雷德·金赛[i]、威廉·马斯特斯[ii]、弗吉尼亚·约翰逊和玛格丽特·米德[iii]）。他们都重新定义了自由

---

i 阿尔弗雷德·金赛（Alfred Kinsey，1894—1956），美国著名的动物行为学家，印第安纳大学性研究所的创建者，其出版的两本著作《人类男性的性行为》(*Sexual Behavior in the Human Male*，1948）及《人类女性的性行为》(*Sexual Behavior in the Human Female*，1953）以"金赛性学报告"的合称闻名于世。

ii 威廉·马斯特斯（William Masters，1915—2001），美国妇科医生和性行为学研究者。与其助手弗吉尼亚·约翰逊（Virginia Johnson）著有《人类性反应》(*Human Sexual Response*，1966）等作品。其故事 2013 年被改编成美国电视剧《性爱大师》(*Masters of Sex*)。

iii 玛格丽特·米德（Margaret Mead，1901—1978），美国人类学家和公共知识分子，其著作《萨摩亚人的成年》(*Coming of Age in Samoa*，1928）和《三个原始部落的性别与气质》(*Sex and Temperament in Three Primitive Societies*，1935）等研究了人类的性与性别的文化建构。

的性：一种典型的现代产物，一种自由而非罪恶的生物冲动，一种精英生活方式的迷人属性。这种全新的性的模式主要还是被电影演员、时尚模特和艺术家们，也就是那些公共关系和"美貌产业"的从业者们推动的，他们同时在休闲领域培育着消费者对性吸引力、美貌，以及对一种情色-浪漫生活的品位偏好。[76] 通过打造身体的外观与"外形"（look），他们设立并传播了一种同时囊括时装、性和休闲商品在内的新的性规范。

整个 20 世纪，一个越来越明显的事实是，为了获得魅力、吸引力，获得幸福与亲密，现在该轮到每一位个体来打造自己的性了。为此，消费文化提供了最主要的文化资源。它通过好几种方式达成了这一点。

消费作为性的无意识

从 20 世纪初开始，视觉产业（电影和广告）就在传送着美丽性身体的图像，挑动着观看者的欲望。通过视觉文化，性变成了自我基本属性的一项可以被观看的特质。性不再是一个人的内在最秘密的部分，也不再是一种只能在心理分析师私密的咨询室里才能被释放出来的羞耻认同，而是变成了一种视觉的表演，附丽于为众人所见的消费对象之上，而不是栖身在（罪恶的）念头和欲望之中。[77] 这样的性以消费品为介质（如时装或化妆品），并经由对故事和图像的消费（如在电影院中）被展演出来。性表现为一种行为的视觉体制^i，通过各种消费品公开展示的具有性吸引力的身体图像而为人们所消费（参见第四章）。性吸引力把性层面的吸引力和消费层面的吸引力混为一体。在 19 世纪末出现的视觉消费领域，因其把性身份转化成了以消费品 78 为媒介的视觉表演，把性解放转化成了以一系列视觉能指、符码和风格为标志的文化实践，而在整个 20 世纪获得了非比寻常的文化力量与经济能量。并且，性接触越来越多地发生在休闲消费的场地，变成了一种非直接的商品，通过一系列直接的消费行为（如在酒吧、舞厅、夜店、餐厅、咖啡馆、度假区、海滩等场所中的消费行为）被人们消费着。

性还以第三种方式变成消费文化的一个元素：性在脱离了宗教的约束之后，就意味着空出了一个让性指导（sexual guidance）可以兴盛发展的市场空间。性指导市场大体上可以分为四大类产业：第一种，治疗-药物服务产业［在心理治疗、性学（sexology）和药物辅助等方面提供服务］；第二种，用于帮助或增进性表现的性玩具产业；第三种，广告与电影产业综合体，这个产业为性态度、性诱惑、性行为、性互动提供指导；第四种

---

i　视觉体制（scopic regime），或译"观视机制"。最早是电影符号学者克里斯蒂安·麦茨（Christian Metz）在《想象的能指：精神分析与电影》（*The Imaginary Signifier: Psychoanalysis and the Cinema*）中提出的概念，后被视觉文化研究者马丁·杰伊在他的著名文章《现代性的视觉体制》（*Scopic Regimes of Modernity*）中阐发，指围绕作为现代社会主导感官的视觉而建立起来的一套文化规则，它不仅影响人的认知活动，更是作用于文化和社会实践。

产业则是色情业，它以最明显的方式使用着男女裸露的性身体。所有这些产业同时为性"解放"着、塑造着、供应着新的视觉指南。对治疗师们来说，自由的性现在是身份认同和心理健康的一项指标，要通过仔细检查一个人的心理状态来精心打造。对视觉产业综合体的从业者来说，不受约束的性能帮助他们创造更多视觉内容，能通过把软色情和诱人的消费品的景观（spectacle）结合在一起，来丰富电影的情节与叙事。[79] 对性玩具产业来说，要增进人们的性，只不过就是使用物品或技术设备来增强性愉悦和性表现的问题而已。而在色情产品中，性兴奋本身就是那个商品。在这些市场中，性变成了人们为了实现自己的幸福和愉悦而去消费的商品。

性与消费文化无缝衔接在一起，通过那些在诱导出性情绪（sexual mood）方面开始起重要作用的文化客体，共同化了人们的实践。约翰·加尼翁（John Gagnon）在他对"一战"后性欲望转型的研究中，（无意中）描绘了这个景象：

> 这几十年同样也是欲望的全新社会形式被创造出来的时期，对年轻人来说尤是如此。独立的女孩子们露着大腿、剪着一头短发；年轻人跳着爵士，又跳起摇摆舞；两对情侣一边在车里搞着四人约会，一边听着格伦·米勒（Glenn Miller）和盖伊·隆巴多（Guy Lombardo）的音乐；还有偷偷地解开扣子、互相爱抚，禁忌又危险，却能给人带来微妙而强烈的愉悦和紧张——这些都是这一时期的发明。[80]

加尼翁这里展示的性、性欲望、性解放与消费客体交织在一起，且都是由消费客体所诱导、引发出来的，这些消费客体包括裸露的腿、短发、爵士歌手、收音机、汽车等，它们都笼罩在一种情欲的氛围之中。在1968年的动荡[i]之后第二年举办的伍德斯托克（Woodstock）音乐节就是一个例子，说明了"酷"的、解放的文化商品，是如何与性关联在一起的。

20世纪60年代以后，市场上"固态"的、标准化的商品已近饱和，资本主义面对着要扩张边界的需求，此时，在构建情欲氛围的任务上，客体的重要性愈加突出。资本主义靠着将触角伸向人们的自我，伸向亲密生活，伸向情感，得到了扩张，而自我、亲密生活和情感全都开始变得高度商业化了。[81]沃尔夫冈·施特雷克这样论述道：

> 社会生活的商业化……旨在将资本主义从分水岭年月[ii]之后出现的市场饱和这个幽灵的手中拯救出来。……20世纪70年代和80年代也是传统家庭和社群的权威急速失落的时期，这给市场创造了机会，来填补这个迅速扩大的真空，而当代的解放派理论家们还曾误以为那个真空会开启一个自主和解放的新时代呢。[82]

---

i　指20世纪60年代末发生在西方社会的左翼运动。

ii　施特雷克原文指的是20世纪60年代末70年代初。

经历了从福特主义消费经济向后福特主义消费经济的缓慢变迁[i]，得到解放的性通过使用描绘着真实的、有趣的、"酷"的和愉悦的图像和理想，扩散到了大多数社会阶级。性作为最关键的文化价值和文化实践，把各种"真实的"解放方案与社会生活的商业化连接起来。[83]"解放"变成了一个消费的细分市场，一种消费的风格。比如，美国女权主义活动家苏茜·布赖特（Susie Bright）写过一本性回忆录，讲述了她在 20 世纪 60 年代之后的性觉醒。讲到 90 年代时，她写道："去年夏天，在木板路上，最时髦的就是穿着紧身白裤子，留着一大蓬头发（或不留头发），胸前的文身一直延伸到乳沟里面去。不是每个人都'漂亮'，但差不多每个人都很性感。我都感受得到空气里弥漫的骚劲儿。"[84]美丽不是谁都有的东西，因为它是娘胎里带来的，但性感却是人人都能做到的，因为它只关乎着装风格和身体上的印记。在媒体和广告文化，还有时尚和美妆产业无远弗届的影响下，消费欲望通过性欲望流转；反之也是如此，性欲望是固定在客体之上的（见第四章）。苏茜·布赖特在她的性宣言里还提到：

> 我在收音机里听到的排行榜前四十大金曲要远比一百张裸图更加性感。摇滚乐就是性爱，那些我迷得不行的小说和

---

i 即从消费高度专门化的流水线机器设备结合半熟练技术劳动力所生产的标准化产品，向消费灵活化的机器设备结合广泛熟练技术劳动力所生产出来的多样化、个性化产品的转变。

电影也是，因为这些东西确实具有性的创造力，而它们的创作者们，在第一次冒出灵感的瞬间，那种被击中的感觉大概跟我一样。[85]

牛仔裤、音乐、媒体上传播的图像都在性化着男男女女。所有这些客体在一种解放和自由的氛围中相互配合，发挥出了协同的效应。客体被情欲化了，而情欲又依附在消费客体上流通开来。布赖特在此展示了文化制品和消费制品与性爱和性感紧密交织的状态，二者的结合又产生出了新的性氛围与文化氛围。

性为资本主义的扩张提供了非比寻常的机会，因为性要求人们无休无止地自我打造，而且为创造性感氛围提供了无穷的可能。性是一个文化平台，通过它人们可以消费"固态"的、标准化的商品［例如胸罩、内衣、万艾可（Viagra，即伟哥），或保妥适（Botox，即肉毒毒素）］，体验类的商品（例如咖啡馆、"单身"酒吧，或裸体爱好者聚会的天体营），更加不依靠实体的商品（例如为增强性体验和性能力所给出的治疗建议），视觉商品（例如女性杂志或色情制品），还有用来诱发性感氛围的我所谓的"氛围感商品"。于是，性变成了一种多样态的消费客体，同时充斥于消费文化和私人的身份认同这两个层面之中：它是一种在媒体产业里广泛传播的展示美丽自我的图像；它是一种有求于玩具、专家建议或药品的能力；它是一种在消费场所里展演的实践；它还是某种依赖各式各样消费客体的自我打造。简而言之，性是一项消费工程，它的目标是通过各种各样的消费实践，来实现一个人最深层次的自我和人生规划。有趣的是，并非性成了消费文化的无意识，而是消费文化成了构建性的无意识驱力。

作为道德的性，作为权力的解放

韦罗妮克·莫捷指出：

> 由左翼弗洛伊德学派发起的、将性从资本主义和父权制的压迫下解放出来的呼吁，对20世纪六七十年代出现的左翼和女权主义运动，以及各种新的促进性能量释放的性爱疗法有着深刻的影响。它再现了对性存在的生物模型的理解，即性是一种被资本主义社会所压制的自然力量。[86]

这种对性的革命性理解给社会造成了广泛且深远的影响，在经济和家庭组织这两个层面上尤其如此。性革命的目标，在某些拥护者看来，是"使妇女摆脱生物学的压迫，终结核心家庭，回归多形态的叛道之性，允许妇女和儿童在性方面为所欲为"[87]。异性恋家庭，这个由男人掌控、女人只能屈居厨房里或摇篮边的体制，被视为妇女所受的压迫和她们的错误意识的来源。[88]冲在性斗争前沿的女权主义活动家们，呼喊着"性自由、女同权利、生育控制、自愿终止妊娠、免于性恐惧的自由"[89]等各项主张。

在整个20世纪，性自由的主张得到了各种社会行动者的有力肯定，这些人包括性学家、精神分析学家，还有时尚产业和视觉媒体的从业者们，如演员、艺术家等。但"性自由"之所以能渗透到消费者行为中，是因为女权主义者、性自由至上主义者和性少数群体们对性有两大要求——平等与自由，而这正是现代道德的两个关键价值。于是，性也由此成为道德的一个关键方面。所以，性变成了一项具有政治与道德意义的工程，变成了自我认同——既是道德层面上的自我认同，又是消费层面上的自我认同——的一个关键主题。性自由在当代的一位拥护者，德国性学家和社会学家库尔特·施塔克（Kurt Starke）就性自由如何变本加厉地占据自我的中心舞台，给出了一个恰当的例子：

> 人类不需要任何禁止，也不需要任何强制。人类什么都不需要，只要自由的空间就可以了。而那其实也正是我在研究中一直不懈争取的。我得到的结论让我感受到人类拥有如此不可思议的渴望：他们多么不愿意给自己的情感踩下刹车，而是希望它们继续发展下去；他们多么渴望自己变得脆弱，因为没有受到伤害的脆弱是美丽的；因为当人们被允许拥有混乱的情感、被允许表现得软弱，当温柔的人比残酷的人拥有更多的机会时，那真是再美好不过的事了。社会必须被组织起来，让人类得到保护，这样他们才能活成上述的样子。[90]

施塔克描述了自由的性怎样彻底重塑了人们对自我和社会关系这两个概念的理解。因为性自由关涉着社会的许多方面，不必花太长时间我们就能感受到它的影响：

> 1963 年，就校园中发生的随性约会（casual dating）[i] 中性行为的规范模式而言，有 65% 的受访者认为局限在"搂抱拥吻"（necking）的程度以内是合适的、预期中的。还有另外 23% 的人表示，约会中出现任何形式的性行为都是不合适的。而到了 1971 年，虽然占最大比例的受访者仍然认为合适的规范标准是搂抱拥吻，但已经有相当一部分人选择了更进一步的选项，比如轻度到中度的爱抚。到 1978 年，选择搂抱拥吻的已经降到了三分之一，轻度到中度爱抚现在是选择人数最多的选项。[91]

婴儿潮一代改变了婚前性行为的模式，从 20 世纪 70 年代开始，他们主动发生婚前性行为的趋势就持续增长。[92] 主动的婚前性行为已经是年轻男女乃至青少年生活的一项寻常特征了。

道德与政治层面上的性革命让性变成了女权主义斗争的头号阵地，而对性的态度也把女权主义者们划分成了性自由至上主义者（想要增加和肯定各种形式的性快感）和性怀疑主义者（性对其来说仍然是一片男性统治的领地）[ii]。但无论这些争论的具体

---

i 即相对于确定了关系的稳定约会（steady dating）之前的交往阶段。

ii 在美国的脉络中，这两派通常译为"性激进派女权主义"和"反色情（支配论）女权主义"，而在台湾地区的脉络中则是"性权派"和"妇权派"。参考黄盈盈、张育智，"女权主义的性论述"，《社会学评论》，2018 年第 6 卷第 6 期，第 71—83 页。

内容是什么，大众媒体已经抓取了一个被解放了的强大女性的形象，利用这个形象改造了一条重要的女权主义信息：一位解放的、强大的、积极的女性，在她自己的身体与性之中，是能活得自如自在的，而她的这个形象是通过消费品展现出来的。20世纪80年代和90年代，尤其是90年代，广告［如维多利亚的秘密（Victoria's Secret）[93]］、电视剧［比如《欲望都市》(Sex and the City)］和电影［大银幕的例子有无数个，读者可以参考1983年的电影《饥饿》(Hunger) 中，苏珊·萨兰登（Susan Sarandon）和凯瑟琳·德纳夫（Catherine Deneuve）女同性爱的名场面］都把性作为展演"女子力"（girl's power）的场所来呈现，这样就把权力与性等价了起来。广告和流行音乐越来越多地使用半遮半掩的身体来推销各种产品，从金曲到女士内衣，从旅游景点到车辆等。[94]媒体产业改造出了一种片面或扭曲版本的女权主义，把性平等和性自由等价于购买力和对性的公开展览，因而在对性的宣扬上，媒体业的贡献举足轻重。[95]由此，女性的身体不再是直接受男性规训和控制的场所，而是变成了她们自己通过消费自由来体验与践行其能动性的场所。著名的美国电视剧集《欲望都市》（从1998年到2004年间播送）就通过这种以市场为媒介的自由的性，来展现这种后女权主义的方程式（即女子力等于购买力）。这部剧向世界展示了这样的景观：女人的经济实力越来越强，性的探险越来越多，而她们嵌入美容、时尚、化妆、瘦身、体育和休闲产业中的程度也越来越深。《欲望都市》反映的现实，是当女性张开一次怀抱，就能同时拥抱性自由和消费自由。它也反映出这样一个事实，即性接触越来越类似一个市场，一个由竞争主导、由需求与供给来确立价值的社会舞台。[96] 在性接触的市场中，中高等社会阶层的男性开始在不知不觉间巧妙地掌控了性的领域——不是通过直接控制女性的身体，而是通过性自由。正如读者在接下来的三章将会看到的那样，父权制与资本主义紧密交织，并且靠着对女性高强度的性化，靠着不经心性爱的普遍化，靠着人们对美貌的迷思，靠着对女性的性吸引力需要遵守的越来越强力的规范，[97] 靠着男女在浪漫和性的领域中所占据的不同位置——靠着以上所有这些视觉资本主义（scopic capitalism）的要素，来施加其牢不可破的掌控。这种视觉资本主义的定义是，它从身体的景观和视觉展示中榨取剩余价值。要理解性的变迁是如何与资本主义企业所部署的各种文化力量的新工具携手并进的，视觉资本主义非常关键。

一条社会与性的新语法

与性的解放相伴而来的，是法律的变化，这些变化赋予了女性更多权利，赋予了女性的身体更高的自主性和更强的能动性。[98] 这场法律和政治的革命所仰赖的基础，如我们在上文所见，正是经济的革命[99]，在这场经济革命中，消费市场大大渗透并重组了人们的身份认同与自我观念。[100] 由于性自由主要是在一系列具有里程碑意义的司法案例中得到重组的，而这些案例所高举的大旗是"消极自由"——人们在自己的卧室里可以为所欲为，所以性自由成为了消极自由（在不损害他人的前提下为所欲为）的一个载体。通过阿克塞尔·霍耐特所说的"反思自由"（reflexive freedom），消费市场（后来又得到了技术的助力）和心理治疗就能占据并殖民消极自由所开辟出的空地。[101]"反思自由"要求行动者去思考自己想要的究竟是什么，去审视自己的意志。它关乎欲望和主体性的自我决定、自我实现。霍耐特认为，反思自由分为两种：康德理性主义的反思自由（它追问自己：是否依循理性的目的，是否争取达成自主），和黑格尔浪漫主义的反思自由（它追问自己：是否表达出了真正的自我）。以社会学的角度对之考察可以发现，浪漫主义的反思自由已经在消费市场及其各种技术化身中被强有力地组织起来了（使真实的希求、欲望、冲动、需要能够无穷无尽地得到表达）。而理性主义的那一面，则体现在心理治疗之中——在自主性的理想的指引下，心理治疗所构成的庞大制度组织起了人的意志，并对其做出仔细的审视。而消费市场与心理学结合在一起，就拥有了一种强大的力量，这种力量很类似彼得·布朗（Peter Brown）归诸基督宗教的力量。布朗笔下的那种力量能让"意志战胜宇宙"，[102] 而心理学和消费市场则用"（个体的）欲望"替换了布朗所说的"意志"，让性欲望成为其他各种形式的欲望的根源模式，让性本身具有了道德层面的意义，并提供了一整套的技法和实践给人们去解放和完成性欲望。作为女权主义者和同性恋者最主要政治阵地之一的性，却变成了一片在政治上无比混乱的阵地——它既是铲除父权制之根基的场所，又是陈列各式各样消费行为的转盘。这些不同的社会力量改变了性在亲属关系、婚姻，以及比它们更广阔的自我概念中的位置。

性革命的第一个重大影响，也是让这个词在哲学意义上真正具有现代性的，是它彻底地转向了内在性（immanence）。性革命让性摆脱了亲属关系的系统，摆脱了将性与宗教绑定在一起的那种宇宙观。亲属关系的规则定义了世系，定义了人的祖先后代和各种亲缘族属。但更关键的是，这些规则将性绑定在文化上，让生物学在决定各种亲疏远近的关系时只扮演次要的角色（如在有些部落中，孩子母亲的兄弟也被视为孩子的母亲）。[103] 马歇尔·萨林斯（Marshall Sahlins）把亲属关系定义为"人的相互性：本然地关涉着彼此存在的人们"。[104] 在这个意义上，受亲属关系的规则所约束的性，就处于一个相互性的系统内部，并由这个系统组织起来。不止如此，就像恩里奇·波克雷斯（Enric Porqueres）和热罗姆·维尔戈（Jérôme Wilgaux）所指出的那样，"信奉基督的人们，通过阅读'保罗书信'（Epistles of Saint Paul）以及同时期犹太人的《塔木德》（Talmud）而严肃地相信，夫妻二人由性爱合为'一体'"。[105] 这里的合为"一体"既是一种比喻，也是字面意义上的两个身体的结合。[106] 前现代的基督教对性的观念将灵魂与身体的结合奉为圣事。作为圣礼的性所表达的，是人们对那个将他们彼此联结起来的文化宇宙的参与。

让性脱离亲属系统，也就是脱离大多数的内婚制规则，脱离想象男人、女人、性和宇宙共同形成一个统一体的宇宙观念，脱离认为已婚配偶的身体合为"一体"的认识，由此，"自由"或"解放"的性就创造出了一个新的内在层面，在这个层面上，人的性身体成为其本身自我指涉（self-referential）的参照点，与其他人、其他身体断开了连接。如果性曾经是一种"自然本能"，那么性身体就能成为纯粹生理学的身体，受荷尔蒙和神经末梢控制。它在科学的理性凝视下，经历了自然所经历过的同样的过程：它所具有的那些把人格性（personhood）连接到更宏大的宇宙观或关乎自我的道德概念的意义全都被清空了，身体变成了一种物质，但它同样被赋予了自身的能动性，并以实现自身的愉悦为目的，而它自身的愉悦现在被视作一种生物力量（或一种驱力），一种独立的个体所具有的属性。说得更确切一点，这种自我指涉的性身体，在消费市场和心理治疗为之提供的本真性、愉悦和自我肯定中追寻着意义。

性革命开启的第二项变革是，人一生中伴侣的数量显著改变了，性体验和性探索成为不同社会经济群体中的许多人乃至大多数人重要而独立的一个面向。历史学家巴里·雷伊（Barry Reay）这样描述道：

> 我们必须注意，道德和实践都会因时而变。……怀默霆（Martin King Whyte）《1984 年底特律地区调查》发现，1925—1944 年出生的那一批女性，（平均）约会过 4—7 名男性；婴儿潮一代、在 1945—1964 年结婚的那一批女性，约会过 10—14 名男性；而最年轻的一批、在 1965—1984 年结婚的女性，大约有 12—15 名潜在的婚前性伙伴。各组中婚前发生过性行为的比例，从 24%（1925—1944）一直到 72%（1965—1984）。但如果我们将最后一组再细分的话，这个比例就变成 56%（1965—1969）、67%（1970—1974）、85%（1975—1979）和 88%（1980—1984）了。[107]

也就是说，婚前性行为越来越正当化了，并且从拥有第一位伴侣到选出固定配偶之间的时间跨度越长，人们倾向于积累性经验的可能性就越大。[108] 这意味着人们现在认为，性就等于积累性接触、约会许多性伴侣的经验。在这个背景下，性也就变成了地位和能力的一种新的表现形式。虽然在过去，贞操是社会声名和社会价值的指标，并且具有平等主义（equalitarian）的性质（在所有处女的贞操都是等价的这个意义上），但如今的"性感""性表现"

成为一个人在性领域中所处位置的标志，而性领域中的等级和地位的分布是不平等的。

性革命带来的第三大影响是，它在三种不同的文化逻辑、制度和话语——婚姻市场、情感体验和性实践——之间，从内部让浪漫邂逅分裂了。情感的、婚姻的、性的文化结构分别存在于不同的文化层面上，每一种都具有不同乃至相冲突的现象学结构和规范结构。比如说，在性市场上，一个人可以和别人发生性关系，而不认为自己有道德义务和那个人保持联系；但在情感和婚姻市场上，人们则更有可能为自己的行为负责。[109] 情感、婚姻、性这三条路径的自主化，意味着性本身已经变成了一个自成一体的行动领域，独立于情感交往或家庭生活。这三个不同的行动领域，虽然彼此相互关联，但仍然遵循着各自的文化逻辑，而用法国社会学家吕克·波尔坦斯基（Luc Boltanski）和劳伦·泰弗诺（Laurent Thévenot）的说法，这每一个行动领域形成了一套"行动机制"（regime of action）。[110] 情感邂逅与性接触分裂成不同的行动机制，是性自由带来的主要影响。性自由带来的另一个巨大影响是，它让男性和女性的互动变得更加不确定了（我将在第三章进一步讨论）。虽然男女都拥抱了性革命，但这场巨变却把他们扔上了以社会学的视角来说截然不同的道路，从此用不同的方式来把控情感、婚姻和性（参见第四章、第五章）。就像人们常常说的那样，男性一般要比女性更容易将性与情感分别看待，而女性一般认为自己拥有远远超过男性的情感能力（参见第五章、第六章）。

最后，性自由的出现，要求人们先拥有自由意志，能够达成社会关系的契约式定义，并能重新界定性道德的内涵。性自由主义者盖尔·卢宾（Gayle Rubin）认为，对性来说，道德层面最大的邪恶，就是不平等和双重标准。卢宾将传统的性道德比作种族主义的意识形态，认为它让某一个群体可以宣称自己占据性美德的高点，而把不具有那种美德的人贬斥到一种低等的、道德上具有威胁的地位。卢宾提出了一种性道德的替代方案：

> 民主的道德应当用下列标准来评判性行为：伴侣对待彼此的方式，相互关心的程度，有没有强迫性，以及性所提供的愉悦的次数与质量。无论性行为是同性恋的还是异性恋的，是一对一的还是群体的，是裸体的还是穿内衣的，是商业性的还是不要钱的，是被录像的还是没有被录像的，都不关道德的事。[111]

卢宾对性道德的重新定义，很好地反映出人类的性在20世纪70年代以后所经历的历史性变革，这个变革带来的影响所向披靡：通过引入微弱的、程序性的规范性，它把性与浪漫的阵地从也许可以形容为严密的规范性中解脱了出来。严密的规范性里包含了细节繁复的故事和规例，它们把人的行动定义成好的和坏的、道德和不道德的、纯洁和不纯洁的、可耻的和值得歌颂的、品行端正的和卑鄙下流的，从而把人类的行为与同样包含好坏善恶的文化宇宙观、宏大的集体叙事（比如原罪或性善论这样的叙事）联系在一起。反之，微弱的、程序性的道德则赋予个体选择的权利，让他们来决定个人偏好所具有的道德意涵，并且将重点聚焦在规则和程序上，以确保尊重个体的精神自主与身体自主。因此相对来说，它对每种行为的道德含量不加过问，而是根据各种行为有多尊重主体的自主性、有多尊重主体体验愉悦的能力来评价它们。虽然性很明显依然是激烈的道德、政治、社会斗争的焦点，但斗争的重心已经转移了：困扰当代人的不再是性的纯洁或罪恶的问题，而是有关性平等、性同意的问题，如强奸、堕胎、色情业、性骚扰、少女怀孕等，这样的问题变成了社会公共讨论的核心。关于前文中论及的关键产业中女性身体形象的约束问题、性骚扰问题、约会强奸的问题等，往深里说，都是关于同意的问题（女性是否能够／应该同意涉足那些贬抑她们或商品化她们的产业和实践？在性交之前，究竟一个人要把取得许可的请求说得多明白无误？）。"同意"的问题源自一种基于身体的认识论（因为身体是独立的，所以是不可侵犯的），并把关系视为一连串的接触，因为从原则上说，在每一次接触中，都必须确保同意。把同意设定为最主要的伦理话语，意味着约束性的主体间性（sexual intersubjectivity）的道德与伦理话语经历了一场深度变革，并对各种关系的进入过程产生了深刻影响——进入关系的基础开始变成主体的意志和欲望（参见第五章）。

被消费市场和互联网科技所恢复的性身体的内在性、以性经验的积累为基础的经验范畴的形成、异性恋的性接触在不同路径上的分裂、向基于同意的程序性伦理的转变——处在性解放进程当中的这四大变革，构成了异性恋关系形成的一片新的阵地。所有这些变革都让性被市场的价值、词汇和语法高度渗透，让它变成了一片自我肯定的领域，变成了男女之间斗争的阵地。

性的这些特点与变化都把性互动中的仪式属性剥离掉了，让性关系中弥漫着不确定性和消极的社会性，在这种消极的社会性中，男男女女频繁又迅速地从关系中抽身而退。在接下来的几章中，我将对让性的社会关系转变为我所谓"消极"的机制，做出更细致的分析。

第三章

搞不懂的性爱

他总是把身边的女人换来换去，因为他总结出来，只有第一次接触才有意义：他是甩掉女人的专家，熟练掌握了这门专属现代人的技艺。

——伊莱娜·内米洛夫斯基（Irène Némirovsky）[1]

几乎没有哪个文化工程像性自由的工程一样，进行得如此彻底：它让性爱脱离了罪恶和羞耻，并且在心理学家们的帮助下，让性变成了情感健康和幸福的代名词。而它也是一个为了实现男性和女性、异性恋和同性恋之间平等的工程。[2] 因此，从根本上说，它是一项政治性的工程。此外，性自由也让性愉悦本身获得了正当性，[3] 从而把享乐的权利，也就是为了实现良好生活，个体有权享受性愉悦的观念，植入了人心，让它变成了一种广泛传播的文化意识。最后，性自由变成了本真性文化的基本组成部分，也是自我的本真化实践必要的一步，而这是基于这样的逻辑：性揭示并且体现了一个人最真实的自我。[4] 但是，是什么让性自由在当下成为如此普遍的文化结构呢？原因就在于，性自由是被经济领域僭占的，也是在经济领域中演成的。通过经济，性在操演中得到了实现，而经济反过来也是通过性在操演中达成了自己的目标。经济的实践已经融汇于性化的自我和性化的操演之中了。

工业资本主义的基础是工厂和家庭，二者分别是组织经济再生产和生物再生产（繁殖）的中心支柱。[5]上一章讨论的求爱的制度体系，是资产阶级家庭总体社会化过程的一部分，而资产阶级家庭正是作为工业资本主义背后的支柱而出现的。家庭训练个体培养资本主义工作场合所要求的那种克己、节制、合作的精神，为他们参与资本主义生产做好准备。"二战"后，尤其是在最具决定性的20世纪60年代以后，资本主义文化的一个重要层面发生了转变。吉尔·德勒兹（Gilles Deleuze）指出，资本主义"不再是为了生产，而是为了产品，即为了销售和市场"[6]。德勒兹进一步讨论道，这种新形式的资本主义根本上是弥散式的：经济生产的社会支柱不再是家庭，而变成了作为生产创造性的劳动者和消费本真性的消费者的个体——他们取代了工厂中的工人，而我们或许可以补充德勒兹的判断，认为他们也取代了家庭本身，成为自我形成特权的核心。[7]过去那些约束性接触并引导它们组建家庭的传统社会的能动力，不再被这种弥散式的资本主义所需要了。性不再仅仅是人们在卧室里做的事情，也是一系列消费实践，这些消费实践重新组织着人们的身体及其外形、人和自我的关系（rapport à soi）、人的欲望、自我的呈现，以及各种一般的社会关系。实际上，性内在于经济中的程度之深，让我们甚至可以非常合理地认为已经出现了一种新的行动形式：性行动——在这样的行动中，人们的身体、文化策略、价值取向、行动目标和自我意识都组织于同一个内核之中，而在这个内核自己看来，它既是一个性的内核，也是一个心理的内核，还是一个经济的内核。[8] 如果有一种社会形式最能体现在资本主义中发生的这场性的重大变革，那便是"不经心性爱"（casual sex）。在此，我们将它理解为性的一种形式，它以其自身为目的。不经心性爱与稳定关系中的性爱截然不同，而这种区别十分正当，甚至值得人们赞许。

不经心性爱及其难以捉摸的后果

回看性的历史，不经心性爱这个行为本身并不新鲜。[9]但它以现代的形式出现，则代表了一种将性从宗教禁忌和经济交换中解放出来的政治主张与道德要求。它没有性别的差异（至少原则上如此），而且与自我肯定、本真性、自主性等各种更宏大的实践关联了起来。不经心性爱发生在现代的空间场所，比如都市或者大学校园，这让来自不同地区、不同种族和处在不同社会位置的人得以彼此互动，并且远离个体所属的初级群体或次级群体[i]正式或非正式施加的社会控制。在这个意义上，不经心性爱令人瞩目地反映着以往那些区隔不同社会群体的社会、种族、宗教的界限在当下渐次消除的民主化过程。因此，它既包含了新的道德规范，又充分利用了商业化的休闲领域。这两个层面融合为一个单一矩阵——个体自由，而不经心性爱正是它的一种表达。

如果把不经心性爱当作自由的终极标志，那么埃丽卡·容[ii]创

---

[i] 社会学家库利对个体所属的不同群体的划分。家庭等以面对面的交往为基础、情感交流明显、所属成员都能彼此互动的小规模群体称为"初级群体"，而初级群体之外的，围绕正式的规章制度或某种共同目标组织起来的、所属成员情感互动稀少的群体则是"次级群体"。

[ii] 埃丽卡·容（Erica Jong，1942— ），美国小说家、诗人。

造的那个令人难忘的词组"无拉链速交"（the zipless fuck），则十分贴切地刻画了这一点。这个词组定义了一种无罪恶感亦无耻辱感的性互动。除了性本身的体验之外，它不具有其他任何隐藏的动机，也就是说，除了性交本身之外，它没有任何目标。[10] 不经心性爱不是一种静态的形式。它一直在变化，而且已经变成一种独特的社会形式，人们会以各种各样的名词来称呼它，比如"约炮"（hookup）、"可以上床的好友"（friends with benefits），或是"炮友"（fuck buddy）。[11] 在法语里，它一般叫"*plan cul*"，字面的意思是"女穴计划"（这个词组显示了不经心性爱中非常明显的男性偏向）。学者巴里·雷伊长期研究性的历史，用他的话说，不经心性爱"转瞬即逝，过眼云烟，处在长期的性关系背景之外，或是作为对它的补充而发生"。[12] 因为不经心性爱很短暂，而在时间上的结构又相对完备，所以它可以采取商品的形式，非常适合在各种商业空间、探险和体验时的高速消费。随着互联网技术的发展，不经心性爱和消费之间的选择性亲和关系[i]更加明显。互联网技术加速且加剧了把人们之间的性接触组织为一个市场的过程（人们在相互明确了价值归属之后按价相见），并把性接触变成了一种可以购买和丢弃的商品，而体现这一点的一个最惹人注目的例子，就是大量可供人们使用的约会网站和手机软件，比如Tinder。《名利场》（*Vanity Fair*）杂志在讨论 Tinder 这个约会软件

---

i 选择性亲和关系（elective affinity）是马克斯·韦伯指称新教伦理和资本主义之间的关系时所用的术语，用以表示二者之间存在的一种非因果决定的关联性。

的文章中这样写道：[i]

> 约五年前，手机约会（mobile dating）开始变成主流的约会方式；而到 2012 年，使用手机约会的人数超越了网站约会（online dating）。2015 年 2 月的一份研究指出，有 1 亿人——单是在 Tinder 上也许就有 5 千万人——把他们的手机当成了握在手里全天候开放的单身俱乐部，好像在上面找到一位性伴侣就像找到一张飞往佛罗里达州的廉价航班机票一样容易。"就好像在 Seamless 上订餐一样，"投资银行家丹口中的 Seamless 指的是一家美国的外卖送餐平台，"只不过你订的是一个活人。……约会软件就等于性爱走上了自由市场经济之路。"[13]

我想从符号互动论和现象学的传统内部，来探究不经心性爱的特征：[14] 不经心性爱以及已然泛化的对各种人际关系的性化，如何改变了关系的形成？我在下文中将会向读者展示，异性恋的不经心性爱产生了一种深度的不确定性。而这种不确定性是由以下三种因素导致的：技术带来的大量人际互动、将人际互动定义为速食享乐的消费文化，以及在资本主义竞争性的组织中依然在发挥巨大影响力的性别不对称结构。

---

i 原文发表于 2015 年。Tinder 对这篇影响广泛的文章做出了非常激烈的回应，可参见：https://www.bustle.com/articles/103744-tinder-responds-to-vanity-fairs-dating-apocalypse-story-with-a-twitter-rant-and-heres-what-you。

身兼心理治疗师的社会学家莱斯利·贝尔指出："目前，女生初次发生性交的平均年龄是 17 岁，而当今女性的平均结婚年龄是 27 岁，也就是说，女性在结婚前还有十年时间拥有性关系和浪漫关系。在自己的事业迈上正轨之前，这些女性会不假思索地与伴侣保持同居关系，毫不犹豫地推迟结婚。"[15] 在这种观点里，性活动仅仅是推迟了婚姻，也就是创造了一个更长的缓冲期来探索性。这种观点隐含着一个推论：自由的性并没有从根本上改变关系与婚姻的传统结构，而是只改变了它们的开端。然而，当下来找莱斯利·贝尔咨询的诸多求助者所共同表现出的烦闷，还是让她十分困惑。正如我现在要证明的，性活动的增加和不经心性爱的普遍化，并不仅仅是创造了一个缓冲期，它们对关系的形成产生了影响，这种影响有多强烈就有多难以捉摸。消费文化和技术所构造出的自由的性，会持续震颤着人际关系的结构，还会创造出各种形式的不确定性，而这些不确定性反过来又是消极关系的核心所在。

无数关于不经心性爱的描述都在强调，人们不必知道对方的名字就能发生性关系，这说明匿名性是不经心性爱的一个特性。[16] 就像丽莎·韦德（Lisa Wade）在对美国校园性活动的分析中所报告的那样，派对上的男性要发送性意图的信号，就是从女性背后，把自己的生殖器顶上去。"因为男性一般都是从后面接近女性的，所以有时候她们背后贴着的那根阴茎的主人身份都是一个谜。"[17] 作为一种社会形式，不经心性爱的特点就是通过符号策略来抹除性伴侣的独特性（从后面接近一个人会抹除对方的脸，从而抹除对方的独特性）。反过来，名字既可以识别一个人，又能使其独特。在不经心性爱的纯粹形式中，参与者必须保持互为陌生人的状态。在这个意义上，不经心性爱模仿了消费互动中的匿名性和短暂性，还糅合了分处两个极端的特征：一方面是距离和陌生感（在互动中一个人不知道对方的名字就是这样），另一方面是亲近感（亲近的文化标志包括赤身裸体，共处一室或同床共枕，共享性愉悦）。它分离了身体与自我，因为它将身体视为具有自主性的愉悦来源，从而把身体当作一种纯粹的物质。另外，不经心性爱积极要求伴侣们断绝一切对未来的展望。不经心性爱让人际互动的短暂易逝变得正当合理，它以愉悦为核心，以自我为参照，以互动本身为目标。因此，像所有的匿名性关系一样，不经心性爱具有一项关键特点：它削弱了关系本应有的互惠[i]规则。[18]关于这一点，古典学学者丹尼尔·门德尔松（Daniel Mendelsohn）在回忆录《难以触及的拥抱》（*Elusive Embrace*）中做出了一段令人印象深刻的描述：

> 但其实他所做的，我们也都曾依样画瓢：那种诱惑得手的激动心情，那种知道他们也想要你的短暂却浓烈的绝对愉悦。……我会先在心里默数那些我自己得到之后就飞也似的逃离开的男孩：我的一个邻居，南方人，礼貌和善、积极乐

---

i 互惠，指在人际互动中，不同的人或人群之间给予和接受、付出与回报，这种关系往往是约束性的，或者是人们普遍预期的。

观，待我们终于吻上时，我闻到他的呼吸里有甜蜜的"杰克丹尼"[i]的味道；第二天我没有回他电话，他给我写了一封措辞愤怒的信，我假装觉得这信很好玩，但我把信塞进了垃圾桶的最底部，仿佛它会给我带来什么伤害似的。在健身房遇到的男人，很高，一身健美的肌肉，头发红棕色，我在更衣室里发现他，跟他吃了晚饭，聊下来才发现他异常害羞，谈的都是作家和写作，我耐着性子跟他聊这些话题，只是为了要他来我的公寓找我，虽然他告诉我不喜欢没有精神交流的一夜情。等我终于把他带到我在二十五街上的公寓，开始解他的衬衫扣子时，他退却了，但最终还是屈服了。两周以后他给我的座机留言，我没有回复，我坐在电话旁听到他的留言，深感惊恐，没有勇气拿起听筒。还有其他那些男人，那些你在网上认识的男人，你在餐厅和酒吧要到号码的男人，那些你深深渴望他们的关注，为了得到他们、拥有他们，你愿意做任何事情、告诉他们任何事情的男人；可一旦得到他们，你又需要另一个男人，别的男人，一个不一样的男人。因为这，你必须遏止和之前那个男孩的关系，那个你在前一晚还曾强烈渴望的男孩，你必须让他消失，因为要是你再去见他，他就会成为某个特别的男孩，而非仅仅是"男孩"中的一个；而非让你整晚流连在外，或是整晚不睡，或是整晚在网上苦苦寻找，希望他像之前的那许多男人一样，会途经

---

i　杰克丹尼（Jack Daniel），一种威士忌的品牌。

你小小的寓所的那个；在这间寓所里，欲望只属于你自己，是你可以控制的；这里的欲望，终于和碰巧也在房间里的其他人没有关系。[19]

在这段叙述中，不经心性爱是一件激奋人心的事，因为它肯定了主体的自由，肯定了持续不断地更新着供向主体的欲望，可是，它消除了形成互惠、依恋、羁绊关系的可能性。实际上，这种互动带来的愉悦之一，也许恰恰在于它们不涉及人的自我，也不需要互惠。《纽约时报》有一篇讨论约炮文化的文章，就进一步讨论了这一点。这篇文章介绍了一位很有代表性的年轻男性杜万·吉拉尔多（Duvan Giraldo）的观点，向读者表明不经心性爱并不是以互惠为基础的。这位吉拉尔多说，让他的性伴侣获得满足"永远是他的使命"，却又补充道："［在不经心性爱里］我并不会像跟我真正在意的人做的时候那么努力。"这是因为，与他刚认识的女性讨论对方的性需求非常尴尬。他说："那种时候你们基本上就是陌生人。"[20] 丽莎·韦德也曾写道："在约炮文化中，男人能比女人享受更多的高潮，因为这种文化并不宣扬互惠。它是专为男人的高潮所设计的。"[21]

社会学家史蒂文·塞德曼（Steven Seidman）认为，不经心性爱"以追寻愉悦为核心"，以实际的行为为基础，对象可以替换，并且"所有对亲密、承诺和责任的期待都被牢牢地限制在这段转瞬即逝的接触之中"。[22] 从这个意义上说，不经心性爱是一种社会形式，它凝结了多种多样的与陌生人之间的关系，发生在现代都市消费场所是这些关系的特征，而保持匿名通常对这些关系很重要。由于这种人际接触的核心是取得最大化的身体愉悦，所以它根本没有一个终极目的（就像前一章中涂尔干论及的独身男子那样）。

从埃丽卡·容创造的"无拉链速交"这个词组至今，不经心性爱作为一种社会形式，已经发生了很大的变化。在号称"为任何问题提供最佳答案"的问答网站 Quora 上，我们可以读到下面这个当代不经心性爱的例子（回答的问题是："如果你有过不经心性爱的话，那么……"）：

> 有过。那是在读大学的时候。我在夜店里遇到了一个女孩。我们都用了 Extacy[i]。我跟她没怎么勾搭，甚至都没说几句话。她是我大学宿舍的一个女生朋友（许多人追的大美女艾比）的朋友。当时一共有我和三个女生。
>
> 药劲儿上来的时候，她们先互相抚摸（不是那种很淫荡的摸，而是轻轻拂过肩膀，或者用手指穿过发丝那种），然后轻轻吻了起来。我就坐在那里呆呆看着，非常享受。她们三个坐在一张沙发上，我在另一张，两张沙发面对面。
>
> 然后，我朋友艾比和另外一个女生开始真正搞起来了。还有一个女生坐在她们旁边一点，用手在那两个女生身上爱抚着，过了一会儿，她明显感觉自己被冷落了，就走过来

---

i　一种流行在美国青少年间的精神药品，类似摇头丸。

坐在我边上。我们开始接吻，很快就从浅吻变成了深吻。然后，她手伸下来，一把抓住我已经充血的部位，隔着裤子揉搓着。

差不多十分钟之后，我抓起她的手，带她走到通向厕所那边的走廊上去了。过了两间厕所之后再拐个弯，有两扇锁着的门，大概是工作人员的房间或者是仓库吧。再走一截是一层楼梯，往下走可以通到消防出口。我以前就探过这一片，所以知道这个位置。我带她转过弯，走下楼梯。她肯定知道我脑子里在想什么……要不然我干吗带她到夜店这么隐秘的地方来？

走到那里之后，我们继续搞在一起。我摸遍了她全身，但还没有摸到她衣服下面的皮肤。她伸手来解我腰带，解了一会儿也没解开，因为我腰带的款式比较特别。于是我自己去解，她趁机跪了下来……

我们搞了差不多一个小时（很神奇，没被抓到），我朋友艾比这时候走到楼梯顶上，从上面喊我们。她看不见全部的场面，但能看清楚我们在干吗。之前和她搞的女生有事必须得走，所以艾比就剩自己了。她一直在上面跟我们说话。要在平时，这样可能非常奇怪，但也许因为我们爽嗨了，现在只觉得非常自然。艾比问我们，她能不能也下来。她朋友还没说话我就抢先答应了。艾比走下楼梯，靠墙站着，手伸进自己的裤子里。

看了一会儿她就不看了，仰起脑袋，闭上了眼。她说她喜欢听我们做爱的声音。我们其实挺安静的，但这样就能让她兴奋：低低的呻吟，肉体轻轻的撞击。她不停地跟我们说话。她说她又吃了一点 Extacy，现在很上头。我一会儿看骑在我身上的姑娘，一会儿看站在那里、双手都伸进裤子里的艾比，不知道哪个才更吸引我。

我跟艾比说，自慰最好把裤子全部脱掉。她问我为什么。我说因为我阴茎插着一个，眼睛又盯着另外一个的话，会特别兴奋。结果她盯着我的眼睛，给了我一个很可怕的眼神。我觉得她恼了，立刻就感觉自己开始软了。但我还是假装没事，用尽本事给了她一个最勾引的微笑。结果，她微微一笑，脱下了裤子。当然，她没脱内裤，我看不见她下面，但我觉得我已经够幸运了，还是不要再有过分的要求了。

艾比的朋友现在跟我一样一脸饥渴地盯着艾比，但还是维持着坐姿，在我身上用她的翘臀用力摩擦。她也对艾比喊道："内裤也脱了，艾比！"她们对视了一会儿，然后艾比照办了，把内裤也脱了下来。接着，我望着她走到我们做爱的大平台上，找了个地方架起一条腿，又靠在墙上，看得我都呆住了。这时，她肩胛骨还是靠着墙，但架起来的那条腿离墙大概有一英尺的距离。她的姿势让我们能更清楚地看清她的阴户，而且她好像很享受向我们展示下体的感觉。

就这样过了十分钟，艾比的朋友让她来跟我们一起玩……

差不多一个月之后，艾比和我一起去查了一下性病。我们都是阴性，所以她就没有麻烦她朋友也去检查了。

　　我和艾比约会了不长的一段日子，有时候甚至还是叫她那个朋友来跟我们一起做爱。但还没到放暑假，我们的关系就结束了。她毕业后就搬走了，去读研究生了。[23]

这篇短文的戏剧张力十足，却包含了许多可以通过社会学来思考的有趣元素。首先最明显的，是每位参与其中的行动者表现出来的性能力，在我们读来，他们似乎都十分谙熟一条语法，而这条语法统摄着以自己和他人性愉悦的产出为基础的社会关系。我们无法区分他们当中谁被动、谁主动，无法区分谁有能力或没能力、被抑制了还是被解放了。正如我在前一章所言，性能力是社会能力的一种相对晚近的形式，它的形式和符码是被性学家、对性的治疗建议、软硬色情图像，以及各种"性愉悦活动家"（女权主义的一些派别，或者妓权拥护者）所赋予的。[24]

　　其次，上面这段自述中所描述的那种类型的互动需要一个复杂的协调过程，将不同的身体协调到一个和谐一致的情景之中，从而使得众多参与者能同时得到满足。因此，这段自述展示了各位行动者之间高度的配合与默契，而那时他们不过只是点头之交的关系而已。这之所以能发生，正是因为这些参与者都有很强的性能力。他们像是在排演一个各方都熟知的色情场面，每个人都表现得十分流畅，仿佛有一套脚本（可能他们就是从随处可及的色情片中学到的）[25]；或是在进行一场视觉性的现场演出（mise-en-scène），每位参与者都能预知其他人的表现，因为他们都在表演着一种已经编码为文化脚本的性幻想，表演着色情片里烂俗的套路（两名女性与一名男性，他们取悦自己也互相取悦）。这个场景高度的脚本性体现在视觉的层面，而不是叙事或规范的层面。它的性是公开的（在一个夜店里），不是事先计划的，而是参与者随性自发的，并且超越了对性传统的二元划分（私密—公开；同性恋—异性恋；单偶—多边爱）。这个场景也是相对较为平等的，并没有优待其中一种性别的愉悦。每一位参与者的性高潮构成了把这场互动向前推进的隐性规范。每一位参与者的性都是流动不居的，并不局限于自身性别的限制，但这并不是源自某种政治的意识形态，而是因为性化的身体就会以超越二元性别分类的方式来探寻自身的愉悦。每一具身体，无论男女，既是产出愉悦的源泉，也是获得愉悦的对象，因为身体是作为物质肉身而出场的，它作为性高潮快感的功能性来源，超越了性别差异（虽然这段自述仍然呼应了传统的男性幻想）。这个场景中参与者有很多个，这一点指向了性愉悦的弥散性，而且指向了弥散性（diffusion）这个词的两种含义：性爱会自我传播开来，会把他人吸纳进来而非排斥出去，不以单一的个体为中心；它也会形成一种弥散性的、无性别偏向的氛围，而不是一种局限在二人之间的交换。此外，这个场景是一出公共的表演，而不是一种私密的接触，这一点体现在许多方面：它发生在公共场所（夜店的楼梯和后场）；它是一场为多人群体进行的表演，超越了传统的双人组合；之后，它转变为一段在 Quora 这个"为任何问题提供最佳答案"的网站上讲述的故事。在这个意义上，这篇短文呼应了性通过互联网而变得日渐公共化的特性。

最后，也是很重要的一点，这次性接触并没有由此开启一个人生故事。它就是作为单独的一段经历而被讲述出来的，类似的不起眼的经历也会不断地重复上演，但并不会由此开启一个故事或一段关系。不经心性爱消除了内在于传统异性恋关系中的叙事线性。它是一篇篇离散的断章，并没有某个具体的人或特定的个体来做主角，只是围绕着一具具散发出性吸引力的肉身而已。从这个意义上说，不经心性爱是一种抽象的社会形式，并不追寻什么独特性。不止于此，不经心性爱甚至剥夺了他人身上的特异性，取消了吕克·波尔坦斯基所说的特异化（singularization）的过程，而这个过程在他看来是社交性的一个重要方面。[26] 性快感、性选择、通过多个伴侣积累性经验——这些都从根本上改变了异性恋交往的形态，改变了让稳定的情感框架和文化框架得以形成与维持的方式。

传统的异性恋性爱总是带着一个目的（不论这个目的是结婚、恋爱、同居还是生小孩），[27] 而不经心性爱颠覆了异性恋正统主义叙事的终极目的。[28] 不经心性爱只有一个目标，那就是积累快感的经验，而这反过来又成为一种地位的标志，证明一个人拥有一具在他人看来有魅力的身体。比如，热播剧《都市女孩》（*Girls*）的导演、编剧和主演莉娜·杜汉姆（Lena Dunham）在其自传《不是那种女孩》（*Not That Kind of Girl*）中，讲述了她在青春期和步入成年阶段时对自己性能力的焦虑。[29] 她把走向成年的阶段描述成一段长期反复尝试破处的经历（这明显暗示着贞洁是羞耻的一种来源）。对于男孩和女孩来说，失去童贞就标志着有可能加入具有性魅力的人群所组成的社会阶层。在这个意义上说，不经心性爱标志着新形式的社会资本开始出现，而性爱、性活动和性能力在这些新的社会资本中构成了新的地位标志和价值标准。

一个小结：约炮、一夜情、性派对、无拉链速交被定义成不附带期望的关系，在这种关系中，每个行动者都能正当地追求自己的快感，而不期望从中得到情感的相互性、关系性（relationality），或对未来的规划。每一次接触都被认为是应该提供快感的，这种接触的积累又反过来为行动者赋予社会地位。

因此，某些性自由至上主义者认为，卖淫是一种解放和愉悦的性爱，这个观点也就不那么令人咋舌了。用创办了性工作者组织 COYOTE（Call Off Your Old Tired Ethics，"剥掉你那老掉牙的伦理观"）的玛尔戈·圣詹姆斯（Margo St. James）的话来说："我一直都认为，妓女是唯一获得了解放的女性。我们是唯一拥有绝对权利的女性，可以像男人贪女人一样贪许多许多男人。"[30] 在她的观点里，解放的性和性别平等是建立在可以"贪"大量性伴侣的能力上的，也建立在把性活动从情感、道德感和社会规范中分离出来的能力上。[31] 作为一种社会操演，一次不经心性爱如果没有产生任何期望，如果没有任何一方在其中规划自己的未来，如果它让性伴侣体验到没有任何阻碍的身体快感，并且双方在情感抽离中保持平等，那么它就可以算作一场成功的不经心性爱。如此定义的不经心性爱很像发生在服务业中的交易，其基础是短暂且匿名的良好表现、他者的去独特化以及不必相互承诺。在这种意义上，不经心性爱拥有一种抽象形式，类似卡尔·马克思和齐奥尔格·西美尔（Georg Simmel）论述的货币。货币是抽象的，因为它使商品从属于各自的交易（货币）价值，从而可以互换。在不经心性爱里，人就像商品一样，变成了可以等价交换的东西，而人们的性高潮快感成了货币。也就是说，不经心性爱以性高潮为人们计价，并且使人可以互换，这样人就抽象得只剩下快感功能。

平等主义政治产生了作为新的社会形式的不经心性爱，对于不同的性别来说，它都是一种正当的行为。可是，不管是在学术论文还是在大众的刻板观念里，不经心性爱都更常与一种男性形式的性联系在一起。[32] 这有几个原因。首先，男性一直以来都比女性享受了更多的性自由，因此可以悠游欢场而不受规范的约束。性放纵对于男性来说是性力量的标志，对于女性则要么是一种说不清的行为，要么是道德低下的象征。其次，现实中男性并没有遭受这样一种压力，迫使他们把性作为获得社会资源和经济资源的筹码，因此他们没有理由把全部的自我都投入性中。女性对待性的方式则更加关乎情感，因为它具有经济的意义，也就是说，性可以作为一种资源，用来换取其他资源，比如物质资源或社会资源。性对于女性来说利害关系更深，因此它关涉她们的自我。再次，男性特质在人们的定义中几乎就等于获得和展示许多性伴侣的能力。研究男性特质的学者罗伯特·康奈尔（Robert Connell）认为，对于许多男性来说，"要像个男人就是去肏女人"。[33] 在雷切尔·奥尼尔（Rachel O'Neill）对参加"撩妹课程"[34]（学习怎么才能获得尽可能多的性爱）的男性群体的研究中，这个说法基本得到了证实。最后，不经心性爱会带来情感抽离，而这反过来又会产生一种力量，这种力量正是男性特质的另一个同义词。就像男性化的理性（masculinist reason）在经济、政治、法律等各个领域都主张将情感与理性分离一样，霸权式的男性特质也倾向于分离情感与性。[35] 典型的霸权式男性特质被定义为这样一种能力：既能随心所欲地积累性经验，又能蹬开或解决好与之发生关系的女性［唐纳德·特朗普（Donald Trump）就是这种男性特质的标准型态，参见下一章］。比如，我的访谈对象安布鲁瓦兹，一位住在巴黎的49岁的金融学教授，对心目中的理想女性定义如下：

> 你跟一个女人做完之后，她是绝对不会在半夜离开的。别想了，要那样的话就太完美了，不会的。她会留到第二天早上，她想要依偎在你怀里，想跟你一起吃早饭。我的天。最理想的女人就是那种会在半夜走掉的女人。她会在桌上留下一张告别纸条，说她爽到了，但没有留什么电话号码。这才是理想女人。

也许算是讽刺的是，正是因为不经心性爱标志着女性的自主、愉悦、力量和超然冷静，它一直被当成某种女权主义政治的象征。

　　一名女性用户在热门的生活方式网站 Refinery29 上发帖讲述

了她在不经心性爱中获得的愉悦：

> 我有很多次一夜情，也有很多次长期关系。它们都是生命的一部分，只要你喜欢这样的话。这就是个人的选择。我的一夜情让我觉得充满力量，让我觉得我还拥有能吸引人的美丽，因为我想要的就是性爱，我得到了，所以我就离开了，不带任何期望，但（在我看来）留下了满满的力量。可我确实在我最近这次一夜情上绊了一跤！他问我要手机号码，我说我们不必假装我们之间有什么超出一夜情的东西，反正你后来也会忘记我的名字。[36]

显然，帖子中的行动者所操演的，是某种情感抽离和期望阙如的仪式，这为她赋予了一种力量感和自主感，这就和男性对待性的方式十分类似。我们也许可以进一步推测，对她来说，不经心性爱之所以愉悦，正是因为它带给她平等的感觉，而这种平等感是在与男性相对称的情感抽离和期望阙如中发现的。从历史的角度来看，既然男性曾享有不经心性爱的特权，那么实现平等就要求女性保持同样的情感抽离的态度。

对于不经心性爱是一种（从文化层面定义的）男性形式的性这个假说，我们可以在劳拉·汉密尔顿（Laura Hamilton）和伊丽莎白·A. 阿姆斯特朗（Elizabeth A. Armstrong）对女性与不经心性爱所做的重要研究中（间接地）发现另一个证据。两位学者在研究了女大学生的性之后发现，不经心性爱实际上是女性搁置婚姻理想而投身于建立人生事业的一种方式。[37]那些对追求浪漫关系不一定感兴趣的女大学生在寻找工作,不经心性爱是她们用来极大程度地提升自己的求职条件而采取的一种策略。为了专注学业、实现职业生涯的目标,不经心性爱是一条可以选择的路径,能让她们更快地前进。两位作者所说的"自我发展的推动力",会让这些女大学生在建立起自己的职业生涯之前,把精力投入在既耗费时间又需要不断做出承诺的关系上的可能性越来越低,难度也越来越大。因此,汉密尔顿和阿姆斯特朗隐晦地赞许了不经心性爱,因为它起到了使性别平等的作用(女性如果选择恋爱,就更有可能结婚生子,而早早地在职业道路上被排除掉)。这也说明,不经心性爱是一种非关系(non-relation)的脚本。[38]如果有人把不经心性爱当作女权主义政治的一个标志,[39]这是由于它模仿的是男性权力——它是人的自主性的同义词,代表了一种抽离(detach)的能力,能够单纯寻求自己的快感,在关系中去除照护和互惠(这二者是女性身份的传统标志),以及能够追求市场主体性。在彼此情感抽离这个意义上,不经心性爱对于女性来说是平等的一种标志。

不过,不经心性爱还远远不是一种封闭自足的社会形式,它会影响关系(特别是异性恋关系)的整个结构,改变关系的形成、内涵和存续时间。也就是说,我们必须在更宏大的社会关系的生态中理解不经心性爱,因为它显著地改变了我所称的选择的构造和生态,改变了性选择和浪漫选择的语法,改变了人们进入和退出关系、选择或不选择彼此的方式。[40]要是我们分析这样的性只是为了探察它带给人们的愉悦，那就相当于分析沃尔玛公司只是为了研究它给那些想买便宜货的购物者带来的快乐。人们也许会享受购买便宜的商品，但分析购物者的愉悦并不会让我们对沃尔玛在其中经营并发挥影响的整个商业领域得出任何深入的见解。同样，不经心性爱确实给男男女女带来了多种多样的快感，但分析这种快感并不能让我们洞察各种关系的总体结构，无论不经心性爱是在妨害还是在维持它。所以，我们必须在一个更宏大的异性恋的社会生态中去理解不经心性爱，该生态以自由进入和退出为标志。我将向读者展示，这种自由在人们进入一段关系或选择一位伴侣的过程中带来了一种根本的不确定性，因为在自由的情境中，男性在进入性交换时会行使一种间接的、微妙的权力。

不经心与不确定性

不确定性不是一词多义的歧义性，也不是行动者意图并不总是清晰明白的模糊性。前者有时算是一种享受，后者通常也不会引起焦虑。不确定性与这样一个事实有关，即"某一场互动的基础不能被当作理所当然"，[41] 双方对所处情境的定义还有待定夺，进行互动的规则尚不清晰明确，而行动者却要追求清晰明确的现实。因此，不确定性会对心理造成直接的影响，比如羞愧、不舒服、尴尬，乃至焦虑和不安全感。的确，不确定性通常会产生焦虑，而且绝大多数时候，它都不会是一件可以一笑了之的事。伊丽莎白·库珀（Elizabeth Cooper）和戴维·普拉腾（David Pratten）在他们主编的《不确定性的民族志研究：来自非洲的视角》(Ethnographies of Uncertainty in Africa) 一书的导论中提出，不确定性是一种"感觉的结构……一种普遍存在的生活体验，包含脆弱、焦虑、希望和可能性，这种体验通过支撑着、充斥着并维持着日常生活的物质组合来实现"。[42] 在愉悦的多次高潮体验的表面之下，暗涌着从根本上由管控不确定性所结构化的社会经验，这些经验矛盾而令人困惑。有些行动者管控不确定性的技艺高超，有些则只能借助纷繁迷惑的心理自助建议来学着管控它，还有些人只能在自我挫败中选择撤退。

不确定的框架

欧文·戈夫曼[i]认为，所有人际互动都是在框架中组织起来的，而这里的所谓框架在他看来，是一种认知性、知觉性和社会性的过程，它让行动者可以掌握每一场互动的信号、图式或模式，从而为这次互动贴上标签，并在互动中找到行动的方向。[43]前一章中我们已经了解到，作为一个行动领域的性，其在自主化的过程中产生的最主要后果，就是让现代的异性恋关系不再具有内在的目的论，而关系的路径也分裂开来。这里有一个不怎么严肃却很有说服力的例子，向我们展示了人际交往分裂为三种可能而又彼此独立的行动机制——情感的、性的、婚姻的——是如何在互动的框架和定义上引发不确定性的。以下这段发布于美国《纽约客》(*The New Yorker*)杂志网站上的视频，是五名女性进行的一段喜感十足的讨论。第一名女性向她的一群朋友报告自己的一次情感动向，并拜托她们帮忙完成一项紧急任务，来解读某个让她十分困惑的情境：

> **年轻女性 1：**姐妹们，感谢各位今天到场。现在面临紧急情况，需要借助各位谨慎的专业判断。我先速速汇报一下基本情况。一周前我参加一个怪咖朋友的生日派对，在那里

---

i 欧文·戈夫曼（Erving Goffman，1922—1982），美国社会学家，代表著作有《日常生活中的自我呈现》《公共场所的行为》等。

喝酒的时候，第一次遇见了凯文·哈珀。他跟我简单聊了两句，也没找我要手机号码。三天之后，他来加我 Facebook 好友，邀请我过两天出来喝酒。我赴约了，结果看到他的朋友也在。其中有个女生，比我漂亮但也没差太多。他朋友走后就剩我和他了，我们一起又喝了一杯。到最后也没有接吻。今天我们要解决的问题是［音乐戛然而止］，这算约会还是什么？

年轻女性2：他喊你回他家了吗？

女1：没有，但只是因为他目前失业，跟姑妈住在一起。

女3：你和他有身体接触吗？

女1：喝到第三杯时他的手擦过了我的胸。不过也可能只是意外。

女4：当时气氛算暧昧吗？

女1：我觉得暧昧。

女2：是他请你喝酒的吗？

女1：没有，但可能只是因为他现在没钱？

女5：他最好是。他提到任何其他女生了吗？

女1：没有。

女3：他是……基佬吗？

女1：不是，我已经在他的 Facebook 和 Instagram（照片墙）动态上看到至少两位前任女友存在的证据了。

女3：我不确定了姐妹们，没有接吻可预示不太妙。

女4：没接吻也不代表什么。他可能只是紧张。

女2：不可能。简直就是2009年的马特·怀斯曼再度登场——三次约会，一次没亲。我们不能让你重蹈覆辙。

女3：呵呵，谁不记得马特·怀斯曼，那男的根本配不上她。你还提他干吗？

女2：这次的警告信号和那次完全没差。

女3：呵呵，还说什么警告信号！大家都知道你总找我碴。［众女吵成一团］

女5：姐妹们！现在大家都别发疯。眼前大局无比重要！

女3：你今早和他联系过吗？

女1：有，我给他发了短信："嘿，昨晚很开心。'眨眼表情'。"他回我："是啊。"

女4：带表情吗？

女1：不带。

女2：最开始发给你的Facebook信息是怎么说的，他是邀请你去"喝一杯"，还是"喝两杯"，还是"干几杯"？

女1：他说的是"出去玩"……怎么了？

女4：所有人都知道出去玩是什么意思。你是几点到酒吧的？

女5：当时有没有在下雨？

女3：你在月经周期哪天？

女1：10:15到的，当时正在下雨，排卵期后一周。

女2：［飞速运算中］——条件太少，好难判断——［一

声手机提示音响起]

　　女1：是他。"嘿，能求你别跟其他人说昨晚的事儿吗？不想让我女友知道，哈哈。"

　　女5：他不想让他的女朋友知道？

　　女4：这绝对说明昨晚就是约会。

　　［众女兴奋呼喊］[44]

这段对话之所以有笑点，只是因为它展示了一段非常典型的情境，一段当代女性都非常能共鸣的情境，因为这跟她们日常生活的经验非常类似。一名女性的闺密们一起做着一道非常复杂细致的诠释学考题，来帮助她解读一次与男人的接触，而这场接触的框架无法确定，意义的最终解释权也控制在那个男人手里。由于异性恋的结构在性、情感、婚姻的领域中的分裂，互动的框架变得不确定了。另一个例子出自畅销爱情小说《爱情芥末酱》(*The Big Love*)，女主角艾莉森和她的老板亨利有过两次比上床更久一点的性接触（女主或男主都不觉得和自己上司发生性关系有什么问题）。在这几次接触之后，艾莉森走进了亨利的办公室，问了这些问题：

　　　"能不能谈谈我们的关系？……"

　　　"关系？"他仍忙着找文件，"什么关系？"

　　　"你知道的，我们的关系。"我说。

　　　亨利抬起头来看着我。

"怎么了？"我问。

"我只是……我好像不知道我们正在一段关系里面。"他说。

"是吗，那你怎么称呼我们之间的事呢？"我问。

"我不知道，我没有想过。我不觉得它需要一个名字。"亨利说。

"我们一起睡了四次。"我说。

……

"很好。好吧，我知道答案了。"我朝门口走去。

"答案是什么？"亨利问。

"只是打炮。没问题，我只是想要知道。"

"我不会这样定义。"

"那你会怎么说？"

……"就是一起开心嘛，应该介于'打炮'和'关系'之间。"[45]

这段对话的目的，是要为双方的关系赋予一个名称，而这种关系既不完全是不经心性爱，也不完全是可以展望未来的那种关系。但这种关系得不到一个名称，因为它是由女方对男方意图和情感的不确定性构成的，而他的意图和情感是唯一能帮她在这种互动中找到自己位置和方向的元素。这个男人自己也搞不清自己的意图，所以没办法给这种互动贴上一个标签。不经心关系会有许多名字：约炮、一夜情、可以上床的朋友等，这恰恰显示了我们很难命名或归类不经心关系，也很难了解这些关系到底是关于什么的，也就是它们的"关于性"（aboutness），这是所有社会互动的一种相对基础也理所当然的特性。此外，在以上两段场景中，不经心的性不仅造成了困惑，也缺乏性别对称性。这两个例子中，掌握关系框架的钥匙都掌握在男方手中。

凯瑟琳·博格尔（Kathryn Bogle）在她的《约起来》（*Hooking Up*）一书中，向我们展示了人们对于这些不经心接触的目的究竟为何，表现出了相当的迷惑。不经心接触中的女性（也包括男性）总是在说，这些关系会朝很多不同的方向发展，而每一种走向她们都缺乏先验的知识。就约炮（hook up）而言，似乎这种互动的目标和总体框架都是完全不确定的。人们甚至对这个词的定义都有很大的分歧：有的人说约炮最多只是接吻，而有的人认为可以发生口交但不能有阴道交或肛交，还有人认为它是一种随便体验一下关系的好办法。博格尔访谈的大部分女性都感觉自己无法预知约炮的结局："约炮就像掷骰子一样。"[46] Tinder 这样的手机软件出现之后，这种不确定性被强烈地放大了。热门在线约会网站 AskMen 对 Tinder 革命作出了这样的评论：

> 不管年轻人是想来一段约会，想约个炮，还是只想看看家附近住了什么人，Tinder 都是他们的一站式选择。在线约会网站和 Tinder 这样的软件的流行程度相比，已经开始相形见绌，用户们现在都觉得 Tinder 是约见潜在伴侣的更高效的

办法。现在大概有 5 千万人在用 Tinder，而且 Tinder 夸耀过，从 2012 年上线以来，它已经建立起超过 80 亿次"联系"——虽然"联系"指的是匹配、线下见面还是二者兼有，或是其他什么都很难说。Tinder 现在已经占据约会世界的很大一部分了，大到对于很多年轻人来说，它就是唯一的约会世界：一种随时可达、口袋大小的解决方案，帮你找到你梦中的那个人——或者，至少找到一次不会后悔的约炮。[47]

Tinder 既可以带来快速、用后即弃的性爱，也可以带来遇到"梦中女人"的可能性，这就表示，在这两种极端之间还存在着一系列形态多样、定义未明的可能性。而这反过来也显示了我所说的"框架混乱"和"框架的不确定性"，也就是一个人难以知道他是在什么样的框架中行动的，因此也就难以预测一种可能的行动路径，并使用足够的工具来沿着这条路径前进。传统的求爱和约会在认知和实践上都高度依赖已经写好的脚本（男孩到女孩家接她，出去跳个舞或去看一场电影，然后把她带回家，亲她一下，最后拥吻），现代的不经心性爱解除了浪漫关系的脚本，因为性爱从前意味着一段求爱叙事的结束，而现在则发生在故事的开始，从而让关系的目标变得不确定了。换句话说，关系的性化意味着进入关系就是从性开始的，而且也许这个性的起始点也就是关系的结束点。在性化的文化中，性变成了人们的直觉观念中参与人际互动的显见（prima facie[i]）阵地：男女都被认定为先天的（a priori）性化行动者，在男性把女性当作性满足的对象时尤是如此。

拉娜，39岁，以色列人，高中辍学，目前职业是秘书。她有过一段八年的婚姻，育有两子，在访谈前已经离婚五年。拉娜身上散发着具有吸引力的女性所表现出来的一切特质。谈及男性接近她的方式，她是这么说的：

> 拉娜：从前，我父亲和我前夫控制了我，但现在我觉得没人能控制我了。我前夫过去一直规定我该怎么穿衣、留什么发型、能跟什么人说话。现在没人能给我下指令了。而且，如果你成长的家庭里父亲非常霸道、非常大男子主义的话，他是会掌控一切的。我从小就是被打大的。我是为了逃离那个家，才逃进了我的那段婚姻。但我前夫比我父亲还要差。

> 访谈者：关于你最近建立关系的这些男性，你能说几个例子吗？

> 拉娜：我和一个叫杰基的男人有过一段，但最后也没成，因为他对我讲话很凶，还会威胁我。后来我认识了一个叫凯伊的男人，我很喜欢他，人特别温柔，嘴很甜。但我是

---

i "Prima facie"是一个法哲学术语，意指人们在初步的印象或直觉中，已经不证自明的东西。

在 Tinder 上认识他的，你知道那个网站吗？用来约炮的。所以我和他之间就只有性爱。我本来不知道那是一个用来约炮的网站，我想要的不只是性爱，但对他来说就只是性爱。我觉得对他来说，Tinder 就只是用来约炮的，而且他没办法发现其他的用途。当我发现 Tinder 只是用来寻找性爱的时候挺尴尬的，我觉得他会以为我上 Tinder 就是为了约炮，他会觉得我就是那种女人。不管怎么样吧，反正他最后还是消失了，再也没回过我的电话。我现在这段关系的对象，是一个共同的朋友介绍的。

······

访谈者：你觉得你过去和男人的几段关系里面，最大的问题是什么？

拉娜：他们是把女人当成一种性爱的对象来接近我们的。这跟问自己"这个人是不是适合我"很不一样。比如说，这个我正在约会的男人带我去见过他父母。这就是他在向我表示，他是很认真的，我不仅仅是他做爱的对象。但大多数男人都会把女人当成性爱的对象，然后这样对待她们。而且你永远也不会知道，他们是怎么看待你的，他们想从你身上得到些什么，或者他们是不是想从你身上得到些什么。有时候，他们就只是想做爱。但你很清楚，关系不只是性爱而已。我向别人展现出的形象是一个非常强大的女人，我是我自己的主人，非常独立。我害怕被任何男人控制。我知道在一段关系里面，你必须做出妥协，必须放弃一些东西，做出牺牲。但我更害怕变得依赖。所以，我表现出一个有力量捍卫我自己的形象。我要确保可以传达给对方：我很强大，我独自生活没有问题，而想要我的人都必须接受这样的我。我总是告诉男人：如果你不接受我真正的样子，如果你想改变我，那是你的损失，不是我的。我告诉他们，要是他们不想要我，那是他们的损失，不是我的。我从不会让男人觉得，在我心中他们是多么伟大的东西，要是失去了他们我会崩溃。

[沉默]

当我年轻的时候，我总觉得自己不如别人有魅力。我工作的地方改变了我很多。我现在在一所大学担任资深秘书。在那里我认识了一个朋友，汉娜，她教会了我要爱自己，要认识自己的价值。我现在知道了。以前的我是一个低自尊的人。我跟她一起参加了一个正向思考的课程，这个课程完全改变了我。上完课后，我就有了去离婚的力量。之前我完全做不到。我太害怕独自生活了。我害怕家人、朋友的批评。但在我的工作中，我得到了许多支持，同事们都说我有多好，多美，多有吸引力，所以我从工作中得到了很多力量，让我达到今天这种完全不在乎别人怎么说、怎么想的境界。我经历了一个自我壮大的过程。我男朋友现在对我说："你永远都需要变得更强。"一点没错。我永远都需要感觉到那个更加强大的我。

上面这段访谈中有一些非常引人注意的主题。对这位女性来说，关系似乎是高度不可预测的，因为她难以弄清楚自己究竟是在哪一个框架之内行动。让关系不确定的原因，是关系的性化，也就是说，关系是以性作为进入点的，而这对她来说意味着，男性进入这段关系很可能就"只是为了性"，这对她来说是一种剥削，因为"她是谁"完全不重要。这也就是为什么，女性常常以康德主义的怀疑视角来看待性化：性化可能会让人们把他人当作自己的工具，而不能完整地认识对方的全部人格。这反过来表明了，至少在一些女性看来，"只是为了性"的关系是服务于男性的利益的，会对她们的自我价值感造成威胁（在此，拉娜缓解这种威胁的方法，是与女性建立友谊）。我们来听听维尔日妮是怎么说的。她 57 岁，法国人，住在以色列，在访谈时已经离婚 12 年，正在寻找一位稳定的伴侣，可是：

维尔日妮：男人和女人想要的东西就是不一样。可能有的时候会想要一样的东西吧，但是等你开始一段关系的时候，你就能感觉到，男人想要的东西不一样。

访谈者：比如呢？

维尔日妮：好，我来给你举一个例子。我之前去上一个创意写作的新课程。班上有一个很年轻的男孩子，真的非常年轻，才 23 岁。所以上周下课之后，我和他在一起待了一会儿，聊了几句。聊起来之后，他告诉我："你知道吗，我想跟你做爱。"我回答说，我很喜欢他这个人，但我还不确定是不是想和他做爱，因为我需要先了解他一些。这句话一说出口，他就站起身，付了自己那杯咖啡的钱就走了。就在我说我想考虑清楚的时候，他就那样走了。他跟我说，好吧，晚安吧，然后就走了，就好像我是扔在地上的一张纸巾，一件废品。

就在她重新界定参照的框架时，这个男人就离开了，这也就表明，以性作为关系的进入点是非常有争议的，因为在女性的经验中，不经心的性有时会让她们体验到愉悦，带给她们能动性，而有时又是一种对她们自我的否定（"扔在地上的一张纸巾"）。

我访谈过的许多女性都认为，性会破坏让自己作为一个完整的、活生生的人而被对方承认的可能性。不经心性爱有时会把这种接触转变成一场零和游戏：女性的伴侣（或潜在的伴侣）会追求他的性愉悦，而不是她的自我价值感，而自我价值感的基础是互惠和承认。虽然在父权制的传统社会中，一位女性的价值是以她阶级属性的美德和在性方面的美德做评价指标的，但在一个性自由的体制中，特别是对男女两性的双重标准在其中依然普遍存在的情况下，女性价值的定位就难以得到确定。对价值的核心来说，对情感互动的可能性来说，对关系的根本定义来说，对关系的终极目的和序列性（sequentiality）来说，对情感的、非性的自我所处的地位来说，性的自主化都创造出了一种内在的不确定性。这就是为什么，总体而言在文化上，女性对不经心性爱的态度要比男性更加矛盾。

研究的确表明，不经心性爱是预测女大学生是否感受到"性后悔"（sexual regret）的一项因素，特别是当性交发生在与男性见面后的 24 小时以内，以及发生性关系之后没有后续进展的时候。[48] 埃莱娜·埃希博（Elaine Eshbaugh）和加里·古特（Gary Gute）在回顾了相关研究之后，[49] 指出女性比男性更容易经历"性后悔"（男性后悔的是没有约成炮）："女性参与者相比男性更有可能感到'后悔或失望'；而在事后，女性也更有可能纠结于一场约炮，并且会产生更大的羞耻感和自我怀疑，男性则更有可能感觉到'满意'。"[50] 这些发现似乎也再次证明，不经心性爱更加适应于男性形式的性。在对男女同性恋者的研究中同样发现了性别的差异，[51] 相比于男同性恋者，女同要更加偏重关系性。C. M. 格雷洛（C. M. Grello）等人追踪调查了从未有过性行为的女性（即通常所言的"处女"）和正逐渐向发生性行为过渡的女性两个群体。研究者们发现有两类青少年女性，一类向浪漫性爱过渡，另一类向不经心性爱过渡，在对她们考察和比较之后会看到，后一类女性更有可能表现出抑郁症状或成为暴力的受害者，乃至自己成为犯罪者。[52] 在讨论抑郁和青春期浪漫关系的一章中，作者写道："年轻的青少年女性，如果同时发生不经心关系中的性交与约会关系中的性交，将会显示出最高水平的抑郁症状，在性活跃期之前之后均是如此。"[53] 其他研究者发现，有过不经心性爱经历的女大学生，要比曾经有过浪漫性关系的女性自尊水平更低——让人惊讶的是，甚至要比完全没有过性经历的女性还低。[54] 而且，对于在不经心性爱中有内疚感的女性，研究者提出假说，认为这种内疚也许会反过来导致心理不适或困惑，而这可能与低自尊水平有关。[55] 更令人吃惊的可能是，作者原本预测，男女两性在性问题上的双重标准也许会让女性在一次约炮之后感受到低自尊，但作者最终发现，男性和女性的自尊水平都下降了。许多研究都显示，低自尊和不经心性爱之间表现出了很强的相关性。[56] 虽然学者们对这种相关性是正向还是负向依然有争议，但我们还是能得出结论，不论这种相关性朝哪一个方向，对于女性（有时候也包括男性）来说，不经心性爱不能增强自我价值感，哪怕它事实上已经变成两性为了愉悦或地位而追求着的某种形式的资本了。女性的性仍然"嵌入"于社会关系之中，男性的性则更经常、更有可能脱离社会关系，甚至可能演变为我们所说的"无意义性爱"。用汉密尔顿和阿姆斯特朗恰切的表述来说，女性的性是被"关系律令"（relational imperative[i]）塑造的。[57]（然而，这二位作者却否定了这种看法，因为她们觉得这种观点在经验上是错误的，在规范性上也是不可取的。）

在很多人的解读中，女性在不经心性爱中表现出来的负面情感，意味着围绕性的羞耻文化依然十分强大，而对不同性别的双重标准表面上虽然隐约难见，却依然强势地存在着——男性可以随时进行不经心性行为，而不会为自己招致符号性的惩罚。这种解读最主要的优点，就是提醒我们父权制的力量依然强势在

---

i　在康德哲学的语境中，"imperative"（律令）指的是，通过理性所认知到的道德原则对个人意志的强制作用，类似一种应当要做、不得不做的驱力。

场，提醒我们男性和女性被不同的性规范所管辖，提醒我们男性拥有更多性自由，而女性的性受限于规范和性别偏见的压力。但这种解释也有一个缺陷，那就是当要对性做出评价时，它默认用男性的性作为参照点。的确，正如上文中已经讨论过的，不经心性爱一直以一种男性化的性观点为模板。如果我们做出"只有情感抽离的性才是解放的性"这样的判断，那就是在默认自由的性等价于情感抽离的性，进一步则会推论出自由的性就等价于男性的性。"嵌入式的性"（Embedded sexuality）更能反映女性在性领域中的地位，不仅因为传统上女性会更完整地将她们的自我投入性中——她们用性来交换有价值的东西，比如经济资源和社会地位——而且因为男女在照护的社会生产（social production of care）中处在相当不同的位置。由于男性的社会身份并不面向生育或照料，由于父权制的社会组织方式让男性成为女性照护的接受者，而非照护的施与者，也由于对许多女性来说，婚姻和母职对她们的身份与社会经济地位仍然至关重要，[58] 所以女性的性就远远比男性的性更加侧重关系的属性。对于女性来说，照护和关系性既是一种社会角色（例如母亲），又是一种经济地位（例如护士或保姆），还是一种情感-文化身份，三者协调共存。有鉴于此，关系性仍然处在女性的性的核心位置，女性在经济、文化和社会层面仍然承担着生产照护的主力角色。[59] 这就是男性和女性在不经心性爱的体验中为何会有不同的态度和立场。女性比男性更有可能体验到，不经心性爱是一种与培养关系、培养情感相抵触的经验。

情感抽离模式和关系性的模式之间的冲突可以在克莱尔的例子里看得很明显。她是一家实力很强的法国公司的首席执行官，52岁，没有小孩，曾有过两段稳定的关系，第一段维持了19年，第二段3年，最后都结束了。她自称曾与男人发生过很多次性关系。

　　克莱尔：在我这个阶段，我就是找个男人睡一下而已。都不需要很频繁。一周一次就很不错了。

　　访谈者：你想要的是和一个男人每周一次的性关系？

　　克莱尔：当然不是。我当然希望能得到一整套：彼此相爱，共同生活……但这似乎太难了，所以我甘愿退而求其次，每周做一次爱。

　　访谈者：如果按你说的，你真正想要的是全套，那你为什么在实际中追求的是其他东西？

　　克莱尔：我确实需要性爱。我以前觉得找到一段真正的完整关系会更容易，但如果我做不到，那我就先满足自己的性吧。[笑]每周有个人来抱着你的身体，这还挺重要的。[沉默]而且，如果你不把压力给他们（男人），如果你不把这种"我想要完整关系"的想法投射在他们身上，可能他们会更想和你保持一种无牵无绊的关系。没有期望的关系会更轻松，更容易掌控。男人受不了对他们抱着期望的女人。一旦有了期望，事情就会开始变得复杂。而当你有了期望，你也更容易受伤，更容易失望。你就必须开始跟他讨价还价。两个人对于如何处事永远不可能有相同的看法。所以，没有期望的性可能是最安全的一种保持关系的方式了。性关系仅仅关乎快感，不需要麻烦地处理对方的情绪包袱。

这段访谈里有几个有趣的点。访谈对象把性看作一片更容易遇到男人的阵地，而情感则是不稳定、不确定的东西，会引发期望和失望。现在会给人带来焦虑的，是情感而不是性，因为在她看来，情感会威胁行动者（特别是男人）对自主的要求。[60]性关系的规则简单明了，而情感关系的规则难以捉摸，困难无解。我们可以观察到有趣的一点：这位在其他方面看起来表达清晰、魅力十足的女性，之所以甘愿把自己对关系的期望归于一种只有性爱的纽带之中，仅仅因为性不会有损男性对自主的要求。她甘愿保持着一种她认为是情感缺失的关系，只要这种关系能定期满足她的性需求，这说明性既是一块更容易彼此协商的互动阵地，又具有一种本体论的真实性，并且要远比情感的本体论真实性更为强大。性并不会引发不确定性，传统意识的那些"东西"——意图、期望、情感——则会。性取代了情感，成为关系性（relationality）的来源。《名利场》杂志的一篇被广泛引用的文章这样说道：

> 过去，人们在自己的附近，透过家庭和朋友来遇见未来的伴侣。但现在，网络会面正在压倒其他所有形式。……电影《电子情书》（*You've Got Mail*, 1998）的主角们往来的一封

封冗长而真挚的电子邮件，跟今天在一般的约会软件上发送的那些信息比起来，颇有些维多利亚时代的古风了。住在新奥尔巴尼的印第安纳大学东南分校 22 岁的大四学生詹妮弗说："我时常会收到一条消息，写着'约炮吗'三个字。"她的朋友，19 岁的阿什莉说："他们会发来消息，让你'到我家来，坐我脸上'。"[61]

鉴于性化依赖于一种建基在身体上的对关系的认识论，正是人们的身体为互动提供了可靠的知识来源，变成了开启互动的支柱。

因此，不经心性爱反映了一种已经普遍蔓延开来的性化，根据学者们的定义，这种性化包含了以下四要素之一：[62]（1）性吸引力是一个人的价值的唯一决定因素；（2）性吸引力以狭义的肉体吸引力为基础；（3）伴侣中至少有一方在性的层面上被客体化了；（4）性太普遍了，普遍到让人不得不屈从于它。[63] 这样的话，性化所显示的，就是在许多甚至大多数互动中，在许多甚至大多数社会群体中，性已经普遍渗透的事实。美国心理学会（The American Psychological Association）的工作组[i]认为性化完全站在了健康的性——必须是一种相互的关系——的反面。但我对性化的观点与之不同。在我看来，性化最主要的问题和最大的影响，在于当它把身体变成互动的首要阵地时，它也让情感的表达和交流

---

i 指美国心理学会应对性化女童问题工作组（The APA Task Force on the Sexulization of Girls）。

变得不正当、不确定，并突出身体作为人际知识的来源。因此，它会使社会认同的过程变得矛盾重重，一会儿发生在人的身体之上，一会儿发生在人的自我之上，而这两种自我认知模式并不总是重叠的。

由于身体被视为一个独立、自主的场域，[64] 依赖于身体的关系认识论就很难与基于互惠的社交性相调和。[65] 例如，皮埃尔·布尔迪厄（Pierre Bourdieu）曾经指出，礼物的交换是被时间性（temporality）和对未来回报的预期所形构的，这便让互惠的社交性浸润在时间里。[66] 时间性和未来是互惠所固有的。可是，既然不经心性爱中的愉悦多多少少是即时性的（两个身体同时或相隔很短的时间获得快感），这就切断了社会交换的未来。因此，不经心性爱与基于相互性、叙事性和对未来预期的那种传统的社交性（回礼总是在未来）是不一样的。但是，它与那种陌生人之间的互动也不一样，陌生人之间的互动是非相互性的（non-mutuality）、脚本化的、可预期而不可协商的。不经心性爱是一种不确定形式的互动，因为它可以接受多种可能性。对社会学家和经济学家来说，不确定性正是关于人们对未来的期望，说得更确切一点，不确定性正是关于产生、想象和协商期望的困难。

> ［不确定性］指向未来，指向我们对未来的期望是否能够实现；它也指向现在，指向我们产生期望的能力。一般来说，规范和制度形构了我们的期望。它们支撑着清晰无误的概念和期望，哪怕它们总是——在一定程度上——不确定的。[67]

不经心性爱会创造不确定性，是因为它没有明确的规范性的内核，因为它的基础制度结构位于一个分散的消费市场当中，基于短暂性和过时性（obsolescence），还因为它基于截然不同的关系性的性别脚本。虽然在前现代关系中，不同性别的角色最终都会归于婚姻与道德的定义之下，但与消费市场纠缠在一起的性爱则会放大性别差异和性别身份。不经心性爱是一种逆向的社会脚本：一种为非关系所写的脚本。

简单总结一下：男性以自主、情感抽离和积累的模式来实践性自由，而对于女性来说，性自由更加矛盾。人们要么以自主的模式来实践性自由，要么以关系性的模式来实践，这需要努力尝试与对方达成一个共同的情感目标。不经心性爱给女性创造了关系性和身体自主化之间的冲突，它对于男性则是积累性资本和性地位的机会。女性的社会存在仍然在很大程度上是关系性的，因为女性仍然承担着社会中绝大部分的照护工作。[68] 对男性来说，不经心的性是一种表现男性气质的主要方式：为了满足快感而施展权力、情感抽离、自主并将他人工具化。在这个意义上，关系的性化会与"关系律令"产生冲突，并在性领域和亲密关系的社会结构中，将男女置于不同位置。[69]

关系的不确定地形

性化还会以另一种方式造成困惑。虽然它让人们得以积累性经验，甚至鼓励人们这样做，但它混淆、模糊了不同关系之间的界限。缔结关系的现代主义方式，就是基于在关系之间划定界限的能力，也就是能定义出每一段关系是如何开始、如何结束，从哪里开始、从哪里结束的。但是，积累关系的模式会让人更难把握明确的情感分类和概念范畴，从而不能在不同的关系之间划清边界，比如明确区分朋友和爱人之间的不同。

阿诺，63岁，高级公务员，在法国某部委担任要职。他已经离异11年，有两个孩子，是在线约会网站的用户：

> **阿诺**：我离婚之后有过好几段关系，有些其实真的持续了挺长时间，但最后，还是在各种各样的时间点上都宣告结束了。
>
> **访谈者**：你想过原因吗？
>
> **阿诺**：我当然知道了。因为5分钟之后——你懂我的意思，不是真的5分钟，就是说认识之后，女人很快就会想搬过来和我一起住，就会开始设想两个人的未来，会很严肃地看待我们的关系。但我做不到。我觉得她们都挺好的，我也挺喜欢她们，甚至有时候会爱上她们，但我没办法牺牲我的自由。我的自由一定对我更重要。
>
> **访谈者**：所以当你遇到一个女人的时候，你更希望性爱是不经心的？
>
> **阿诺**：才不是呢！我很讨厌随便约约，我讨厌一夜情。我很爱浪漫的关系，但我一点也不想要关系里那些会困住你

的东西。我想活在当下，我不想知道我的伴侣不在我身边的空闲时间都在干些什么，我也不想让她知道我在干什么。我们的性生活应该是自由的、独立的。

访谈者：所以说你不想要那种固定的、两个人彼此承诺的单偶制关系。我这样理解正确吗？

阿诺：一点没错。为什么需要定义关系呢？为什么女人们有这种需求，想知道"下一步要往哪里走"？［他用手指在空中比画了一个引号］我不想知道任何与关系走向有关的事。我们应该让彼此自由。

访谈者：所以对你来说，一段关系的走向是开放式的，不需要有清晰的目标。

阿诺：就是这样！我看你很能理解我。［笑］没错，关系就是为了当下的快乐，不需要有什么更多的。顺其自然吧。没有未来，没有定义，就是从快乐的这一刻跳到快乐的下一刻。所以说，有一个女人能占有我的身体，这种想法对我来说似乎太荒唐了。

访谈者：所以按你的说法，爱，那种伟大的、一夫一妻的爱，是一种有缺陷的概念？

阿诺：爱总会结束。在我认识的人中，没有谁的爱是经久不变的。总是会有新的欲望、新的肉体要去探索。所以我已经学到了，我不会再有多余的期望了。我有我的"安排"。

访谈者：你能解释一下吗？

阿诺：我（在这次访谈前）跟你说过的，我同时和好几个女人保持着好几段关系。她们每一个人都知道，谁都不能独自拥有我，或者跟我住到一起。我在一开始就都告诉她们了，所以没有谁是被谎言欺骗的。我觉得这种方式舒服太多了。她们每一个我都很喜欢，但我没觉得自己跟特别的某个人绑定起来了。

访谈者：她们每一个？

阿诺：没错。我没有特别偏爱某个人。每个人带给我的东西都是不一样的。这是一种特别舒服的保持关系的方式。我的哲学就是，能给对方快乐就给，能从对方身上得到快乐就享受。这么活着才更简单，更轻松。

大谈了一段他的"消极自由"信条之后，阿诺继续说道："我只有一个规则，就是不去伤害任何人。除此之外，保持自由对我无比重要。"

阿诺的例子清楚地说明，不经心性爱已经扩散到了长期的关系之中，甚至重新定义了长期关系。异性恋正统主义的那些特有的标志，比如，性必须从属于一个终极目标，从属于婚姻、一夫一妻制和家庭，不经心性爱是拒绝接受的。

一个叫 LoveShack 的网站上有一个例子，进一步说明了这一点。这篇文章的作者讲述了下面的故事，让我们看到不经心的性改造浪漫关系生态的其他方式：

　　一个星期前，我和一个男的断了关系。我们约会了四个月，结果他说他还是觉得不要太快跟我定下来。我真的搞不懂，我周末才跟他回家见了他家里人两次，然后就发现他居然整个星期天都在刷"百合姻缘网"。从二月初以来他就一直对我忽热忽冷，这一次真是最夸张的一次了。每次我们要向建立稳定的关系迈出一大步，而且步子迈得很好的时候，他就会"作"一下，完全把那一步给撤回去。我们用短信大吵过一架，那一次是因为，他基本上算是在告诉我，他之前在约会另一个女孩（我并不知情）——对方叫停了，因为她觉得他是在寻求一段正式关系。他告诉我，我说他不是在找一段正式关系，是完全错误的，因为那个女孩儿明显这么觉得……他告诉我他是在给我们一个机会，能让我们之间"进化"成某种东西，而且他确实在乎我、喜欢我，但他也不确定。[70]

这个故事很好地表现了主人公因为难以弄清楚自己的感情，也无法知晓男友的感情，而遭遇的情感困惑和不确定性。如果说传统的文化社会学是建立在行动者具有行动策略的假设之上，[71] 那么在这些例子里我们可以看到，这些行动者恰恰都很难为他们的各种关系发展出行动的策略。这位女性的男友到底是在和谁约会，她和他都不清楚；他对她有什么感觉，或对他约会的其他女性有什么感觉，也不清楚；他到底想要什么，甚至她自己想要什么，她还是不清楚。这里所描述的关系状态是这样的：没有清晰边界——用齐格蒙特·鲍曼（Zygmunt Bauman）的话来说，就是像液态一样流动着[72]——而且关系的根本目标对关系的主角们来说是不确定的。这种开放性使行动的表达层面和工具层面都变得极不稳定，让行动者对他们真正的行动机制感到困惑。因为性是在基于连续体[i]和开放性的情境中被人们经验的，所以关系的社会学边界大大改变了。溢出界线而彼此连接起来的各种关系，框架相互重叠，目标变得模糊。这种关系生态中的主体性就不太能够使他人独特化，或感觉到自己对他人来说具有独特性。

下面是一名叫维恩的网民对他的关系的自述，发布在一个专门讨论破裂或棘手关系的论坛里。

2009—2010 年（我 19 岁，大学二年级；她 15 岁，中学三年级）。那时候我们还在一段开放关系里面。我确实没有在我们的关系里付出太多努力，所以她对我的感觉也挺混乱的。就好像我真的做错了什么……她总是若即若离，但我一直都在努力争取她，就好像我要强迫她跟我维持这段关系一样，因为我很认真地爱着她。在我们结束这段开放关系的

---

i　连续体（seriality）是美国女性主义政治学者艾丽丝·马里昂·杨（Iris Marion Young）在她的《性别作为连续体：对女性作为一个社会集体的思考》（*Gender as Seriality: Thinking about Women as a Social Collective*）一文中，借用萨特在《辩证理性批判》中的概念对性别的集体性作出的解释。"连续体"与群体不同，群体是具有自我意识并相互承认的一群人，因为共同的目标和价值观念而聚在一起，而连续体则是因为不断流变的行动而聚合生成的一个集合体，缺乏同样的属性和身份。一个典型的连续体例子是在公交车站等车的一群人。参考王晴锋，"性别互动论：基于'做性别'视角的探讨"，《妇女研究论丛》，2020 年第 1 期，第 102 页。

时候，她去和追她的男生们，还有她喜欢的男生们玩了玩，但由于我一直强烈地希望她回来，她拒绝了他们当中的大多数……要么是被我争取她的态度感动了，要么就是她迫于无奈才回到我身边。但我们重新开始开放关系的时候，我还是没有在关系中太努力……为关系付出努力的总是她……我其实也付出了一些，但不太够。我只是一直爱着她，但又一直没有做出什么行动。总是她到我家来，是她说想去约会，是她一直告诉我要去教堂祷告，但我还是一直拒绝约会的事……我把她当成了理所当然会在我身边的人，因为我觉得这种关系让我很舒服，觉得她永远不会离开我。但我不知道的是，她对我的爱是在慢慢衰减的，衰减到某一个点之后，她就不再爱我了……因为我总是忙着打游戏，或者忙着其他的事情……不过，我们虽然是这个样子，但还是表现得像真正的情侣一样。我们接吻、拉手，尝试那种边缘性行为，而且几乎每次我跟她单独相处时都会亲热……问题是，我对做爱从来就没有兴趣……所以我们在一起的六年间，从来没有做过。

然后出现了一个男生，用力追求她，差不多跟我一样强烈地希望跟她发展一段关系……但其实她已经爱上了他们班上的另外一个人，而且就是追她的这个男生的朋友。她跟我说了之后，我告诉她，不要和这个男生搞起来，因为处在这段开放关系中的是我们俩，不是他们俩，而且总会有一天，我们会正式在一起的。但我不知道的是，她和他一直都在搞，因为……这个男生比我对她更关心，比我给她发的短信更多，总是给她打电话。我们现在都约过会、接过吻、拉过手了，她还是接受了那个男生当她男朋友……所以，到这一步，已经算是她出轨了，而我当时还是不知道，三个星期之后才知道的……我求她回来，但她说对现在的关系很满意。[73]

这篇帖子的标题是"我正在自杀的边缘"，散乱又复杂的帖文讲述了他和这个女生的关系，这么些年来一直起起伏伏，从开放变得稳定，又从稳定变得开放，从全身心投入到不投入，然后又回到了投入。换句话说，性的多重性和开放性似乎破坏了他们保持关系的框架清晰的能力。这里叙述的关系没有遵循一套明确的文化脚本，看起来像是在随机游走。而有趣的是，在他的讲述中，他女友离开他，正是因为她的新男友能给她提供一个清晰的框架。

虽然对大多数异性恋关系来说，性的排他性仍然是一段全身心投入的关系的标志，但现有的各种技术让人们更难依循排他性的脚本，并知晓脚本适用的规则。自己定位为音乐人的32岁法国男性罗贝尔，对此这样说道：

　　罗贝尔：我一直都是同时约会好几个。反正大部分最后都走不通，所以你最好也不要等着上一个结束，再开始新的一个。我总是同时至少约着三四个。

访谈者：她们都知道吗？

罗贝尔：当然不知道。为什么要知道？这是我自己的生活。她们不在我身边的时候，我也不知道她们在干些什么。我不会问她们，我也希望她们不要问我。

在这个例子中，这位男性认为在性上同时建立多重关系是理所当然的事，既因为它被视为私人生活的特权，也因为"大部分最后都走不通"。所以，不经心性爱不仅会给互动的框架和目标带来不确定性，也会让互动的界线（一个人的性关系和情感关系如何结束、在哪里结束，而新的一段关系又在哪里开始）变得不确定。

作为确定性来源的性

矛盾的是，身体的性化意味着，身体经验变成了产生确定性的一个来源（人们清楚知道一个性身体，或一次性经验究竟是什么），而与身体经验相依的那些情感，要么变得不确定，要么必须因循身体经验。因为性化的过程会让人格集中在身体上，而这里的身体是一个生物实体，一个产生愉悦的生理来源，所以性化会导致人们在进入关系时，情感变得不那么重要。身体由此成为唯一的，或至少是比情感更可靠的知识来源。以色列的女权主义者、56 岁的女同性恋者莱娜，是这么说的：

> 莱娜：我每次遇见一个女人之后，如果心动了，就必须跟她上床。这是我会做的第一件事，而不是一起吃饭、一起喝酒、一起看电影这些屁事儿。我不会在跟她上床之前问自己，是不是想跟她确定关系。我必须先跟她睡了才能知道我是不是想要和她有一段关系。没有做过，我就不会知道。

而她的话在34岁的以色列医生、女异性恋者阿维娃那里得到了共鸣：

> 阿维娃：男人要通过的第一个测试就是在床上。我会想要知道我们在性上是不是合拍，他是不是懂得怎么爱抚。如果是的话，我们会试一下开始一段关系，如果不是的话，那我是不会追求关系的。
>
> 访谈者：哪怕假如说，其他的一切都很合适，你也不会追求关系？
>
> 阿维娃：没错，我不会。性生活太重要了。

上面的两段访谈表明，现在有一种全新的方式去接触他人、认识他人，性是这种方式中的认识论，人们通过性去了解一个人，通过性建立起一段关系的实相。在这个意义上，我们也许可以说，关系的性化引出了一个悖论：身体和性成了确定性的来源（我们通过它去认识我们潜在伴侣或实际伴侣的深层次自我），但关系的总体框架是不确定的。不确定性不仅仅与互动的框架、目标和界线有关，还与人们在接触一个人的时候，性吸引力和整体的性应该发挥的作用有关。因为身体和性已经成为新的关系认识论的资源库，它们承担了关系实相的功能，然而仅有身体和性并不足以产生情感上的行动策略。

前现代的求爱始于情感，终于可能会产生羞耻和焦虑的性，当代的关系则是始于（愉悦的）性，而且必须努力解决要产生情感这个让人焦虑的任务。身体现在变成了表达情感的场所（就像有点陈词滥调的那句"好的关系表现在好的性爱当中"），情感则与性互动没有直接联系了。

不确定性和消极社会性

我把这样的关系称为"消极的／否定的"（negative）。我对这个术语的用法与这个词在大众话语中的意思（"有害的"）并不相同，但与它在哲学传统中的意涵也不一样。特奥多·W. 阿多诺[i]认为，否定思维是非同一性思维（non-identity thinking）的一个特征，而非同一性思维能帮助我们理解特殊性，从而避免陷入抽象理性和工具理性的宰制。[74]我的用法和经过亚历山大·科耶夫对黑格尔《精神现象学》的阐释[ii]而得到发扬的"否定"这个术语的意义也相当不同。[75]科耶夫在评论黑格尔时，强调：

> 为了有自我意识，继而有哲学，在人身上不仅要有积极的、被动的、仅揭示存在的沉思，还必须否定"欲望"，从

---

i 特奥多·W. 阿多诺（Theodor W. Adorno，1903—1969），德国社会学家、哲学家，是西方马克思主义最重要的流派之一，法兰克福学派的创始人和代表人物，重点关注对技术理性、文化工业和意识形态等的批判。"非同一性"继承自黑格尔的观点，是他否定辩证法的核心概念。"非同一性"是对"同一性"的辩证否定，简单来说，就是认识到主客体关系之间的对立、扞格、矛盾、差异、冲突，从而达到他所谓"绝对否定"的批判立场。

ii 亚历山大·科耶夫（Alexandre Kojève，1902—1968），法国哲学家、外交家。早年研究哲学，师从雅斯贝尔斯，后投身外交事业，协助欧洲共同体成立。科耶夫1933—1939年在巴黎高等研究实践学院讲授以存在主义观点阐释的黑格尔《精神现象学》，讲稿其后整理成书《黑格尔导读》。

而否定改变给定存在的"行动"。我必须成为"欲望"的我，也就是一种主动的我，一种去否定的我，一种通过摧毁给定的存在而改变"存在"，同时创造一个新的存在的我。然而，"欲望"之我——例如饥饿者之我——是什么？如果它不是一种渴望获得内容的空虚，如果它不是这样的一种空虚：它想被充实的东西填满，想通过清空这种充实来填满自己，想让自己在被填满之后就取代这种充实，用自己的充实来占据虚空，而这种虚空是因为它克服了不是它自己的充实而形成的——那么，这种"欲望"之我还会是什么？[76]

"否定性"的这个意涵——自我作为一种虚空渴望被填满——进一步被雅克·拉康[i]所推广，发展成一整个思想流派，最终基本上算是定义了欲望本身。[77]它所标志的主体性，是一种永远在追寻他人承认、追寻他人欲望，而又永远无法安定地满足于僭占他人的承认或欲望的主体性。人们会发现，自己要么在欲求一个永远无法夺得、无法占有的对象，要么就必须面对僭占这种对象而引致的虚空。这种否定性是通过将自我投射到它想要吸收或与之抗争的另一个人的欲望上而展开的，因此它既可以生成身份（或对身份的追寻），也可以生成社会纽带。在这个意义上，这种否定性是自我的一种积极运动。

---

i 雅克·拉康（Jacques Lacan, 1901—1981），法国精神分析学家，认为主体的欲望只有靠否定方能实现。

我在这里说的"消极／否定性纽带"完全是一种不一样的东西（一种非黑格尔的意义）："消极"在这里意味着，主体因其自身欲望的结构不想建立关系，或不能建立关系。在"消极纽带"中，自我完全逃避了欲望和承认的机制。处在这样的纽带中，主体并不想去发现、知晓、僭占、征服他者的主体性，他者只是自我用来表达、确认个人自主性的方法——而不是承认的对象。我们其实可以在此借用让-保罗·萨特"虚无"的概念（虽然他用这个概念描述的是另外的问题）来进行分析。莎拉·贝克韦尔（Sarah Bakewell），一本梳理了存在主义运动全面历史的流行读物[i]的作者，这样总结"虚无"这个概念：

> 他（萨特）说，让我们来想象一下，我与朋友皮埃尔四点在某个咖啡馆见面。我迟到了十五分钟，并焦急地环顾四周。皮埃尔还在吗？我感知到了很多其他的东西：顾客、桌子、镜子、灯、咖啡馆烟雾缭绕的气氛、碗碟碰撞的声音和人们交头接耳说话的声音。[78]

作者写这一段的目的，是在描述某种关于意识本身的东西，要说明意识本身是未定的，它就像那个缺席的皮埃尔一样来理解自身。一段消极关系就像是在一个人、物、空间的配置组合中，寻找某人而又没有找到那个人一样。消极关系就是在感受着这种缺

---

i　指《存在主义咖啡馆》。

席，这种个人意图和欲望的未定状态。所以，一段消极关系不是因为要遵守更高的禁令而自愿地克制性或爱（比如修道）；也不是内在于欲望这个行为之中的虚空（科耶夫和拉康式的），而是在许多他者存在的嗡嗡声中对一个缺席他者的感知，以及对自我意图的未定状态的感知。

"消极"还有另外一种意义，同样来自马丁·海德格尔的哲学传统（萨特曾经仔细读过《存在与时间》[79]并深受影响）。为了讨论人与世界之间不成问题的（unproblematic）关系，海德格尔用了锤子的比喻。我正在一锤一锤地敲打着，对手上的锤子和我在锤打这块木头的工程几乎没有任何意识。但如果出了什么问题，比如锤子或钉子断了，我会立刻注意到我手头上的事情，并且会用一种新的方式来看待自己。"曾经的'应手'（ready-to-hand）状态转变为当前的'在握'（present-at-hand）状态：这个被瞪视的不动之物。"贝克韦尔解释道。[80]在消极的这层新的意义上，当建立起来的关系没有按照应然的方式运作时，就会迫使我们把目光投向它们，它们就变成了"被瞪视的"对象，被拿出来讨论，且让人困惑不解。这里，关系就变成了反身性地从我们日常行为和感受的方式中脱离开来的出发点。

所以，"消极纽带"之所以消极，是在这两种意义上的：或是由于情境未定，这些关系指向了一个我无法抓住的缺席对象；或是它们显示出关系中的某些东西并没有按关系存在时的应然方式去运作。消极关系的目标是模糊不清的、未加定义或有争议的；对于结合和分离，它们没有脚本化的规则，也不会或极少对解除关系施加惩罚。第一种形式的消极纽带会迅速消失，不是因为它们从契约上就被确定为是短暂的（比如，银行柜员和客户之间的关系），而是因为它们缺乏关系的规范，缺乏脚本化的规则，缺乏双方可以共同参照的意义框架。第二种形式的消极纽带之所以会消散，则与关系中的某些东西运作得不太正常有关。

我们应该明确，"积极"和"消极"在这里不含道德上的指涉。这些词语仅仅指的是社会纽带形成的方式，它们要么通过文化脚本被明确制定（如成为老师或父母或丈夫），要么（相对来说）缺乏脚本、规范模糊[81]（如不经心性爱）。消极的社会关系是被不确定性所驱动的，而积极关系相对而言是围绕着明确的规范被组织起来和被结构化的。消极关系的"模糊性"（fuzziness）和"模糊逻辑"（fuzzy logic）中的"模糊"意思一样，它表达了这样的事实：规范性并非由"规范-越轨"（normative-deviant）的二元对立所定义，而是包含着不明确、有争议的规则。比如说，在犹太教中，女性的通奸是明确无误地在规范上定义出来的：这种行为必须一律禁止，一旦发生就要严惩（比如石刑）。而相比之下，男性的通奸在规范上就比较模糊：这种行为是被禁止的，但只是在特定的情况下，当已婚男性与已婚女性通奸时才被禁止；男性与单身女性的通奸行为虽然不受鼓励，但并不会遭受严厉的责罚，而且这种行为并不会威胁犹太教法和犹太人家庭制度的规范核心。因此，男性的通奸就处在我所说的一个模糊的规范尺度上，已婚女性的通奸则是一律禁止、一律重罚的。

因此，我大胆提出这样一个假设：在爱与性的领域里，我们已经从一种文化行动的模式转换到另一种文化模式。在前一种模式中，文化用符号和道德叙事来深描[i]这个世界，用强意义和布局完善的行动计划去规定和指引行为（求爱就是这种布局完善的行动计划的一个例子）；而在后一种文化模式中，自主和自由产生的是相对弱化的脚本、模糊的互动规则，并且结果不可预测，也就是说，这种文化模式中的互动相对缺乏规范，至少在私人和亲密的领域是这样的（相反，工作领域已经变得高度脚本化）。我说的"缺乏规范"，意思不仅是说行为是即兴发生的、行为的规则尚待商定，[82] 它还有一个不那么有趣的意思，就是指支配性纽带形成与互动的规范并不明确，并不遵循一个道德脚本，而且在打破互惠的规则时极少会招致社会惩罚。缺乏规范的互动并不把适当行为和不适当行为鲜明地区分开来，因为不适当的行为并不附带多少惩罚。这种缺乏严格规范性的状况源于自由的实践，而这些实践对人们的强制要求，比如自立、自主、享乐等，都是自我性的主导词汇。[83] 这些强制要求会产生消极纽带，这样的纽带在规范上是模糊的、混乱的，有着多种多样的定义和目标，人们以这些纽带为场所，通过退出或不选择的行动来表达自主性。如果对乌尔里希·贝克（Ulrich Beck）和伊丽莎白·格恩塞姆-贝克（Elisabeth Gernsheim-Beck）来说，"爱的常态性混乱"是积极社会性的来源，也就是说，它会带来即兴发挥和丰富的关系性，那

---

i 深描（thick description）是美国人类学家格尔茨提出的概念，也就是"对他人理解之理解"，要将文化现象或符号放在它们所处的"意义之网"中去理解。

么在这里，混乱就是消极社会性的来源，会通过不确定性来重新形成关系和管理关系。

这也开启了对文化这个概念的重新思考。在传统的人类学和社会学中，文化通过角色、规范、仪式和社会脚本来塑造社会纽带，也就是说，通过一系列的强制要求，让人们去选择自我的归属和认同，去执行乃至即兴做出某些行为。与之相对照的是，在消极关系中，行动者需要面对他们自身行动的飘忽不定，艰难地摸索这些行动的意义何在。如果说当今的文化越来越多地以建议或心理自助的形式呈现，这正是因为在爱情、育儿和性这样的领域中，几乎没有什么文化纲领能以一种有约束力的方式来指导人们的行动，并强制男男女女根据大家一致同意的规则和规范来调整自己的行为。心理自助的文化和咨询师给出的建议中包含并传达了关系性的脚本，[84] 但这些脚本并非出自一套成体系的神圣符号，而是在一种充满着不确定性的社交当中实现的。心理上的自我管理其实不过是对普遍弥散在人际关系中的不确定性的管理，而人们在这些关系中，用以市场的语法和语义规则组织起来的性自由和性愉悦，来换取心理上的确定感。

*

历史学者肯·乔伊特（Ken Jowitt）在分析他所认为即将到来的危机时，用了一个性的比喻来说明一种新的社会秩序。他认为，冷战后的世界就像是一个为单身人士开设的酒吧：

> 用他们的行话来说，这群互不认识的人，约上，回家，做爱，断了往来，忘记名字，再回酒吧，约其他人。所以，这是一个由断联（disconnections）组成的世界。

这个美丽新世界是由一群彼此不认识的人组成的，他们互相睡，再互相分开，都不用知道对方的名字，然后又回去寻找新人。[85] 乔伊特认为，这个世界既是彼此连通的，也是彼此分离的。[86] 性在这里作为指涉政治和社会秩序的组织性隐喻，同时反映了这个秩序的有组织（organization）和无组织（disorganization）。更确切地说，不经心性爱已经成了消极社会性的范式。"古典的选择"是做出拣选、排序、排除，以及特异化一个对象，而在性上的非选择是通过积累这种囤积式的实践（多个伴侣共存，关系相互重叠），或通过睡完即弃性对象来实现的。被非选择和消极社会性所支配的自由的性，有两种运作模式：伴侣足够多；伴侣可替换。

弗洛伊德认为，愉悦源自对刺激的掌控，而当自我（ego）无力掌控某种外部状况，或当刺激危及自我的组织性时，痛苦就会爆发。只要不经心性爱能为行动中的各方都带来掌控、自主和控制的感觉，那它就是一种愉悦的体验。但更常见的情况是，它带来了相反的体验，它会让互动中的至少一方体验到自我失却了组织性而产生不确定感。而我在下一章将要提出并讨论的本体不确定性，更是会让这种行动框架不确定的体验加倍。

第四章

视觉资本主义与
本体不确定性的崛起

我以丑女人的身份，为了那些丑女人，为了那些性冷淡的女人，为了那些没有好好被肏的女人，为了那些不能被肏的女人，为了所有被美女辣妹的广大市场排除掉的女人书写；也为了那些不想成为保护者的男人，那些想成为保护者又不知道该怎么做的男人，那些没有雄心、没有竞争力或者没有大阴茎的男人书写。

——维尔日妮·德斯潘特（Virginie Despentes），
《金刚理论》（*King Kong Théorie*）

就在那时我能够稍许观察你，虽然你的长相对我来说完全不重要——你说的话才是我唯一在意的……你嘴里的词句对我有那么大的魔力，而从那时起，你无论穿什么衣服我都喜欢极了。

——弗兰茨·卡夫卡（Franz Kafka）[1]

问题不再是怎么做你想做的事，而是知道什么才能满足你。

——斯坦利·卡维尔（Stanley Cavell）[2]

哈维·韦恩斯坦（Harvey Weinstein）的丑闻将会始终是后人心目中 2017 年的几大重要的分水岭时刻之一。这位好莱坞大佬被指控在长达 20 多年的时间里，在他同事、助理和手下知情的情况下，骚扰或强奸了超过百名女性。[3] 韦恩斯坦丑闻在世界范围内引发了强烈反应，成千上万的女性在社交媒体上在 #MeToo（我也是）这个话题标签下，讲述她们被性虐待、性骚扰和强奸的经历。但这让女权主义的一个核心问题暴露在了公众眼前：为什么在通向平等的道路上，我们已经取得了些许重要的进展，男性对女性的性支配却依然程度这么深、范围这么广？[4] 性支配既体现在男性施加的暴力上，也体现在男性对女性更普遍的、难以捉摸的、隐隐约约的贬低过程中。本章将在前几章的基础上，尝试解读相关的经济、社会和文化机制，从而解释女性的价值是如何通过性而被贬低的，以及女性是如何通过有待阐明的机制，变成一种用后即弃的商品。

性无论是我们被宗教和父权制的历史压抑了几千年的本真自我的一部分，还是在心理专家们的注视下被迫揭示的精神实相，一个无可争辩的事实是，性已经变成消费实践和技术实践的传送带。"性实践和性互动已被吸纳进经济领域之内。"[5] 在西格蒙德·弗洛伊德的概念体系中，性主体是各种无意识驱力的集合体，而在晚近的时代中，性主体变成了各种欲望实相的集合体[6]——这些欲望借由美好生活的图景、价值、故事和理想得到实现。推广这一套美好生活叙事的，是消费市场[7]和过去十年涌现出来的各种技术设备。在被消费市场和技术收编的过程中，性身体已经成为某种经济剩余价值的生产者了。这种剩余价值尚未被充分地概念化，显得强大而令人生畏。

经济-性主体就是现代性的特有主体。它通过需求和欲望，通过选择以及越来越多地通过非选择，来表现自己的个体性（individuality），而这整个过程都发生在遍地弥散着亲密性的消费领域中，[8] 发生在已经商品化的私人领域中。[9] 把性与爱从消费和技术场域中分离开来，基本上是不可能的，它们就是被部署在消费和技术场域之中。性欲望产生经济价值，反过来商品也紧密地与性欲望的生产过程相交织。当性形式的行动和经济形式的行动结合在一起时，就会创造出我所说的"超主体"（hyper-subject）——一种被人们对需求和欲望的拥有，以及满足这些需求和欲望的实践所定义的主体。然而，超主体性的存在建立在一个悖论之上：它会激发本体不确定性（ontological uncertainty），一种关乎最本质自我的不确定性。塑造本体不确定性的过程有三种：价值生成、价值评估、价值贬低。这三种过程全都是被男性对女性在经济和符号上至今依然强大的支配地位所决定的，并且它们都既是经济过程，也是认知过程和文化过程。这三大过程标志着资本主义和亲密关系的历史进入了一个新阶段。

价值[i]并不内在于客体之中，而是社会关系的结果。[10] 价值生成，指的是通过经济机制或符号（象征）机制而产生价值的过

---

i　这里的价值原文是"value"，指一般意义上的价值。同时文中还出现了"worth"，偏重指物品的特定价值或在涉及金钱的语境中指经济价值。翻译中除非必要，通常不作区分，都翻译为"价值"。

程（比如，在一所国家级展馆中展出作品，就能增加创作者艺术的价值）。价值评估则是对一个客体（物）的特定价值进行估量、比较、测度的行为。[11] 价值评估和价值生成是相伴相生的社会过程（艺术品收藏家或信用评级机构就是同时在评估和生成价值）[i]。而价值贬低，指的是通过符号机制，如强势行动者的言语行为，[12] 或通过经济机制，比如造成商品供过于求的生产过剩，而降低价值的过程。价值生成、价值评估和价值贬低，与资本主义文化中主体性的强化和解体密切相关。[13] 这三个过程以消费市场、互联网技术和媒体工业为媒介，并且相互塑造着彼此。

---

i 作者对价值生成（valuation）和价值评估（evaluation）这两个意义紧密关联的术语的区分，来自米谢勒·拉蒙（Michèle Lamont）在《迈向评估与评价的比较社会学》一文中的定义。参考拉蒙，《迈向评估与评价的比较社会学》，唐俊超译，《文化社会学：经典与前沿》，周怡主编，北京大学出版社，2022年，第32—66页（该文译者将"valuation"和"evaluation"分别译为"评估"和"评价"）。

身体的价值

社会心理学家罗伊·鲍迈斯特（Roy Baumeister）和女性主义学者宝拉·塔贝（Paola Tabet）曾说过，在所有女性缺乏社会和经济权力的社会中，女性都会用自己的性来换取男性施舍的权力。[14] 这就是塔贝所说的，"经济–性交换"（economico-sexual exchange）。在这样的社会中，女性会用自己的性服务和控制她们的男性做交换，来换取各种不同价值的东西。她们通常要换取一段漫长的求爱和婚姻，但也会换取男性送出的礼物，比如在约会的场景中，或换取金钱，比如在卖淫的场景中。[15] 在20世纪70年代和随后登场的消费经济中，两个重大的变化发生了。第一个变化是避孕药物的发明，由于它们的存在，与女性发生性接触基本上不再受到什么限制，男性只需要付出很低的成本就能获得性，既不需要承诺婚姻，也不需要求爱，甚至不需要约会；[16] 第二个变化是媒体和时尚产业对女性身体的性化产生了巨大的经济价值，而这一价值的获益方却基本上是（虽然不完全是）男性。正如卡罗尔·佩特曼（Carole Pateman）所说的："有一门巨量生意价值成百上千万美元，交易的是女性的身体。"[17]（实际上，这门生意可能成亿上兆。）

虽然在早期性解放运动的想象中，自由的性是自我的一个本质上非商业化、非货币化的面向，可是，在男性所控制的大量产业中，性成了剩余价值的来源，有时能够得到薪酬，有时则不。

女性的身体之所以能够产生经济价值，就是因为它被改造成了一种可供交易的视觉单元。经由一个庞大的产业网络，一种吸引力的新规范开始传播开来。自 20 世纪伊始至今，大众媒体和时尚美妆产业综合体一直以前所未见的规模来宣传美貌时尚的女性形象。[18] 这些形象创造出全新的吸引力规范，超越了以往基于阶级的着装守则，并通过社会学家阿什利·米尔斯（Ashley Mears）所说的"外形"，[19] 一种混合了穿衣风格、诱惑力和身材的指标，吸引着不同阶级的人。"外形"是一种流通在形象经济中可交易的资产。因此，个人的身体在经过景观化（spectacularization）的过程之后，变成了一种可以正当交易的商品。它也变成了一种形象，在模仿、反映着那些流传于公众中的身体形象。

自我生产和自我呈现的程序，总是反映着每个时代占支配地位的经济利益和文化关注。[20] 性吸引力构成了身体通过媒介视觉符号和消费品来展示自己的新方式。性感的身体则处在"印刷媒体和广播媒体对性和露骨性场面的广泛迷恋"的核心位置。[21] 上一章引用过的访谈对象安布鲁瓦兹，就说过一番非常切题的话：

安布鲁瓦兹：我哥们儿和我经常通话，我们会跟对方说："太不真实了，街上有那么多好看的姑娘，屁股那么翘，身材那么好，穿着紧身的裙子或者牛仔裤，还有那么不得了的胸，形状特别好看，姑娘们还都很清楚怎么展示自己的身体。"我管这个叫作"出街的挫败感"，而且这种感觉现在越来越常见了。比如你晚上回家的时候，走在路上就会觉得，真是满街的性诱惑啊，简直太不真实了，绝对不是真的……这些漂亮的姑娘，太不真实了。

瓦尔特·本雅明笔下成日漫步的"浪游者"（flâneur）所置身其中的街道变成了一种景观，而这不仅是通过新的建筑设计、琳琅的橱窗展示而达成的，也是靠着客体的性化：

> 首先，因为大众，性客体能够同时以千百种诱惑的形式展现，而这些形式都是性客体本身生产出来的。此外，可供销售这个性质本身，也成了一种性刺激；而要是有源源不绝的女性在强调她们作为商品的属性，这种吸引力还会增加。再后来，有了女孩子们穿着整齐划一的裙装展示在世人面前，音乐厅评论就赤裸裸地把这个大批量生产的商品引入了大都市居民的欲念生活之中。[22]

本雅明在此犀利地指出，在消费文化中，性客体以多种反射其自身的形式流通着，把商品的推广和销售都情欲化了。像安布鲁瓦兹这样的当代浪游者是性的观众，把女性的身体当成一种性的商品-景观（commodity-spectacle）和消费品来消费。[23] 这位观众在观察着的身体是一种包含性符号的视觉表象，而他所体验的消费领域是一种组织于都市公共空间之中，持续低调地进行着的性欲望的流动。[24]

"性感"（sexiness）是"性作为一种商品形式、自我作为一种形象"的新意识形态所产生的结果。性感依靠消费品来揭露、展示、强调人的性身体。它指向（勾动欲望的）裸体，而消费者的穿衣打扮就是在指示并唤起着裸体。要性感就是要穿特定类型的衣服（比如牛仔裤）或以特定的方式穿着（比如紧紧贴身）。性感比美貌更加民主化，因为有多得多的人能够实现性感，无论是英俊的、标致的、天生丽质的还是其貌不扬的。性感不是天生的美貌，而是自我打造的结果，它使得消费成为自我经验的一项永久持续的特征。性吸引力是通过消费品和消费实践而操演性地建立起来的，因而它就是一种经济表现：经由体育、时尚、美妆、医药产品，性吸引力使身体变成了一种视觉表象，注定要被当作由唤起性欲望的能力而定义的客体，来供人视觉消费。虽然经皮埃尔·布尔迪厄[25]重新阐释的"习性"（hexis）这个概念[i]表明，一个人的阶级地位编码于她的身体之中，但视觉产业综合体（由美容-时尚-体育-媒体等各产业共同构成的共生体）所生产出的吸引力和性感的模式，相对来说是去阶级化的。与这些产业相关的新社会群体把这些模式传播了开来：各个领域中的时尚设计师、造型师、模特、演员、摄影师、女性杂志的编辑、美容师、

---

i　布尔迪厄借用亚里士多德"hexis"而提出的概念是"habitus"，中文学术界通常译作"惯习"，指在长久的社会生活实践中形成的行为模式，引导行动者的思考与选择，并生产出不同人群之间的"区隔"（distinction，本书后文引用了这个概念）。这里的"阶级地位编码于人的身体"，通俗地说，就是人的一举一动、一言一行，都能看出其所处的阶级，不同的阶级生活仿佛"编码"了一套行动的脚本让不同阶级的行动者遵循。

发型师、电影从业者，等等，都在推广着作为可交易商品的视觉外观。

在"有性吸引力的身体"这个文化范畴中，性与消费为了满足性凝视的目光而操演着彼此，通过这个文化范畴，被性凝视所俘获的客体与人变成了无缝衔接的一个单元。28 岁的以色列男子乌里在谈及他认为有吸引力的女性时，就体现了这一点：

> 乌里：我不是特别喜欢那种"绝美风"（fern），就是指甲光亮、鞋跟很高、妆容精致、打扮用心的那个样子，我完全无感。对我来说那就像是一幅图像而已。我喜欢女人们穿得随意一点，比如穿牛仔裤。穿紧身牛仔裤、紧身 T 恤，再穿双靴子，我觉得这样很性感。

读者应该注意到，吸引（或不吸引）这位男性的性类型，是一种消费客体和形象的建构（或一种对它们的背离）。在此，一种性类型实际上就等同于一种消费类型（"绝美风"类型就是消费类型；或举一个男同文化的例子，"皮革文化"也标志着一种性／消费类型）。所以，被人们标记为女性化或男性化的风格，其实就是一种细分的消费风格，遵循着消费者认同的视觉逻辑。正如居伊·德波（Guy Debord）所说，景观社会不仅仅是形象的一个单纯的集合，而是以形象作为媒介的社会关系。[26] 这个判断在讨论性接触时尤其正确，因为它的确就是通过那些指向消费品，也由消费品扮演而成的人格性的形象，完成的一场社会纽带的操演。经由消费品，性身份内在地刻写于日常经验的审美化（aesthetization）过程之中，[27]身体变成了一种视觉性、审美性的商品。[28]就像尼古拉斯·米尔佐夫（Nicholas Mirzoeff）所说的，视觉主体既是视觉的能动者（agent of sight），也就是观看的人，也是他人所观看的客体。视觉的性的能动者拥有技巧高超的专业能力，能将他人单纯当作视觉表象来与之建立关系（一眼就能评判体重胖瘦、胸部大小或肌肉张力），也能知晓自己是不是正在作为客体接受他人的视觉评估。[29]黑格尔所说的承认（recognition），[30]即两个主体相遇并彼此认可的主体间过程，在此已经转移到了一个视觉和性的位面之上，处在其上的人都在同时扮演着观众和演员两种角色。这种对他人凝视的自我觉知，与传统的那种符号性的承认过程是不同的：它处在媒体-市场-技术的集合体中；它关心的是身体的外在表象和其"热辣度"（性感程度）；以及，它是一个或多或少控制在男性手中的过程，他们掌握着可以定义女性价值几何、吸引力多寡的符号权力和经济权力。[31]

一位自称"糖宝"[i]的博主的发言生动淋漓地展现了这一点。她谈到自己为了吸引一位有钱男人的注意而在自己的身体上花的心思，也许说出了很多女性的心声：

---

i "糖宝"（sugar baby）指的是寻求年长者，即所谓"糖爹/妈"（sugar daddy/mommy）包养的年轻人。

跟一个年纪大得能做我爹的老头在一起，我真的能开心吗？真的能，真的能，真的能！我在任何时候都一丝不苟地精心打扮自己，永远光鲜靓丽，我失去什么了吗？我非常享受搭配服装，痴迷于给手脚做美甲，也特别喜欢逛街购物。我是真的热爱这些东西，不管有没有遇到有钱男人的好处都是这样（当然，能遇到最好）。看到自己最美的一面我就会非常高兴，因为我从骨子里就是一个完美主义者，差一分一毫我都不干。而且，要是我嫁了一个有钱男人，我就能继续维持我的精心打扮了。……你看到的那些在大街上走过的女人都是一件件艺术品，美甲、美足、美发、蜜蜡、漂染、修眉，还有**购物**（原文为大写字体，表示强调），这些都需要花很大精力去维护，才能成就一件艺术品。艺术表现了你的生活方式和地位。如果你想夺取一件战利品，那就得准备付出代价。[32]

美貌和性吸引力在这里取决于男性的凝视，而要变成那样，还必须预先付出深深植根于消费领域的高强度自我打造之功，如此才能以美貌性感的形象示人，为掌控经济权力的男性所消费。这位"糖宝"的例子表明，她既是一位性和经济的能动者，也是她自己价值的消费者和生产者。

生产符号价值和经济价值

消费文化已经把性的本体论改造成了一出展示自我的剧目，[33]一场以消费品为媒介的、公开可见的演出。前现代中产阶级的性被私密的卧室独占，现在的性则是自我的一项可见的特征，受到消费的视觉机制的约束。正如丹尼尔·门德尔松说的："相反，我的同性恋友人和我活在这样的文化当中，在其中性欲……更像一种需要消耗的产品。"[34]与之逻辑相似的是，女性特质也是一场在男性控制的市场中上演的视觉表演，注定要被男性凝视、被男性消费。如果说在传统上，女性用性来向男性交换金钱和权力，[35]那么现代女性的性则是处在市场中，她们的性化身体通过男性凝视被无止境地、持续地僭占。然而，正是由于要践行自由，女性才被要求展示她们的性。女性被要求把自己身体的性价值转化为一种审美的、符号的、经济的操演，这正是一种权力的行为。如果说女性的身体已经被如此广泛地性化和商品化了，那正是因为性化同时具有经济价值和符号价值：有吸引力的身体是消费文化的基石，它们可以反过来再被生产领域加工，因而能够创生资本。

这种资本的形式之一，得见于招聘时要求外貌好看或有吸引力的那一类产业所提供的各种服务中：餐厅服务员、空乘人员、公关代表等都必须拥有能吸引人的外貌，或者用凯瑟琳·哈基姆

（Catherine Hakim）的那个惹起争议的术语来说，必须拥有"情欲资本"（erotic capital）。[36] 在这个意义上，性可以归属于非物质劳动（immaterial labor）的范围之内。所谓的非物质劳动，指的是行动者为职场贡献的一系列无形的技术和能力，某些工作岗位甚至是由这些技能所定义的。[37] 就像阿什利·米尔斯所指出的："有越来越多的公司在寻找具有'端正'外形的员工。"[38] 吸引力对工作场合的重要性让人们开始对自我进行管理，这种管理类似自我的品牌营销（也就是自觉地将自己呈现为天生具有某套独特的技能和吸引力）。确实，"也许可以认为自我品牌营销是情感的、非物质劳动的某种形式，而个体特意对自我进行品牌营销，是为了求取关注、声名以及可能的利益"。[39]

第二种让性自我生产价值的方式是通过视觉（媒体）产业达成的。在广告、电影、电视，乃至色情业等产业中，性爱与性是作为一种形象被人们消费的。20 世纪 50 年代以前，电影还是通过那些欲盖弥彰地遮住性部位的时尚服装来公开展示女性的身体，但到 20 世纪 60 年代之后，裸体场景和性已经在电影及后来出现的电视中很常见了。女性在画面中穿着暴露衣服的比例一直远远高于男性。"到了 1999 年，超过三分之二的晚间电视节目都含有性内容，比前一年增加了 12%。如果说在 20 世纪 90 年代，性有一个最典型的特征，那就是它无处不在。"[40]

所以，我们可以说，对具有吸引力的性身体的消费，在整个 20 世纪大大增加，各种视觉产业的收入也大幅增长了，但这些暴露女性身体的产业绝大多数是被男性拥有和控制的。[41]《纽约时报》专栏作家毛琳·多德（Maureen Dowd）指出：

> 虽然一半的电影票都是女性买下来的，但在过去十年间
> 票房排行榜前100名的电影中，只有4%是由女性导演的。
> 这些影片中，只有11%的编剧、3%的摄影、19%的制作人
> 和14%的剪辑师是女性。[42]

色情业，这个最直白地商品化女性身体的产业，在生产端和消费端都是由男性主导。[43]希瑟·鲁普（Heather Rupp）和金·沃伦（Kim Wallen）的研究指出："以男性为目标群体的色情杂志和影片是一个价值数十亿美元的巨大产业，而以女性为受众的同类型产品却罕有。根据相关数据，每年访问色情片网页的4千万成年人中，72%是男性，只有28%是女性。"[44]而色情业其实只是放大了在别的领域都直接或间接存在的状况——女性的性身体是供男性凝视消费的视觉商品（许多性行为就在于对女性施加情欲暴力）。

一旦身体变成了待他人性消费的视觉单元，它也就能被转化成第三种形式的经济价值，即性身体通过自己的操演和能力而生成的价值。这种能力——"如何获得高潮""如何找到她私密的敏感点""如何口交"——在如自助读物、心理咨询和治疗、制药产业、[45]性玩具产业、性服务业，以及色情陪侍业（这门行业有越来越多不同社会阶层的女性参与进来）等大量不同的经济领域之中，被广泛地推销着。所有这些产业的生产和流通的总值高达

千百亿美元。[46]

身体通过性化而生成价值的第四种方式，靠的是被智能手机技术铺展开来的互联网平台和社交媒体所创造的知名度经济（economy of reputation）。互联网平台和社交媒体大量传播着诱人的身体照片，有穿衣服的，也有不穿衣服的。这种照片传播深深内嵌于知名度的符号经济之中，[47] 可以在互联网平台上通过商业赞助和广告而被资本化。[48] 例如，由不从事美妆行业的女性拍摄的美妆视频，是可以为欧莱雅（L'Oréal）这样的大公司所用的。通过这些看似站在行业外部的寻常行动者，大公司可以影响大量的女性消费者。[49] 而一位超模在 Instagram 或其他平台上发一条动态，就能从企业那里得到数万美元的报酬。[50]

最后，性的人格性（sexual personhood）的视觉化可以在短期或长期性交易的市场中被转化为资本，在互联网技术的助力下，这个日益扩张的市场得到了强化，甚至被正规化了（例如，找"糖爹"的网站就是在"送礼物"或"寻常休闲"的幌子下，推销一种中产阶级形式的软性卖淫服务）。性、浪漫和婚姻的市场模糊了货币形式和非货币形式的服务之间的区别，贩售的商品也呈现着多样的形态：不经心性爱、约炮、短期或长期的约会、同居以及婚姻。在经济-性市场上，对性吸引力的培养构成了一种自我品牌营销的形式。互联网约会网站作为在"糖爹"和"糖宝"之间安排交易的中介，可以有力地说明市场的形式越来越多地强加在性接触上，让男女处在一个直接的视觉展示与竞争都受到供给-需求机制主宰的环境之中。就像某个网站介绍描述的那样："'我找糖爹'（Sugar Daddy for Me）2004年上线。它所推销的就是通常的糖爹那一套：年轻貌美、胸怀野心的女性愿意取悦他；慷慨富有、体贴关怀的贤师想要宠溺某个特别的她。"[51]在由公开的个人资料组织起来的市场上，女性把自己的脸和身体暴露出来，从而把自己的身体转化为形象，这些形象又变成了被交易甚被竞拍的商品。[52]价值的生产者（女性）和价值的消费者（男性）在一个以市场为形式的社会领域中相遇。媒体报道披露的唐纳德·特朗普和一位色情女星的关系，还有他与一位前模特的婚姻，都是非常显眼的例子，可以说明情色资本是如何在不同的社会场域中，在两种不同的视觉市场（色情业和模特业）以及性和婚姻的市场中，变成一种可被替代的商品的。

小结一下：女性身体的吸引力和她们的性都是可被替代的商品。女性的身体消费了大量用来改善和塑造外貌的消费品，而改进后的外貌反过来又会被"投资"到多个市场中以生产资本。这些市场中的货币流通由一种符号经济来维持，这种符号经济让性和性吸引力成为专为凝视所生产的一种真实的商品，让其变成女性特质的属性之一。一条YouTube（视频网站）上的美妆视频、一部色情片、一份代表公司脸面的工作、一个有钱的丈夫、一位给所有娱乐项目买单的糖爹，还有一位会在出游时付账单的非正式男友——这些例子都说明了性作为形象是如何变成一种可交易的商品的。因此我们或许可以认为，性身体的形象必然会出现在我所说的视觉资本主义出现的过程之中。这种视觉资本主义通过对身体和性的景观化，将其转化为在不同市场中流通的形象，从而创造了巨大的经济价值。可视性（visuality）让身体变成了一块消费的场所，被各类消费品塑造着；它作为各种视觉产业中都在售卖的形象，在生产性的劳动领域中被转化成了一种资产；它假定性是一种能力，而这种能力需要消费来自专家的建议；它可以通过知名度的经济在各种媒体技术中传播；最后，它可以赋予行动者在性领域中的高级位置。在视觉性（或可视性）资本主义中，"外形"是一种自我投资的方式，在金钱与性的网络中传播。在这个消费与性的链条上，经济和性无缝结合并相互构成着，而性是货币永不停歇地流通着的一个节点。我们确实可以认为，这个由不同市场组成的错综网络交叉于性身体和性交换之中。在这种交叉所产生的视觉市场（scopic markets）中，人们对性身体形象的评估创造了价值，而这些性身体形象注定要在经济与性市场中被凝视所消费。通过把具有吸引力的身体变成生产价值的源泉，就能无穷无尽地在经济中把美貌和消费品的视觉图像转化成具有性吸引力的身体，维持和推动这个链条连续不断地运转。榨取这种性与美学剩余价值的基本工具是对身体的凝视。互联网约会网站和社交媒体的出现让人们展现出理想化的、有吸引力的自我，并在各种视觉平台上广泛传播，从而放大和加强了视觉体制。经由这些视觉平台，身体和性接触的市场化获得了正规的形式。

女权主义理论非常重要地阐明了在家庭内部，女性付出的无偿劳动对于形成和维护资本主义引擎的作用。[53] 消费资本主义则大不相同，它通过一种操演性的工作——生产具有性吸引力的身体，来利用女性。在工业资本主义的市民社会中，男性要求女性的身体"只能"通过婚姻或卖淫这两种活动来出售。[54] 消费资本主义已经改变了这一点。对于消费资本主义社会来说，在将性组织起来的社会和经济结构中，女性的身体不再受家庭约束，而是已经经历了普遍的商品化过程，而且在经济和性、性和婚姻的市场中流通着。这种对女性性化身体的僭占构成了马克思意义上的价值剥夺：一个阶级（男性）榨取另一个阶级（女性）的身体价值。这反过来也解释了当代女性的社会存在有一个悖论性的特征：虽然女权主义已经获得了力量和正当性，但女性又被重新分配到一个以自己的性身体遭受经济支配的关系当中去。

价值评估

阿克塞尔·霍耐特认为，承认[i]包含了两个层面：知觉层面（见到某人；注意到某人的存在），和符号层面（做出必要的工作来认识到某人的社会地位和价值）。[55]对霍耐特来说，第一层面先于第二层面，甚至是它的前提。但知觉层面的承认绝不仅仅是一种知觉的行为。注意到他人的存在需要依靠随历史而变化的道德工具和认知工具。人格性与社会关系的视觉化势必要求人们采用新的理解与知觉的模式，而这些新的模式反过来又深深地影响了承认。价值评估就是这样一种新的理解模式，它影响了承认在知觉层面的行为。

价值评估越来越被认为是现代人际互动的一个重要的认知特征与社会特征，主要通过正式测试而被教育系统和企业所用。[56]价值评估是重视测评、绩效和生产力的官僚组织的一项特征。但是，它已经变成一种十分普遍的社会活动，扩展到了媒体中（比如在真人秀中），也通过"点赞"和"分享"的按钮扩展到了社交网络中。如果我们没有考虑到评估作为一种社会活动、技术活动的关键作用，那我们其实很难去想象社交媒体，因为除了在企

---

i "承认"（英文 recognition，德文 Anerkennung）是霍耐特最核心的概念，可以理解为基于爱、平等、正义和共同体的一种主体间对彼此身份真正的、解放的、良善的认可。

业和学校中的实践评估以外，它也内置于互联网平台中。就行动者为识别价值而进行的认知定位而言，价值评估已经是它的一项十分寻常的特征了，而行动者在价值评估的过程中，同时担任着评估者和被评估者的角色，就像他们既是形象的消费者，又让自己变成被他人凝视的形象一样。人格性的性化让人际接触变成了一场场视觉性的评估操演。视觉评估有一些关键的认知特征，所以它也影响着关系能否形成。

视觉化过程调动起了如拍快照（snap）般即时的评估行动，通常在几毫秒内，对象就在视觉上被捕捉到并被评估了。[57] 认知心理学家们的确发现，视觉评估就是一种"快而省"（fast and frugal）的认知过程，它只需要依靠很少的信息就能形成对评估对象的偏好。[58] 视觉评估发生的速度之快，使得行动者倾向于寻找并注重传统上那些最具吸引力的特征，而这些特征已经在媒体形象和时尚产业中被编码（乳沟、细腰、长腿、金发、白皙光洁的皮肤、纤瘦的身材等）。因此，视觉评估倾向于优先考虑那些最接近吸引力的标准模型的人，而不考虑那些偏离标准的人。结果这样的选择挑出了一大批不具有吸引力的人。

视觉评估的速度之快也让性评估具有了互动程度相对较低的、单向的特性。与需要符号交换和社会交换的承认相反，视觉评估可以在原则上不借助任何有意义的互动，而就在单向的过程中发生。它的媒介是评估者的凝视，而评估者可以自行决断谁对他来说有吸引力、谁没有。

视觉评估的第三个特征仍然与其速度有关，即它把价值的归属变成了一个二元的过程：一个人要么很火辣要么不，要么有吸引力要么没有。比如，41岁的以色列男记者丹这样告诉我："我一遇到任何女人，就会立刻知道，这人是不是我会想亲吻的人。"这种二元分类依然基于由寻常媒体上的形象催发的价值评估，这些形象把女性特质和相对来说少得多的男性特质编码为性吸引力和性感。

视觉评估的这三项属性——高速度、单向和二元性——在Tinder等软件的作用下，已经进一步被正式化和制度化了，每个人都被转化为被消费的图像和个人资料。的确，Tinder最大的技术创新就在于，它实现了高速度和二元性（它著名的"右滑左滑"机制[i]）。在此基础上，被互联网技术赋形的视觉评估的第四项属性也就形成了：视觉评估速度之快催生了相比从前数量多得多的人际互动。"右滑左滑"要求人们做出一种完全基于视觉性的高速评估，这种评估可以让人快速选择、快速互动，在寻找合自己性口味的伴侣时也会更有效率。通过识别已经得到完善编码的身体特征来做出结果离散而非连续的选择（只有"热辣"或"不热辣"的二元选项），Tinder让视觉评估快照一般的高速度更上一层楼。完整的人被简化成身体，能行动、会说话的身体变成静态图或快照，而价值评估这个过程本身，现在几乎就等于面对一张静帧图像做出瞬时的评价，这使得产生吸引的过程变成了必

---

i Tinder这款手机交友软件可以呈现符合筛选条件的用户头像和资料，向左滑动资料代表不喜欢、不考虑对方，向右滑动则是向对方表达"喜欢"（like）。当两个人都右滑彼此时，Tinder就会将他们"匹配"（match），他们就可以开始私信交流。

须在精准的一瞬之间回答要或不要，从而让视觉化的性人格与技术和谐地无缝衔接在一起。

出生于奥地利的瓦妮莎今年 32 岁，住在伦敦，目前正为市场营销公司做创意写手。她的例子向我们展示了视觉化的性人格是如何与互联网科技特别相适应的：

瓦妮莎：我住在柏林的朋友以前都不用 Tinder 的，但现在全都在用了。

访谈者：你用吗？

瓦妮莎：当然了。

访谈者：你能描述一下在 Tinder 上，一次典型的互动是什么样的过程吗？

瓦妮莎：你会先过一遍他们的资料。大多数人的脸，你都看不上的。其实左滑还挺有意思的。把那些看起来特别大男子气的、傲慢或呆蠢的男人左滑掉，是一件好事。

访谈者：但还是有一些人你会喜欢？

瓦妮莎：没错。

访谈者：喜欢了会怎样呢？

瓦妮莎：喜欢了就右滑，要是对方也右滑了你的话，就可以开始聊天，给对方发消息。一般对话很快就会谈到性上去。

访谈者：比如会怎样呢？你方便告诉我吗？

瓦妮莎：哦当然可以！一般会像这样："嗨。你想见见吗？""想啊。""那你有什么想法吗？"这时候你一般就要回复一些跟性有关的话了。"我感觉有点欲火了。我可以十分钟之后在（酒吧名字）和你见面。我现在真的好燥热啊。"当然如果你真的想让他们"性奋"起来的话，也可以加一句："我要狠狠口你。"

访谈者：你说这是在见面之前，正常的、一般的互动方式？

瓦妮莎：是啊，完全正常。不会有人觉得这样不正常。其实这就是你一开始滑他的原因啊。

Tinder 把性主体化约成一个形象，并以二元的视觉评估——选择或不选择，右滑或左滑——作为用户互动的基础。这些性形象在不同的科技平台和社交媒体上传播，以便人们来评估。[59]比如，在"色情短信"（sexting）这种性实践中，人们给对方发消息时会配上展示自己性形象的图片（比如在聊天中露个胸或者发一张自己生殖器的照片）。这已经是一种非常普遍的交流方式了，表明在性、可视性、技术与价值评估之间，有着一定的相互作用（下面继续展开讨论）。

性评估的普遍化也开创了一种类似企业中操作的标杆分析（benchmarking，或译"基准分析"）的过程。

标杆分析指的是管理者为了提升所辖部门或组织的运作效率而使用的一种技法。……它包括两大部分：测评某个组织的关键业务运作绩效表现如何，再将之与其他组织的最佳绩效表现相比较，从而确定需要做出改进的地方。[60]

标杆分析需要有意识与无意识地去参照各种标准（绩效表现的标准或美貌的标准等），并始终保持比较的思考模式（将评估对象与其他人进行对比，同时期待着更进一步的提升优化）。标杆分析也被互联网文化放大并制度化了，这一点从用户们为了提高自己的吸引力而在他们的（无论是职场还是私人的）个人资料页面和自我呈现上所花费的工夫就能看出来。Tinder 进一步制度化了这一点，它使用算法将不同用户通过吸引力衡量指标匹配起来，从而使得交易着有吸引力的身体的视觉市场服从于一种经算法优化过的标杆分析。[61] 作为社交网络上自我呈现的首要模式，在社交媒体上传播的视觉自我已经成了一位《纽约客》评论员所说的"受一番折磨才能达成的理想化形式"。[62] 在我看来，这就是"色情短信"如此流行的原因之一，我们可以将它看作一种在评估他人性身体的同时，也相应地让自己的性身体被他人评估的实践。

像面试一般的邂逅

在浪漫邂逅中，视觉评估无处不在，而且还是邂逅的先决条件之一。但既然不同自我的相遇是一种彼此都经过自我品牌营销后的相遇，也就是双方都会努力展现自己的最佳外貌，对人格特质的非视觉评估在浪漫邂逅中便也无处不在，尤其当邂逅的目标是找到品位、生活方式、心理状态能合拍的对象时更是如此。在线交友网站的影响，让这样的评估越来越多地采用了面试的形式。而就像视觉评估一样，非视觉评估的"面试"也越来越成为一种只有二元结果的评估。

61 岁的法国女性卡佳，在接受我的访谈前已经离婚 9 年了。谈到与人会面带来的压力，她有这样的思虑：

卡佳：我出去约会的时候，总是感觉压力非常大，因为见到任何一个人，都要不断问自己："他是不是那个人呢？"你会考虑任何可能会否定他的事情。任何一点小错都会让他没资格进入下一步。

访谈者：比如什么样的错误呢？

卡佳：各种各样的错误。比如他一整晚都在谈论自己的事，一句关于我的问题都没问。要么他吹嘘自己："我是第一个怎么怎么样的。""我是做这个做得最好的。"他们一开始吹嘘自己，一开始扮起大男人的时候，我就觉得很可笑。或者是他喝了太多酒，抱怨了食物，或者对某些我觉得很重要的事情表达了不喜欢，比如他说自己不喜欢歌剧……这种情况下，你其实是一直在观察他们的，然后会给出一个通过或不通过的分数。这真的让我压力很大。……过去不是这样的。从前，假如你通过工作或者朋友介绍认识了某个人，你会有很多机会观察他第二次，甚至还会有第三次。在我年轻的时候，我遇到的男人都是在我自己也参与其中的场合里认识的，比如大学里，或工作场合。我还记得有个叫菲利普的男人，一开始我完全没有注意他。他很不起眼，模样也是大众脸，不是那种你会特别注意到的男人。可是有一天，在我们认识几个月之后，我们都去了一个朋友的晚餐饭局，他在那里开始讲起了我听过的最好笑的笑话。突然之间，我看这个人都不一样了。我心想，哇哦，这个男人居然有这么有趣的一面。所以我对他有了兴趣。我们约会了两年。你看过《BJ单身日记》(*Bridget Jones*) 吗？你看过那部电影吗？

访谈者：书和电影我都看过。

卡佳：我没有看过原著。虽然它的艺术成就没有多么伟大，但我超爱，系列的三部我都很爱。一开始男女主不喜欢对方，但在20年还是10年间，他们不断碰到彼此，所以就能观察对方第二次、第三次，然后不知道怎么搞的，第一次没有看对眼，在第二次就对上了。他们给了对方许多个第二次机会，因为他们都在同一个圈子里。他们会犯错误，然后又会改正错误；他们没有正确地认识对方，可是后来又在对方身上看到了以前没有看到的东西。他们理解彼此的方式非常缓慢，不是现在这样："快！你必须立刻做出决定。"

卡佳的话非常精当地展示了一种消极评估模式的转变，而所谓的消极评估模式是指，关于正确的伴侣究竟是什么样的，存在一个内在的、高度脚本化的模型，人们始终以之作为自己评估的参照。而这种评估的结果，与在工作领域中一样，从统计数据中就能看出，总是不通过多于通过的。在企业中普遍运用的面试这种形式，现在已经渗透到浪漫邂逅中：浪漫邂逅的目的变成了筛选不合格的候选人。44岁的拉尔夫在伦敦和苏黎世的投资公司担任管理层，他的故事是另一个例子。在正式访谈前和他的聊天中，我得知他十余年来一直想找一位女性安定下来，但没能成功。他说：

> 拉尔夫：我已经约会了有……哎呀，有20多年了，而我可以告诉你，从我二十五六岁刚开始寻找一个女孩到现在，有些事已经不一样了。我能很清楚地看到这一点。虽然我还没那么老，但我确实看到了变化。
>
> 访谈者：你能描述一下这种变化吗？
>
> 拉尔夫：差不多就是说，你现在确实很难得到一个女人的注意了。她们好像太沉浸在自己的手机世界里，完全被自己的Facebook页面、Instagram、网友对她们的评论吸引住了。她们会一刻不停地检查自己的邮件。我20岁那年刚开始约会的时候，完全没有这种感觉。但今天我能强烈地感觉到，她们的心思在别的地方，而不是在会面上。她们连把注意力放在你身上都很难做到。这或许是统计学的自选择偏差样本吧，就是说那些单身市场上被剩下来的人才是这样。但我并不这么认为。我认为这是一种更普遍的现象。

［访谈继续进行了一段时间之后］

上次我遇到了这样一个女人，她不知道迈阿密在哪里。她以为洛杉矶要比迈阿密离欧洲更近。我觉得这太尴尬了。我可没有时间留给这样的人。一秒出局吧。我可没有耐心。还有好几百个人在 Tinder 上等着我呢。

在开放的市场上，经由创造接触机会的技术所组织起来的开放的性，会产生这样的问题：如何评估人。技术能提供大量的潜在伴侣，而这让评估带上了某种正式的特性，很像一场必须高效区分出合适或不合适候选人的"面试"。因为那些潜在的伴侣都是脱离背景的，也就是说，脱离了他们所处的社会框架，这使得原本的完全能动者变成只能筛选、评估的能动者，必须尝试在一个抽象的环境中去理解一个人的价值，而这种抽象环境本身也具有抽象的商品形式（就像那些企业是抽象空间一样，咖啡馆、酒吧或餐厅这样的约会场所是标准化的抽象消费空间）。而且，面试的问题往往采用标准化测试的形式。对于卡佳和拉尔夫来说，与潜在伴侣的邂逅就是一场面试，相当于一次结果只有通过或不通过的考试。虽然那些"面试官"并不总是清晰地了解自己的偏好是什么，但他们总是清晰地知道自己不想要什么，因此，他们将这些会面视为自己能给出"不通过"判断的机会，通过做出类似在 Tinder 上左滑手指的非选择，他们表达出自己个人的品位与评价。

消费价值评估

　　性交往与浪漫交往的前提是预先的消费行为，与此同时，交往本身也处在消费的场景中，而且伴侣是作为消费者而被评估的。在20世纪浪漫情感与依恋的形成过程中，社会学意义上所发生的最深刻也最重要的变革之一，是浪漫互动对消费喜好难以割舍的依赖。20世纪初，把婚姻视为共享消费休闲活动的观点取代了传统的友爱婚姻[i]。[63] 约会开始置身于消费领域，也为消费领域所形构，而餐厅、酒吧、影院、景点、舞厅这类场所渐渐成为见面和互动的主要地点。[64] 一篇《纽约客》的专栏文章语带讽刺地评论了约会与恋爱的当代状况，妙趣横生地描绘了爱、休闲领域和消费喜好之间的联系：

　　　　有好长一段时间，你们都在餐馆和酒吧约会，但今晚你们终于决定待在家里，一起下厨。人们都说，为家人制作饭菜的秘密调料是爱。这话没错。其他的重要原料还包括一阵小小的恐慌发作，以及从店里买来的马苏里拉奶酪，店里介绍奶酪的标牌七拐八绕地暗示着它和印象派画家的联系。[65]

---

i　"友爱婚姻"（companionate marriage）这个术语有多种定义。对研究婚恋的社会学家来说，它通常指的是一种基于平等的婚姻，夫妻双方也许会自愿放弃生育，不遵守传统的婚姻道德与法律的束缚，甚至可以有彼此独立的社交和性爱生活，类似"开放式婚姻"（open marriage）。

这个例子的笑点仅仅在于，它捕捉到了现代约会的一个基本要素：约会发生的地点在商业化的休闲场所，而约会的关键在于识别两人之间相似的消费品位，不管是基于感官的（正确的奶酪）还是文化能力的（印象派画家）。《纽约时报》有一个非常有名的专栏，描述着人们进入爱情的许多种方式。其中一篇的作者问了这样的问题：你是怎么知道你已经坠入爱河的？这是答案之一：

> 在这个时候，你会觉得你遇见了梦中的人。Netflix（美国奈飞公司）热播爱情喜剧《爱情二三事》（*Love*）的编剧、导演和制片人，今年36岁的保罗·拉斯特（Paul Rust），青少年时代是在艾奥瓦州的勒马斯度过的。多年来，他一直梦想着找到一个跟他一样热爱地下朋克摇滚的人，一个有"艺术家精神"的人。……多年后的洛杉矶，他在一场吓人的生日派对上躲进厨房里时，才终于在那里和一个女孩看对眼了——莱斯利·阿尔芬（Leslie Arfin），HBO热播剧《都市女孩》的编剧，当时38岁，正从纽约来洛杉矶做客。他们看对了眼，聊上了头：她喜欢朋克摇滚；她是作家；她是那样聪明，那样美丽，令他觉得不可思议。[66]

请注意朋克摇滚在这里的重要意义，因为这种对音乐的口味是他从千万人之中锁定的那个梦中人的决定性特征。在这个例子里，他们是经由对消费的价值评估才坠入爱河的。从20世纪最初几十年开始，能够共享休闲活动和文化喜好，就处在人们匹配伴侣的各种不同方式的核心位置，而到了 20 世纪 70 年代之后，它尤其发挥着决定性的作用，消费主体性（consumer subjectivity）因而就通过亲密的经验而日益得到巩固。所以，消费喜好和消费价值评估从匹配过程的内部形构了这个过程，甚至形构了欲望本身。它们加深了一个人对于独特的主体性的感知。这里有一个例子，从反面说明了消费价值评估如何能够影响亲密的纽带。50 岁的蒂娜是德国人，女同性恋。她这样回忆自己的上一段关系：

> **蒂娜**：我有乳糜泻。你知道那是什么吗？
>
> **访谈者**：是一种自体免疫病，会让你对麸质严重过敏。
>
> **蒂娜**：一点没错。所以我不能吃任何含麸质的食物，一丁点儿都不行。让她（前女友）非常难以接受的事情之一，就是我没办法享受她爱吃的那些食物。她抱怨说，这样我就没办法品尝她爱的东西，没办法分享她对食物的爱。

她的前任伴侣还是可以继续维持自己的饮食实践，却为自己的伴侣无法分享她对食物的感官之爱而哀叹，这体现了消费品和消费实践在形构亲密感的过程中所起的作用。消费喜好的分享在这里就是一个情感与感官的平台，人们在这个平台上缔造亲密。当下，依恋关系是围绕着共同的爱好、美食、品酒、旅行、运动和文化消费而组织起来的，这使得人们的消费习惯变成了价值评估的对象。双方如果难以共同参与同一个休闲领域，不能僭占同样的客体，就会难以组织起亲密感，也就难以组织起欲望。在此，商品充任形成和巩固纽带，以及贬低和解除纽带过程中的过渡客体（transitional object），也就是心理分析学者唐纳德·W. 温尼科特（Donald W. Winnicott）意义上的"过渡客体"：[67] 它们组织着外部世界和内部自我之间的界线，并协商着自主与依恋——这二者既是一个人个体性的表达，也是他进入依恋他人这个过程的基础。身体、个性和品位都是不断经受价值评估的客体，也都是建立或解除纽带过程中的过渡点。

性价值的贬低

女权主义学者艾丽丝·埃科尔斯（Alice Echols）认为，第二波女权主义的主要目标就是制定战略，来对抗"文化对男性价值的重视，对女性价值的贬低"[68]。可是，尽管女性已经在经济、政治领域取得了一些（仍然相当有限的）进展，但在性-浪漫领域，她们似乎又经历了一个严重的价值贬低的过程。[69]许多女权主义学者和性经济学学者都分析了这个价值贬低的过程，他们认为，性爱"降价"了，[70]而且真的是字面意义上的"降价"，因为男性确实不再需要为性爱付费了。马克·雷格纳罗斯（Mark Regnerus）认为，免费的性爱是三项不同的技术进步造成的结果："（1）避孕药的广泛使用，以及由此带来的一种心态，即性爱'天然'就是与孕育相分离的；（2）大规模生产的高质量色情制品；以及（3）在线约会服务的出现和发展。"他把这三者委婉地称作"压价因素"，也就是说，这些因素降低了约会、性爱的成本和价值，也由此降低了女性本身（虽然雷格纳罗斯并没有明说）的价值。[71]

然而这个解释忽略了一个事实，那就是，男性是可以相当注重很多不需要付钱就能参加的活动的（去教堂礼拜、做义工、海滩漫步等），因此它无法解释为什么一旦男性不再"付费"，他们和女性之间的性爱（以及由此推及的女性本身）就变得没有价值。无偿的性爱导致女性价值贬低这个事实，我们必须做出解释。

一位心理学家在为她所谓的"约会康复"（dating rehab）项目打广告时，描述了（虽然没有专门为这个现象命名）我在此想要讨论的女性价值的贬低：

> 如今的浪漫约会支离破碎。支持这个判断的证据，就是当代人出现的各种症状。你可以看看有没有经历过下面这些：

> 你遇见了一个人，他似乎对你非常有兴趣，但他的热情很快就会消耗殆尽——他会迅速从你的生活里抽身而退，跟他走进来时一样快。你害怕再抱什么希望，因为你不想让你的心意再被别人辜负。你会在聚会上跟人看对眼，甚至能感觉到你们之间产生了一些化学反应，但他永远都不会向前迈一步。你会开始焦虑，自己是不是误读了他发出的信号，或者你之后会发现，其实他在跟另外一个人约会。那为什么，他要来撩你呢？你又怎么能信任别人呢？更别说信任自己的直觉了。你会和一个网上"遇到"的人热烈地聊起来，在第一次和他赴约的路上激动得心怦怦跳。但现实与你的理想大不相同，这个人跟他描述的自己完全不是一个人，你完全看不出来他和线上的那个人有任何关联。你的希望会再次落空。你其实会去约会某个人，开始一段一对一的关系，可是当你们第一次吵起来时，或者当你提到对关系的投入和承诺

时，你们之间就会拉开一段冷冰冰的距离。你会开始后悔把那些话说出口，开始怀疑自己是不是完全搞砸了——又一次搞砸了。

这些场景发生在你身上的时候，你可能会觉得它们是一些独特的经历，但实际上它们极其普遍。看起来爱得难解难分的关系，可能没有任何警告就突然化成泡影，这已经是常态了。在来找我咨询的单身来访者身上，我看到这种情况发生的频率之高，简直令人咋舌。所以我才了解到，约会在今天已经行不通了，它已经变成一个失序的"体系"，在创造"连接"这个它原本的使命上，无力得让人觉得可悲。[72]

对女性身体开贬损性玩笑、嘲讽超重的女性、讥讽与自己同龄或年纪更大的女性、优待年轻女性胜过与自己同龄的女性、对女性的外貌进行排名、约会强奸、对女性的身体进行细分、用无差别积累性伴侣的方式来抬高自己的地位、根据美貌和纤瘦的程度来划定女性的价值等级……种种这般，构成了广泛而常规的贬低女性的身体与自我的策略。然而，它们往往只会被当成是约会带来的无害风险，是不可避免的，可为了应对它们而产生的心理负担，绝大多数都是女性在承担着，女性只能通过阅读自助读物或寻求心理咨询等方法来应对。性接触会带来价值贬损的惨痛经历，就算在现实中，许多人乃至大多数人最终会圆满地结束对伴侣的寻觅，也并不能动摇或否认价值贬损已经成为性生活中固有的事实。

在批判性女权主义理论中，主要是"客体化"（objectification，即通常所说的"物化"）和"性化"（sexualization）这两大概念在被用于解释女性价值的贬低。正如琳达·斯莫拉克（Linda Smolak）和萨拉·穆尔宁（Sarah Murnen）所指出的：

> 性化是一种极为普遍的影响，以多种形式存在着。它直接指向性感会带来的奖赏。没有遵循性感规范则会招致惩罚，就算没有惩罚至少也会面临机会的减少。[73]

这个定义忽略了一个事实：客体化为女性带来了愉悦感、壮大感、主体感，因为它让女性能够用自己的身体来生产经济价值和符号价值。而"自我客体化"这个概念忽略了性化的经济基础，所以它从根本上把女性对这一过程的自愿参与简单地解释为她们受到了虚假意识[i]的影响，而没有解释其中所包含的（符号的和经济的）价值生成机制。此外，这个概念没有对男性贬低女性价值的不同过程做出足够的区分：有些是男性主动做出的，这和他们通过贬损女性来建立自己地位的方式有关；有些不是主动的，而是源于男性在面对着庞大的性市场时，无从正确归因价值的认知困难。贬损并非性之中或性化的过程中的固有属性。实际上，正是因为性处在一个被男性控制的市场当中，才使性化成了让一方

---

i 在马克思主义的语境中，"虚假意识"（false consciousness）指统治阶级对社会现实刻意扭曲之后所造的一种误导性的社会意识。

体验支配、让另一方感受屈辱的过程。尽管性的商品化与文化的色情化[74]给女性带来了壮大感和愉悦感，我仍然对它们持批判的态度，因为它们构成了通过（性）市场中貌似看不见的男性之手来掌控女性的机制。

男性对性市场的控制如此昭然（也如此隐蔽），这体现在不止一个方面。首先，就像我们在前文中看到的，男性控制了绝大部分的视觉-性产业，因而控制了定义女性价值何在的权力。控制了凝视的目光，就会对经济与意识形态产生巨大的影响，尤其会影响到男性定义的女性价值所在，和女性自己认知的自身价值所在。例如，哈佛大学的经济学家森迪尔·马来内森（Sendhil Mullainathan）认为："一项研究发现，男性不太愿意与比自己更聪明或更有志向的女性约会。"[75]我们应该这样来补充马来内森的论述：同样还是那些男性，完全不会介意与比自己更有性吸引力的女性约会。这是因为，以性吸引力来定义女性的价值，的确能间接地削弱女性的聪明才干，让她们保持在低于男性的社会地位上，从而确保男性在经济和社会层面的支配地位。其次，男性控制着定义女性吸引力判定标准的权力。比如，男性会把女性的年轻看得尤其重要，而对于男性的吸引力来说，年轻并不是一个特别的或者必要的因素。这是因为，女性并没有控制塑造吸引力和美貌标准的意识形态-视觉-经济的组合装置（apparatus）。相形之下，男性的吸引力则反映了他们在社会领域中的地位，或者可以说，男性的吸引力基本上是经由他们的社会地位和资产建立起来的。[76]收入和教育水平更高的男性在性领域也控制着更高的地位，这个事实赋予男性三大显著的优势：第一，男性的性权力不会像女性基于身体的性权力那样会过时，反而甚至会随着时间增加。男性的吸引力要比女性的持久得多，这让年龄成为他们在性领域中的一项资源、一种资本。[77] 第二，男性能获得样本数量大得多的潜在伴侣，因为他们不仅可以获得同龄的伴侣，年纪小得多的伴侣也不成问题。[78] 第三，男性在性领域的目标和他们在社会经济领域的目标之间存在着重叠，甚至可能二者就是紧密贴合的。男性的性权力和他们的社会权力绝非截然不同或彼此对立，而是彼此增强的。与之相反，女性的性地位和社会地位之间更容易发生冲突。

会过时的美貌

客体化包含不同的含义。要客体化一个人，就是以我的凝视和许可为依据定义其价值，使其成为我权力的客体和控制的对象。如果性化要求一方拥有定义另一方价值的权力，那么被性化的对象实际上就必然处在一种低等关系当中。

> 性化让女性开始相信，拥有性感的外表不仅可以吸引男性，而且能帮助她们在生活的方方面面获得成功。要让性凝视内化，也就是实现自我客体化，这个信念十分关键。[79]

在大多数道德哲学家看来，自我客体化代表着自我道德价值的缩减。阿维夏伊·马加利特（Avishai Margalit）和玛莎·努斯鲍姆（Martha Nussbaum）认为，客体化意味着以减损他人价值的方式与其相处——要么是仅凭外表和对方建立关系，要么是把对方当成低等存在来对待（比如，把对方当成动物），要么在交往中仅仅关注对方的（部分）身体，而且主要是性方面的。[80] 客体化的第二层意义来源于自我性被商品化，且二者的含义相似。这个层面的客体化不仅意指我们从身体外形和视觉外观来评价他人和我们自己，而且意味着我们把身体当成一种商品来对待，身体被陈列在无数类似商品相互竞争的市场里。身体由此变成了测量、评级、比较的对象。另外，一些女权主义批评家主要担心这样一个事实，即男性的客体化凝视一旦被内化，就会导致身体从整全的人格性概念中割裂开来。[81]

这些观点都忽略了我认为的自我客体化的一个更重要的方面：它会给人的价值创造各种形式的不确定性，从而使人产生自我贬损的经验。这是因为对大多数女性而言，她们性价值的生产其实从未实现。马克思主义社会学认为，商品只有在一种具体的社会互动中，例如购买或以物易物中，其价值才能充分实现。但在性市场或经济市场中，女性所生产的价值要想完全实现，往往会遇到重重阻碍，[82] 比如说，女性要应聘某个职位，或在追求某段关系时，会被认为"年纪太大"而遭到拒绝。对女性来说，性价值生成的往往只是无用的资本，这种资本只会带来不确定或微薄的回报。与之形成鲜明对比的是，男性的吸引力通常保质期要长得多，并且与他们的社会价值相吻合，从而为男性创造出了更稳定的自我性。

此外，本体不确定性之所以会出现，是因为视觉评估就是一种很不可靠的行为。研究显示，当人们长期关注某个客体时，基于视觉吸引力或视觉线索形成的观点非常容易改变。比如，如果仅仅观察15秒，戴眼镜的人要比不戴眼镜的人看起来更聪明；可当观察时间延长，这种区别就会消失。[83] 视觉评估包含着固有的不可靠性。我的访谈对象安布鲁瓦兹这样思考他失败的婚姻：

> **访谈者**：你觉得你为什么会离婚？
>
> **安布鲁瓦兹**：因为我爱漂亮女人。
>
> **访谈者**：我不知道这样理解对不对：你爱漂亮女人的意思是，你有过不少外遇？
>
> **安布鲁瓦兹**：不是，完全不是。我的意思是，我娶我老婆就是因为她特别美，美得不得了。我很喜欢跟她一起出门，看到别人盯着我跟这么一个大美女走在一起的那种嫉妒的眼神，感觉真是享受。但你也知道，并没有什么灵丹妙药，能把美丽的外貌变成美好的性格。她的性格实在太烂。所以不管我有多爱她的身材和脸蛋，我终归还是要和一个完整的人打交道。现在我是不太容易再犯从前犯过的错误，不会再把美貌和美好的个性联系在一起了。可是，我觉得我还是很难抗拒漂亮女人。

对于男性来说，符号意义上的性资本就在于这样的能力：可以向外界展示一个具有性吸引力的女性是归他所有的。而男性据此做出的初始选择，很快就会和其他的价值评估模式（对她"性格"的评估）产生冲突，使他依照美貌来做的选择最终变得不可靠。

更进一步地，视觉评价被建构为一种二元的选择（"有吸引力"或"无吸引力"），而这又在鼓励人们对他人做出快速的评价和否决。例如，在登上《纽约时报》畅销书排行榜的小说《纽约文青之恋》（*The Love Affairs of Nathaniel P.*）中，男主人公遇见将会在后文的大部分篇幅中与之保持重要关系的那个女孩不久，就这样考虑她：

> 要是汉娜的性感再明显一些的话，他非常确定自己之前一定会多留心她的，而那天晚上，她是在场的女人里唯一一个完全合他眼的候选人。[84]

随着小说的展开，读者会发现，汉娜其实是一个非常聪明、慷慨、机智、沉稳的女性，但就是少了一些"明显的性感"——缺乏媒体传播的那些常规的性感标志——奈特原本很容易忽视她。这种二元性是视觉性的内在特征，已经在技术当中被编码。由此我们也许可以说，在视觉资本主义中，性价值也是高度可见的，[85]且遵循着要么"性感"要么"不性感"的二元逻辑。这反过来意味着，人们被他人拒绝的经验已经十分寻常，也习得了拒绝他人的社交技能，而被他人拒绝和拒绝他人的原因，通常只是自我呈现过程中一些微小细节出了问题。换句话说，视觉资本主义创造出了快速否决并舍弃他人的机制。在对他人性吸引力的评估中，消费品是一个绝对重要的影响因素，它能直接淘汰一些人选。贝雷妮丝是一位 37 岁的法国女性，她离过婚，目前的职业是剧院舞台装潢师，她是这样考虑的：

> **贝雷妮丝**：我离婚后约会过几个男人，但我发现约会的难度出乎我的意料。不过倒不是因为那些男人，而是因为我。
>
> **访谈者**：难在哪里呢？
>
> **贝雷妮丝**：细节会让我抓狂。
>
> **访谈者**：比如说？
>
> **贝雷妮丝**：比如，我跟一个男人已经第三次约会了。前两次我还挺喜欢他的，结果第三次他穿着一件傻到让我觉得尴尬的低端衬衫就来了，不是那种时髦的工装衬衫，而是他爷爷 20 世纪 40 年代会在旧货店里买到的那种。我当时就在心里想，要么这个人缺乏基本的品位，要么他完全不重视我，要么他跟我属于完全不一样的世界，就像他完全不懂我所在的世界一样。就是因为他身上的那件衬衫，我就感觉不到他有任何吸引我的地方了。其实这么说也是夸张了一点，但那件衬衫确实很让我分心，搞得我很难恢复上一次那种被他吸引的感觉。说起来真的很尴尬，但那件衬衫确实非常扫兴。

在这个例子中，性吸引力的诱发靠的是消费品，错误的"外形"或外貌能够轻易使它动摇，因为在当下，性吸引的有无极度依赖现实的人与媒体塑造的偶像、形象、商品之间的贴合程度。视觉评估将人格性与商品紧密缝合在一起，肯定一个人的消费品位，就等于肯定了他的情感喜好。因此，消费品成了否决发生的因素。

另一个例子来自48岁的克洛迪娜，一位在我看来很有魅力的法国女性。她这样回忆与前男友的那段关系：

> **克洛迪娜**：有一次他来看我，那是一个星期天，一大早的时候。当时他刚刚旅行回来，就来按我的门铃。我还没有刷牙，没有换衣服，还穿着睡袍，也没有化妆，头发也没有特别整理。他走了进来，我就看到了他脸上的那种表情。他问我："你怎么了？生病了吗？你还好吗？你跟平常看起来好不一样啊。"
>
> **访谈者**：你怎么回答的？
>
> **克洛迪娜**：我抱住了他，我以为他这时就会亲我了，结果并没有。这让我开始想，要是当我老了，满脸皱纹，他还会不会爱我。

就像上面两个例子所表明的，最初创造吸引力的视觉配置和景观都消失之后，某人身上的吸引力就很容易成问题。如果消费品（消费的客体）已经成为吸引力不言自明的背景，那它们也就和人格性画上了等号，在客体与人之间创造出了一种无缝的等价关系。这表明人被当作客体（物）而接受评估。

最后，由于吸引力等同于时尚、年轻，外形需要不断地更新，而整个视觉吸引力的经济都依赖于这种更新（所以，无论靠化学药剂还是外科手术，整个抗衰老产业兴盛异常）。[86] 因为年轻的女性站在性资本等级的顶端，所以她们占据了性领域的最高位置，对握有最高经济资本的男性来说尤其如此（唐纳德·特朗普再次成为这种市场逻辑的例证）。[87] 但是，与其他形式的社会资产相反，青春这一性资产从定义上就包含了一种淘汰机制，例如在时尚行业中，23 岁的模特就会被认为年纪大了。[88] 这意味着，性领域是被淘汰（及其引发的焦虑感）所形构的，而淘汰是资本主义经济的重要一环，因为它可以通过专为保持年轻和吸引力（等于青春）的消费品，来推动外形的不断更新和改善。[89] 下面这个触目的例子就体现了视觉评估包含的淘汰机制。34 岁的法国女性特里在高中辍学之后以开出租车为业，没有孩子：

访谈者：你有男朋友吗？

特里：你看到我的头发了吗？是什么颜色的？

访谈者：红色。

特里：没错，是红色。但这个红色不是天生的，是我后来染的。你知道为什么要染吗？

访谈者：我不清楚。

特里：因为我男朋友甩掉我的时候，我的头发一夜之间就白了。他一直在拿我的钱，却还是离开了我。他走了已经有一年半了，但我还是无法翻篇。我真的承受不住，一直都在哭。我真的承受不住。

访谈者：无法承受的是什么？

特里：我觉得我当初原本应该做一些事情，最终却没有做到。

访谈者：比如呢？什么是你应该做的事情？你介意谈一谈吗？

特里：我觉得我没有打理好自己的身体。我没有为他好好梳妆打扮自己。我没有像其他女人那样做指甲，而且平时还总穿运动鞋、牛仔裤。我还出去工作，我很喜欢工作。我觉得，他那时候认为我的言行举止就像个男的，认为我不够有女人味。他觉得我应该穿裙子，应该化妆，应该做头发，你懂我的意思吧？

访谈者：我理解你的意思。但我相信，肯定还有很多男人觉得你这样也很漂亮。

特里：你只是哄我罢了。［流下泪来］我不觉得我漂亮。哪怕我爱他爱得好像要发疯了，还把所有的钱都给了他，甚至现在那些讨债的要来把我的家具都抢走，因为我为他欠了很多钱，但我还是觉得，这都是我的错。

访谈者：你这样想我很难过。为什么你还是觉得这是你的错呢？

特里：因为这些事情也许本来很容易解决。或许给他他想要的，对我来说很容易。要变成他喜欢的那种女人很容易，但我没有那样做。

这位女性一直在自责，没有把自己变成有吸引力的女性的标准形象，哪怕这段时间她男朋友一直在"拿她的钱"。这说明，男性凝视已经被她内化了，这种凝视利用审美的标杆分析法对她进行了负面评估。特里的例子也表明，以理想形象作为标准来评估，仍然是浪漫关系的一个长久的特征，关系中伴侣（尤其是女方）的性外貌会持续受到评判。一位67岁、结婚38年的奥地利女性，也有同样的经历（她回答的是我问她为何要与丈夫吵架）：

> **朱莉亚**：他总批评我不够注意自己的体重。我们经常为这个吵架，但问题是，我已经节食一辈子了呀。乔治真的不喜欢超重的女人，哪怕只是稍微有点重也接受不了。所以我活了这一辈子，不得不一直关注自己的体重。但其实我喜欢这样。因为到头来，哪怕我是为了他才节食的，哪怕我们一直为这件事吵架，我还是很喜欢克制饮食。因为这样做可以让我保持吸引力。

哪怕已婚的女性都能感觉到，价值贬低始终是一种隐隐的威胁，因为性的标杆分析是异性恋关系中持续存在的属性。大量研究向我们展示了这样的悖论：女性越是重视自己的性吸引力，就越难满意自己的身体和整体的自己。[90] 性的标杆分析不仅针对他人，也会针对自己，因为人们会将自己与美的标准进行比较，并自我评估。这反过来也表明，对大多数女性而言，性市场中的价值和估值很难创造或维持。这种创造价值的困难为人们的自我概念带来了不确定性。[91] 就像一位评论者所说的："女性对自己身体的憎恨是一种平淡无奇的日常现象，我们根本不会注意到它在我们的自我意识中切入得多么深。"[92] 我们始终预期着他人的评价，始终预期着他人会以完美身心的理想为参照来考量我们，始终感受着价值贬低的威胁，于是，性化的身体成了自我伤害发生的场所和来源。[93]

男性评估女性和女性的身体外貌，是因为男性也处在一个竞争激烈的性领域，他们也会被其他男人不断地评估。亚当的例子可以说明这一点。今年 47 岁的他是法国人，在一家大型制药企业担任研究团队负责人。他和一名女性已经相处三年，但他在访谈中告诉我，尽管他对女友一直都非常忠诚，但他还是很抗拒把她介绍给自己和前妻生的两个孩子和自己的朋友：

访谈者：为什么你还没有带她见他们呢？

亚当：我的回答一定会让你大感震惊。

访谈者：你可以试试。我没那么容易震惊。

亚当：我们是在 OkCupid 这个交友网站上认识的。我一直在用，但又不是很相信真的能成。不过有一次我刷到了她的照片，她看起来真的好漂亮。她看起来像混血儿，有一种异域风情，脸蛋漂亮，身体纤瘦，又是艺术家，受过良好的教育，还很有趣。于是我们就见面了。我一见到她，就感觉她看起来很不一样。她有点胖，还算是漂亮吧，但没有照片上那么惊艳。当时我真的很想立刻结账走人，但出于礼貌，也不想伤害她的感情，所以就跟她聊了几句。不过让我很意外的是，我居然很享受跟她聊天的感觉。她很聪明，也很幽默，跟她聊天的感觉很放松。我对她还是有了一些好感，所以就见了第二次、第三次。在不知不觉中，我就和她建立起了关系。其实我们在床上也很和谐。但我就是不想带她去见我的朋友。我就是做不到。

访谈者：你愿意说说为什么吗？

亚当：我过去所有的女朋友都很漂亮。我觉得，其他人怎么看我，怎么评价我，是通过我交往的人来判断的。他们的看法很重要。要让他们看到我跟一个有点胖的女朋友在一起，哪怕她也算漂亮吧，对我来讲就是很困难。就好像我是在向他们承认，我某些地方失败了一样。

和安布鲁瓦兹一样，亚当的例子也展示了，男性是如何将女性的性吸引力当作自己的一种社会资本和符号资本的。这些男性处在争夺有吸引力的女性这样一个竞争激烈的领域中，时刻感受着其他男性的评估压力。男性是在其他男性的凝视之下凝视着女性的，因为在今时今日，性已经成了（男性的）社会价值的一项指标。男性凝视和价值评估所起到的作用前所未有地突出，比如在亚当的例子里，哪怕他感受到了与她相处带来的情感幸福，"在床上也很和谐"，他却还是不愿意带她去见朋友。这表明，视觉评估的市场具有非常强大的符号力量，甚至压倒了其他形式的评估。女性身体的贬值之所以会发生，是因为她们的身体处在一个男性之间竞争激烈的场域中，在那里，男性以他们在性方面拥有的女性为指标，被其他男性评估着。

贬低价值的方法 1：身体的切分

视觉价值贬低的另一个机制，可见于对身体的切分（parcelization）这一过程之中。根据定义，视觉上的性化能把性从整全的自我中分离出来，再以性为中心来组织价值、情感和目标，让人们把注意力集中在情欲的器官上。把自我切分成性器官，让这些性器官获得了自己的能动性，而这反过来又产生了感知性行动者的新方式。

在迷人的认知科学实验中，研究者有相当充分的证据表明：如果人们是以整全的方式来注意一件物体的，那么一旦它被倒置展示，人们就不太能认出或记住它；反过来，如果人们是用分解的方法来考察一件物体的，也就是把这个物体视为不同元素的集合来条分缕析地考察，那么无论该物体是否倒置展示，人们都能识别和记住它。在这些研究的基础上，研究者的实验进一步显示，女性不管是正立或倒置展示，都不影响人们对她们的识别和记忆；而男性在被倒置展示时，观察者识别和记忆他们的表现就没那么好了。这个结果反过来能够说明，女性被人们先验地视为不同身体部位组成的集合体，而男性被视为整全的个体。[94] 这个实验有力地证实了性化产生的影响——它会让人们倾向于关注女性的性器官，并由此把女性的身体切分成一个个部分。在男性凝视女性并与女性交往的各种方式中，切分这一现象十分普遍（比如仅仅把女性看作"胸""臀""腿"），它也渐渐成为整个技术文化中形象流通的普遍特征。对身体的切分是忽略女性自我的一种关键的认知机制。

今年 26 岁的英国女性安吉现居柏林，目前担任电影拍摄助理和创意写手：

> **访谈者**：你现在有男朋友吗？
>
> **安吉**：刚分手了一个。我觉得我要先保持单身一阵子了，因为我没办法回到 Tinder 上再去找一个。
>
> **访谈者**：为什么呢？
>
> **安吉**：我只要重新上线，就会收到很多男人发来的下体照片。我真的没有胃口看这些。
>
> **访谈者**：你就会收到什么？
>
> **安吉**：下体照。你不知道那是什么吗？
>
> **访谈者**：我不确定你说的是什么。
>
> **安吉**：[笑]他们会发一张自己阴茎的照片。
>
> **访谈者**：你是说那些男性会发自己的阴茎照片，而不是脸部照片，来跟你建立联系？我的意思是，在你见过他们的脸之后，他们就只发下体照了？

安吉：没错，只有阴茎。这就是现在人们约会的方式。

访谈者：这就是现在人们约会的方式？

安吉：绝对是这样。欢迎进入 Tinder 时代。

访谈者：你不喜欢这样？

安吉：完全不喜欢。

访谈者：能说说为什么吗？

安吉：这样说可能显得我很不潇洒淡定，但我觉得，凭着他们的生殖器大小来选出一个男人，这挺恶心的。就好像我们除了自己的性器官之外，就什么都不剩了。我觉得这样是一种贬低。哪怕我是站在选择者的位置上，当我仅仅通过看男人的阴茎大小和形状去选择他们时，我还是觉得自己被贬低了。我知道虽然我作为一个女权主义者，不应该在乎这些，但事实就是我的确很在乎。我觉得这样做很贬低人，但不清楚为什么。

色情短信将身体切分成性器官，不仅使性器官脱离了人格性，而且使之脱离了一种整全的身体观。因此，身体的视觉化和性化让身体与自我割裂，变成快照般凝视的对象，器官则取代完整的人成为人际互动的客体。安吉所说的那些发下体照的男性，他们将自己的身体切分开来，这表明他们也将女性视为一组割裂的器官。安吉在解释自己对此的反应时表现得犹疑不定——"女权主义"告诉她要潇洒淡定（也就是要情感抽离），但性器官的展露又让她觉得"恶心"——这两种感觉是冲突的。罗莎琳德·吉尔（Rosalind Gill）富于洞见地指出，这种自我的性化，与以往那些性的客体化不同，因为它是对女权主义的一种回应，一种看起来成竹在胸、玩世不恭的回应，这种回应来自那些认为自己已经足够强大，可以玩转男性的规则，并以彼之道还施彼身的女性。[95] 最后，或许也是最有趣的一点是，我们并不知道在这样的互动中，谁是主体，谁是客体。那位发下体照的男性和他的阴茎是具有自主性的主体吗？还是说，他们已经脱离了人格性，从而变成了被女性僭占的客体呢？阴茎是被客体化了，还是在客体化他者？我们很难得出结论，因为它在被客体化的同时，似乎也在将其他东西客体化。男性以他的阴茎来呈现自我，这与他看待潜在伴侣的方式——把女性看成一组性器官——互为映照。他们发来下体照让女性选择，是在邀请女性参加某种特定类型的互动，在那样的互动中，男性由于拥有更强的情感抽离能力而掌握着权力。然而，那些下体照也在邀请女性成为情感抽离的人。

自我的视觉化及其开启的这种新的视觉体制都是物化的过程，因为它们有可能让人的自我拆解成碎片，再将这些"碎片"投进市场里。这个市场中充斥着大量相互竞争的商品化性器官，人们通过快速评估挑拣着自己中意的货品。性化将人的身体切分成性器官，也将身体与其他社会身份的来源割裂开来，从而反映甚至放大了身体与自我的二元性，也放大了它们之间的分离。在发送色情短信这种越来越普遍的做法中，性化的过程处在核心位置。凯西·马丁内斯-普拉特（Kathy Martinez-Prather）和唐娜·范迪弗（Donna Vandiver）研究了美国南部一所中等规模大学的大一新生，发现"大约有三分之一的受访者表示，自己在高中时用手机给其他人发送过色情短信"。[96]李·默里（Lee Murray）等人研究了悉尼不同教育机构中的年轻人（18—20岁），发现47%的受访年轻人发送过色情短信。[97]这种做法混合了性、视觉和技术，并将身体切分成器官。

切分身体使得价值贬低能够实现，因为从定义上来说，相比整个身体、整个人而言，器官确实没那么特殊。正因为如此，法律学者理查德·波斯纳（Richard Posner）可以拥护一个器官（肾）买卖的市场，而不是一个交易人体的市场。[98]器官确实比人更接近商品，因为它们能与身体背后的整个情感自我或心理自我的感知分离，也因为它们数量更多，更容易被替代。器官与身体不同，原因如女权主义学者卡罗尔·佩特曼所言："身体与自我之间存在着一种整合的关系。身体和自我虽然不同，但自我无法脱离身体而存在。"[99]

区分了前现代技术和现代技术的汉斯·约那斯（Hans Jonas）[100]认为，现代技术的特征之一在于，手段和目的的关系不再是线性的，而是循环的，所以"新的技术可能仅仅因为提供了可能性，就启发、创造甚至迫使之前未被想到的新的目的出现。……因此，技术增加了人类欲求的对象，包括技术本身发展所需的一些对象"。[101]在此基础上，我们也许可以补充：技术的确增加了性的目的，扩大了性器官的商品化、切分过程和流通。

以上的讨论表明，性化和承认分别位于道德光谱的两个极端。承认他人，意味着可以真正地认识一个完整的人，认识她或他的目标和价值，并和她或他建立一种相互的关系。[102] 而评估他人，则是用已经预设的基准来评断她或他的价值。评估和承认是两种不同的认知态度，而前者日益压倒后者的现实，解释了我所称的"非选择"的社会学现象为什么如此普遍，因为评估往往会以否决而告终。

阿克塞尔·霍耐特在他主讲的坦纳讲座（Tanner Lectures）中论述道，物化是承认（recognition）和认知（cognition）之间复杂的交互作用，[103] 同时他富于洞见地指出，物化就意味着对承认的遗忘。他问，认知是如何导致我们遗忘了先前的承认呢？也就是说，我们所感知到的东西和我们感知的方式，是如何使我们无法真正意识到他人的存在或他人的人性呢？性市场就为这种遗忘提供了一个有力的例子。霍耐特引出了注意力（attentiveness）——特别是低注意力——在其中的作用，来解释为什么这种承认的行为会被遗忘。我要进一步指出，当注意力受到视觉约束时，就会造成注意力低下；而当视觉对象以商品形式——大量存在、彼此竞争、公开展示、易被替换——存在时，尤其会让注意力变低。在此，我要引用霍耐特的话来讨论知觉的物化："几乎像是在自闭症患者的知觉世界中一样，我们的社会环境显得像是一个由仅供观看的对象所构成的整体，这些对象既没有心理起伏，也没有情绪。"[104] 在作为形象的身体组成的庞大市场中，视觉评估会因注意力低下而导致价值贬低。

贬低价值的方法 2：品位的精进

皮埃尔·布尔迪厄及其学术上的众多追随者们对品位所做的社会学研究，都基于这样的假设：品位不仅非常稳定，而且形成了最深层次的自我的内核，是组织人的选择、社会轨迹和身份认同的矩阵。[105] 品位被一个人的阶级地位，被他系统性地实践一生中习得的各种偏好（也就是布尔迪厄所谓的"惯习"）所牢牢固定。品位是深刻而持久的，它构成了一个人的身份认同。它主要通过人们的选择和评估来体现，而布尔迪厄认为，这是品位自然而然产生的结果。[106] 根据这样的观点，以品位的共同培养为基础的关系必然是牢固的，因为它在决定阶级惯习的某些强大因素中找到了锚点。然而，如此思考品位并不足以解释这个事实：消费文化既关乎选择，也关乎非选择——舍弃曾经选择的东西。因此，我提出品位的精进这个概念，其中就包含了这种非选择的形式。

我在其他文章中曾经论述过，品位的精进会有损惯习的稳定性，使选择的动力在根本上变得不稳定。品位的精进和需求不一样，需求是不会改变的，而精进本质上是不稳定的，因为品位已经内在地包含了对自己的超越。[107] 在这个意义上，品位的精进就会破坏惯习的稳定性。虽然惯习预设了一个被固定的社会决定因素所塑造的主体性，但精进会让偏好的形成变得不稳定，从而使人们对自己之前做出的选择感到不满。同样的动力机制在关系的形成中也发挥着作用。人们会对之前的关系不满，要么是因为性行动者将他们的伴侣视为需要精进的消费对象，要么是他们自身消费品位的精进让他们抛弃了口味守旧的人。

52 岁的亚历山大是犹太裔英国人，目前担任高级会计师。自27 岁离婚之后，他从未再婚：

> **亚历山大**：我唯一后悔的事情，就是没有和一个20 多年前认识的女人结婚。
>
> **访谈者**：你后悔哪一点呢？
>
> **亚历山大**：她不信教，但我那时候越来越信教了。因为当时的我完全沉浸在这种新的宗教生活里，所以没有意识到，这种差异并不重要。我本来觉得是个天大的事，我以为我们的生活方式肯定不会合拍，一定会天天吵架。所以我就做出决定，不和她结婚了，因为我觉得最后肯定成不了。但我错了。今天的我根本不会在意这些，但那时的我真的不知道。

这位男性把消费领域的内容微妙地转换到情感领域之中，把生活方式等同为情感亲密，并基于消费者选择的认识论（品位与主体性养成的要素）来选择伴侣。从前，他处在一个不断精进自己的品位、不断改变自己的阶段，因而会认为，不适合这种新生活方式的人就会是一个不合适的情感选择。他的选择非常恰切地说明了亚当·菲利普斯（Adam Phillips）和利奥·贝尔萨尼（Leo Bersani）极具争议的论断："了解一个人想要什么，就是煽动一场暴力。"[108] 因为关系的认识论是围绕着自觉培养的品位、爱好和消费实践而组织起来的，所以人们会将关系作为一种生活方式的选择、一种消费行为的偏好来评估。由生活方式、爱好、品位所引发的那些评估方案，往往会导致对人的价值的贬低和非选择，让人们更容易被舍弃，因为他们无法被纳入品位的矩阵之中（"这不是我的菜"）。人们只要持续地精进自己的品位，就必然会不断剔除他人，因为品位既关于消费品，也包括对伴侣的选择。

改变评估的参照点

通过视觉评估、个性评估和消费评估来匹配伴侣的过程，发生在一个竞争激烈的市场当中，这个市场里还有许许多多同类型的产品，因此必须在认知上使用比较的方法。比较是搜寻过程中主要的认知方法之一。一个人做判断所依据的参照点会影响他的比较和选择，而这反过来会深深地影响他对别人价值的评估。

为了让商品的价值在市场上实现，商品必须被赋予符号价值，而符号价值取决于该商品相对于其他商品的定位方式。社会学家延斯·贝克特和帕特里克·阿斯佩尔斯（Patrik Aspers）指出："评估某物价值的前提，就是要用某种尺度来衡量它，比较它。"[109] 认知科学领域中的研究表明，如果参照点改变，那么对某件物品的评估（即判断它价值多少）将显著改变。芝加哥大学的两位心理学家奚恺元（Christopher K. Hsee）和张焦（音译，Jiao Zhang）研究了价值评估的过程及其与决策的关系。他们发现，价值评估过程是否改变，取决于评估者是在考虑多个不同选项，还是在一种选择上纠结。他们称前一种模式为联合评估模式，后一种为单一评估模式。在联合评估模式中，人们对不同对象的各种特性做出比较，尤其关注它们之间的差异；在单一评估模式中，人们则参照自己的喜好，或参照自己心中认为好的标准，来对那个唯一的对象进行评估，因此可以完全投入在它身上，比如在拍卖行中竞拍某件藏品就是这样。[110] 在联合评估模式中，人们权衡着不同选项之间的利弊，考虑如果选择了某个对象，那么会得到什么、失去什么；在单一评估模式中，人们会以非算计的方式来做出决定。简单地说，我们在大卖场和在拍卖行中评估对象的方式是不同的，我们会认为拍卖行中的东西价值更高，认为超市中的东西价值低得多，而这种区别取决于评估是否触发了比较的认知过程。这反过来意味着，当我们对不同的对象进行比较时，认定它们的价值也会变得更困难，或者更确切地说，这些对象就失去了价值。下面这位男性自述的经历，为我们提供了一个滑稽但真实的例子，有力地说明了这一点：

以下是我约会过的人：

牙买加女人：正在斯坦福大学读文学博士。约会次数：1（咖啡店）。问题：对我这种门门课一直拿 B 的人来说，她聪明得过了头。

越南小姐：正在读牙医。约会次数：2（咖啡店一次，法式薄饼店一起吃晚饭一次）。问题：虽然很漂亮，但我就是没法忽略她曾经和一个已婚男人有过一腿。像牙刷捅到喉咙一样恶心。[i]

白人女孩：还在念书。对亚洲男人有种特别的感觉。约

---

i 原文是 "gag me with a toothbrush"，来自一句美国俚语 "gag me with a spoon"，字面意思是把勺子插到咽喉深处引起呕吐，表示非常嫌恶。这里引文作者把勺子（spoon）换成了牙刷（toothbrush），是在讽刺那位女士的牙医学生身份。

会次数：1（咖啡店）。问题：她是双性恋。呃，仔细想想，这难道算是问题？

非裔美国人：在学精神病学。眼睛非常魅惑，身材也很棒。约会次数：2（咖啡店一次，我家一起看录像一次）。问题：她太安静，安静的人都让我紧张，特别是她还是个学精神病学的。她是在分析我吗？看出来了什么？我可不想知道。[111]

这个生动的段落描绘了寻找一个"合适"的人是多么困难，因为每一次接触，他的参照点和评估都会变化，让他很难确定每一位对象的价值，最终也就贬低了她们每一个人的价值。这反过来说明，当我们在市场的情境中，要将一个对象与其他具有类似价值的对象进行比较时，我们就是不太知道应该怎么评估它的价值。此外，就像社会学家阿什利·米尔斯在讨论模特行业时指出的那样，在很多文化领域中，一位模特、一件艺术品、一位演员的价格或价值是无法明确的。"定价问题是文化生产者和无形资产市场中的人们所面对的重大疑难。这个问题产生于不确定性，即我们难以提前知道一个人想要什么。"[112]

前现代的人在评估并选择浪漫关系的对象时，就如同在拍卖行里，因为他们处在稀缺的情境中。现代人评估并选择性与浪漫关系，就像在超市里购物一样，缺乏清晰的参照点，不知道自己究竟想要什么。这样的话，把浪漫和性的实践推入消费市场之中，就会造成价值的紧缩。性行动者是在市场的情境中相遇的，他们面临着我们或许可以称作"情感紧缩"的境况，非常类似经济学意义上的通货紧缩——商品的整体价格或价值跌落，要么因为激烈的竞争造成了价格下跌，要么因为更高的效率降低了生产成本。性自由、避孕药、女性身体到性形象的转变、互联网技术——这些都是增加性的丰富程度和竞争程度的机制，它们提升了男性获得女性性伴侣的效率，降低了性互动的成本，让男性控制的视觉产业得以生成大量经济上的剩余价值，还让男性通过连续积累性活动来换得地位的行为正当化了。这就让性市场上的女性身体的价值大大降低，甚至变得一文不值，真正变成了难以被赋予价值的客体。在当下的现实中，性接触已经有了市场的形式，并受到经济视觉市场的塑造，于是建立价值或维持个人价值的稳定就变得难上加难。

我们可以换一个角度，通过强调稀缺性在价值生成过程中的作用，再来讨论这一点。希娜·艾扬格（Sheena Iyengar）和马克·莱佩尔（Mark Lepper）做的一个实验揭示了这个机制（虽然二人的实验目的并不在此）。[113] 在实验中，参与者被分为两组来评估不同类型的巧克力：第一组参与者需要评估很多种巧克力，而第二组需要评估和选择的种类就少得多。在实验结束时，参与者可以在两种不同的酬劳方式中选择，要么选现金（5 美元），要么选巧克力（价值 5 美元）。实验的结果令人印象深刻。需要评估少量巧克力的参与者更倾向于选择巧克力作为酬劳，而不是现金。这个结果清楚表明，选项的减少对价值生成的过程有所助益；或者说，丰富性会导致价值贬低，因为在选项丰富的情况下，物与人都变得更容易被替代。正如马克思所预测的那样，交换价值将比使用价值更为重要，当巧克力的种类很丰富时，它们就可以互相替代，于是就被还原成了抽象的货币价值。那么，当性的选择非常丰富时，关键问题就是确立性客体的价值以及随后的贬值。因此，虽然资本主义的生产者创造了能在社会中实现的价值，[114] 但女性通过消费文化创造和生产的性自我的价值往往只有部分得到了实现，甚至完全没有实现。这是因为，对身体的商品化成倍增加了性选择的丰富程度，让这些身体要么很容易被替代，要么其价值很快会过时，最终导致身体的贬值。女性的性资本面临着远远比男性更严峻的保值考验。因为男性的价值体现于更耐久的资产当中，所以不会越来越差，甚至反而会不断增加。也就是说，整个性与消费体系的基础，就在于女性难以使自己的符号价值和经济价值维持稳定，而男性的价值却非常稳定，甚至会随着时间的推移而增加。

根据马克思的理论，利润率的下降会减少劳动的价值。[115] 而根据同样的机制，我们也许可以说，女性身体的价值会随着年龄的增长而下降。女性的性化身体把自身作为商品生产，它是价值评估的对象，有着贬值的风险。大卫·哈维富于洞见地指出："商品、迄今仍具生产力的厂房和设备、货币和劳动力的大幅贬值"是资本主义特有的痼疾。[116] 贬值是资本主义所固有的，因为它能创造新的价值，而这些新价值是补充消费市场所必需的。由于性身体和性品位在消费经济中流通广泛，为了保持经济上的生产力，它们必须被迅速淘汰和更新。性接触和浪漫接触不仅以消费市场作为媒介，而且吸取了市场的特征。性身体被塑造成价值的生产者，因而需要不断地来做自我管理、自我品牌营销，同时它们想要确立和维持自己的价值，因为它们处在一个永不停歇地与其他身体相竞争的状态；它们参与价值评估和标杆分析，而且必须不断地面对有关价值的风险和不确定性。如果性和消费品位能生产出价值——既包括经济价值也包括符号价值——那么这种价值在评估、比较、标杆分析和贬值的过程中将不断面临瓦解的威胁。

亚当·阿维德松（Adam Arvidsson）认为，知识和信息的广泛可及改变了经济交换的关键所在。商品的生产已经变成一块"公地"，一种共享的资源。[117] 对资本家来说，问题不再是生产商品，而变成了在商品中找到一个独特点（"创新"或者"品牌打造"都是让商品独特化的形式）。同样，由于性也变得随处可及，现在的问题就是找到（或者发明）一个独特点，而他人对这个独特点的接收，就表现为我们所说的"坠入爱河"或"爱上"。关系的性化创造出了极为丰富的性选择和不断变动的参照点，因而削弱了自我认定对方价值、锁定单一主体并将其独特化的能力，也让自我难以在保持认知与情感专注——在选项稀缺的情境中感知对方——的路径上与他人交往。性与浪漫关系的境况与当代资本主义状态还有更深的相似。商品真正价格的不确定性是经济市场所固有的。信奉新自由主义的理论家在讨论价格不确定性的问题时提出，只有完全自由的市场才能让供需关系来主宰商品的真正价格。[118] 可是，正如性市场的例子所显示的，市场的形式会加剧对于一个人价值的本质是什么、稳定程度如何的不确定性。性选择一旦过于丰富，就会激活在各种选择之间进行评估的过程，而这个过程会阻断我们对他人的承认，也就是说，我们很难再把他人看成整全的自我，也就不能感知他人的独特。[119] 在人际互动中，参与其中的自我如果无法承认他人，就会引发本体的不确定性，而这种不确定性不仅关乎自我的价值，更会最终动摇自我的本质。

让人困惑的主体地位

正面看待性化的观点拒绝认可对客体化的诊断，并把上述所有的过程——价值贬低和不确定性——看成虽然让人们感觉不怎么愉快，但为了实现更大的自由而必须付出的代价。一位作者在评论美国心理学会发布的对性化持有负面观点的报告[120]时坚称："这份报告完全没有考虑性和性化，甚至客体化，是否或如何能够被自我主动控制，变成本质上积极的、可以壮大女性或增强爱欲的一种活动。"[121]

这个发生在女权主义学者群体内部的激辩本身就是一个有力的例子，显示出性化主体令人深感困惑的地位。（女性的）性能动者究竟是客体还是主体？这实际上是让性自由的批评者和拥护者决裂的最主要的问题之一。我认为，这个问题之所以极难明确地回答，原因就在于客体化本身已经发生改变。客体化采取了主体化，或者我在本章前文中所称的"超主体性"的形式。[122]这种超主体性无比矛盾地建立在对主体地位根本的不确定性之上。

26岁的玛丽是一名来自法国的艺术学生，正在意大利的一间艺术学院短期学习：

访谈者：你现在有男朋友吗？

玛丽：这是一个好问题！我有。我在巴黎的时候就有一个男朋友，但来到这里（意大利）之后，感觉"远离眼前，远离心间"真是没错。所以我就开始上 Tinder 了。其实我手机里一直都有 Tinder……刷了差不多三个星期吧，我就找到了一个男朋友。他是从加拿大来的，也是参加了某个交换项目。所以我就和法国的男朋友分了，其实我原本并不想分，但是他要来意大利看我，情况一下子就变得复杂了。

访谈者：你一直都用 Tinder？

玛丽：是啊。我不喜欢独自一个人的感觉。不管在哪里，我都能认识新的人。我觉得独处很困难——或者让我换个说法吧，跟人在一起会让我感觉好很多。

访谈者：你提分手的时候，你的法国男友觉得震惊吗？

玛丽：没有，我觉得他并没有震惊。我觉得他要是我的话，肯定也会这样。我们之间好像有一种相互理解，就是说出现了更合适的机会的话，我们都肯定会跟对方分手的。这就是那种你知道不必明说的默契。反正我们当时在一起的时候，也不是已经决定了要同居，我们也没有感觉正在经历着一场伟大的爱情。其实跟他分手我挺解脱的。跟他在一起的时候，我感觉自己不过就是一块肉，或者差不多的东西。

访谈者：你说的"一块肉"是什么意思？

玛丽：他不是那种非常深情的人。其实他只不过想做爱而已，挺明显的。所以，虽然我更希望我们之间是另外的相处模式，但我也学会了仅仅为了做爱而留在关系里。我不确定自己想要的是什么。我猜我大概也想做爱吧。虽然我也想做爱，但我还是有那种自己只是一块肉的感觉。可能维持一段关系，拥有规律的性生活就是那样的吧。但我还是经常觉得，自己好像就是一块肉。没有感情，只有性爱。

访谈者：跟现在的男朋友感觉不一样了？

玛丽：确实感觉不一样。我们会聊天［笑］。其实他和前女友之间还有一些没有完全解决的牵扯，他到现在还是觉得跟那个女生心意非常相通。我对这一点真的很介意，甚至有时候会和他有一些隔阂。可是，跟他在一起，我不觉得自己像一块肉了。我们会谈心，我们会一起做很多事情，而且我们对彼此充满兴趣。可是，这段关系给我的感觉就好像，一旦我离开这个地方，我们就到此为止了。我们俩都很清楚这一点。我们在一起是因为我们都孤独地待在这个我们感到陌生的地方。是 Tinder 把我们连接起来的！［笑，一声叮当的提示音响起］

访谈者：你怎么知道？你跟他谈过？

玛丽：没有，没有。其实现在有点像我跟之前男友的相处：不需要把话说出口，就知道会发生什么事。我跟现在的男友都很清楚，我们之间的关系就是为了这此时此地，并不是因为我们需要性。

这位年轻的女性清晰地认识到情感关系应该是什么样子，但仍然接受自己变成"一块肉"，因为她把性当成了与男性交往的主要阵地。在她看来，身体完全等价于它的性功能，没有任何内在的道德或情感意涵，而她就在这样的认识论下，以自己的肉身进入了关系性之中。在这样做的过程中，她感受到自己是一个自由的主体。但这种自由很特殊，因为在性化的作用下，她的情感需求变得不正当了，她被迫重新界定自己的希望和欲望，使它们服从前男友对二人关系的性化，从而将自己也当成一个客体，一个缺乏意向性（intentionality）的性身体——"一块肉"。作为一个主体，这位女性处在一个让人困惑的地位：她拒绝了自己的情感目标，而接受被当作"一块肉"来对待；她感觉自己被客体化了，但反过来她也客体化了她的男朋友，使用他的身体来满足自己的性需求，而这壮大了她的力量。所以，在这个出于自己的性需求而相互将对方工具化的过程中，既造成价值贬低也带来力量壮大的，是同一种情感和道德载体。[123] 他们的关系就好像，当一个人被贬低，被当成工具时，另一个人就能获得力量感。因此，性客体化是性文化中的一种不那么隐蔽的逻辑，但它为男男女女赋予了一种力量感，这种力量感源于性客体化能将他人工具化，让男男女女好像在玩一场零和游戏。如果男男女女客体化他人的能力被庞大的性产业所商业化，还获取了女权主义的诸多流派在某种程度上的支持，那是因为，这种客体化他人的能力被重新编码成了一种体现为愉悦、壮大、情感抽离的主体化。[124] 52 岁的法国人斯特凡纳是一家投资公司的战略咨询顾问，他说（描述自己使用Tinder 的体验）：

> 左滑右滑有一种很爽的感觉。它会让你感觉自己手里握

满了力量。我想 Tinder 的设计者们花了很大的心思来调动这种感觉。你会觉得可以所向披靡地掌控自己浪漫关系的未来。这种感觉显然不是我们在日常生活中会产生的。

因此，通过这种情感抽离的态度去物化他人，像消费者一样去选择或不选择，人的主体性似乎大大增强了。通过这些选择和不选择，工具理性已经完全控制了性领域。[125] 这种以性化为基础的自我客体化使自我与身体相分离，创造出一种既关乎人的价值，也关乎人的欲望的不确定性。我们可以借助史蒂夫·麦奎因（Steve McQueen）2011 年执导的电影《羞耻》（Shame）来展现这种自我的客体化。该电影的基调颇为黑暗，风格独特，讨论了自我如何被劈成两半，走向性与情感这两条不同的道路。

电影男主角布兰登是一位性瘾者。他大量消费着色情制品，频繁召妓，经常约速战速决的炮。他很喜欢自己的一位同事，而影片中也表现得很清楚，这份喜欢是他建立更深入、更有意义的一段关系的契机。然而，当他们准备做爱时，他却根本无法勃起。可同事一离开，他就和一位即刻召来的性工作者疯狂做了一次，从而向观众展示了性与情感割裂而走向永不相交的分岔路所带来的切肤之痛。布兰登属于一个新的性体制，在其中技术、视觉（经由互联网获得的源源不断的色情形象）、匿名性伙伴的快速轮替，这种种因素都让身体成为人的能动性的唯一来源，让我们主动与传统认知中的欲望、自我和情感切断关联。在这部电影中，很难说布兰登是不是还可以被当作一个“主体”，因为他的肉身似乎已经接管了从他情感意志中逃离出来的自主性。此外，因为他无法遇见其他的主体——他只能和纯粹作为性客体而不是主体的女性互动——所以也很难说他在多大程度上还算是一个主体。或许我们可以说，布兰登就是一个典型的现代主体，他把自己所经验的性消费的高强度视觉体制当作一种成瘾形式的自我肯定，一种超主体性。一方面，这种成瘾形式的自我肯定也是一种反复做出非选择的经验，而这种经验依赖许多制度性的力量：技术的、视觉的，以及那些从事廉价性工作的人。另一方面，情感由于缺乏外部的制度依靠，所以无法组织为安·斯威德勒（Ann Swidler）所说的行动计划。[126] 因此，以技术为基础的消费主义的性，现在成了一种高度制度化的行动领域，为人们创造出了分裂的自我，对于那些大量消费色情制品与性服务的男性来说尤其如此。性自我、科技自我和消费自我组成了一个强大的矩阵，与情感自我分离开来。处在这些过程中心的自我既能物化他人，又会被他人物化。

女性性经验的混乱、分裂程度丝毫不弱于男性。因为性已经成为展示"女子力"的场域，女性拥有了由性赋予自主感的经验，并乐于感觉自己对男性的性力量；可是，性接触中依然处处充满了让女性自我价值受损的风险。将物化与承认分开是几乎不可能的，因为女性的价值在很大程度上取决于她的性吸引力和性能力。因此，超主体性是与客体化（对自我，对他人）的过程相伴相生的，这二者都会为主体的地位带来我所说的那种根本上的本体不确定性：谁或什么才是性主体？她或他欲求的是主体还是客体？答案很难给出。

本体不确定性的决定因素有许多：欲望在性、情感、消费生活方式等诸多场所中的分裂；人们以视觉表演的方式来塑造和对待人格性；用作为标杆的美貌标准来评估外形；与他人相遇在由竞争驱动的视觉化性市场中；将身体切分（这将性互动与整全的身体和自我分隔开来）——这些都是女性建立稳定的自我价值感时所要面对的困难。

对于人的价值和欲望本质的本体不确定性，在我们与自然的关系、我们与其他（被性化的）人类的关系之间，创造了一个深刻的类比，即海德格尔在《技术的追问》(*The Question Concerning Technology*) 一文中说的"持存物"(the standing reserve，德语 Bestand)。[127]"持存物"这个概念指向一种认知世界的根本态度：我们为了满足自己的需求，就把他人和自然置于随时随地听候召唤的状态下。我们可以以女权主义视角稍稍变动一下海德格尔的这个持存物的概念：避孕药、性在消费文化中的制度化、还有互联网技术的高速发展，都让人类，特别是女性，处在一种随时随地都要满足他人（尤其是男性）性需求的状态。海德格尔认为，这种随时随地应召的属性，既从根本上威胁着客体，也威胁着主体的地位。客体不能再成为一个客体，一个抵抗我们目标的客体。而一个无客体的世界——客体不再抵抗我们欲望的世界——也就从根本上威胁着我们主体性的结构。我们可以自问，各种关系的普遍性化是否会让人类，特别是女性，成为持存物。[128]正是这种客体-主体关系的结构，完全改变了主体性的本质，让本体不确定性占据了主体性的内核，对于女性尤其如此。本体不确定性源于人们再难抓住一种笃定的价值感和身份感，这种感觉能让人"抵抗"随时随地被凝视召唤，被他人的性僭占召唤，也能"抵抗"别人通过性将自己工具化。

*

价值生成，作为在经济和性的市场中，为他人的视觉评估创造主体价值和经济价值的过程，矛盾地解释了女性的价值通过评估机制而遭受贬低的方式。我们可以通过对比另一种性评估模式来阐述这一点。出身贵族家庭的薇塔·萨克维尔-韦斯特（Vita Sackville-West）热烈地迷上了弗吉尼亚·伍尔夫（Virginia Woolf）。在见到伍尔夫之后，薇塔这样描述这位著名作家：

> 她无比真挚，没有任何外在的矫饰，连穿的衣服都相当粗劣。最初你会认为她很贫乏，接着，一种灵魂的美感会突然袭来，你会发现，连看着她都令人着迷不已。[129]

薇塔的视觉评估不是发生在一个有许多备选竞品的市场中；这种评估也不是二元性的，它看见了"粗劣"，也看见了一瞥之中让人倾倒的东西。消费品完全不是决定伍尔夫有多迷人的因素，因为她确实穿得非常粗劣。这场评估不是一种快照式的判断，也不是用标杆分析的方法得出来的。这场评估随时间的推移而产生了变化，并且在事实上转变为一种承认的过程（也就是薇塔所说的弗吉尼亚"灵魂的美感"）。它并没有凝视着万千诱人的身体竞相争艳的市场中的某一具肉身，而是辨识出了一种独特性。这场评估完全不费力，就创造出了价值。

当代的视觉市场包含着强化的评估机制和贬值机制。这一点，也许在异性恋市场的边缘地带看得最为明显。我在这里举两个例子就够了。第一个来自著名法国作家维尔日妮·德斯潘特，作为一名女同性恋者，她是这么看异性恋的：

> 我对爱情的看法没有变，但我对世界的看法，没错，已经变了。当女同性恋者挺开心的。女性的特质、男性的认可，还有一切我们为了取悦男性而强加给自己的东西，都已经很少再能困扰我。而且，年龄对我的困扰也少得多了：对异性恋的女人来说，老去是一件艰难的事情。年轻女孩之间的诱惑确实存在，但要随意得多。我们不会一过 40 岁就被弃之如敝屣。[130]

德斯潘特所解释的自己从异性恋转变成同性恋的理由，显然包含了以下因素：感觉自己被客体化的程度降低，依赖男性凝视和认可的程度降低，从而摆脱了消费市场的强力控制。我们也可以听听一位出于类似理由拒绝西方式的性的伊斯兰博主是怎么说的：

当我身穿西式服装时，男人们盯着我，物化我，我自己也常常会用杂志模特的那种标准来衡量自己，而那是很难达到的，而且年纪越长越难达到，更不用说要一直处在一种展示自己的状态有多累人了。可是当我戴上头巾，穿起罩袍，人们就会把我看作一个个体，而不是一个物体。戴上头巾，让我感觉到了被尊重。[131]

我绝不是在说，女同的性或伊斯兰的性，才是解决异性恋正统制压迫的唯一途径；我引述这些自外于异性恋正统制的女性发表的自白，是为了强调男性支配与消费客体化之间的关联：它们互通有无，共同创造出新的分类、新的社会价值和新的符号支配。

在女权主义群体内部，性客体化是不是一种力量的表达和实践，一直被激烈地争论着。但客体化的问题并不在此。人们所经验的性化，既是壮大，又是客体化，它在人的自我及其价值之中创造出了一种深深的本体不确定性。它能壮大人，是因为它启动了价值生成的机制。而它创造出本体不确定性的原因，则在于主体化和客体化这两个过程越来越难解难分。人的自我性，被身体及其器官、用来生产自我性的消费品，以及创造出性互动的消费活动与消费环境拉扯得四分五裂。因为视觉评估是不稳定的，消费品位是会变化的，因为资本主义商品和有吸引力的身体都是以一种结构性的淘汰为基础的，因为自我持续不断地经受着评估，还因为自我与他人的价值都是不确定的，所以太多女性体验到的异性恋市场极其痛苦，也就不奇怪了。2017 年的 #MeToo 运动以惊人的力量在世界各地掀起，因为女性不仅是暴力的对象，也是一种隐蔽但广泛存在的价值贬低过程的对象。虽然 #MeToo 运动对轻微骚扰、冒犯性的骚扰和构成刑事犯罪的骚扰进行一刀切式的谴责，这样做混乱不清，但运动有力地回应了女性在性领域中被习惯性地、日常性地贬低的无数种方式。这些父权的符号性暴力极度顽固，因为它们植根于整个视觉资本主义无远弗届的经济与文化结构中。

第五章

处处设限的自由

我非常害怕冒犯任何我爱的人，特别是我对之背负责任的人。

——安东尼·特罗洛普 [1]

他们俩倾心相爱，

可是不肯相互承认，

一见面就像仇敌，

还说爱情真烦死人。

他俩终于天各一方，

只偶尔相逢在梦境；

他们早已进入坟墓，

却永远不知道真情。

——海因里希·海涅（Heinrich Heine）[2]

著名音乐家罗伯特·舒曼（Robert Schumann）与弗里德里希·维克（Friedrich Wieck）一家相交多年，却爱上了弗里德里希的女儿克拉拉·维克（Clara Wieck）。舒曼恳请克拉拉的父亲准许自己娶她。克拉拉的父亲不答应，两位爱侣便向法院请愿，要求驳回维克先生的决定。官司艰难地拉扯了一年之后，法官终

于在 1840 年 8 月 1 日作出了有利于二人的裁决。1840 年 9 月 12
日，这对爱侣便步入婚姻。[3] 在那个时代，克拉拉父亲的拒绝并
不罕见，这说明跟随个人情感行事的自由，在当时既不是自然而
然的，也并非显而易见。黑格尔就是情感自由的坚定支持者。对
他来说，情感自由就是根据内心所求迎娶某个人的权利（也许是
凭良心行事的自由的衍生）。婚姻要在伦理上站得住脚，就要以
双方的意愿和自由为基础，并且双方都把自己交给对方。[4] 然而，
尽管黑格尔呼唤自由，严父、家庭、法院和共同体仍在否决人们
择偶的个人选择。在黑格尔谢世之后很久，依个人的情感而选择
嫁娶对象的权利仍然存在激烈的争议。这种婚配的自由对市民社
会和私人生活的意义，可以类比言论自由对政治领域的意义。

　　黑格尔把自由理解为一种整体的现象，对公私领域同等重
要。霍耐特在此基础上进一步主张，某种制度或某种实践是否
正当，要从它们是以更好的还是更坏的方式实现自由来考量，[5]
而婚姻、家庭、爱作为实现自由的阵地，重要性绝不亚于政治
领域。霍耐特定义的两种形式的自由，消极自由和反思自由，[6]
让个体可以专注于私人的身份认同和目标，从而追求自己的偏
好——只要这些偏好不会伤害他人，个体就无须为之负担责任。
霍耐特定义的第三种自由，即社会自由，则直接将个体抛回了社
会场域之中，也就是让个体回到沟通行动[i]的领域中。[7] 在社会自
由中，我们是在主体间的相互承认中接触彼此的，而非仅仅作为

---

i　沟通行动（communicative action）是哈贝马斯的重要概念，通常译作"交往行为"。

一个个的单子[i]。因此，社会自由克服了自由主义思想无法在个体的自主性与相互性之间调和的困境。爱就是这样一种践行社会自由的领域，这个观点呼应了我们文化中的许多角落里提出的规范性的主张。正如一个名叫"自由中的爱"（Loving in Freedom）的网站所称："在理想状态下，我们的爱应该是双方的一种完全自由的选择，一种自愿的承诺，而我们可以随心所欲地更新这种选择和承诺。"[8]

这种对自由的认知，仰赖于自由主义在政治和经济领域最主要的道德原则之一——契约主义。通过契约，能动者可以尊重他人的自由，并通过昭示及确认自己的目标进入与他人的关系。契约不是社会自由设定的唯一形式，但肯定是最主要的一种。就像卡罗尔·帕特曼在她的名著《性契约》（The Sexual Contract）中说的："契约论是有助于解放的最佳信条，它向人们承诺：普遍的自由是现在这个时代的原则。"[9]

可是，当我们在经验的领域中仔细审视时，不禁会怀疑，是不是消极自由和反思自由实际上已经变成一种强大的文化力量，在干扰着社会自由的运作，也就是在破坏着通过契约来形成主体间纽带的可能性？反思自由更重视主体对自身意志的审视，它把主体的偏好变成关系性的出发点，并根据需求满足的功利主义原则将关系正当化。消极自由则尊重他人的自由，但它并不规定参

---

i 单子（monad）是莱布尼茨的学说中最终组成世界的根本单元。但它不同于物理划分的微观粒子，而是一种形而上的存在。单子具有内在的精神生命，能自发根据自己的欲求和感知来活动，而无限的单子活动宏观上就形成了时空。

与社会关系的程序，也不规定彼此的义务。正如我贯穿全书的论证所表明的，消极自由和反思自由并不能真正使人缔结这样一种既是情感的也是性的契约。

作为一种社会哲学和一种经济实践，契约主义以个体的自由意志为前提，也就是个体能根据自己的目标和偏好选择进入（或不进入）一段互动过程。这一信条已经在市民社会与私人关系之中散播开了。正如卡罗尔·佩特曼再次指出的（确切地说是引用黑格尔的观点）："社会生活和社会关系不仅源于社会契约，而且实际上就是被视为一个个单独的契约组成的无穷无尽的序列。"[10] 在这种思想脉络中，亲密关系被看成是两个意志之间达成的契约。这种观点已经开始得到法律的支持，个体的自由同意（free consent，或译"自愿同意"）越来越被当作人际行动和交易是否合法的核心所在。[11]

契约主义已经成为约束婚姻和亲密关系的首要社会哲学。20世纪60年代以前，世界上绝大多数国家都只承认"有过错离婚"（at-fault divorce），也就是只有当夫妻一方能够证明另一方发生了"与婚姻不相容"的行为，法院才会判决同意离婚。许多国家在70年代开始采纳无过错离婚：只要简单地宣布自己没有意愿继续维持婚姻，就可以解除婚姻。[12] 这个改变反映了"同意"（consent），也就是婚姻中各方的主动意志，在法律和道德上的重要性。与这些变化同时发生的是，法律使"同意"变成了性互动在道德与法律上的新要求，更是必要的要求。而契约，作为一种以双方的自由意志为基础的关系，变成了思考亲密关系最重要的比喻。不管是爱、婚姻，还是性行为，只要是双方都同意的，是如同签订契约一般开启的，那它就是正当合法的。

安东尼·吉登斯在以契约来定义现代的亲密关系时，对这种状况做出了著名的理论总结。他认为的纯粹关系（pure relationship），指的是关系的"达成没有外在的原因，它只是因为个人可以从与另一个人持续的紧密联系中有所获；只有当关系双方都感到满意，且都愿意留在关系中，这种关系才能持续下去"。[13] 对吉登斯来说，契约主义预示着包括亲密关系在内的整个社会纽带更进一步的民主化，哪怕需要付出契约主义所带来的本体不安全感这样的代价，而这种不安全感在吉登斯看来，可能会危及被两个自由意志所统摄的"纯粹关系"。前几章的讨论让我们认识到，吉登斯过于轻易地忽视了契约主义带来的本体不安全感的后果，也没有进一步追问更加根本的问题，即权利的法律话语在其意义没有深刻改变的情况下，能否转用到亲密关系的领域？尼尔·格罗斯（Neil Gross）和习颂伦（Solon Simmons）认为，纯粹关系中的承诺是"依情况而定的"。只要对方能满足自己的需求，就算清楚地知道这些需求会随时改变，性与情感的契约都会一直维持下去。"如果伴侣的价值观、喜好和认同开始出现分歧，而且不是互相弥补的那种分歧的话，那么这段关系就失去了存在的理由，开始走向解体。"[14] 于是，一段自由而现代的亲密关系模式的核心问题就变成了：契约，这种在法律和经济领域被制度化、被不断完善的社会形式，能不能真的转移到人际关系的领域而无损亲密性和主体间性的本质？佩特曼有力地指出，社会契约和性契约具有深刻的差异。[15] 社会契约赋予男性自由，而性契约导致女性持续处于从属的地位。吉登斯完全忽略了男女在形成性契约的阶段所处位置的不同，只是简单地把他们看成是平等的缔约双方。而且，他的理论写就的时候，即时通信技术和虚拟通信技术还没有开始主导世界，而这些技术恰恰正在消解契约这个概念本身，因为它们削弱或绕开了一个传统的文化向标——稳定的意志，这是建立契约的前提。最后，同样发生在吉登斯的理论写成之后的是，新自由主义政策强调了一种特定类型的个人意志——经营型意志（entrepreneurial will）。[16] 无论是在工作场所还是在人际互动中，这种意志都必须提供和确保自身价值的基础，但这反而会损害形成和维持契约的可能性（见下文）。试图达成性-情感契约的自我无时无刻不在忙着评估他人的意图，计算每一步蕴含的风险。

同意什么呢？

契约是用以描述自由的行动者进入或退出一段关系的比喻。可是，这个比喻用得太过深入，已经推广到情感的领域了：伴侣们会明确规定契约的条款，甚至会把契约落于纸面，签署一份真正的纸质合同。比如，《纽约时报》非常热门的专栏"现代爱情"中的一期，就这样定义了一段新式关系的典型样本：

几个月以前，男朋友和我倒了两瓶啤酒，打开了我们的电脑。该回顾一下我们关系合同的条款了。

我们想做出什么修正吗？马克和我把每个类别都过了一遍，达成了共识，做出两个小小的交换：我周二遛狗和他周六遛狗换一下时间，还有清理厨房台面归我，打扫浴缸归他。

最新版本的"马克与曼迪关系合同"是一份单倍行距、写满四页的文件，我们签了名，署上日期，在这次签订之后的整整12个月里维持效力，然后我们就会选择是否修订或续约。我们已经续过两次了。从性生活到家务，从财务到我们对未来的期望，它巨细靡遗地规定了我们两个人关系的一切。我爱这份合同。

写一份合同好像听起来太算计、太不浪漫了，但任何关系都是契约性的；我们只是把条款明明白白地写出来而已。它在提醒着我们，爱不是随随便便发生在我们两个人身上的，而是我们共同创造培养的结果。毕竟，就是这个方法让我们俩最初走到了一起。[17]

这段自述呈现的契约主义是一种组织生活的理想方式，它为每个人的角色、责任和权利提供了切实可行的解决方案。契约具有平等主义的属性，它的前提就是每一位缔约方都有进入契约、订立退约条件的自由。契约也具有功利主义的属性，因为契约把关系转化为一系列实用程序，当其无法满足缔约主体时，他们就会选择解约。

可是，异性恋的契约包含了不同形式的"同意"，无论其"签署方"是否知晓。契约这个概念掩蔽了一个事实：想进入一段契约的双方的意志，可能存在深度不可弥合的差异。正如佩特曼所指出的，在性契约中，女性仍然屈从于男性。[18] 之所以出现这种状况，是因为男性和女性在进入一段性-情感契约的过程中，是通过不同的方式来形成依恋和欲望的。这种性别的不对等在一部高票房电影和一本畅销小说上都能明显观察得到。在 2011 年的浪漫喜剧《炮友》（*Friends with Benefits*）中，贾斯汀·汀布莱克（Justin Timberlake）饰演的男主角迪伦·哈珀（Dylan Harper）和米拉·库尼斯（Mila Kunis）饰演的女主角婕米·雷利斯（Jamie Rellis）在各自经历了一段痛苦的分手之后相遇了。二人最开始建立起一段友谊，这段友谊慢慢演变成一份不经心性爱的契约。契约的条款规定，他们可以在不投入感情或依恋的情况下做爱。纠缠的情节围绕着这个中心设定展开：婕米对迪伦动了感情，迪伦却拒绝被拉进她的情感阵地。虽然最初他们二人都差不多享受这种无牵无绊的性关系，但女方滋生出的情感打破了这份只有性的契约。男主角对承诺的恐惧，女主角不能或者不愿在性和情感之间划分界线，都在呼应着社会现实中广泛存在的刻板认知。这部浪漫喜剧将契约作为当代性关系和浪漫关系的重要主题，这一点在电影上映当年出版的全球畅销小说《五十度灰》(*Fifty Shades of Grey*)中也有所反映。在小说三部曲的第一卷中，权势滔天又英俊风流的克里斯蒂安·格雷(Christian Grey)向年轻的大学生、还是处女的阿纳斯塔西娅·斯蒂尔(Anastasia Steele)发出一份性契约。这份契约规定了他们二人的虐恋关系。最终，阿纳斯塔西娅拒绝了这份契约，而读者也完全能读出来，她爱上了他。克里斯蒂安的情感却仍未知，读者只能在字里行间读到他的性意志。在《炮友》和《五十度灰》这两个例子里，契约都明确地区分了不经心性爱和情感，并且最终都是女方无法遵守契约，因为她们想要性-情感关系，而不是纯粹的性关系。

　　情感不可能被完全契约化，这解释了为什么一份性-情感契约内在地充满了疑难和不确定性。在纯粹的关系中，人们可以随意退出，但在经济契约或法律契约中并非如此，因为违反经济或法律契约通常会招致处罚，所以它们对双方构成约束。经济或法律契约以双方都会履约作为隐含的前提和保证，但性契约不是这样。能随心所欲从关系中进进出出的自由会创造出不确定的状况，这就解释了为什么人们会如此迅速地从关系中抽身而退。归根结底，契约这个比喻不足以全面把握在一个自由开放的性市场中缺乏监管、限制和处罚的关系的形态。借用克利福德·格尔茨（Clifford Geertz）著名的表述来说就是，在培养和谱写亲密纽带的过程中，契约已经成为最主导的隐喻了，但它是一个糟糕的反映关系的模型，也是一个糟糕的构建关系的模型。它没能描述出关系究竟是如何形成的，也没能为如何塑造关系提供一个良好的规范性模型。[19]

混乱的意志

从定义上来说，关系的性化指的就是一种肉身之间的关系。那么，性接触的认识论与另一种约束身体的伦理有着密切的联系，也就不足为奇了。这种约束身体的伦理就是医学伦理，它和性伦理一样把"同意"置于双方互动的中心位置，只是互动双方从男女变成了医患。性伦理和医学伦理都日益注重把身体看成一种不能僭占、不能侵害、不能袭扰、不能被其他人利用的实体，因此需要身体所有者明确地知情和同意。同意是医学契约和性契约的哲学前提和法律前提。它不是契约本身，而是契约的先决条件。同意本身也是有条件的，其先决条件就是主体能够理解且必须理解，让他人来僭占自己的身体，或让自己的身体感到愉悦或痛苦，究竟意味着什么，会有什么样的后果。但医学契约和性契约有一个关键的区别：医生和病人的诉求想必一致，即都希望病人健康；但在性领域，两个身体各自拥有两个独立的意志，它们也许会重合，但有时并不会重合。我可能同意被你亲吻，但我不同意和你性交。或者，如果我在性交之前，认定发生性关系之后就会开启一段浪漫关系，那我可能会同意性交，但如果只是一夜情的话，我就不会同意。正是因为双方的意志可以在性互动过程中的任何一点开始产生分歧，所以性关系中的同意与病人的同意很不一样，也远比它在大多数要求同意的领域中所起到的作用要薄弱。著名作家劳拉·塞申斯·斯特普（Laura Sessions Stepp）在一篇讨论"灰色强奸"（gray rape）的文章中，给出了一个颇具说服力的例子：

> 艾丽西亚邀请了她的同学凯文作为她参加大学女生联谊活动的"柏拉图式[i]约会对象"。两人先是出门和朋友们一起吃了晚饭，然后去跳了舞。艾丽西亚记得他们喝醉了，但还不到她认为的"烂醉如泥"的程度。跳完舞后，他们一起去了凯文的住处，结果开始亲热起来。她非常明确地告诉凯文，她不希望这样的亲热进一步发展成性交，他也答应了。但几分钟之后，凯文把她推倒在沙发上，压在身下。"不要。停下。"她说得很轻——她后来告诉自己，那句拒绝说得太轻了。他毫不理会，强行进入了她的身体。她一开始非常紧张，然后逐渐麻木，一直浑浑噩噩到结束。结束之后凯文就睡了，她离开了那里，想回到自己的宿舍，一路上"满脑子都是很肮脏的感觉，不知道应该怎么做，应该告诉谁，不知道这是不是我的错"。虽然她觉得这是强奸——因为她并不想和凯文发生性关系——但她不知道别人会不会也这么认为。[20]

我着重标出了"别人会不会也这么认为"，因为这句话清楚表明，

---

i 指双方保持纯粹的精神关系。

这名事实上遭受了强奸的女性，很难用规范的术语来评估这名男性的暴行，因为她不确定自己是否清晰明确地表达了不同意。她之所以很难确定，是因为性化把性意志当作不证自明的前提，并且让人们对于向自己（和向他人）明确表达非性意志（non-sexual will）的可能性感到更加混乱。虽然法律对强奸的惩处在加强，大众对强奸的认识也在提高，但性化的文化根据人们对发生性关系的意愿来定义人，把性感和性表现当作价值的标准，这就使得非性意志对自我和他人来说，就不如性意志那么正当、那么清晰明白。这名女性难以评估违反自己同意的行为，这个事实表明，与她的意志相对抗的性化规范，以及以性欲望的形式展现出来的男性性权力自然而然的存在，都使她的意志变得迷惑而混乱。同意的先决条件是不为压力所动摇的意志。然而，一种以性的话语和男性性权力来定义价值的文化，会（给女性，也给男性）施加无所不在的影响，让非性意志的正当程度或吸引力大减。如果性活动是人际接触的终极目的，如果性活动没有（或极少有）情感意义，如果性活动脱离了总体的人格观念，如果性活动内在地缺乏互惠的结构，那么同意就会变得"不经心"，人们就会假定你已经给出了同意而不是要求你给出同意，而给出同意就会被看成一种与最核心的自我没有深刻联系的行为。不经心性爱的文化定义——洒脱，随意，情感抽离，缺乏清晰的意义框架，强调性能力和性表现——让同意变得"不经心"，也就是说，人们会假定你已经给出了同意，而不是确保你真的同意了。它也会让女性对自己的性意志感到混乱，原因在于，为了遵循性化的规范，女性会被认定为随时准备好可以发生性关系。经过漫长的斗争才争取到的性自由，反过来却变成了一种压得女性难以喘息的规范。

此外，由于性同意总是锚定在身体上，它便不会顾及关系的情感内容。我们在情感关系中究竟同意的是什么，要远比在性关系中同意的内容更模糊难解。我们很清楚性关系中的受虐狂（masochist）同意的是什么，但一个情感得不到满足、精神上遭受虐待的女性究竟同意的是什么，或者是不是同意了，我们就弄不清楚了。由于男女在性领域中的地位不同，他们进入性契约和情感契约的方式也不同。下面是一个很有说服力的例子。28岁的卡罗琳来自荷兰，是一名建筑学学生，现居巴黎：

访谈者：你有男朋友吗？

卡罗琳：曾经有过，或者用我的话说，有过半个男友，不过两个月前分了。

访谈者：［笑］为什么是半个男友？是因为他住得很远？

卡罗琳：就是我感觉我们好像在一起，又并没有在一起。

访谈者：你能解释一下吗？

卡罗琳：我很喜欢那个男生，非常喜欢。我跟他认识了挺长时间，却什么都没有发生。我们会一起出去玩，但最后还是什么都没发生。终于在某天晚上，我们发生了关系。那次我去了某个聚会，结束之后到了他家。我们都喝多了，就做了。我想要很久了，但我感觉他做得很机械，就好像他

258

的想法是，既然我都在那里了，又那么晚了，所以他当然要跟我睡一下。哪个男人会放弃跟女人睡觉的机会呢？但对我来说，我已经期待很久了。后来我们又睡了几次，结果某一天，可能是我们开始这种关系之后一两个月的时候，他跟我说："我告诉你，我不确定我们之间的关系。我是说，我不确定自己是不是想要除了性之外的东西。"他还说："所以我不想利用你。"我跟他说，没关系，这种相处模式很适合我。我还跟他开玩笑说，不是他在利用我，而是我在利用他来满足性需求。我想让自己看起来很酷很洒脱，而不是那种会期待什么东西的女孩。我真的很喜欢他，所以对我来说，重要的是让我们之间看起来势均力敌，但其实我知道我在希望……我也不知道我在希望着什么，也许希望以后他会慢慢改变？希望我们之间的性生活很和谐于是他就不想离开我了？我们就一直这样相处着，继续上床。这样过了差不多三个月，结果有一天，他在他的新公寓里办了一场暖房聚会，我却没有受到邀请。我还是事后在一条 Facebook 状态上发现的，别人拍了现场的照片发出来的。我特别伤心，其实近乎崩溃了。我跟他说起这件事的时候，他倒是挺吃惊。他对我说，那只是一次非常小型的聚会，他只邀请了自己最亲密的朋友，而我和他的关系并没有到那一步。他一直说得很明白，并没有做过什么误导我的行为，我也一直同意跟他只保持性关系，我现在说这些是在情感绑架他。一开始，我的脑子真的一片混乱，我觉得也许他说的没错，也许我确实不应该保持期待，而且我是同意我们之间只有性关系的。但没多久我就不再见他了。我花了不少时间才感受到了愤怒。因为虽然我确实同意了他的操蛋契约，但我还是觉得自己被利用了，哪怕他确实说得很清楚。现在回头看，这些全都是我一个人的脑子里想出来的。我跟他的关系就是为了上床而已。

访谈者：为什么你会觉得自己被利用了？

卡罗琳：因为我心里一直在期待他会爱上我。你想想，你跟某个人定期见面，一起做爱，一起做饭，一起醒来，一起说笑，这么跟他相处一段时间之后，难道不会对他产生亲密的感觉吗？

关于同意和契约是如何调节亲密关系的，这个故事向我们揭示了一些深刻的特征。在这个例子里，男女双方似乎都同意接受纯粹的性关系，且都把这种关系视为一种不够亲密的低等关系。然而，他们俩同意这种关系的方式是不一样的。女方同意维持性关系，只是因为她希望性最终会导向爱。"洒脱"和"情感抽离"是她的一种策略性表达，试图用来调和自己的情感目标与男方所设的限制。对男方来说，规定自己意图的限度——只有性——就足以使他在情感参与中的缺位正当化了。

所以，一旦我们走出纯粹肉体接触的狭窄地带，"同意"的范畴就会掩盖这样的事实：关系中最关键的层面是无法被契约化的。上面的例子显示出，对情感来说，同意是一个很薄弱的范畴，因为行动者无法真正将他们的情感契约化。同意的伦理强调人的意志，甚至要求我们特别注重它，却忽视了在某些情况下，意志可能（或可能变得）不稳定、混乱、备受压力，且内在地充满了矛盾。

正因为人们难以在情感层面契约化一段关系，许多人就开展了各种新形式的关系，它们都表达着真正契约化情感的困难，或人们对此的拒绝，就像卡罗琳所描述的那段关系一样。在美国，人们把这些新形式的关系用非常时髦的概念"情境关系"（situationship）来概括。[21] 某个在线问答专栏刊载了一篇讨论"你处在情境关系中的九大信号"的文章，其中就包含了对这种关系的定义：

> 当你在某些场合需要介绍那个人，或者仅仅需要提起那个人时，你根本不知道该怎么说。你也许甚至都不能确定，是不是能管那个人叫朋友。所以你常常发现，自己要在脑子里翻来覆去地寻找词汇来描述那个人的身份，或者一边尴尬地盯住别处，一边在脑子里冥思苦想着用什么词来界定你们的关系。"其实我们也不算真的……不算真正的朋友啦，但也不只是炮友……我们当然很在意对方，尊重对方……只不过我们希望关系能慢慢来啦，你懂的。"最终，你们中的一方会对这种暧昧不清的状态感到厌倦，向对方问道："所以我们的关系到哪一步了？"你们会假装彼此对这个问题的看法是合拍的，不管到底合在哪一拍上。[22]

所谓情境关系，就是关系的双方或隐晦或明白地一致认可他们之间是一种"非关系"（non-relationships）。情境关系基本上不考虑未来，不向外人展示，不给对方承诺，只是为了一时的欢愉而存在，通常（但并不总是）会满足一方或双方的性目的。虽然卡罗琳不知道，但她的伴侣很清楚，她参与其中的关系就是情境关系。情境关系是不经心性爱的延伸，相比不经心性爱，它的延续时间更长。之所以说它们是"非关系"，是因为双方中至少有一方要么缺乏情感目标，要么拒绝想象未来，或二者兼有。这种关系会一直维持到"再说吧"的那一刻，既"没有到任何一步"，也几乎或完全没有叙事性。情境关系的契约属性恰恰在于，双方都同意这不是一段真正的关系。用我的术语来说，情境关系就是一种"非关系"，一种消极纽带，至少一方已经在其中刻写下了它的终结。换句话说，情境关系是这样一种情感契约的典型：它基于矛盾或混乱的意志，甚至是基于决意要关系不存在的意志。它意味着双方都同意建立一段"非关系"，或至少是处在消极关系和积极关系之间模糊不定的关系。

不稳定性作为一种情感状况

情感与性的市场向所有人开放，无论其归属哪一种社会阶级、族群、宗教信仰或人种。这样的市场把社会上的强者和弱者、美貌的人和缺乏吸引力的人、受过教育的人和没受过教育的人、富人和穷人都混合在一起。充满竞争的性市场向每个人开放，处在市场里的人们很清楚，自己要与那些更有吸引力或社会地位"更高"的人竞争，因此他们会对自我价值感到深深的不确定。在雷切尔·奥尼尔的《诱惑》（*Seduction*）一书中，接受作者访谈的男性明显能够意识到，他们自己的价值和他们觉得很有吸引力的那类女性的价值可能并不匹配，于是他们有意识地区分了两种策略：与自己能得手的女性上床，对自己无法企及的女性保持渴望。奥尼尔非常恰切地将后一种称为"渴望型策略"，也就是追求更难得到但更想得到的对象。[23] 性与情感的行动者都领会了这种区分，他们很清楚自己可能匹配得上，也可能匹配不上他人的"渴望"。于是，就像在经济领域中一样，"渴望"变成了一种想象的内核，让人错误地感知自己在关系中的位置，让行动者渴望更有价值的伴侣，更关键的是，让性行动者意识到自己也许无法匹配伴侣的渴望。相比之下，契约型意志——使人们能够达成契约的意志——要求人们有能力协调自己的情感与渴望。比如在线约会网站"一生和谐网"（eHarmony）的一位用户这样说：

"本确实是个好男人，"瓦妮莎说，"可是我就是不知道，我们是不是应该在一起。我正在考虑和他分手，但也很犹豫。我到底该怎么办？"这个问题困扰了许多单身者：应该和伴侣分手，还是再坚持一段时间呢？这种问题通常不会一锤定音，在得到清晰的答案之前，你会纠结很长一段时间。不过，如果你接收到下面这些信号，就能确定这段关系从长远来看是会出问题的。[24]

瓦妮莎的问题体现出她的情感混乱、模糊，或她难以协调自己的渴望与情感，即她无法确定自己情感的本质。情感的模糊会带来双重不确定性，因为情感的本质是高度互动的、互惠的，也就是说，人们会对他人表达的情感做出反应；人们如果难以解读他人的情感，就会反过来损害自己形成稳定情感的过程。59岁的埃尔莎是一名离异女性，法国裔以色列人，现居以色列。她的讲述精准地捕捉到了这种双重不确定性：

埃尔莎：五年前我离婚了。那段婚姻持续了24年，所以我真不知道，整个约会市场居然发生了这么大的变化。现在这个时代，要和一个人建立一段关系真的很困难。

访谈者：你能谈谈为什么吗？什么东西改变了呢？

埃尔莎：我想主要是因为，你永远也搞不清楚对方想要什么，甚至也搞不清楚自己想要什么。本来一切都好好的，突然之间，一件鸡毛蒜皮的小事发生了，然后关系就一下子崩塌了。本来我和一个男的相处得挺不错，他真的是完全按规矩来向我求爱的，整个过程都很贴心，很美好。结果有一天我们聊起了政治，呵呵，这个男的说他不喜欢我的政治观点，说我太左翼了。他特别生气，因为他是做生意的，而且对他创下的一番事业非常骄傲，所以他一听到我说支持财富再分配、向富人多征税，就马上离开了，彻底消失了。他就那样失联了，什么警告都没有。然后是另外一个男人，一开始发疯一样追我，给我写很疯狂的邮件，给我买奢侈的礼物，但有一天，他转头就走了。我真是鼓足了勇气才去问他为什么，结果他说，他不喜欢我批评他的穿着打扮。他穿得特别糟糕，特别保守，我只是想让他看起来稍微活泼一点。我不过是跟他说："这件外套穿在你身上不好看吗？比你身上的那件好看多了。"这就足够让他觉得我是在批评他了。你只不过稍微挠了挠这些男人脆弱的自尊心，他们就会崩溃给你看。当然，我自己也很有问题：当一个男人做一些不合适的事情，不能认可我，或者做事让我觉得不可靠的时候，我就会缩进我的壳里，劝自己，这个男人不值得我花时间。你知道在一段关系的初始期，你看到对方就会星星眼，会紧张得肚子都揪起来，可当那个初始期一过，当你看清真实的对方，我发现到那一步的时候，我就会搞不清楚自己的感情，搞不明白我到底想要什么。

访谈者：你的意思是？

埃尔莎：就是非常混乱。有时候我会喜欢这个人，有时候不喜欢。他满足我期望的话我就喜欢，否则就不。我感觉他们对我也是一样。所以我变得特别没有安全感，而我真的很不喜欢那种不安的感觉，我会开始暴食。但如果他们对我好的话，我就会喜欢他们。我真的不知道要怎么才能拥有稳定的感情。

访谈者：你怎么才能知道对方是不是喜欢你呢？

埃尔莎：这就是问题所在了。我真的不知道。有时候我觉得对方喜欢我，有时候我觉得不。我感觉他们一直在进进退退，我自己也是一样。有些时候我真的很怀念婚姻中的那些日子。一切都清晰分明。你的婚姻可能很悲惨，但至少你知道自己拥有什么。

访谈者：为什么？为什么现在你不知道了呢？你不知道的是什么呢？

埃尔莎：因为你永远都不可能知道，某件事情对别人来说意味着什么。刚才说到的那个做生意的男的，从前他每天晚上都会来找我，带我出去喝一杯，请我吃晚餐，请我喝酒。他当时真的是在追我，结果没有任何预警，他就突然消失了。就好像，他已经爱上我了，然后因为我们政治观点出现了分歧，他就认定我不适合他。你敢信吗？所以很明显，我们的关系对他来说根本就一文不值。或者也许曾经还值点什么，后来就真的一文不值了。最近我在约会的这个男人，总是放我鸽子，要么就迟到，该打电话的时候也不打来。但他还是坚持跟我交往。我们吵过几次架，但他好像对我挺执着，所以我现在也搞不清楚，关系当中什么重要、什么不重要，也不知道他是真喜欢我还是不喜欢。你会有一种感觉，就好像现在没有任何规则了。现在你真的很难知道，什么行得通、什么行不通，对方做了什么、没做什么，意义究竟是什么。也许他不打电话来是因为他很忙？也许是因为他不喜欢我们太腻歪？也许是因为他不喜欢我？唉，什么都有可能。所以我从来也没有过那种*知道*这些都是怎么回事、*知道*要怎样做的清楚感觉。

这段访谈指向的问题是缔结契约的困难，因为人们在不断协商建立关系的规则以及这些规则对自我价值感的意义。如果"不确定性针对的是一个人在社会情境中描述、预测、解释行为的能力"[25]，那么显然，这位行动者面临着相当大的不确定性，既有她自己的，也包括他人的。由于缺乏仪式性的结构和规范性的锚点，主体只能依靠自己的苦苦摸索，去解读他人的意图，去规划行动路径，去策略性地回应不确定性，去培养清晰而稳定的感情。换句话说，不确定性创造出了元情感（meta-emotions），即关于情感的情感，使得结识他人的过程变得既令人困惑，又具有高度的反身性，而主体会通过有意识地监控其情感的流向与强度来掌控这个过程。这种反身性是关系的初始阶段，尤其是当行动者的意图尚不明确、难以解读时的重要特征。情感与元情感这两层情感，让进入一段关系的过程变得更加复杂。下面是另一个例子。

塔马尔是一名学习人文专业的以色列女学生，目前32岁，还就职于一家高科技公司：

塔马尔：我的一个朋友打电话跟我说："朋友介绍我认识了一个男人，他很不错。可是，他两天没给我发短信了。不过他又告诉我，他工作很忙。所以你觉得呢？我觉得他是应该主动迈出一步的那一方，应该是他来追我。我的直觉告诉我他应该主动，但我又不确定。"我给她的回答是："要是你不喜欢被吊在半空中的感觉，那你就应该去问他。要么约他出去。要么给他发一条短信，要显得你满不在乎才好。我自己可不喜欢被吊着。"她回我："我很讨厌发这种显得'满不在乎'，好像自己很酷的东西，明明背地里我才是这个世界上最会在意的人。要是他想说'我们谈谈吧'，那他肯定早就发短信来了。"我怎么想的呢？我讨厌被吊在半空中，我必须把事情都搞清楚。我会发短信去的。我可不在乎是谁先发的。我必须搞清楚。然后我朋友说："啊！！！我真的受够了。他必须让我解脱。必须，必须。不对，不对。我必须让自己解脱。他必须发短信给我。"〔塔马尔回来继续谈自己〕我对那一套"他到底会不会给我发短信啊"真的毫无耐心，我必须自己去搞清楚。……我约会过很多次，但有时候还是会怀疑自己，我甚至无法确定自己知不知道这次约会究竟是好是坏。有时候你觉得约会不错，但回到家之后，你会问自己："这次约会好吗？"（我的）很多朋友也都困惑不已。

我是一个很依赖直觉的人，但我也有很多疑问。我住在特拉维夫，这里的每个人都在找一夜情，每个人都想要一夜情。特拉维夫的每个人都始终在寻觅着。所以什么浪漫啊、关系啊，全部都变得特别廉价。你会觉得自己不过是对方备选的一千个人当中的一个而已，你真的会这么觉得。有时候你会跟对方发消息聊上好几个小时，但到最后发现他们只想跟你睡一晚。我跟很多男人聊过，我感觉他们有很多很多选择，感觉他们很快就能找到另外一个又聪明又漂亮的女人。我一直感觉，总是有更多女孩子等着他们去找。所以我才觉得情感这个东西特别廉价。

访谈者：假设你遇到了一个你喜欢的人——

塔马尔：怎么遇到呢？

访谈者：你想怎么遇到都可以。

塔马尔：那就是朋友介绍吧，这样更容易一些。

访谈者：你能描述一下，在跟人相处的过程中，复杂的部分会是什么吗？

塔马尔：除了选择过多之外——现实中，选择真的是太多了——我觉得在约会的时候，你是不会得到任何承诺的，那种感觉就是"我可以为所欲为"。如果是朋友介绍的话，对方就会更投入这段约会。他就必须更在意。但如果不是朋友介绍的，我感觉对方真的能随心所欲地做出任何事情。

虽然有年龄差距，塔马尔和她的朋友还是与埃尔莎产生了共鸣，因为她们都描述了一种状态：交往的规则并不明确；行动者的意图有待把握，并且需要将这些意图反身性地表述出来，加以监控。她们能感知到男性有权决定关系如何开展，而且能也确实会从关系中轻易地抽身而退，她们自身的欲望表达也受到限制。此外，激起塔马尔和她朋友之间讨论的，是"先发短信给对方"是否会减损她们价值的问题，这表明性领域中到处都是权力的斗争。这些初始阶段的互动之所以受困于不确定性，是因为一个人无论表达出太多或太少的在意都会搞砸一段关系：表达过多的兴趣标志着他的软弱，表达过少则会让他无法进入一段有意义的亲密互动。"不知道该如何是好"的感慨——是发短信给他还是不发呢，是让自己表现得在意还是不在意呢——源于行动者受到某种社会学层面的约束，也就是说，他们必须在人际互动中管理各种相互冲突的欲望和要求：不想让自己显得太渴望拥有一段关系，但又确实渴望它；渴望让对方肯定自己的价值，却又为自己的情感表达施加限制。在关系中，不表现出"缺爱"（neediness，或译"黏人"）已经成了一个关键主题，在关系的初始阶段尤其如此。这导致人们难以形成建立情感契约的意志，或者很难去做必要的象征性工作以显示自己在意或者对关系很投入。于是，性-浪漫的互动中就包含了这样的悖论：为了形成一种纽带，一个人必须先向对方表现出某种程度的情感抽离，因为它标志着人的自主性，从而表达了人的价值；可是，情感抽离往往暗示着对方采取了自我保护的策略。关于这个难解的悖论，59岁的让-皮埃尔提供了一个生动的例子。他谈到自己难以找到伴侣的困扰之后，提起了他的两个女儿，分别是 25 岁和 30 岁。

让-皮埃尔：她们（他的两个女儿）都没有男朋友，什么都没有。她们有时候出去见见人，一次两次的，也有时见得更长一些，比如几个星期，但最终还是什么都没有留住。她们俩告诉我的话都是一样的：浪漫关系太复杂了。她们感觉约会这件事好像完全没有什么规则。她们都希望对方采取主动，自己绝不会先踏出一步。可是如果对方主动发来的消息在三条以上，那他就出局了。一条消息很好，两条消息能忍，三条消息就证明对方很黏人，很缺爱，而这是最可怕的性格，那他就必须出局。所以，复杂的不仅是男人们，她们自己也是一团乱麻。她们想在女权主义里找到一些指导，能告诉她们在这个混乱的局面中，该怎么做才好。

访谈者：为什么会这样呢？

让-皮埃尔：她们太容易把男人的行为解读成权力的展示。她们极度警惕自己失去力量，极度警惕被对方控制。但你也知道，她们又要等着对方迈出第一步。所以矛盾就在这里了。她们也意识得到问题所在，但就是不愿意改变自己。她们说，女方如果主动的话，就会毁掉跟男人建立起关系的任何可能。浪漫关系的关键，就是不能表现出黏人、缺爱。

尽管各种模式的父权支配仍然大行其道，但女权主义——不管是哪种版本、存在哪些细微差别——已经对异性恋关系、对男男女女如何感知自我与对方产生了深远的影响，并促进了非选择的心理机制的形成。前文已经讨论过，女权主义总体上来说是一种有关自主和平等的理想，所以它鼓励女性要像让-皮埃尔在此形容的那样，对各种权力的征兆保持"警惕"。它让女性仔细审视男性的一切行为，在其中寻找权力的标志，或任何贬低她们价值的迹象。这样的标志或迹象可以在下面这些情况中找到：互惠的缺乏（没有为女性做饭，打电话过来的次数比她打过去的次数少）；性的强迫（强迫女性与自己发生关系）；情感的距离（情感表达不足，回电话的速度不够及时）；为双方关系而牺牲个人利益的意愿低等。女权主义力求实现不同性别角色的平等，检视隐藏在男性行为中的支配迹象，因而它也提升了女性的自尊，抬高了女性维护自我价值感的门槛。我们在前文中也已经看到，在市场的情境中，价值在根本上就是不确定的，所以必须加以捍卫。然而，正如让-皮埃尔的话表明的那样，他的女儿们不会考虑任何对自己过于殷勤的男性，因为她们会把这种追求解读为某种形式的"黏人"或"缺爱"，而在一个被自主的理想所支配的文化中，这种特质就是对他人的终极贬低。让情况变得更加复杂的是，在情感上不依赖他人的自主，与在情感上出现距离或隔阂，二者之间的界线相当模糊微妙，从而使人们对他人（乃至自己）的情感与意图感到困惑。让-皮埃尔的例子显示，在关系的形成中起作用的关键心理-社会过程有两种：其一是评估某人的心理、性和社会价值（观察他是不是表现得"黏人"，他的举止"显得在意还是不在意"）；其二是保护自我的完整性和价值不受伤害或减损。这两个过程都必须应付自主（既包括自己的自主，也包括他人的自主）和依恋这两种相互冲突的要求。结果是，性行动者会自我监控自己的情感：例如，我的受访者谈到了各种不同的心理机制，包括"锁死心门""捍卫自己""保护自己""确保自己感觉到踏实""远离痛苦"等。这些机制都指向行动者控制情感流动，从而避免情感创痛，以维持自我价值和自主的能力。于是，行动者发展出了风险评估的心理策略，试图评估和计算自己在进入一段关系时展示真情实感或"敞开心扉"所冒的风险。

对他人在意与否的警觉与人们对自我价值的持续关注相伴相生，因为能在一段关系中感受到自我价值已经变成判断一段关系是不是良好的可靠标志了。例如，颇具影响力的心理学刊物《今日心理学》（*Psychology Today*）列出了糟糕关系或有害关系的一些迹象，排在前几位的包括："你的伴侣不能使你悦纳自己的身体；他们会毫不留情地指出你头发稀疏或腋下皮肤松弛"或者"你感觉现在的自己比开始这段关系之前的自己更糟糕了——你更不自信了，能从自己身上看到的优点也更少了"。[26] 在关系的结构变得不确定，女性不得不对男性的权力展示高度警惕的同时，自我开始转向内在，转而依靠自身感受和自我价值感。在此过程中，自我发展出了各种全新形式的超注意力（hyper-attentiveness），来密切留心任何显露出不够在意或情感距离的迹象；同时，它也发展出了各种从危及自我的关系中抽身而退的文化技能与心理技能。在一个不确定的情境中，男女双方为了避免发生一段不对等的关系，都在学着去监控自己情感表达的流动。

在互动中，面对他人行为产生的不确定性，负责解读他人情感迹象的情感符号学也许会变成对抗性的：对方的意图也许会使我更容易遭受损失或伤害。虽然他人的情感也许无法确定，但行动者会转而依靠内在的自我感受来获得确定感。自我学着通过自己的主体性来解读他人的行为，让"它使我产生了什么样的感受"这个问题变成了情感的连续发展和操演达成的关键所在。这种对自我价值的关注，反过来又会增加基于冲突的对抗关系的风险。这种复杂微妙的自我防卫机制依赖于对方使我产生的感受，而非我是如何被对方吸引的。下面用两个例子说明一下。

24 岁的拉斐尔是一名哲学学生，在做一份兼职：

访谈者：你有女朋友吗？

拉斐尔：其实我刚和一个女孩分手。

访谈者：愿意谈谈为什么吗？

拉斐尔：那一天我过得特别糟糕。白天我和老板大吵了一架，压力巨大。晚上我像往常一样跟她聊天，跟她说我今天过得很艰难，然后她也告诉我，她那一天是怎么过的。我当时可能没有像平常那样特别专注地听她说话吧。聊了一会儿之后，我们就挂了电话。半个小时后，她打回来了，她说她觉得我没有好好听她说话，这让她十分困扰。哦，我应该提前告诉你，她是学临床心理学的，而且对自己学的这一套东西非常着迷。我都能够想象得到，我们挂了电话之后，她对自己说了什么［模仿女孩的声音］："我的天哪，他根本没有好好听我说话。"［嘲笑的语调］你知道吗，我心里想的是："我们就约会过两次，我还跟你说了我这一天过得很糟糕，你他妈以为自己是谁啊，可以来指责我不够认真听你说话？"我觉得这实在太说不过去了。我们就约会过两次，她凭什么这么说？所以我在那一刻就结束了这段关系。

这名男子和他约会的女子回应的是两种不同的威胁：女方是在回应她对自己没有得到足够重视的感知，男方则是在抵御他所感知到的对自己自主性的威胁。双方都在肯定自己的自我，并把对方对自我的强调看作对自己的自我的威胁。于是，自我的肯定和对自我价值的保护变成了两个自我之间开展的一场零和游戏，一场你死我活的斗争——双方都觉得，自我的价值要以牺牲对方的价值为代价。

另一个例子来自37岁的丹妮拉，她生活在以色列，是一名计算机图形设计师，目前就职于一家高科技企业：

访谈者：当你使用那些约会网站，浏览上面的用户资料时，具体是怎么做的呢？你是怎么决定要不要跟谁见一面的？

丹妮拉：第一步当然是看脸了。他必须长得帅，其实也不一定得是大帅哥，但一定要合我的眼缘。然后我会看他的教育水平，可能还会看看这个人的资料介绍写得有没有意思。等我们聊起来之后，要考察的事情……就比如说，他是不是消息回得够快，写的话是不是够有意义，讲话的调调是不是整体上很友善之类的。比如昨天跟我聊过的一个男的，我跟他在约会网站上聊了一段时间之后，我发现他长得挺不错，声音也好听，从他说的话也能看出来他人很聪明，但是他讲话的调调里面，就是流露出某种东西，让我感觉不怎么好。聊了十分钟之后，他说："对不起，我要去忙了，请把你的照片发来（因为我没把自己的照片放在那个网站上）。记得找我。"但我没发。哪怕气氛都到这一步了，我还是没发，因为他并不够好。如果进行了一轮对话之后我还是没产生好感，那就到此为止吧。我不会强求。我能看中的男人必须让我对他有好感。如果不能的话，我就很不自在。其实说实话，有的时候我也还是会再争取一下，但如果这样做的话，我会保持警惕。

访谈者：这是不是意味着，如果你已经进入一段关系之中，但还是没有发现那种好感的话，你也会离开或者断掉这段关系？

丹妮拉：当然不是像你说的那么……呃，那么死板啦。我觉得我们还是需要探察一下，对方究竟是在想什么，有些想法也许是我自己的误读。但总的来说，尤其是在关系的初始阶段，如果有很多东西不能让我对自己产生好的感觉，如果那个男的表现得不够笃定，很冷淡，或者甚至他不觉得我很特殊，不觉得他遇见了我很幸福的话，那这些都是我不会再继续下去的理由。一个男人让我对自己有什么样的感觉，对我来说是非常重要的考量，让我决定要不要给这段关系一个机会。现在回过头来想一想［笑］，也许这就是为什么我依然还是单身吧。

这个例子清楚地向我们展示了，对自我价值感（"对自己产生好的感觉"）的威胁会导致人们退出关系。处在浪漫-性互动中的自我，会就对方是否有能力维持乃至加强己方的自我价值，而与其进行协商（也可能不协商就直接退出关系）。保护自我价值的策略要求人们做出非选择，也就是从一段令自我担心得不到足够重视的关系（或潜在关系）中抽身而退。换句话说，退出是一种操演行为，行动者通过这种行为来确认自己的价值，从而抵消可能遭遇的价值贬低。关系专家罗莉·雷伊（Rori Raye）在她的建议专栏中，为女性提出了这条关系的基本准则：

> 如果男人说他拿不准是不是"真心喜欢你"或者"对你没有那种感觉"，快逃。他说他很爱你，但还没准备好开启一段严肃的关系，这跟他说自己"还不确定自己的感觉"是完全不一样的。如果他说他"还不确定自己的感觉"，那就是让你赶快逃走的信号。[27]

因此，关系的不稳定性是自我对其感知到的符号性威胁做出反应甚至反制的结果。心理治疗的实践与大众文化所共同传达的疗愈话语强化了人们的逃跑机制[i]，因为绝大部分的心理治疗都是用来增强人的自我价值的。前文引述的访谈对象埃尔莎这样说：

> 我那时在和一个很喜欢的男人约会。遇见他之前，我已经很久没有这样喜欢过谁，甚至他让我觉得，也许我要找的人就是他了。但三四个月之后，不知道为什么，我能感觉到他变得有点没那么……怎么说呢，也许是没那么热切了，没那么在意哄我了。约会的时候他会迟到，说好了要打电话来也会不打，好像更想自己待着，写他的东西。我把我感受到的都告诉他了，我猜当时我心里还是有几分不安全感。结果他并没有表现得很坦然，反倒非常愤怒。他的愤怒让我也愤怒了，于是我就按照各种热门的心理读物推荐的那样，直抒胸臆地告诉他，他这么做让我感觉很不好，我需要他改变自己的行为。结果这反而激发了他更强的防御状态。我给他的行为提要求、提批评，让他相当愤怒。但你知道吗，如果一段关系让我需要不断防御，让我感受到焦虑的话，那我觉得，不管那个男的有多好，我都不会再继续下去了。这就是我在心理治疗里学到的。以前我经历过几段关系，它们让我感觉不好，总觉得缺乏一些安全感。当时的我会想，只要好好相处，这些不愉快到最后一定都会消失。可是，它们通常

---

i　生物学家认为，高等动物在面对危难情境的刺激时，会通过生理性的"战斗或逃跑的机制"（fight or flight mechanism）做出本能的战斗或逃跑的反应。

并不会消失。但自从开始心理治疗之后，我就绝不会重蹈覆辙了。我绝不会委屈自己留在让我感觉不好的关系中。

埃尔莎的故事可以在其他故事那里找到共鸣：男性的不可预测性威胁着女性解读男性意图的能力。这会造成一种不确定性，使人们难以解读他人的行为和意图。行动者体验到的"不安全感"会让其采取防御或反制的策略，试图保护其自我的基本层面。这一点会因接受心理治疗而变得更加突出，因为心理治疗的主要目的就是增强自我价值及其各种化身（自尊、自爱、自我接纳）。由此，我们或许可以认为，心理治疗实际上隐蔽而微妙地鼓励人们采取防御策略来保卫自己的价值感。如果在一个人看来，自身的欲望或他人的欲望是混乱的、冲突的或矛盾的，那么他会认为此时离开就是一个合理的策略。也就是说，情感的混乱和交往规则的缺乏会导致人们退出关系，而走到那一步时，距离形成契约还非常遥远。通过不选择一段会危及自我的关系，非选择的机制帮助自我守卫着自己的价值。由此，对自我价值的捍卫就生成了一种对抗的逻辑，并使"退出"成为确认或维护自我价值最便捷的方式。

以上几个例子其实都在说明同一个问题。行动者被相互冲突的两种情感逻辑困住了：他们要维护自己的自我价值，靠的是不参与那些可能得不到同等回报或使自己更容易受伤害的行动；如果他们要和他人建立关系，那么情感的袒露是让关系成为可能的一个至关重要的操演行为。将这两种不同的逻辑组织成安·斯威德勒所说的一个连贯的行动策略是无比困难的，不确定性也就此产生。[28]

处在性-浪漫关系中的行动者所必须开发的那些心理资源，使我们联想到处在不确定的金融环境中努力评估投资价值的风险与回报的经济行动者。古典资本主义是由直接的金钱交换所定义的（人们交易商品或生产已知的商品都是为了获得金钱），可是，在经济金融化的推动下，价值和回报不再是定额的金钱，而是变得越来越不确定了。因此，经济行动者开发出许多数学工具帮助他们评估当下的投资在未来要面临的风险。就像卡瑞恩·克诺尔·塞蒂纳（Karin Knorr Cetina）所指出的，这种思维方式是以人们对未来的希望和承诺作出的评估为基础的。[29] 投机与风险评估已经变成一种极为重要的经济活动，[30] 这套思维模式也在指引人们如何进入关系。就像风险管理处在经济金融领域的核心位置一样，风险也成了人们进入关系时的核心考量。我们或许可以认为，某些人际关系很类似直接的金钱交换，它们就像传统的求爱一样，围绕着既定的互惠规则而构建，还有一些关系则需要人们在面对不确定的前景时评估自己的策略。

为了进入并建立关系，行动者需要苦苦跋涉，努力评估可能遭遇的风险，但实际上，他们常常受到认知心理学家所说的"无意识的目标冲突"的牵引。所谓"无意识的目标冲突"，就是行动者面临着多个无法相容的目标，而每种目标要求的策略也彼此冲突；由于人的认知能力天然有限，行动者是无法充分意识到这些目标的。有意识或无意识的目标冲突使得作出决定或选择的过程变得"困难重重,令人不安",并引发"各种行为意图之间的分歧和情感倾向之间的矛盾"。[31] 换句话说,相互冲突的目标是当代关系中所固有的,人们一方面要维持自己的自主性和自我价值,另一方面又想要依恋他人。认知心理学家塔里·克莱曼(Tali Kleiman)和兰·哈辛(Ran Hassin)对此评论道:

当两个(或更多)目标发生冲突时,通常会形成"决策胶着"的局面,也就是说,决策中的不同选项似乎具有非常近似的效用。如果用比喻来形容,可以说"决策的天平"大体上是平衡的。而恰恰是在这种选项之间只有微妙差距的情况下,环境中的微小(甚至很可能是不相干的)因素就有可能使天平倾斜。[32]

当面对着多个选项和相互冲突的目标时,行动者更有可能通过无关的、任意的或微小的细节来作出决定,比如决定建立关系或退出关系。我认为,在目标出现分歧的情况下,行动者更有可能选择退出关系,因为退出似乎是解决自我价值、自主和依恋之间的冲突最简单的办法。在下面这个例子中,自主与依恋相冲突,行动者最终根据一个显然次要的细节完成了退出的策略,这恰恰印证了两位认知心理学家的预测。

来看这位网名是 goal12 的男性是怎么说的:

我和我的前女友是两个月前分手的,都是我的错,*她那*

么爱我，完全没有出轨之类的。我跟她分手根本没有什么来由，只是因为那天我过得很糟。分完第二天，我打电话给她，跟她道歉，说我不该跟她分手。结果她说她昨天挂了电话就出门玩去了，还跟别人亲了嘴。我大受震撼，但尊重她的坦诚。[33]

在这个例子里，女方的爱对男方的自主性构成了威胁，也与他对依恋的需求产生了冲突。他没有意识到这种目标冲突，也无法调和这种冲突，于是选择了在自己也不能理解的状况下甩了她。"我分手是因为那天我过得很糟"作为一种从复杂难解的困局中逃脱出来的策略，向我们展示了两位认知心理学家所预测的，陷入"无意识的目标冲突"中的人会发生什么。由此我们可以得出结论：退出和分手是人们解决无意识的目标冲突、维护自主性和自我价值的办法。

不发一言地退出

伴随着进入关系的自由而来的，是退出关系的自由。实际上，退出是关系的契约自由（contractual freedom）所享有的一项特权。就好像前东德持不同政见的歌手沃尔夫·比尔曼（Wolf Biermann）在 1965 年写的那样："我只会热爱我能够自由选择离开的东西。"[34] 这种自由的定义当然不同于黑格尔这个恋爱自由和婚姻自由的积极拥护者所给出的定义。事实上，黑格尔的确极为严厉地看待个体可以不受阻碍地离开婚姻的特权。对黑格尔来说，只有更高的伦理机构，比如教会或法庭，才能宣布解除一段婚姻（见讨论离婚的第六章）。由此可见，自由、契约、婚姻和爱的文化观念已经发生了极大的变化：从进入它们的自由，变成了离开它们的自由，而且还是一项基本的自由。退出关系，甚至是一次又一次地退出关系，已经是在性契约里写好的内容了。但如果退出已经内嵌于契约中，那么我们在关系发生前和关系的存续过程中对它的感知必然会发生改变，甚至形成关系的可能性都会遭到破坏。

在关系发展到某一步上选择分道扬镳，这已经是当代关系的一种常规表现了，常规到许多乃至大多数关系当中，都内在地包含了对关系终结的预期。读者现在应该已经能清楚地认识到，上述判断在网络约会的美丽新世界中尤为正确：人们习惯性地不回电话，该见面的时候不出现，不说明白就开始不回消息，约会中途突然离去，给个解释甚至什么解释都没有就给关系画上了句号。我的访谈对象中有很多人，尤其是女性，都把这些看成是关系的常态了。罗斯是一名41岁的英国教师，他为我们提供了下面这个例子：

> 上个星期我和一位个人资料挺吸引我的女生在电话里聊天。开始聊得还挺不错的。她告诉我她每天要在（伦敦）城里城外骑车，一次骑上三十多里路，还说她不戴头盔。所以我就劝她，应该戴好头盔。在我第三次说起应该戴头盔的理由想要说服她时——我感觉我每次的语气都很好——她跟我说："不好意思，我得挂了。"然后她发短信来补了一句："我觉得我们不合适。"

现代的行动者是通过消费品位和心理层面的自我塑造来培养自我的，因此，他们对个人风格的细微差异极为敏感，而这让他们能够迅速否决不合意的对象。大部分人，无论已婚未婚，无论当时处在成熟还是新生的关系中，在各自的一生中都有过分手或被他人拒绝的经验，不管是无关紧要的分手——比如罗斯遇到的——还是影响重大的决裂，不管是单方面的突然爆发，还是双方都同意的解散，绝少例外。有趣的是，虽然在经济交易或者其他类型的交易中，中途退出会造成违约，有时甚至会招致惩罚，但对于已经建立起来的性关系、浪漫关系，或性与浪漫兼有的关系来说，从中退出并不会给退出的人带来任何符号层面的代价或污名。情感与性的契约之所以与其他契约不同，就在于它们基本上不会对违约施加惩罚。在大众文化中受到广泛讨论的"装鬼玩失踪"（ghosting）就是一个例子。先摘引一篇报纸上的文章来介绍这个概念：

什么是"装鬼玩失踪"？

虽然在大众的认知里，"鬼"这个词更常和能看见死者的小男孩科尔（Cole）[i]或黛米·摩尔（Demi Moore）和帕特里克·斯威兹（Patrick Swayze）1990年主演的那部电影[ii]联系起来，但现在，"鬼"也被当成一个动词来使用了。它指的是，切断前任和自己的所有联系渠道，对他找过来的尝试都不理不睬、装没看见，以此来结束和对方的浪漫关系。

谁在装鬼玩失踪？

这个词已经被列为民意调查的议题：2014年10月，民调公司"舆观"（YouGov）和《赫芬顿邮报》（HuffPost）联合对1000名美国成年人的调查结果显示，11%的受访者曾经"鬼"过别人。《ELLE》杂志对185人进行的一项更加非正式的调查发现，16.7%的男性和24.2%的女性受访者曾在一

---

i　指1999年上映的电影《第六感》（The Sixth Sense）中的角色。

ii　指1990年上映的电影《人鬼情未了》（Ghost）。

生中的某些时刻装鬼玩失踪过。科技的进步是不是让这个行为在当下变得更普遍了还有待讨论，但它带来的刺痛也许比以往更甚，因为现在有那么多的方式可以让你看到，你心中放不下的那个人在不理你的时候跟其他人互动。类似 Tinder 或 Grindr 的交友软件的兴起，会给人带来这样的印象：附近总有其他的候选人在等着你"翻牌子"，而你的确能看到软件上还有无穷无尽的人等在那里，这当然会让装鬼玩失踪的人更加有恃无恐。[35]

装鬼玩失踪是一种随时可以退出性-浪漫契约的自由特权。作为一种特殊形式的退出，它不要求人们作出任何解释，也不需要顾及任何人的面子。这种现象实际上表达了两个事实：第一，在现实中，退出关系已经是相当寻常、相当普遍的做法了；第二，人们越来越感觉到自己并没有义务为退出关系作出解释。52 岁的以色列女性莎拉曾经被她的女友"鬼"过，她用非常强烈的语气向我表达了她的自我意识如何遭到了这种做法的贬损。

我们的关系持续了一年，不，其实有一年半，结果突然有一天，她发短信告诉我，分手吧，就这样结束了我们的关系。她居然是用短信来跟我提分手的。我试着打给她，但是她没有接。我是真的咽不下这口气，居然有人用这种羞辱的方式来跟我分手。她甚至都不愿意花一点点时间开口说分手。我尝试打过去很多次，但她根本不接我的电话，哪怕我用一个她不认识的号码打她都不接。我真是过不去这个坎儿，没办法放下这种伤害和羞辱。后来，我通过一个跟她的共同朋友，发现她已经在和新欢约会了。她甚至连礼节性地通知我一声都不在乎了。

还有其他访谈对象也被"鬼"过（虽然在我访谈的人中，被"鬼"的都是女性，但毫无疑问，这种经历是不分性别的）。

因为同意的伦理是约束爱与浪漫关系的主要道德话语，甚至几乎是唯一的，所以只要一方的感情有变，双方就无法达成同意，这就让人们在任意时刻退出关系的做法变得正当了。"感觉没那么吸引了"或"遇到别人了"都赋予了人们随意退出关系的权利，而且通常并不需要人们"辩解"。实际上，如果说情感的契约自由有一个最显著的特征的话，那就是关系的退出可以全无任何辩解的体制。[36] 当然，人们有时候还是可以对分手做一番解释，但他们越来越感觉没有义务这样做了。

退出关系在当下实在太普遍了，以至于它已经对整个形成关系、看待关系的方式产生了影响。塔拉是一名化学教授，48 岁，来自北欧，她通过电子邮件与我分享了一些她对自己网上约会经历的想法。她用了一些令人印象深刻的比喻来描述这些经历：

一点想法：

在芭芭拉·金索沃（Barbara Kingsolver）的小说《逃跑行为》（*Flight Behavior*）里，有一幕场景是女主角和她丈夫在一元店里购物。店里卖的东西都是遥远的异国批量生产的廉价货。顾客们从货架上拿起一件件商品，然后又毫无兴趣或大感失望地把它们放回去。他们是想要找到某件东西的，欲望已经是他们理性的一部分了，只是，他们不知道自己想要什么，而眼前看到的东西又并不真的需要。不过他们还是会继续在店里逛着，因为这里很便宜。

这一幕让我想到了当下这个约会-放弃的无限循环。……寻找伴侣已经变成一种完全的个人行为了，只考虑对方是不是符合自己的选择或需求，是不是能增强自己的个人认同，就好像买新衣服一样。

我怀疑在线约会就是这种"快浪漫"（就像快餐、快时尚的那种"快"）现象的罪魁祸首。它是对人的终极异化：如果"商品"丰富又触手可及，你就不会为某一件东西倾注太多情感。这种对物的态度已经影响了其他的关系。比如，要是你在现实中遇见了什么人，也能先"试一下"，然后把他"放回架子上"，都不需要任何解释。这种感觉真是让人加倍受伤，加倍困惑。从前，关系结束需要明确地宣告，这是大家都共同遵守的礼节，你应该解释清楚为什么你对我的兴趣、对我的感情消失了，为什么你觉得我们不再合适。但快恋爱的出现让放弃成了一种理所当然的选择，可以轻轻松松、无牵无挂地退出，哪怕你们之间的浪漫关系曾经那样热切，那样亲密。许多人的约会跟逛街没什么两样，他们只不过是在一个全球市场上当吹毛求疵的消费者，挑挑拣拣着廉价的商品：可能的浪漫关系或性关系。这是对我们的终极商品化。

她在苦闷不已的讲述中，表达出了这样的现实：人们现在可以随意地、轻松地退出关系，不需要在符号或道德层面上背负任何严重的代价。这种状态让她感觉自己像一个用后即弃的商品，被试用，然后被扔掉，或者用她自己的比喻来说，被"放回架子上"。在这种状态下，分手构成了一种对自我及其价值感的攻击。

德国性学家、内科医生福尔克马·西古希（Volkmar Sigusch）曾经提出，性自由稀释了责任感，[37] 这一点在分手的情境里看得最为清楚。分手文化的泛化标志着道德责任的弱化，而这种弱化在性领域中体现得最为显著。婚恋专家兼婚介媒人陈海伦在《拥有持久关系的爱情手册》（*Missing Love Manual that Makes Your Relationship Last*）中指出，85% 的关系会以分手告终。[38] 虽然她并非学者，提供的数据未必完全可靠，但她指出的现象无疑已经变成人们择偶与婚配的过程中广泛存在的结构性问题。当代的大多数成年人，无论是作为分手的发起方还是被甩的对象，都拥有至少一次分手的经历，甚至那些年纪还不大的青年人也是一样。

阿尔伯特·O. 赫希曼（Albert O. Hirschman）在《退出、呼吁与忠诚》（*Exit, Voice and Loyalty*）中 [39] 探讨了消费者要对某个公司的产品表达不满时，可以采用的两种选项：其一是退出，也就是不买它；其二是呼吁，即用语言或其他方式把不满表达出来。然而在亲密关系中，人们似乎越来越倾向于选择退出作为表达不满的方式了，其实在经济交换中同样如此。为什么会这样呢？我认为，人们倾向于选择退出而不是呼吁，是因为它不会招致规范性的惩罚，因为人们能感知到还有许多替代的选择（不选这家店，不选这个人，还有很多其他的店、其他的伴侣可供挑选），还因为人们把呼吁看成是对个人自主性和自我价值的威胁。在纽带形成的过程中，人们通常倾向于选择退出而不是呼吁，是因为一旦呼吁，就是在向对方表达自己的脆弱和对他的依赖，而退出是一种对自我肯定的操演性表达。退出是一种非选择的肯定形式，也就是选择退出并结束一段危及自我安全感的关系。这种退出有时是出于自觉的决定，有时是出于半自觉的过程，比如当某人在捍卫自己的自主性或自我价值的过程中陷入目标冲突时。

我们一直把分手视为晚期现代主体可以自由进出关系的一项基本特权，都没有暂时停下来思考过，反反复复的分手和期望的落空会对自我和建立关系的可能性产生什么样的影响。在分手这个问题上，有两大层面表现得较为突出。第一，分手不要求在道德上担负责任，因而相对来说缺乏规范。第二，分手会造成某种形式的伤害，我们或许可以把它称为"情感伤害"。对于提出分手的人来说，分手几乎不需要付出什么代价，而对被分手的人来说则有可能产生伤害。一直以来，性自由的理想聚焦在性压迫和性支配的问题上，所以未能考虑由退出的自由所主导的文化会带来什么样的消极影响。反复或频繁的分手经历会在多大的程度上损害一个人的自我安全感，损害人们建立长久而有意义的关系的可能性，这些问题我们都未能作出深入的探察。一些研究表明，分手带来的影响和频繁发生不经心关系（人们常常因不经心而分手）所产生的影响并不相同。

经验证据表明，浪漫关系的解体和一系列负面的身体反应和情感反应有紧密的联系，这些反应包括：焦虑、抑郁、精神病态、孤独、免疫抑制、致命及非致命的身体疾患或事故，甚至由自杀或杀人造成的寿命降低乃至即刻死亡，等等。[40]

心理学家在论及分手时，经常使用的词汇包括：气愤、暴怒、焦虑、抑郁、绝望、悲伤、混乱以及对遗弃的恐惧。研究发现，分手会增加自杀的风险，离婚者的自杀概率也确实比留在婚姻中的人士高很多。

离异者与分居者自杀的风险是已婚者的两倍以上（RR=2.08，95% CI 1.58，2.72[i]）。单身或丧偶则对自杀风险没有显著影响。如果数据按照性别来划分就可以观察到，离异男性的自杀风险是已婚男性的两倍以上（RR=2.38，95% CI

---

i　RR（relative risk）是相对风险度，CI（confidence interval）是置信区间。在这个例子中，RR 的值就是用离婚者自杀的概率除以已婚者自杀的概率，得到的比值为 2.08。这个数值是在样本中得到的数值，而对于总体人群中离婚者与已婚者自杀概率的比值，根据统计学的算法，"95% CI 1.58，2.72" 则代表：有 95% 的把握，这个比值会落在 1.58—2.72 的区间之内。

1.77，3.20）。而在女性组，不同婚姻状况组别的自杀风险没有统计学上的显著差异。[41]（这也许是因为，女性已经理所当然地接受了关系就是不确定的，就是有可能会结束的。）

另一项研究表明，无论性别，分居所造成自杀风险至少是其他婚姻状态的四倍。[42] 还有研究显示，分手最主要的影响是它会损害自我概念的清晰度，也就是说，让人们对于自己究竟是谁的定义更加模糊了。[43] 不管关于分手的真实的统计数据究竟如何，不管它实际上产生了什么样的影响，这个事实都是肯定的：分手通常是一种剧烈的心理经验，但在高度性化、情感不稳定的文化中，人们已经对它习惯成自然了。如果关系的破裂会持久或短暂地产生这些影响——增加自杀的概率，破坏想要建立新关系的欲望，造成短期甚至长期的抑郁，损害人的自我概念和自我价值——那它就应该让我们质疑，作为指引关系发展的默认哲学，同意的原则是否有其限度？限度究竟何在？法律学者罗宾·韦斯特（Robin West）对此雄辩地指出："未经同意的互动，比如强奸、偷窃、奴役，坏就坏在它们没有经过对方的同意，但这并不必然意味着那些经过同意的东西，比如性爱、财产、工作，就是有价值的或好的。［经过同意的关系］当然也可能由于其他原因变成坏的关系。"[44]

对关系破裂的预期和它的常规化也导致人们困惑或者不确定要用什么样的道德标准来评价它。正是因为有了退出的自由，行动者在分手之后就不知道应该取用什么样的道德资源。下面这个例子说明，要把分手这件事纳入自己的道德语言之中是很困难的，而这种困难让分手变得痛苦。

　　我还在学习怎么克服它［分手］带来的痛苦。太难了。他是我的第一个男朋友。分手之后，周末的时候他还是想偷偷跟我一起跑出去玩，但除此之外，他真的对我太差了。他会说一些很糟糕的话来打击我，甚至还是想要控制我，哪怕他已经在跟某个女孩交往了。我不得不每天看到他们在学校里出双入对，不得不在心里逼自己接受这样的事实：和他在一起的人不是我了。有时我会想，我应该彻底放手，把这一页完全翻过去，但我又怕我会后悔，万一本来还有机会能够挽回一下。但我想我还是会慢慢放下的。要是他真的还希望我们之间的关系会更好的话，他也不会让我走的。[45]

这个年轻女孩缺少能够指引她的明确规范：哪怕她的男朋友对她"太差了"，她还是无法确定他的行动具有什么样的道德意义，而她只能把这些行动转化成情感的语言而不是道德的语言。在现实中，经验的主观化除了让人对他人的情感与行动所具有的道德意义无法确定之外，也会让人对自己的感受产生深深的不确定感。她应该感到后悔吗？应该下决心吗？决心为自己的爱再争取一下，还是痛骂她的男朋友？由于没有清晰的行动指南，个体只能独自面对这些问题，而这与有些文化形成了鲜明的对比，因为在某些文化中，性是内嵌于道德文化之中，并由道德文化所决定的。哲学家阿维夏伊·马加利特指出:"自由主义道德不承认性道德是一个独立的道德领域。它承认性活动在人类生命中的重要性,以及它容易被剥削、被支配的脆弱性。它承认在应用一般道德原则时,性是一个敏感的领域。但是,它不承认性是一个有自己独立原则的自主的道德领域,就像它不会承认饮食是一个独立的道德领域一样。确实,在自由主义的观点中,性道德所占据的空间并不比饮食道德更大。"[46] 这样做的一个明显的后果是,人们会在某种程度上失察法哲学家艾伦·韦特海默(Alan Wertheimer)所说的 "经验伤害"(experiential harm),也就是对人们的经验能力造成的伤害。[47] 韦特海默认为,当下的主导规范对性欺骗[i] 相当放任,而我们可以对此做一个补充:它也相当放任分手,甚至鼓励分手。分手变成了一种道德上无害,甚至跟道德领域无关的行为。因为反复分手会让人们对自己施加给他人的伤害无动于衷,又或者因为它损害了被分手者的情感完整性,让他们不再能够相信自己可以重新拥有类似的经验,所以它会对人造成经验伤害。

亚历山大是一名会计师,现年 58 岁,来自英国,29 岁结婚,33 岁离婚。他讲述了自己的经历:

亚历山大:我一开始就知道我们并不合拍。

---

i 性欺骗(sexual deception)指的是在发生性行为前假装情投意合,获得对方的同意,而事后又不认账的行为。这个概念与"经验伤害"的关系是,在法哲学的讨论中,有人认为性欺骗或欺骗式强奸是无害的,因为在行为发生的那一刻没有让人体验到伤害。

访谈者：从一开始就知道？

亚历山大：是的。其实甚至在结婚之前，我就知道了。我们俩脾气相差太远，明显不搭。

访谈者：离婚让你痛苦吗？

亚历山大：其实没有。也许是因为我很想离婚吧。我之前告诉你的那段经历，就是我在离婚之后遇到的那个女人，那才让我痛苦得多。我那时候特别爱她，爱得不得了，但是交往了一年之后，她跟我说她想分手了［沉默］。现在想想，我觉得她的所作所为毁掉了我的整个人生。

访谈者：为什么呢？

亚历山大：我觉得那段经历在情感上太艰难、太窒息了，我从此就把自己封闭起来了，把我心中的某些东西锁起来了。我没办法再那样把心向其他女人敞开了。可能我离婚二十多年到现在依然是单身，就是因为跟那个女人分手，让我受到了太大的伤害吧。从那之后，我就没法再敞开自己了。其实直到此刻对你说出来，我才意识到，我应该是受到了创伤。

类似地，67 岁的法国记者西里尔这样讲述了自己的早年经历：

在我年轻的时候，有两个女人离开了我。她们都有各自的理由，而且都离开得相当突然。我深深地爱过她们，所以到今天我依然深受创伤。我再也无法爱上别人了，我再也不会指望自己爱上谁了。虽然现在我和女人们相处得都挺不错，但一次也没有像从前那样深爱过谁。可能这就是为什么，我现在同时约会着好几个人，感觉舒服得多的原因吧。如果你同时拥有好几段关系，就不容易受到伤害。

我们可以从这些例子中看出，在分手的影响下，人们不再对未来抱持信任，而不相信未来反过来又让人们产生了封闭自我、保护自我的心理结构与情感结构。

在经济领域，退出已经成了市场的生产和消费两端的主要运作模式。在生产端，大企业将它们的经营离岸外包，关闭了工厂，遣散了工人；在消费端，大型商场建立的商家与顾客的关系不再依赖于人的了解和忠诚，而对寻找最佳交易的消费者来说，退出是普通不过的常规操作。就像赫希曼在《退出、呼吁与忠诚》里所说的，经济学家有一个根深蒂固的假设，认为企业的衰退和损失不是一个值得关注的问题："一个企业在竞争中失败了，它的市场份额旋即被其他企业占领，它的生产要素随之被其他企业（也包括新的市场进入者）利用。结果是，整体的社会资源配置可能会得到更好的改善。"[48] 对分手抱有的道德冷漠似乎也遵循着这种逻辑：相信市场有看不见的力量使效率最优化。人们选择分手的目的是让个体的幸福感最大化，所以从整体或一般的角度来看，分手被当作一种提升个人表现（"积累经验""认识你自己""选一个更合拍的对象"是选择分手的人常提到的一些理由）、更好地分配个体资源（选择对的人）的方式。无论是在

296

经济领域还是在性领域，效率、成本、效用的概念都让契约瓦解了。正如理查德·桑内特（Richard Sennett）在《新资本主义的文化》（*Culture of the New Capitalism*）中所说的：

> 最近，某个蓬勃发展的企业的领导人宣称，她的公司里没有人能够端着铁饭碗，过去的成绩并不足以让员工保住自己的职位。……这需要人们拥有一种性格特征，就是看轻一个人已经拥有的经验。拥有这种性格特征的人就像贪心的消费者，不停地追求新玩意儿，抛弃那些虽然功能完好但已显陈旧的商品，他或她不会敝帚自珍地守护已经拥有的东西。[49]

关系的破裂已经变成一种文化的基本组成部分，在这种文化中，新人会迅速变成旧人，取而代之的是更符合人们的情感需求和生活兴趣的伴侣，无论是现实中的伴侣还是将来可能出现的伴侣。就像在经济领域中一样，如果要从分手走向新的关系，就需要在一定程度上忘却过去，甚至要去更新自己、学习新的经验和面对未知的世界。这需要人们拥有这样的个性和能力：可以适应各种不同的性格、不同的人物；可以适应不安全感；可以改变或建立起保护自我的防御策略。伴侣更新换代的速度之快，也要求人们有能力和欲望来做短期投资，不会浪费时间，能够快速调整生产线、快速计算一段关系的价值。桑内特进一步指出，这种能力和"占有"（possessiveness）是相对的。有趣的是，"占有"既是一个经济领域的术语，也是性领域的。有的人甚至可能会思考，约瑟夫·熊彼特（Joseph Schumpeter）在讨论资本主义时所提出的"创造性破坏"（creative destruction）概念，[50] 是否就像它能够充分描述经济上的自我破坏一样，也能用来理解消极选择的情感动力。

沿着桑内特的思路，我们可以认为资本主义有两大效应与本书所研究的主题尤其相关：一是制度忠诚的降低，二是信任的降低。忠诚的降低让人们变成了永恒的自我经营者，只能依赖自身和自己的心理资源来应对不确定、不顺利的处境。桑内特提出的"企业扁平化"（delayering of corporations）的过程，[51] 也就是去除某些生产方面的层级并将之外包，在性-浪漫领域也能找到十分相似的类比。在性-浪漫领域中，自我经营的精神（自己摸索如何在关系中表现得出色，如何钓男人，如何"成交"[i]）在进入一段关系的过程中起着核心的作用。比如，多边爱就是这样一种经营策略，就是把一个人不同的"自我"和"需求"外包给了不同的伴侣。当红的性治疗师埃丝特·佩瑞尔（Esther Perel）就很支持多边爱，他认为所谓的"不忠"其实是个体在宣示一个未能表达出来的自我，而这种自我被外包给了自己固定伴侣之外的其他人。[52] 因为行动者主要依靠经营的意志来寻找伴侣，也就是说，他们在择偶时会评估成本和风险，作出相对安全的投资来为自己

---

i 这里的"成交"（close the deal）是一句俚语，指的是在第一次见到某人的当天就睡到了他。

保值，还会同时经营好几段关系来拓展自己的资产，所以信任就变成了难以寻觅的东西。

这和珍妮弗·席尔瓦（Jennifer Silva）对工人阶级青少年进入成年期的研究发现是一致的。面对着越来越不确定的工作前景，年轻人步入成年的那些传统的标志，例如婚姻，都变得越来越无序了：

> 过去十多年来的研究表明，步入成年的传统标志，如离开原生家庭、完成基本学业、达成经济独立、走入婚姻殿堂、生育抚养孩子等，在20世纪后半叶中，都变得越来越延迟、无序、可逆，甚至被越来越多的人放弃。[53]

在席尔瓦的定义中，这些刚成年的工人阶级青年的生活处于无秩序、不确定、不安全的状态。虽然席尔瓦并没有指出她的研究发现可以推广到其他社会阶层，但我们可以认为，这种混乱失序就是大多数社会阶层所共有的，差别仅在于程度和形式。

信任与不确定性

虽然契约在经济领域中创造了信任，[54] 但在亲密关系的领域中，它破坏了信任。经济学家弗兰克·奈特（Frank Knight）曾对风险和不确定性这两个概念作出了著名的区分。[55] 奈特认为，风险可以计算，而不确定性是无法计算的。[56] 比如说，人们可以通过统计数据来评估风险，而不确定性对应的是从根本上就不可知的东西。人们在经济领域中创造了许多工具来降低风险，比如金融衍生品等。购入衍生品就是在抵御市场的风险和不确定性。而浪漫互动或性互动，或二者兼有的互动所创造出的情感衍生品，却要求人们在没有任何保险或金融工具来保证稳定性的情况下，以经营者的情感态度来应对不确定性。我们在面对情感的不确定性时，只能采取一些情感策略和经济策略，例如：在没有确定回报的情况下进行投资；在回报看起来不确定时迅速撤回投资；当对方需求过高时选择退出；始终警惕着在情感上可能遭受的损失，从而发展出以防御机制为形式的保险策略来保护自己。这些策略都在指向要建立信任的社会动力所面临的根本困难。

在上文提及的桑内特关于资本主义的研究中，他区分了正式信任和非正式信任：

> 正式信任指的是一方签订了合同，相信对方将会履行合

同的条款。非正式信任是指，你知道能够依靠谁，尤其是在群体遭遇压力的时候，谁将会崩溃，谁将乘势而起。[57]

古老的前现代求爱体系既可以产生正式的信任，也可以产生非正式的信任，因为违背婚约的成本可能会非常高（对一个人的声誉是重大的打击），也因为这个体系会让人参与到另一个人的社会网络之中去。这些社会网络就是一种对关系的保证。戴维·哈斯（David Haas）和福里斯特·德塞兰（Forrest Deseran）在布劳（Blau）理论的基础上，进一步把信任定义成"一个人所抱有的信念，他相信对方在彼此的关系中会履行其义务，并在通常的情况下'尽其所能'"。[58]但是，信任作为相信他人必会履责的信念，已经几乎要撑不住它所承受的重负了，因为不确定性创造出了一种情感上的囚徒困境：既然双方通常都有保护自我价值感的强烈愿望，而袒露自我会带来脆弱感，那么，一个人只有在坚信对方会回报时，他才会信任对方会与自己合作（也就是，作出情感的回应）。正如哈斯和德塞兰进一步指出的："信任是靠着双方在关系中一步一步地增加投资而逐步建立起来的，在这个逐步投资的过程中，双方能向对方表明自己的可信度。"[59]关于信任的理性选择模型倾向于认为，信任的产生源自于一次又一次的回报：一个人信任对方，对方就会回之以信任。[60]"类似于贝叶斯更新[i]，每

---

i 贝叶斯更新（Bayesian updating），也叫贝叶斯推断，是推论统计的一种方法，指在使用贝叶斯定理的基础上，当发现有更多证据和信息时，更新特定假设的概率。

一次积极行为都会让对方感知到己方值得持续信任的概率增加，而且在反复的互动之后，额外的积极信息对信任的影响就越来越小。"[61] 由于难以评估他人的行为，由于害怕对方退出，人们在进入关系时难免会感到困惑和矛盾，这就对逐步增加彼此的信任造成了极大阻碍，人们就会采取自我防卫和自我保护的策略。确实，阿尔文·古尔德纳（Alvin Gouldner）指出，社会交换之所以成为可能，是因为行动者会以互惠的普遍规范来引导自己的行动，[62] 并且期望他人能回报自己所给出的东西。但在满是不经心的性交换中，对互惠的期望遭到了极大的损害，原因就在于，自由的规范让人们难以确定是否应该互惠、该互惠到什么程度，以及该怎样互惠。

任意退出关系的自由把未来变成了一个问题。因为想象未来的能力和信任是紧密结合在一起的，所以未来成问题的话，人就很难产生信任。研究显示，处在囚徒困境中博弈的人们，如果他们预期在博弈结束之后要相互合作，那么在博弈时，他们之间的信任就会显著增加。[63] 也就是说，对未来的期望会增加合作与信任的倾向。研究还显示，信任不是一场理性的博弈，它要求双方中至少有一方要为此承担风险。[64] 管理学理论学者罗杰·迈耶（Roger Mayer）、詹姆斯·戴维斯（James Davis）和 F. 戴维·朔尔曼（F. David Schoorman）在一篇颇具影响的论文里把信任定义为"愿意把脆弱暴露给对方"，这说明当自我愿意卸下防备时，信任水平会达到最高。[65] 如果用人们对风险的承担来定义信任，那么自我要维持自身价值的需求会让它更敏锐地意识到自己的脆弱，于是就更不可能去承担风险。[66] 迭戈·甘贝塔（Diego Gambetta）直截了当地指出，信任不是审慎评估未来收益的理性思考过程的结果，信任就是愿意去承受可能的损失。[67] 可是既然自主性对构造自我框架来说最为重要，那脆弱就可能被解读成"缺爱"或"黏人"，而这在当代的情感语法中是被大加禁止的。

回顾历史，由谁来承担风险的问题是写进了文化脚本之中的。[68] 在前现代的求爱中，男性扮演了承担风险的文化角色，这样做就从一开始解决了由谁来表现出情感脆弱的问题，同时开启了逐步建立信任的过程（主动提出求爱是一种特权，但这个特权同时会带来风险）。无可否认的是，承担情感风险是父权制不可或缺的组成部分，是直接源自男性权力的一种特权。仪式化的求爱体系处在父权制之中，也是被父权制组织起来的，但随着这种古老体系的消失，谁来承担风险变成了待解决的问题，变成了临时的协商，而没有写在文化脚本之中。尼克拉斯·卢曼认为，信任的主要功能是降低社会的复杂度。[69] 也就是说，如果没有信任，社会生活就会变得只有卢曼所说的"混乱和令人瘫痪的恐惧"[70]，在这个意义上说，信任可以帮助人们建立可预测、有秩序，因而复杂度较低的关系。与之形成对比的是，当代关系无序且充满恐惧，正是因为建立信任的机制崩塌了。

信任的缺乏或降低解释了爱的两大文化特征的消亡：叙事性和理想化。所谓叙事性，就是情感和关系能被组织成一条看起来合理自洽的故事线，而信任之所以会成就叙事性，是因为信任会把未来纳入人的感情和行动中。缺乏信任会截断叙事的进程，因为它会导致下一个事件序列显得不合理，并进一步影响未来在故事线中的合理性。理查德·桑内特用类似的思路记录了职场的叙事结构发生的一个根本变化。在研究了就职于企业的人士之后，桑内特指出，年长一辈的职员更有策略也更专注，而年轻一辈缺乏明确的目标，因为他们的思维模式以短期、当下为导向，并且"期待可能性而非进步"[71]。人们难以用合理的方式把未来纳入个人叙事之中，呼应着人们的职业观念从整体的、长远的"职业生涯"向一个接一个的工作"项目"的转变。前者对个体来说是特定具体的路径，要求个体学习一套专门的技能，从而高效地工作，踏着组织架构的阶梯向上晋升；项目则是一系列缺乏结构的步骤、目标和不乏风险的经营活动，要求个体身段灵活，保持自主，具有应对新情况的创造力。[72] 就像我们已经见证的那样，现代的浪漫-性路径和职场遵循着同样的结构：它们都变成了一系列"项目"，一系列尝试性体验，缺乏明确的目标或内在机制让它们可以按部就班地逐步前进。所以，浪漫故事越来越像一场场即兴上演的戏码。[73] 它们不需要某种自觉的、以目标为导向的、被宣示出来的决定，也可以向前发展。[74]

62 岁的美国学者理查德和一位作家维持了一段至今长达 26 年的关系。他回顾了与这个后来成为他终身伴侣的男人相识的经历：

> 我当时睡了许多人，甚至一次维持着四五段关系。他也是我睡的其中之一，但不知道怎么回事，我们居然决定一起

去旅行一次。哪怕旅途穿越了整个美国，但我们在路上连一次争执都没有。你也知道，旅行是最容易看清对方为人的时候。我们完全没有吵架，所以在旅行结束的时候我告诉自己："嗯……可能就是他了。"我们的相处很轻松、很舒服，所以就这样一直相处下来了。一晃26年都过去了。

这位男同性恋者当时处在一个性选择十分丰富的情境中，因此更有可能认为自己的伴侣是可以相互替代的。一段实际的共同经历，而不是由明确的情感做出的有意识的决定，让他不知不觉地掉进了一段关系里。他是通过让关系"流动"起来的能力，而不是靠自觉地评估他和男友的情感来进入关系的，这种方式非常务实。关系的"向前"推进，也不是靠在脚本中写好的行为而有意地朝某个方向推动，而是一种非叙事性的"流动"。在这样的"流动"中，性行动者通过把握一个个不同的幸福时刻，来务实地引导着自己行动的方向。这与一见钟情的叙事框架是截然不同的，因为在后者中，行动者围绕着自己的性欲望，向未来投射出清晰的展望，并紧密结合了情感叙事。

缺乏信任的第二个重要影响，在于它阻碍了理想化的过程，而这个过程是内在于浪漫之爱的传统理想当中的。这是因为，在我们面对他人时，如果自我的价值还没有得到保障和确立，把对方理想化可能就会被看作是对自我价值的威胁。因此，虽然桑德拉·默里（Sandra Murray）、约翰·霍姆斯（John Holmes）和戴尔·格里芬（Dale Griffin）认为"关系的安全感和幸福感似乎确实需要一定程度的幻想"，[75] 而我认为事实恰好相反：产生幻想的能力取决于一段关系给人的感觉有多安全，或者至少取决于关系有没有可能不为不确定性所困、不为对他人的信任能力所困。形成"积极幻想"对关系的形成和维护至关重要，因为这样的幻想可以经受住冲突、失望、自信缺乏以及自我防卫策略对关系施加的考验。相反，信任的缺乏正是由所谓的"消极幻想"或对关系可能会终结的期望所助长的。

*

自由的制度化过程深刻地改变了爱上别人、追求伴侣、选择配偶以及与其同居等活动。这种自由甚至破坏了在现代性形成的阶段组织婚姻和亲密关系的契约自由。本章说明了，契约这个比喻不足以用来说明当代的性自由和情感自由，原因主要有以下几个方面：（1）它掩盖了男女进入性契约的方式是不平等的事实；如果要把性关系转换成情感关系，男性会在情感上更加抽离，女性则更容易受到伤害。（2）情感与性的吸引力是性纽带唯一正当的基础，而且无法被真正地契约化。（3）性-情感契约可以在关系进程中的任意时刻被单方面地修改。（4）维护自我价值的需要可能会阻碍人们进入契约。（5）性-情感契约可以在几乎不受任何惩罚的情况下随意退出，因此让分手变成了危及自我价值的一个貌似合理且永远存在的威胁。（6）由于亲密关系的大部分内容无法被契约化，人们在进入这些关系时就已经期望了它们的终结，并以这种态度来密切监控着关系，而这样就会让行动者采取风险计算、风险规避等策略，从而导致先发制人地退出关系。

理查德·桑内特研究发现，临时工人最初可能很享受不受拘束的流动生活，但他们很快就会厌弃这种不稳定的状态，开始渴望得到工作上的安全感胜过其他一切东西。"他们想要有人永久地需要他们；投身于某种社会结构比个人的流动性更加重要。"[76] 在当下这个到处都可以自由移动、自由退出的社会中，想要永久地被需要，想要投身于某种社会结构，确实成了人们的一种渴望。在这样的社会里，知道如何利用不确定性的经营者，十分清楚哪些无法被简化为衡量指标，因而不能被提前预知。只有这样的经营者才是能利用市场并从中谋得利益的人。[77] 在经济生活中，面临不确定性的风险承担者更有可能成为赢家。而在浪漫生活中取得成功的自我经营者，要么是那些很少面对不确定性的人（因为他们有丰厚的社会资产和经济资产），要么是那些知道如何克服对损失和不确定性的厌憎的人。

第六章

离婚作为一种消极关系

"不"是你的词汇表里力量最强的词。

——奥克塔维娅·斯宾塞 [1]

她容易受伤，却无人在意。艾米莉感谢心理治疗教会了她如何不时地关上心门，感谢心理治疗让她仍然留在场上，……她没必要为自己开脱，更加不必感到愧疚。

——维尔日妮·德斯潘特 [2]

著名心理分析学者斯蒂芬·米切尔（Stephen Mitchell）在《心理分析中的关系性概念》（*Relational Concepts in Psychoanalysis*）中，借用珀涅罗珀之纺（Penelope's Loom）来描述我们心理的活动。

我们所经验的日常生活，就像珀涅罗珀在白天看起来目的明确的织布劳动一样，是有方向性的、线性的：我们试图到达某个目标，做某些事情，以某种方式来定义自己。可是，就像珀涅罗珀在夜里拆毁她日间纺出来的布一样，我们会不自觉地抵消日间的努力，使我们的既定目标变得更为复杂，寻找并建构出我们正要与之抗争的约束和障碍。[3]

米切尔的比喻非常生动，却在至少两个重要方面犯了错误。其一，珀涅罗珀非常清楚她"拆毁"白天纺出来的布是为了什么：她之所以拆布，是因为她在等待奥德修斯归来。为了拖住来向她求婚的人，珀涅罗珀对他们宣告：在给奥德修斯的父亲拉厄尔忒斯织成寿衣之前，自己是不能改嫁的。在夜里拆布是她有意识的策划，目的是保护自己对奥德修斯的忠贞，也保护她在面对那些穷追不舍的求婚者时的自主性。所以，米切尔否定了我们可能完全意识得到我们拆开自己编织的布是为了什么，否定了我们可能通过完全自愿的行为而有意识地拒绝他人。其二，米切尔假设我们都有"日间的目标"，这些目标会在我们夜间的意识中被取消，这也就表示，他认为我们的心灵是唯一要为拆毁我们已然织就的衣服负责的能动者，完全忽视了社会秩序对我们在寒风中瑟瑟发抖所起到的作用。

米切尔的立场是心理学家们普遍所持的立场。心理学家的职业和专业使他们忽略了现代的自我受困于其中的双重制度结构：资本主义对我们实现自主的要求，以及我们对持久单一伴侣依恋关系的浪漫幻想。实际上，我们拆毁了我们自己织成的布，很可能是有目的、有意识这样做的，而这种目的性可能是受到了某些我们既不了解也不掌控的社会力量的影响。虽然在前几章中，我们通过框架的混乱、本体的不确定性、信任的缺乏等不同机制去考察了纽带的不形成（non-formation），在本章中，我要探讨的是在已经建立起来的关系中的"不爱"过程，这是比上述机制更自觉、更反身性的过程。

20 世纪的现代性最突出的标志之一，就是离婚给家庭制度带来的转变。在这段时期，离婚已经成了现代婚姻永远要面对的一个潜在可能性。它是一种尤其有意思的社会学现象，因为它触及了一个从前现代世界延续至今的最核心的制度——家庭。这个制度确保了人类的物种繁衍，引导了性，是社会再生产和社会流动性的关键所在，还帮助人们积累和转移了财富。作为一种"非选择"行为，离婚会影响婚姻这个关键的社会制度，它包含了我们全书都在分析的现代性的重要社会文化力量：性从生殖（再生产）到享乐的转向；财富积累的经济模式从家庭转向消费领域；消费文化在构成自我的过程中所发挥的作用；由归属形成的纽带消解，并为以选择为基础、以契约为形式的纽带所替代。离婚是"非选择"最突出、最有公共性的范畴，是"不爱"最制度化的形式。它也像其他形式的非选择一样，是本书从头到尾都在分析的那些社会力量直接作用的结果。

乍一看，前几章所描述的那些以迅速且相对轻松的退出（或持续存在退出的可能性）为特征的消极关系，似乎和离婚这种耗费心力、高度制度化地对正式承诺的解除很不同。离婚中的"不爱"就像慢慢拆开或者撕开织物，而前几章描述的那种"不爱"则是根本没有能力或没有意愿用线来进行编织。

离婚是退出一段制度化关系的积极选择，所以在这个意义上，和我在第三章、第四章、第五章所描绘的那种"模糊"的非选择很不相同。离婚（或者分居）基本上都是自觉作出的决定，下决定的时间也比较久，而前文所描述的非选择之所以会发生，好像通常只是因为行动者没有清晰的意志或没有目标明确的欲望。离婚几乎不会是一场突然爆发、不给任何理由的关系破裂（第五章中描述的那样），它一般会诉诸某些原因，并且是在一个制度化、流程化的背景下发生的。离婚牵涉法律的制度，会惩罚过错方，通常双方还会为此激烈地争执。一般来说，离婚与物质世界和法律世界之间的关联，与其他形式的非选择不同。如果各种从关系中退出的形式组成了一道连续光谱的话，离婚和不经心性爱就分别处在这道光谱的两端。尽管如此，我还是要在本书的最后一章中提出，让人们迅速抽身而退的许多社会力量，同样在影响着离婚（或分居）这个自觉的、更加耗费心力的非选择行为。这并不表示这两种不同的退出行为是等价的，二者甚至连类似也谈不上。虽然速分速决、无惩罚的分手和深思熟虑、代价高昂的退出是完全不同的心理事件——前者发生在互动规则模糊不明的语境中，后者发生在高度制度化的背景下——但二者都是求爱、亲密关系、性、家庭和婚姻等制度经历的结构性巨变引发的反应。在这个意义上，我们或许可以认为，形成社会纽带的过程，和维持社会纽带的过程，承受着相同的社会学意义的压力。框架的混乱、价值的贬低、防御性的自主、对自我价值的威胁、信任的缺乏……这些因素在"不爱"的过程中全都存在着，而"不爱"最高的表现就是离婚。

爱的终结

现代婚姻和作为情感理想的浪漫之爱紧密相关（2013 年的一项调查显示，在寻求缔结婚姻这种正式纽带的同性恋群体中，有高达 84% 的受访者说他们结婚是为了爱）。[4] 爱的情感理想是在"强符号"和紧密的叙事结构之中形成的，这种叙事结构为人们提供了脉络和线索，来塑造生命历程的故事。[5] 正如劳伦·贝兰特（Lauren Berlant）所说的：

> 尽管欲望可以拥有无限的形状，但只有一个情节在主导着真正的幻想和期望的场景。在这个情节中，婴儿期的欲望模式发展成了一个关于爱的情节，其后又被亲密性的制度和对家庭连续性的幻想缝合起来。那种对家庭连续性的幻想，通过在平稳的持续关系中制定的亲属链，连接着历史的过去与未来。在美国，哪怕这个情节已经被广泛地改编成各种形式，它依然享受着法律和审美上的特权地位：作为人们对生活所应该给予的东西抱持的梦想，对传统爱情的渴望，在许多社会差异的领域中都还依然相当强烈。[6]

这个虚构的情节是一种情感的幻想，这种幻想关乎某些特定情感是否在场、是否恒常，关乎这些情感的表达模式，关乎它们的强度与耐久度，还关乎它们的内容。幻想是构成现代之爱和现代婚姻的基本组成部分，它把情感缝合到日常生活的生产实践、再生产（生殖）实践上去。而在"不爱"这种认知与情感的过程中，这种缝合不再发生了，所以爱的情感和日常生活的再生产也就没有了交集。这种"拆解"（unstitching）是如何发生的？要让浪漫幻想的情感脚本中断，要让新的情感在日常生活中侵入维系纽带的过程，必须有什么样的先决条件？换句话说，我说的"拆解"是指，一种特定的情感体验和幻想由于某些事件或事实的闯入而破灭的过程，这些事件或事实让人产生了疑惑，并破坏了人们所介入其中的关系（无论是真实的还是想象的关系）的意义。这种拆解是经由一种貌似拥有"现实"力量的经验而发生的，无论所谓的"现实"是对方人格的"现实"，还是背叛行为的"现实"，还是不可调和的分歧的"现实"。下面我将向读者证明，在伴侣们体验到的情感纽带的巨大缺陷中，包含了日常生活表面下暗流涌动的经济、文化和社会过程。这些过程包括：性转变为一个现实的本体位面，而这个位面具有其自主性；消费领域在塑造自我性和身份认同中的作用；对自我价值和自主性的操演性防护；价值评估模式的强化，并且它很容易转变为价值贬低的事实，而由于行动者已经发展出清晰的情感脚本，知道该在互动中表达什么样的情感、怎样表达这些情感，这一事实就更加突出了；本书记录下来的其他所有过程都对已经建立起来的关系施加着隐蔽而强大的压力。行动者通过"不爱"的过程，不自觉地和这些本质上既是规范性、社会性，也是经济性的压力缠斗。

离婚与女性在情感领域中的位置

社会学家们一直是把离婚当作一个独立的事件，即婚姻的终结点，而不是当作一个不爱的情感过程（这种视角下，离婚和分居是相似的）来研究的。关于离婚，社会学家们感兴趣的主要问题就是谁会离婚、为什么离婚、有什么后果。[7]标准的离婚原因包括：失业、酗酒、经济困难、子女出生、家务不均等、出轨，以及女性进入职场，等等。学者们会强调，女性越来越高的就业率和男性越来越高的就业不稳定性是导致离婚率上升的重要因素。[8]

如果把离婚当作一种文化上的变量事件来研究，就会发现两个非常显著的事实：20 世纪 40 年代，人们报告的离婚原因更多是"客观的"，比如酗酒或者忽视；从 20 世纪 70 年代开始，离婚的理由变得"更加抽象、更加关乎情感"，[9]并且更加主观："渐行渐远""对我越来越冷淡""感觉不爱了"成了离婚的主要理由。[10]在奥斯汀文化与家庭研究中心（Austin Institute for the Study of Culture and Family）赞助开展的"2014 年美国关系调查"中，受访者选择的离婚原因包括：出轨（37%）、配偶对需求不回应（32%）、厌倦了凑合的婚姻（30%）、配偶不成熟（30%）、情感虐待（29%）、对财务优先级的排序不同（24%）、酗酒（23%）。前五名的理由都关于情感，这表明各种情感过程在婚姻中具有无与伦比的重要性，它们作为离婚的理由也至关重要。

用社会学家史蒂文·拉格尔斯（Steven Ruggles）的话来说：
"过去的婚姻更多地受制于社会规范，而较少受制于为了使个体
幸福感最大化而进行的理性计算。"[11]

> 由男女受访者提出的婚姻破裂和离婚的最常见原因，
> 包括：渐行渐远、亲密不再、感觉不到被爱和被欣赏、性
> 事失和，以及生活方式和价值观念的重大差异。较不常见
> 的离婚原因则包括：因子女所起的冲突、药物成瘾问题和
> 婚内暴力。[12]

在另一项关于澳大利亚离婚问题的研究中，作者指出，"在剩
下的男女受访者中，有71%认为情感问题是婚姻破裂的首要
原因"——排在虐待关系（包括暴力、酗酒问题等）和外部压
力［例如伊列娜·沃尔科特（Ilene Wolcott）和乔迪·休斯（Jody
Hughes）的研究中讨论的财务问题］前面。[13] 显然，相比于之前
的几个世代，20世纪80年代中期的人们会把性和情感方面的问
题看成是更能被接受、更有说服力的离婚理由。情感已经变成婚
姻和离婚的核心所在，也就是成就一段关系或破坏一段关系的
"要害"。

必须与上述发现并陈的另一大发现同样引人注目：在美国、
欧洲和澳大利亚，女性变成了离婚的主要发起方。[14] 这和女性就
业率的提升会增加离婚率的发现是相符的。就像安德鲁·切尔

林（Andrew Cherlin）所指出的："几乎所有在 20 世纪讨论这个问题［离婚］的著名学者，都指出了女性就业率增加的重要意义。"[15] 女性经济能力的相对提升，与她们多半以情感理由来发起离婚的事实，似乎存在着某种关联。也就是说，可以获得经济独立能使情感变成人的核心问题。迈克尔·罗森菲尔德（Michael Rosenfeld）强调："关于性别、婚姻和生命历程存在一个悖论：年轻的单身女性似乎要比年轻的单身男性更渴求婚姻和承诺，然而，已婚女性对婚姻的满意度似乎比已婚男性更低。"[16] 哪怕女性在遭遇离婚时会比男性在经济上损失更大（虽然女性拥有给付薪酬工作的人数要比从前任何时候都多，但离婚还是会让大多数女性在经济上变得更脆弱），[17] 并且哪怕她们拥有其他机会的可能性更低——相比男性，她们选择再婚的概率更低——但发起离婚的，还是更有可能是女性。这就意味着，机会理论对离婚的解释效力，仅限于当经济独立让某些特定的情感变得对女性更为重要，而女性对这些情感的经验构成了她们离婚理由的情形时。

女性比男性更想获得承诺，更有可能发起离婚，并且更有可能是出于情感的原因而发起离婚。以上这些发现表明：正如女性进入性契约的方式与男性不同，她们也会以与男性不同的方式体验婚姻并发起离婚，而她们正是通过利用、借助、管理自己的情感来实现后者的。如果我们指出，在进入关系的阶段，女性比男性更愿意在情感的领域交往互动，而她们也正是因为更关注情感所以更容易主动终止所处的关系，那么迈克尔·罗森菲尔德所说的悖论就很容易解释了。[18]

导致婚姻（或同居）关系结束的原因纷繁复杂，我只会解释其中的一部分。如果我们都充分了解了这一点的话，那我们或许可以认为，女性是以所谓的"情感本体论"（emotional ontology）为基础来对待婚姻的，"情感本体论"即她们认为的一个包含"实在"的情感、"实在"的情感需求和情感规范的领域，这些情感规范规定了情感应该如何被感受、被表达和被交流。就像男女对待性领域的方式不同一样，男女在情感领域中也占据着不同的位置，并且行为处事的方式也不同。就像性被建构成一块彰显男性地位的阵地一样，情感以及对情感的管理在塑造女性的身份认同上起着至关重要的作用。如果男性以性资本的积累来引导自己的行动，那么情感则是女性用来引导她们的行动、展示社会能力的策略性方式。这个判断不仅适用于她们在进入关系的阶段，也适用于她们处在稳定的纽带中，以及她们决定结束一段关系的时候。因此，虽然有越来越多的大众读物甚至科学文献都在声称"男人来自火星，女人来自金星"，声称男性是理性的问题解决者，女性是感情用事的关系拥护者，甚至以两性的大脑结构差异来解释这种不同，[19] 但最新的神经科学的研究和我们社会学家的说法达成了一致——在所谓的"情感性大脑"的问题上，基本上不存在什么"固有硬件"的差异。女性认为自己是情感领域的管理者，这种自我定义更多地与女性被规定的社会角色有关，而与生物学没有什么关系。确实，女性在情感领域中的位置和她们在经济与社会层面上作为照护者（照护儿童，也照护其他的男男女女）的位置有关，而她们所处的位置反过来让她们更加适应于管理关系。[20]

女性在重新定义婚姻的使命（包括经济层面的使命和情感层面的使命）方面发挥了至关重要的作用。[21] 并且，当代亲密关系的制度越来越被定义为一个纯粹情感性的组织，由其成员的情感和他们对亲密关系理想的实现而维系着，而在这样的制度中，女性也一直是情感的首要管理者。正是因为婚姻的情感性变得越来越强，所以婚姻变得越来越不确定，也就是说，婚姻越来越少地基于私人 / 公共区分所划定的明确的性别角色，[22] 越来越多地基于个体的情感表达。婚姻向情感制度的转变，反过来把男女放在了相对于这个情感制度的不同位置上。一项对 1003 名年轻的成年男女（既有单身者也有已婚者）这样一个具有统计代表性的大样本的调查结果显示，样本中约有 80% 的女性表示，相较于只是供养家庭的能力，她们更重视丈夫表达情感的能力。[23] 对大多数女性来说，情感亲密性是婚姻的首要目标，也是判断婚姻是否正当的标准。从这个意义上说，情感的亲密性已经是一种去制度化的力量，它让婚姻更遵循心理学的模式而不是社会学的，更遵循个体的脾性而不是既定的角色和规范。研究婚姻的社会学家安德鲁·切尔林对此作出了精辟的总结："个体的选择和自我发展的要求在人们建设自己的婚姻生涯的过程中尤为重要。"[24] 两个人能否建立亲密关系取决于双方自愿的情感袒露与表达，从而似乎让婚姻的发展变得依循个体脾性的迂回辗转。正因如此，作为一种表达和管理情感的技术，心理治疗的话语在亲密纽带的形成与监控中至关重要。

"抽身而去"的叙事结构

与本书前几章所描述的那几种迅速燃尽的"不爱"相反，离婚是一种耗费时日的决定，需要动用一整套证成[i]，才能让这个决定为自己和自己周围的环境所理解。因为离婚是一种有意识的自觉决定，所以它自有一套叙事结构，行动者要通过这个叙事结构尝试解释——通常是在回过头来看时——自己或对方的决定。"不爱"是通过一系列事件发生的，人们认知或归纳这些事件是通过叙事和理由，也就是吕克·波尔坦斯基和劳伦·泰弗诺所谓的"证成的体制"[25]而实现的，而这种认知过程需要同时诉诸个体行动或感受的动机和一般性的规范。在这些正当化的体制中，既有迈克尔·斯托克（Michael Stocker）所谓的"出于"解释（out of explanations，比如说，通过动机来解释行动），也有"为了"解释（for the sake of explanations，通过指向一个人想要达成的目标来解释行动）。[26]

"不爱"叙事的第一种类型，也是最不常见的类型，是一种顿悟，一种豁然认清的启示，或是某人抓住了某种新的理解，让他认识到了现实的一些新的层面。这种叙事和坠入爱河的叙事截

---

i 本书将"justification"翻译为"证成"。鉴于这个词有"正当性"的译法，因此提示读者，本书前后文中出现的"正当（性）"对应的是英文的"legitimate/legitimacy"。

然相对。伯特兰·罗素和他第一任妻子阿莉莎（"阿莉丝"）·皮尔索尔·史密斯［Alyssa（"Alys"）Pearsall Smith］的故事就是一个生动的例子："有一天下午，我骑车出去，在乡下的土路上骑着骑着，突然之间意识到，我不再爱阿莉丝了。我以前并没有意识到这一点，直到此刻才知道，我对她的爱在消失。"[27] 他们1911年结婚，1921年就离婚了。在这段婚姻中，罗素把"不爱"描述成一种突然的启示。另一个例子是我的访谈对象，64岁的以色列文学批评家丹尼尔：

> 我非常清楚地记得（离开她的决定）是怎么开始的。有一天我正在洗碗，她走过来，说了些什么，我记不清了，但就是在那一刻，我手里还在洗着碗，结婚以来第一次，我对自己说："不能再这样下去了。"那就是我们关系结束的一刻。我对自己说完那些话，就再也待不下去，忍不了了。

启示模式的叙事也能以一场突发事件为形式，比如爱上了其他人的瞬间，或突然觉察到伴侣身上从来没有意识到的某些东西。我的一些受访者向我提起了关系的"转折点"，也就是他们对伴侣的感知发生变化的时刻。由可见或不可见的事件引发的（情感的）"转折点"是许多现代文学和影视作品的重要主题。比如，2014年瑞典导演鲁本·厄斯特伦（Ruben Östlund）的影片《游客》（*Force Majeure*），讲述的是发生雪崩时，丈夫不顾妻子和儿女独自逃命，由此造成了夫妻之间的裂痕。这个事件就是一个转折点，妻子对丈夫究竟是什么样的人有了新的认识，而这个认识在夫妻之间凿出了裂痕（虽然影片结尾这个家庭并没有瓦解）。

第二种关于离去的叙事是积累式的：微小的事件和日常的冲突一点一点地撕裂了亲密性织就的纹理。阿维夏伊·马加利特用"侵蚀"（erosion）这个词来形容日常生活的鸡零狗碎逐渐损坏了维系日常生活纹理的缝线。微小事件不断积累，直到被受访者形容为再难以维系的那一刻，就"再也回不去了"。在这种叙事里，人们积攒事实、行动、话语或者姿态，作为佐证"某些事情行不通了"的证据。嫁给作家菲利普·罗斯（Philip Roth）的著名女演员克莱尔·布鲁姆（Claire Bloom），这样描述罗斯宣布想要离婚的场面：

> "你为什么对我这么生气？"我努力表现得平静。
>
> 菲利普继续对我说道，一直说了两个小时，几乎都没有停下来喘息：他说我说话的声音太轻了，让他觉得非常疏远，他觉得我是故意那么跟他说话的。他说我在餐馆里表现得很奇怪，一直盯着手表，自言自语地哼哼。他说我在他生病的时候惊慌失措，不知道该怎么应对，在他住院做开胸手术的时候都找不到护士，害得他不得不在走廊上跑来跑去地找。……他说我强迫他去看他讨厌的歌剧。等等等等。[28]

在此，罗斯的抱怨采取了这样的形式：对方反复做出了让他觉得厌恶、恼怒或与他自己的行事之道相冲突的行为。

这种叙事的形式类似"压垮骆驼的最后一根稻草"，或者会用"使水壶溢出来的最后那滴水"或"忍到忍不下去的那一刻"作为比喻。在这种叙事中，自我被放在一个应对日常的分歧和冲突的位置上，这些分歧和冲突逐渐积累，最终超出了容忍的范围，或在量上最终超过了关系"好"的层面。人们在频繁发生分歧或争吵时会引用这种叙事。这种叙事忙于制造"证据"，证明两个人的关系或对方身上存在难以弥补的缺陷。

在第三种，或许也是最有趣的一种叙事中，某些事件、行动、话语构成了"微创伤"（micro-traumatic）事件，也就是说，它们标志着人们与自己原本的道德预设发生了断裂，主体回过头来看时，会认为这些断裂是使她或他无法愈合、无法恢复的事件。人们所经验的这些创伤事件，往往是在性或情感上遭遇到的对信任的背叛，它们变成了主体无法愈合、无法撤销的一道伤口。在人们的经验中，它们常常构成了一种对自我价值和尊严感的深刻攻击。这种叙事的第一个例子来自45岁的法国女教师伊雷娜：

> 现在想想，我第一次觉得不再爱他，或者没有以前那么爱了的时刻，是有一次，我身体很不舒服，他却没法带我去看急诊，因为他不想取消跟一个重要客户的约会。在那之后的几年里，我发现我真的忘不掉这件事。每次他在我觉得很重要的事情上没法陪着我的时候，我就会觉得自己遭到了抛

弃和背叛。我会不断回想起那一刻，我一个人在医院里是多么孤独，就因为我丈夫不愿取消跟客户的约会。所以现在回头看，我一直都没有原谅他。这样想挺奇怪的，毕竟过去的十二年——不对，没有十二年，因为那是我们结婚四年后发生的事，所以在过去的八年里，这件事一直压着我，在我的生活里挥之不去。我一直没告诉他我有多受伤，我觉得他也从来不曾知道或能猜到。但我一直没有原谅他。我再也不能像从前那样信任他了。

在这个例子里，一个单独的事件标志着一场从未修复的信任背叛。这场微型创伤一直作为一个解释框架，来让她认知后续发生的事件。下面这个例子来自 47 岁，出生于美国、现居以色列的瑞贝卡：

他比我大十五岁，跟两任前妻生了三个孩子。我和他在一起四年之后，也开始想要一个孩子。但他不想。他说自己累坏了，已经有好几个了，所以不想再要了。他说不介意我去找精子库或者类似的地方自己生一个，但他不会再当全职父亲，也不会抚养孩子。于是我就找精子库生了一个，可能这就是命运对我们的报复吧，（在孩子出生之后）他开始觉得自己对这个孩子产生了非常强的情感羁绊。但我就是忘不了当初他有多么不想和我生一个孩子，忘不了他叫我去精子库。这是一件对我无比重要的大事，但我觉得在这件事情上

> 他背叛了我。哪怕最后他愿意为这个孩子承担父亲的责任，
> 我也无法原谅他当初不想要我的孩子。

在这两个故事中，创伤叙事都是在感受到"被背叛""被辜负"，或在某些例子里感到"被攻击"的自我的一个核心层面上开启的。

这三种形式的叙事——启示、积累、创伤——构成了三种情感叙事结构，行动者通过它们回过头来重构和解释他们从曾经缔结的情感纽带中抽身而去的过程。这三种有关做出决策的叙事，回顾性地解释了自我是如何脱离一段关系的，解释了两个人之间无条件的亲近——它正是一段"浓厚的关系"（thick relationship）的特征——是为何以及如何遭到侵蚀、解体和终结的。[29] 我即将向读者展示，这些情感叙事就是本书中所描述的社会力量的表现形式。

当然，必须说清楚的是，这里列出的三种关于离婚的叙事类型并不能穷尽离婚的无数原因。它们也不能否认这样一个事实：离婚的场面通常要比分手的激烈得多，在情感强度上也要大得多。但我想在此主张的仅仅是这样的观点：在关系的建立阶段发挥作用的文化力量，和渗透进已经建立起来的制度化关系中的文化力量，二者是连续的。因此，我的论点在于，亲密纽带的形成和维持都是整体社会生态系统的一部分，而这个系统给个体带来了沉重的负担，迫使他们必须独自去应付好几种社会约束。这些约束包括：作为一个自主行动领域的性；持续进行着的价值的评

估和贬低，并且消费自我和心理自我的精进会加剧评估和贬低的过程；在自主和依赖之间无意识的目标冲突，以及自我价值遭受的威胁。在从依恋和承诺中抽身而退——也就是"不爱"——的过程中，这些约束都是关键的主题。

性的大分离

根据统计数据，性是导致离婚的最主要原因之一，包括性的不忠[30]和性生活不和谐等细分的原因。朱迪丝·斯泰西（Judith Stacey）对婚姻的经典研究表明，现代家庭同时为人们提供着两种东西：一是持久的照护，二是性欲。她把现代的婚姻称作一种"通用"的制度，并分析了单偶制婚姻和友爱婚姻所导致的紧张关系。[31]斯泰西认为，我们基本上为求性欲而牺牲了家庭生活所需要的耐久性。然而，这个分析没有仔细审视那些细微的情感动力，正是通过它们，性与家庭生活起了冲突。

前几章已经讨论过，性已经变成了既是独立于情感领域的一个自主的领域，又是情感的本体表露的场所，以及亲密纽带的性质与强度得以表达的场所。性身体变成了一个自主的行动位面，变成了人们最深、最真实情感的寄托之地，变成了体验愉悦、亲密和幸福的场所。在这个过程中，它也改变了人们过去的想法，即关系必须符合性互动和性愉悦相对持续的模式才具有正当性。

45岁的法国女性奥雷莉在维持12年的婚姻之后选择了离婚：

> **访谈者：** 有没有某个时刻，或某个事件让你认识到，你和他没办法再继续相处下去了？

奥雷莉：我想大概就是我做很多次试管婴儿的时候吧。那个时候，我的身体变成了医生的财产。我觉得他那时不再把我看成是一个拥有性身体的人，我自己也没办法把自己的身体看成是一具性身体。但我还是太想要一个孩子了。那段时间，我们停止了性生活，因为我的身体属于医生。他看到我那个样子也硬不起来了。我们就那样挨了两三年。我们谈过为什么我们不再做爱，他说他看到我的身体是那个样子的，是医生的财产，里面塞满了药品，扎满了针头，他就没办法做。所以我们有两年都没有做爱，这让我非常难过，所以那个时候开始，我就跟他大吵起来。我们以前从来没吵过架。吵起来之后我们就分开了。在那个时刻，分开好像是自然而然的选择，但今天回看，我真的不知道为什么我们要离婚。其实我知道自己那个时候选择离婚，是因为觉得非常耻辱，因为他对我没有欲望了。一旦性生活停止了，好像关系就没有存在的理由（raison d'être）了。但今天我不会这么看了。

访谈者：今天会怎样呢？

奥雷莉：今天我会认为，人们都有自己各种各样的安排。基本上我甚至觉得，如果要长期跟谁生活在一起，你也得有自己的某种安排。所以，他对我失去了欲望就失去吧，我不应该再为此沮丧。

在这个故事中，身体一旦被医学化了，它的性化过程也就停止了，而当性化停止了，欲望也就停止了，这反过来会影响女性的自我价值，因为她不再觉得自己是可欲的（她会沉湎在这个反应当中，之后才会有所调整）。[32] 确实，如果性已经是自我的身份认同经验的一个基本位面的话，在性上是否可欲的不确定性似乎就会动摇整个关系，因为它挑战了处在关系中的人的自我价值。之所以会如此，就像我在第三章和第四章所讨论的那样，是因为性化使情感与身体的分离制度化了，并赋予了身体自主性。于是，完整的自我观念分裂开来，创造出两种不同且各自独立的，有时甚至相互冲突的自我价值的形式。在关系的初始阶段如此，但不可思议的是，在关系已经建立起来之后依然如此。61岁的法国女性葆拉最近和共同生活了35年的丈夫分开了，对此她是这样说的：

> 是从什么时候开始的呢？我想，是从他办了健身房的会员卡开始的，大概是几年前，可能是六七年前？他开始健身，也开始注意饮食了，不是节食，只是很注意自己吃了什么东西。所以他的体重降下来了，身材瘦下来了。说来真的很神奇，从他瘦下来开始，他的性格就变了。他变得，呃，我该怎么说呢……更自大、更自信了，而我则开始觉得自己老了，魅力没了。跟他一比，我只觉得自己年老色衰。我比他大两岁，但从前和他在一起的时候，我从来没有感觉自己年龄大。不过从那之后，大概一年多吧，他有了第一段外遇。然后，外面的女人越来越多，还都很年轻，好像他又回

到了青春期一样。他说自己从来就没有停止对我的爱，但他就是忍不住在外面搞这些女人。那种欲望比他的理智强大，他无法抵挡。所以我受够了，离开了。我们现在已经离了婚。

在这个故事里，这位已婚男性的身体经历了一番改造：因为瘦了下来，所以他的身体被性化了，并成为一个独立的能动体。在性的层面上，这具身体获得了全新的能动性，随后便去寻找新的性对象：年轻的女性——这与我在第四章的论点和发现相符。他身体经历的变化产生了新的主体性，这种主体性影响了他的婚姻，确切地说，影响了他的妻子对他和她自己的感知、他对自己的感知、她对他是如何感知她的感知，而这些影响改变了他们之间性权力的平衡。这具全新性化的身体表现得仿佛有了自己的意志一般，最终造成了情感的退出。换句话说，就像上文奥雷莉的故事一样，身体表现得好像是一个具有自主性的实体。奥雷莉的身体变得失去了性，而葆拉丈夫的身体则获得了性——这两个过程似乎都处在主体意志和控制的范围之外。可以说，他们的身体在自主行动，而这反过来影响了情感的纽带。

在为本书的研究访谈的 24 位离婚或分居的人中，绝大多数都把"不再做爱"当成是一个深刻改变的标志，或者当成造成改变的原因，而随着性生活的停止，双方继而会选择分开，这意味着，性是组织亲密叙事和分离叙事的一种有力的方式。在关系的初始阶段，性化会将人格性与身体分离开来，但在一段已经建立起来的关系当中，一旦性化被制度化，它就会成为情感的寄托之所。良好的性反映了良好的情感纽带，反之亦然，糟糕的性就会被解读成糟糕情感纽带的标志。于是，人们会通过自己的性与性欲的现实，来判断和把握他们所处关系的现实。比如，乔纳森·萨福兰·弗尔（Jonathan Safran Foer）在他的畅销小说《我在这里》（*Here I Am*）中，用周密入微的心理细节讲述了主人公们的"不爱"是如何逐渐发展并最终实现的。就像故事的叙述者所说的那样，要把伴侣双方共同编织的布拆解开来，性欲起到了无比重要的作用。"因为朱莉娅不会表达情感的迫切要求，雅各布越来越无法确定，她还是不是欲求着他，他更是害怕自己会冒着犯傻的风险，于是，朱莉娅的手撤得离雅各布的身体又远了一些，雅各布却无言以对。"[33] 在性这块经验的位面上，自我感受到了自己的价值（还是不是被欲求），情感也获得了客观、具体的存在。46 岁的法国男性、电视剧编剧贝尔纳，这样解释自己为什么和已经共同生活了 11 年的女性分开：

> 我离开了我的伴侣，D，因为我给不了她高潮。她是能高潮的，但不是和我。她只有自慰的时候才能高潮。我就是没法让她爽。我是真的很挫败，但那时我并不理解这件事对我有多重要，直到我遇见了 A，一个能和我同时到达高潮的女人，这才意识到，何以会感觉亏欠了 D。所以我离开了D。我告诉她，我不能再和她做爱了。

很明显，贝尔纳在此以理想状态的性能力作为参照，而他的伴侣对自慰的偏好则质疑了这种理想。性能力和性是否可欲是构成自我的两大基本要素，一旦缺失就会立刻危及自我。二者在关系的初始阶段起着极为重要的作用，而随着关系的进行，它们还会持续地在其中发挥作用。由于身体会老化，会逐渐对性刺激失去反应，或感觉自己不可欲或性无能，因此性就会在情感纽带上凿出裂痕，人们对关系中自我的本质感到的不确定性就会趁机渗透进去。

除此之外，单偶制的规范还有一个强大的效应。因为它规定情感和性应该合一，这使得调和情感和性各自走上的不同甚至常常互相冲突的道路就变得更为困难。49岁的德国学者桑德拉和一位女性共同生活21年后步入了婚姻。结婚数年后，她这样讨论自己的婚姻目前所面临的危机：

> 最近她跑来告诉我，我们的性生活很不和谐，而且其实一直没有和谐过。也许这是真的吧，但我们在所有层面——智识上、精神上、情感上，都合拍得美妙无比。我们笑点一致，我们知根知底，但就是缺乏和谐的性生活。所以去年她决定找一个情人。她跟我说了，而且也去找了，好像是在某个网站上找的，最后找到了。她跟对方每周睡一次，她跟我说这样就够了，对方也不需要更多。这种方式让她开心了许多。但这对我是个毁灭性的打击，唤起了从童年时代就一直潜藏在我心底里的恶魔。所以，我开始偷偷地窥探她的私人

邮件。这真的惹得她大发雷霆。她觉得这样做侵犯了她的隐私，而她完全受不了隐私被侵犯。现在我们很难继续相处下去了，也许会分手吧。

在这段叙述里，就像在前面引用的好几段故事中一样，性——或缺乏性——创造出了焦虑和不确定性，让桑德拉开始窥探伴侣的隐私。把性外包给关系外的人，既是解决性不和谐关系的办法，也是产生不确定性的来源，因为它让人们对性与情感应该保持合一的期望受到了严峻的挑战。所以，人们体验到独立于自己情感的性身体有诸多方式，这些方式会创造出不同的关系路径，而有的路径甚至让人们不得不经历冲突，迫使他们重新调整自己的情感，将之向身体靠拢。

我们在第五章引述过的那位 48 岁的北欧女性、化学教授塔拉，曾和一位男性生活在一起很多年。在情感上，塔拉一直受到他粗暴的对待，但和他的性生活却是令她兴奋刺激的经历。最终，她还是离开了这位男性，在经过很多年的孤独和找寻之后，才遇到了一个她口中的"绝妙的男人"。

我遇到了一个最绝妙、最优秀、最会说话的男人。他特别想和我在一起，开始一段"认真"的关系。我们差不多每时每刻都在谈心，向对方抛出在智识上有挑战性的问题，这种感觉无比奇妙。才认识两周，我就已经爱上他了。可是在性上——我说的性是广义的性，不仅仅包括在床上的性生活，而是整个爱欲的层面——我就不知道了。他似乎选择绝对的平等、完全亲密的关系。没有进攻，没有张力，没有距离。要是在我们互动里发生了任何一点小小的震动，他都想谈个明白："这是怎么回事？"他就像个心理治疗师一样。……他给我的，是一种女权主义／心理治疗版本的爱和性。我有点退缩。我跟他说，不要害怕事物阴暗的、严肃的一面，他也在慢慢考虑，但我害怕他一直在……阉割自己的这种力量？他的性，他的整个人生，都害怕做出任何改变。但我又不能接受我的情欲生活从过去尝起来像一块汁水四溢的烤肉，倒退到现在这种寡淡的婴儿米糊。我们就处在这样的状况里。

这个例子呼应了一个关于现代性的文学主题[34]：性从其他行动领域中独立出来，获得了自主性，并因其作为一种让自我"脱去文明"（uncivilize）的方式而受到人们的重视。对塔拉来说，一段绝妙的关系要是缺乏刺激的性，也就缺失了某些基本的品质。哪怕她的男朋友好像什么都有了——很会说话，很会表达，很爱聊天，很关心她——但他还是要被拿来与过去更刺激、更强烈的性体验相对比，来经受这个对他不利的评估。"野性"或原始的性在她的经验中是一个绝对参照点，因为这种性可以揭示（并且构成了）她的自我最深刻、最真实的那一层，而这是她最终无法放弃的东西。所以到最后，正是因为这个原因，她离开了这个"绝妙的男人"（她在后来的邮件中告诉我）。不管是和一个虐待她还是和一个"绝妙"的男人交往，在这两段关系中，性都独立于情感领域，具有自主地位——虐待关系中的性很棒，而和绝妙的男人在一起性又不刺激。我们再一次看到，这里的身体也获得了不同于自我性和情感关系的本体地位。性和身体的自主化会并且确实常常会和情感纽带发生冲突，让情感范畴和性范畴的经验彼此竞争。

性开启"不爱"的情感过程的另一种方式是，性的可获得性（availability）大大增强了人们对替代选项的感知。杰弗里·辛普森（Jeffry Simpson）1987年调查了120名年轻人的研究表明，人们对想象中的替代选项的感知，会显著地影响关系的稳定性；一个人对可替代的关系感知越强，他目前所处的关系就越不稳定。[35] 确实，从其定义而言，一个开放的性领域就是会给人们提供这样一份心智地图（mental map），让他们认识到自己可以备选的（和错过的）性机会。因为性身体或更刺激的性体验都是广泛可获得的，又因为存在着单偶制的规范，在家庭单位之外积蓄的性能量就会始终威胁着婚姻。56岁的以色列男性、目前担任一家非政府组织主管的吉尔，就为我们提供了一个例子。在接受访谈前，吉尔已经离婚十年了：

吉尔：我在情感上离婚比在法律上离婚要早得多。[沉默]
访谈者：离婚的原因是什么？你介意谈一谈吗？
吉尔：我觉得应该是从我爱上一个同事开始的吧。很久以前的事了。我记得当时我已经结婚九年了，和那个同事有了一段关系，非常强烈的关系。我没办法把这件事藏在自己心里，所以就告诉了我前妻。她接受了，都没怎么闹，很出乎我的意料。其实一开始她挺震惊的，但她还是想保住这段婚姻。实话实说，她比我更能接受这次出轨。因为自从有了这段婚外情之后，我对她的爱就再也回不去了。

访谈者：能说说这是为什么吗？

吉尔：就好像那段感情让我发现了以前从来都意想不到的一个激情世界。我对那个女人的欲念非常强烈。经过那一段之后，我就再也不能像从前那样继续婚姻了。我很爱我的妻子，但不是像爱那个女人那样。一旦尝过了热烈的激情，以前那些温吞恬淡的东西就让我意难平了。从此我和妻子的关系就一路滑坡。

在这段叙述中，一场情感事件爆发之后，一段可供替代的性关系摆在眼前，打开了这位男性的心智认知空间，让他开始怀疑自己婚姻中已经习惯成自然的那些平淡日常的情感。就像亚当·菲利普斯说的："总是会有更爱我的人，更理解我的人，更能勾动我性欲的人。这是我们选择单偶制的最佳理由，也是我们选择不忠的最佳理由。"[36] 而当性行动者在不同的公共空间和工作场所中，把自己的情感能量和性能量导向观看者时，则更加印证了这一点。在各种社会空间和场地中，这两种能量会导向不具名的他人。换句话说，性能量在家庭领域内外广泛而弥散地循环着，让身体处于在性上持续可获得的状态，而这损害了依然普遍存在于亲密关系中的单一排他的性规范。资本主义的工作领域和消费领域把性变成一种景观，变成无数碎片，引导它源源不断地流向潜在的旁观者和接收者，从而使这样的性分散给众多可能的他人。这大概也能解释，为什么当下50岁以上群体的离婚率变为十年前的三倍。原因不仅在于当下的文化鼓励行动者在几乎任何年纪都把自己视为性存在（sexual being），还在于行动者对可能有的性机会的感知增强了。"1990年，10位离婚者中只有1个是在50岁及以上离婚的。但是到了2011年，根据美国社区调查的普查数据，过去的12个月中，超过28%（也就是4个人里有多于1个人）的离婚者年龄在50岁及以上。"[37]

婚姻史学者斯蒂芬妮·孔茨（Stephanie Coontz）把这个"银发族离婚革命"（gray divorce revolution）的原因归结于他们中的许多人处在第二段或第三段婚姻中（统计证实，这样的人更容易离婚），并且许多人属于婴儿潮一代——这一代人也更容易离婚。[38]我则大胆提出一个假设：互联网约会网站的兴起解释了这种变化的发生，因为它们让传统上很少再有机会拓展社会网络的年龄群，能够真实可感地触摸到遇见另外伴侣的可能性。人们有可能在50岁以后还能把自己当作性身体，有可能在寻找新的性伴侣时拥有更多可供替代的选择，而正是这种可能性把人的性自我置于前所未有的突出地位。

性动摇稳定关系的最后一种方式，在于资本主义的工作领域会影响人的性驱力（sexual drive）。的确，研究表明，工作相关的压力会消减人的性欲。法国Technologia公司（法国劳动部赞助的机构）委托进行的一项研究显示，过度工作造成的压力和倦怠会让人易怒焦躁、快感缺失（anhedonia，即难以体验愉悦感），由此使人性欲减退。[39] 根据这项研究，有 70% 的企业中层干部表示，压力对他们的性生活起到了消极的作用。也就是说，参与对人的要求越来越高、越来越严苛的企业和组织，由此造成的压力会破坏消费资本主义所鼓励的这个过程：性作为人们经验的一个位面，在表达着自我和亲密关系最深刻的内核。还有一个出自"美国的人际关系"（Relationships in America）调查的间接迹象表明，经济领域的改变——对绩效的要求更高，关于未来的不确定性更大——也许会对性活动产生影响：

在爱德华·劳曼（Edward Laumann）及同事于 1994 年针对人类的性开展的那项具有里程碑意义的研究中，作者们指出：在 18—59 岁的人群中，1.3% 的已婚男性和 2.6% 的已婚女性在过去的一年期间没有性行为。相较之下，"美国的人际关系"调查（2014）报告的数据显示，20 年后，同年龄组中，4.9% 的已婚男性和 6.5% 的已婚女性上一次和配偶发生性关系的时间已经超过一年。虽然向研究对象提出问题的方式稍有不同，但这两个结果似乎表明，婚内性生活的不活跃度在过去的 20 年中呈上升趋势。从 1989 年以来一直采用同样的问题去测定人们发生性生活频率的"综合社会调查"（General Social Survey），其结果证实了这个趋势。[40]

"美国的人际关系"调查的研究者进一步猜想，导致趋势上升的原因可能是"习惯化"[i]。

但习惯化很难解释这一点，因为习惯化是从前的夫妻在性生活中一样会遇到的问题，影响的程度也不会比现在低。对此，我的推想是，工作领域的变化——压力增加、工作时间延长、职位的不确定性等——可能才是人们更偏向于选择前文讨论的不经心性爱，并且性活跃度降低的原因。进一步的（非直接的）证据可见于其他研究。劳拉·汉密尔顿和伊丽莎白·A. 阿姆斯特朗访谈的年轻女性们表示，她们选择发生不经心性爱是因为长期苦于时间不够用，而正式的关系又需要投入"太多时间"，所以她们更愿意把这些宝贵的时间投资在自己身上，让自己变成市场当中完全投入且具有竞争力的一员。[41] 这些女性把时间当作一种商品，把它投入到使自己在经济上和社会上出人头地的事情上去，这恰恰表明，性与投入工作的时间会相互争夺人们全部的注意力，无论不经心的性，还是正式关系中的性都是如此。此外，艾莉森·皮尤（Alison Pugh）研究中产阶级和工人阶级婚姻的重要作品《无根的风滚草社会》(*The Tumbleweed Society*) 虽然没有专门研究已婚人群的性，但证实了工作的不稳定性（比如，工作日程安排不确定、在就业与失业间频繁变动、始终存在着丢工作的风险等）会动摇婚姻内部的亲密关系。[42] 也就是说，不同形式的

---

i "习惯化"（habituation）指的是因为刺激反复施加，而使个体脱敏，对刺激的反应强度也逐渐降低的过程，类似俗语所说的"七年之痒"。

工作压力（竞争激烈的市场、工作领域对人越来越高的要求）都会直接影响性活动的形式和强度。最终我们可以发现，内嵌于共同家庭生活中的矛盾，就是在整体上困扰着一般关系的标志性矛盾：性和情感分裂开来，遵循着不同的路径，然而情感只有通过性才能立足。当性减少了、被外包了，甚至不存在了，人们就会开始怀疑原先开启这段关系的那些情感。这个矛盾会产生不确定性、冲突和紧张对立，并迫使伴侣双方怀疑、修改自己的情感叙事。在此，人们之所以"不爱"，是因为他们难以把自己的情感和自己的性身体调和一致。

消费客体：从过渡客体到退出客体

第四章中我们讨论过，性主体和情感主体使用消费客体来塑造自己的主体性，塑造人们对自我、对亲密关系的公开操演。各类客体和依附于客体的品位所组成的世界，可能会成为紧张、冲突、分歧的来源。下面这个例子来自43岁的英国经济学研究者苏尼尔：

> 苏尼尔：离婚之后，我约会过的女人有很多，呃，简直是太多了。但要找到对的那一个，就非常困难了。一开始她们都看上去很不错，但是继续处下去的话，最后总是会出现各种各样的问题。比如有这么一个我一度十分痴恋的女人，我们一起同居了三年。我是真的很喜欢她，也会非常认真地对待她，甚至差点就跟她结婚了。说实话，我跟她的同居生活就跟夫妻生活没两样。但她的饮食习惯非常奇怪，比如说不吃麸质，不吃糖，不吃青菜，不吃扁豆，不吃香蕉，差不多什么都不吃。一起做饭的时候简直了……做饭这件事，从来就没有像为她下厨那样让我倍感折磨。一开始我还很尊重她的需求，可是当我一问到她为什么这不能吃、那不能吃时，她就有情绪了。到后来，她因为反流性食管炎去看消化科，医生直接就跟她说：你之前把钱全都砸在养生的伪科学

上，全都是伪科学，你从来都没做过正规检查，也没确定你的病症，你根本就没有来医院诊断自己到底是不是麸质不耐受，你都是自己给自己诊断的，还花了无数冤枉钱。那天是我陪她去看病的。听医生这么跟她说的时候，我有一种非常诡异的感觉。突然间，我就不爱她了，就是在那一刻，在那间诊室里。从前跟她发生的全部争执都瞬间涌了出来。

访谈者：为什么？

苏尼尔：因为我彻底看清了，她根本不尊重科学。而我尊重科学。我看清了，她相信一些稀奇古怪的东西。就在那一刻，我对她抱有的信念瞬间消失了，就好像我再也没办法认真对待她了一样。要是她不把医生的话当回事，把所有的钱都花在古怪的饮食习惯和伪科学身上，我就没办法再尊重她了。

这位男性使用了一套顿悟（或转折点）模式的叙事，来解释他对前任伴侣的消费（把钱花在"伪科学"上）和有意识的不消费（比如不购买"麸质"之类的食物）的反感和疏远。正是她的消费品位经过某种评估机制之后（"她的消费品位表明，她不尊重科学，所以我不能再重视她的价值了"）让他对她的爱到此终止。身为科学家，他把科学放在自己主体性的核心位置。因为人们的亲密性在客观世界中依靠消费客体和消费实践来锚定，所以有分歧的消费品位就无法履行在共同活动中锚定情感的职责。萨福兰·弗尔的半自传小说的叙述者兼男主角雅各布见证了客体和品位对拉近或分离两个人所起到的作用。雅各布在心中盘算着一枚他想买给妻子的胸针："这胸针够好吗？买它有点冒险。现在的人还戴胸针吗？是不是造型太老气了？它会不会最后只能躺在首饰盒里，再也不见天日，直到某一天当传家宝传给某个孙媳妇，好让她再度放进首饰盒里，放到某一天再传给谁？这么一块小东西卖 750 块美元合适吗？他担心的不是钱，而是买错东西的风险，还有尝试过最后却还是失败的尴尬，毕竟伸直的胳膊和腿比弓着的更容易掰折。"[43] 在这枚胸针当中，浓缩了用客体来包含和表达某些关系的微妙方式。

在婚姻中，品位普遍发挥着作用，不仅仅因为它让两种不同的主体性可以围绕着一个共同的客体世界组织起来，也因为它是行事之道（how things are done）的焦点。法国社会学家让-克洛德·考夫曼（Jean-Claude Kaufmann）那本针对夫妻的研究著作，读来引人入胜。书中提出了"不满"（agacement，法语，英译为irritation）这个概念。[44] 考夫曼用丰富的例子记录下了什么会让夫妻在日常生活中感到不满。考夫曼在询问不满的来源之后发现（虽然没有真正理论化所发现的事实），对于不满的产生，客体起着非常显著的作用。他在书中记录了一张桌子的例子，它的风格惹恼了其中一位访谈对象的丈夫，最后变成了他们婚姻冲突的来源。[45] 考夫曼没有注意产生这些不满的历史过程和文化过程，而这些不满实则可以被理解为在 20 世纪，特别是自 50 年代起的时段内，持续生成的消费主体性的结果。这种消费主体性是围绕着人们的品位彰显和自我表达所组织起来的，而这两种活动都是通过客体并在客体之中发生的。换句话说，客体既是双方情感的交汇点，也是把控情感分歧的平台。自我受到日益增大的压力，必须通过消费品位来定义自己，更是印证了这一点。一篇发表在《世界报》（Le Monde）博客平台上的文章曾经讨论过，为什么家具制造商宜家（IKEA）会造成伴侣之间的紧张和争吵。这是因为宜家提供了很多可以组合甚至重新组合家具配件的机会。存在如此庞大的消费选择及其组合的后果之一，就是会鼓励消费者形成自己高度特异性的品位。我们已经在第四章讨论过，品位的动力是一种主体化的动力：通过品位的培养，自我得以体验自己的独一性。越特异的品位就越难处理、越难得到满足，从而更有可能成为压力的来源。宜家的产品目录就承认了这个事实，甚至试图以此牟取利润，比如说，它会建议消费者买两张沙发，来适应夫妻二人不同的品位："一切问题都事关妥协。你喜欢软沙发，他喜欢硬沙发，不如一次带走两张沙发，从此就能享受和睦的幸福生活。"[46] 不仅选择客体的问题会导致冲突，处理对待客体的方式也会引发不满和对立。

考夫曼谈到了"牙膏的象征"，指的是人们对待牙膏的不同方式会引发可大可小的不满（用完之后怎么盖盖子、放在哪里、怎么让牙膏立着、怎么挤出牙膏等）。也就是说，商品是持续产生不满的来源，这既是因为主体把他们的自我感与客体联系起来，也因为消费实践提供了两个主体相遇、互动、缔结纽带的平台。因为商品已经成了一种过渡客体，人们围绕着它们来组织情感和关系，[47] 所以它们也可能会变成在关系中造成紧张对峙日常反复发生的症结所在，让人们惶惑于要如何定义自己、在哪里定义自己，并创造出一种既关注日常生活的琐屑层面，也影响到主体性最深层次内核的"累积式"压力。一位 60 岁的女性回忆结婚 12 年的丈夫（双方都是第三段婚姻）跟她离婚时给出的理由，说了这么一条："（他说）我们没有共同爱好的活动，他喜欢野营，我喜欢逛博物馆。"所以，虽然传统上人们把这个客体的世界当作天经地义的存在，认为它以非常不引人注目的低调方式在支撑着人类的行动，但消费文化和消费实践已经使客体变成人们主动做出的自我表达，从而让客体作为"行动元"（actant）被摆在突出的位置上。这种"行动元"构成了双方的不同主体性及其关系，也为它们起到媒介的作用。这里所说的"行动元"是借用了这个术语在叙事学上的意义，指的是叙事的一个结构性的组成部分，它让叙事得以向前推进（行动元不必是人，也可以是物／客体）。[48] 它也具有行动者网络理论（actor-network theory）所赋予的意义：一个能影响行动进程的实体——无论这个实体是人还是物，抑或是观念。[49] 作为行动元，客体和消费模式也有可能变成引发责难的场所。55 岁的以色列律师戴维说：

> 没错，确实有那么一个时刻，我对她的爱就此停止。但爱的消失是一个缓慢的过程，由无数个我感到分歧的时刻组成。我还记得我太太花大钱办了一张昂贵的体育俱乐部会员卡，但从来没去过。我跟她说："把会员卡取消了吧，每次去的时候买单次卡，这样更划算。"但她根本不听，还像平

常一样大发脾气。她说她要留着卡，这样有的选，可以自己决定去不去。她的一切都要有的选。现在我们离婚之后，我理解了她离开我的原因，其实就是她以为自己能掌握所有的选择权。但她并不能。她现在还是单身，虽然有一大堆选择。

戴维和妻子理解消费的方式是不一样的：她想买的，是"使用的权利"，而他只想让她买一次实际的使用。这张没用过的会员卡就变成了他们之间持续的争执和最终离婚的象征。在他的讲述中，她的消费主体性——想要拥有选择——就变成了他的"不爱"叙事的支撑点，也就是这段叙事中的行动元。

社会行动者以持续更新、持续精进、持续改变的模式，体验着他们的消费自我，在这种情况下，消费客体的行动元属性（actantiality）在亲密纽带中就体现得更加普遍了。也就是说，消费客体和消费实践构成了自我叙事最主要的部分，即自我如何感知自己的变化和进步，而这个过程按照我在第四章给出的定义，可以称为"精进"。自我的精进可能会危及原先同意的"契约"，危及对伴侣价值的感知——当然，在许多例子中它也确实真的威胁到了。55岁的德国历史学者克丽丝塔讲述了她的经历：

> 我和丈夫维持了13年的婚姻。我们选择结婚，是因为当时非常相爱，婚后还生了两个孩子。我丈夫原来是策展人，当时我对他的工作非常有兴趣，常常和他一起谈论艺

348

术、绘画、建筑等。但到了某个阶段之后，他就停止了自我教育。我一直保持着阅读的习惯，一直在学习新东西，对新事物保持兴趣，但他却原地不动，没有任何改变。哪怕到今天我和他已经离婚 10 年，他还是那个样子，完全没有成长。

"成长"要求主体性能持续不断地吸收已经整合在文化能力中的新客体和新形式的知识。但这里的文化能力，也遵循追求新异、保持更新这个支配消费文化的逻辑。当不同的个体不能以同样的方式来适应"精进"或更新换代的要求时，伴侣的彼此评估就会被破坏，作为两个主体性之间相互接触平台的消费实践和消费客体的行动元属性就会被改变。一旦一方的主体性通过新品位的培养而达成精进，那它就会感知到彼此的情感世界和心理世界已经格格不入——所谓的独立的情感和心理世界其实往往就是消费世界——由此，从关系中抽身而退就会发生。因为消费客体形构着人的自我感及其随时间展开的演变，所以这些客体也有能力破坏情感被组织起来的方式。消费的精进在人们分离的过程中发挥了中介的作用，而它似乎也是一个人的分离感所依靠的外在化、客体化的锚点。

自主与依恋：分歧无解

在第五章中，我用很大的篇幅分析了自主和依恋这两大理想之间的张力。在心理学家看来，这种张力是内在于人类心理之中的。然而，就算这种张力是自我的某种普遍的属性里固有的东西，它在文化上也是以不同的形式出现的。的确，在当代资本主义社会中，自主与依恋之间的张力在资本主义的工作领域和家庭领域之间的分野中已被广泛地制度化，而工作家庭的分野本身与男女性别身份的划分是重叠的——自主标志着男性特质，依恋标志着女性特质，并且工作家庭的分野还在再生产着性别角色的划分。在资本主义市场中，人们需要持续展示自己是自立自强、创见独到的，能对自己的目标和兴趣保持持久的专注，并且不在意他人的目标和兴趣，以此来不断地确认自己的自主性。另外，依恋是在家庭中被制度化的，而家庭主要承担的是情感的使命和职能。

有一篇文章讨论了想要与女性约会的单身男性所处的美丽新世界，它为这种男性特质的自主性提供了一个例子："（他的）前任女友们都抱怨过他的生活方式，重点提到了他太爱看球，爱去看演出和泡吧。"[50] 文章介绍道，这位男性永远逃脱不掉被伴侣甩掉的命运。自主性开启的这种情感风格，已经变成了已婚的伴侣关系紧张对立的来源。

我的访谈对象马可今年63岁，美国人，目前在一家以色列高科技企业担任CEO：

　　我第一个老婆跟我离婚的原因是她有双相情感障碍。她躁狂发作的时候相当吓人。她会丢东西砸我，朝我大吼大叫，对我和孩子们都非常凶。我们的离婚拖了很久，过程很艰难。我花了很长时间想明白我的婚姻是怎么搞的。在离婚之后，我又花了不少时间才想开始一段新的感情。其实，在我跟前妻还没离掉的时候，就认识过这么一个女人。当时我对她有一点心动，但也没有任何行动。我们差不多是一个圈子里的人，但是相处很久也什么都没有发生。结果我一离婚，就立刻开始跟她约会，我就感觉自己爱上她了。没多久我就问她，要不要跟我一起过，然后我们就真的住在一起了。我们一起同居了差不多七八年，但最后还是没成。［沉默］一开始她真的很可爱。但她需要我时时刻刻做出表示，证明我还爱她。要是我回她短信的速度不够快，或者忘记了初吻的纪念日，或者注意力没放在她身上，她就会大发脾气。她心中总是抱着各种各样的期待，我真的不知道该如何应对，这让我很烦。我想我大概是真的不知道该怎么回应这一类的需求吧。我跟她说话越来越少，自己待着的时间越来越长，更多时间都待在办公室里，或者跟朋友们一起。到最后，我真的一点都不想和她相处了。多遗憾啊，毕竟一开始我那么喜欢她。其实最初的三四年我们过得很开心，真的不知道怎么搞的，为什么会变成这样。想想真的很奇怪，感情在不知不觉中就改变了，就好像你们吵了一次架，或者让她失望了一次，然后又有了下一次吵架、下一次失望，但你都没有意识到，这一次次的吵架或失望，都会给你造成一些影响，你的快乐或希望又会流逝几分，因为你会开始预期下一次吵架，会准备迎接下一次失望。也许是她变了？还是我变了？累积到一定的程度之后，我真的没有办法处理这种常常辜负她的感觉了。我没办法回应她的需求，但我也不想再看到她眼里流露出的失望和受伤了。

在这个故事里，马可和他的伴侣演成了一种"典型"的男女差异：他的伴侣想要一种高强度的关系性，而他则更想要一种有边界的自我感，要和她的自我感区分开来。[51] 虽然在工作领域中，男性的权力遭受的挑战来自平权行动（affirmative action）和同工同酬的政策，但在私人领域中，男性权力受到的挑战，是质疑男性在关系中是不是表现得够自主。这里的自主就是确认一个人的自我，反抗他所感知到的社会义务和责任。马可的伴侣表现出了一种高强度的情感风格，这种情感风格遵循的是一种已经高度脚本化的情感本体论，让她编定出一套关于什么才是正确的情感、如何表达正确情感的脚本。而这种高强度的关系性在马可的经验中，就是一系列不得不遵守的义务，而这阻碍了他自己本真自我的表达，甚至威胁着他的自主性。就像哲学学者马克·派珀（Mark Piper）所定义的："自主性，就其最一般的表述而言，指的是一种自治或自决的属性，因此，自主的人，就是在某种意义上根据一种能够把握住她的本真自我或真实自我的自我概念有效地管理自我的人，而自主的行动指的就是这种自我管理的行为。"[52] 自主性的理想要求一个人把他的生命活成对自己最在意的东西的表达。[53] 男性的社会能力就体现在他们对自主性的展示上，女性的社会能力则是一种照护伦理的操演，体现在高强度的情感交换之中。对不同的性别来说，自主与依恋是两种充满分歧的自我理想，且它们之间的分歧无法弥合，因为它们表达的是不同形式的社会能力。

在美国一所大学任教的物理学家理查德给我们展示了另一个相似的例子。他在五十出头的年纪刚刚再婚：

理查德：虽然是第二次结婚，但并不比第一次更容易。我和前妻会吵架，和现在的老婆还是会吵。

访谈者：你能说说都吵些什么吗？

理查德：现在还是从前？

访谈者：先说说从前。

理查德：从前我前妻一直觉得我不尊重她的需求。如果我想做或者做了什么事情，跟她想做的事情不一样，她就觉得我不尊重她的需求。跟她在一起越久，就越要尊重她的需求：她怀孕的时候，工作的时候，失业的时候，她母亲过世的时候，我们的生活全都是关于她和她的需求，可她还是批评我做得不够。真的要被她逼疯了。我跟她解释，说即便我有跟她不一致的需求，也不代表我不尊重她，我不能时时刻刻以她的需求为准。但她就是不这么看。对我来说太难了，因为我是很想结婚的，我想有一个完满的家庭，但是我们婚姻的一切都是在服务她，服务她的需求。所以我受够了，就跟她离婚了。大概离婚让我们双方都解脱清静了吧。

理查德选择的退出，再度确认了他经受威胁的自主性。虽然我访谈的样本并不具有代表性，但还是能得到一个有意思的观察：对男性来说，比起发声与伴侣讨论，他们似乎更倾向于选择退出，比起参与一个复杂的情感协商，他们更愿意选择离开。因为按照文化脚本的规定，"发声"——表达出自己的需求——是在显示自己的脆弱，会对自我的边界构成威胁并进而危及人的自主性。在此我们应该注意到，自主性为人们规定了一系列社会技能，也规定了一种对男性身份至关重要的社会能力。自主性不仅仅是一系列心理上的特性，而是社会能力和道德身份的操演。下面的例子就展示了这样两种不同形式的道德能力所发生的分歧。我在前文中征引过的阿诺这样讲述自己的离婚：

> 阿诺：我是在诊断出四期前列腺癌之后离婚的。对于我这个变故，我的前妻其实是很同情的，但她的同情有些过度，甚至让我有一些生理性的恶心了。她当时对我，怎么说呢……关怀备至吧，但其实在那之前，我们一直在吵架。突然间她就变得特别温柔，特别同情，你懂那种感觉吗？我真

的很受不了。那些怜悯都让我觉得更不舒服，只想一个人待着。我真的承受不了过度的同情，就好像我们之前的婚姻有多好一样。我跟她明明感情不和已经很久了。但是这次罹患癌症的经历大大加速了关系的破裂，不多久我们就离了。

很明显，他前妻表现出的关心———一种对照护伦理的表达———威胁到了他的自主性，让他甚至想独自面对身患的重病。

自主和照护这两种自我理想艰难无解的程度简直不相上下。52岁的以色列政治咨询分析师内奥米已经结婚18年。在第一个孩子出生以前，她说生活事事都还可以，甚至算蛮不错。可在孩子出生后，她明白"一切都不是那么回事了"。

访谈者：你明白了什么？

内奥米：我明白了，他从头到尾都根本算不上我的伴侣。他一直工作，工作，工作，根本没有跟我一起抚养孩子，也没有为我们共同的家付出过什么。他只知道工作。我明白了，他不是我的伴侣，这些事情我都要独自面对。

访谈者：你明白了自己要独自面对。

内奥米：呃，这不是一种单一的感觉，其实包括了孤独、愤怒、悲伤，甚至是背叛——没错，他背叛了我们的友谊。我们结婚之前是最好的朋友，不管做什么都永远在一起，就算有时不在一起，我们也知道，我们可以自由自在地做自己想做的事。但有了孩子之后，这些事情都强加在我身上了。我得带孩子，而且是一个人带，就好像没有他一样。他还有畅游花花世界的自由，但我就得留在家里。这种感觉就是背叛。

内奥米描述了情感的亲密性是如何呈现为一种处理关系的道德正当性的。她表达了一种想和丈夫共同分担育儿任务的情感规范，但这种情感规范会有损丈夫在工作领域中对自主性的要求。现代的企业越来越贪婪地要求劳动者投入更多的工作时间，这反而助长了内奥米的丈夫对自主性的主张，减少了他在陪伴和照护上的付出，还影响了内奥米认为他们的关系应该优先于工作的道德观念。所以，他们之间的冲突是两种自我道德观的冲突，是工作场合的自主和家庭中的照护之间的冲突。这种冲突反过来又会影响双方对自我价值的定义。

情感本体论和非约束性情感契约

在资本主义经济体中，需求具有增殖的倾向。实际上，消费资本主义之所以能够实现，只能通过需求的增殖和扩张才能达到——无论那些需求是真实的还是虚假的。我们通常会认为这些增殖的需求是物质性的（比如，购买新技术或汽车），然而20世纪60年代后的资本主义最独特的一面，就在于心理或情感需求的增殖。因为消费经济已经渗透了主体性最深的裂隙，所以资本主义发展出了一种十分独特的商品：情感商品（我称之为"emodity"[i]），[54]指的是去购买能够改变或改进一个人情感构造的服务。这个层面的资本主义鼓励男男女女都把他们的自我看作各种情感属性的集合体，其中的每一种属性都有待向最大化推进。关系一直都是情感商品最主要的容纳所，为了形成关系，也为了维持或增进关系，我们会在关系中大量消费情感商品。关系遵循着我们所说的"需求的弧线"（arc of needs），而这个弧线的起伏程度在逐渐加大：现代的自我视自己为一件持续创作中的未完成的作品，自我本身和自我的表现都需要不断改进，在自我满足和需求实现这两个层面上被裹挟着不断前进。反过来，未被满足的需求则为情感的疏远提供了情感基础。"最初的距离是亲密，亲

---

i 即"情感商品"的英文 emotional commodity 的缩合。

密的人就无法克服摆不上台面的那些需求带来的羞耻。"[55] 因此，在消费文化中，需求的增殖不仅意味着需求变得很多，而且表示它们的强度和关注的重点都在进化，而这些需求甚至还构成了自我性的基础。心理治疗的话语和实践也帮助需求实现了增殖，因为它们为人们提供了一套系统阐述自己情感需求的技能，并使这些需求成为关系双方协商、拉扯的对象。

女性拥抱心理治疗的原因有以下几点：因为女性是照护的提供者，所以人们托付女性承担在学校、婚姻咨询，乃至整个一般的个人关系中照管"心理问题"的重任。而心理学的技能是通过其他手段来实现"照护"的方式。此外，比起男性，女性对自己和她们所处关系的监控要密切得多，因此她们也是心理治疗最主要的客户／病人／消费者，而她们接受心理治疗，是为了通过改善心理状况和提升处理关系的技巧来监视自己。在这个意义上，心理治疗就是一个矛盾的社会现象：通过提醒女性去监控自己、照护他人，它助长了社会对女性主体性的控制；但它也给女性提供了一种社会能力（也可以说是性别能力），也就是让她们能够关注自我和他人情感，并塑造出在情感上表达得十分充分的关系性。因此，我们必须把女性对婚姻（或一段稳定的恋爱关系）中的自我和双方关系的情感监控作为性别差异和关系的一个层面来理解。

第四章引述过的贝雷妮丝这样解释她的离婚：

贝雷妮丝：你问我是不是有哪一个事件导致我最后离了

358

婚。但对我来说，离婚其实是一个漫长的过程。不是一个单一的事件，而是一连串的事件。不过，如果我一定要想出一个事件的话，还真的有这么一件事，确确实实让我和他拉开了无法消弭的距离。很多年以前，在我去剧院上班以前，我很想给自己租一间工作室，做一些艺术创作。那个时候他有工作，我无业，只能待在家里带孩子。孩子大了之后，我很想有一间自己的工作室可以搞搞我的艺术。我们俩算是能够负担得起工作室的租金和成本，只是势必要在其他方面做一些牺牲。他直接拒绝了，说这笔花费太大了。我当然知道，靠他一个人的薪水来养活我们一家子确实很不容易。我虽然理解他的道理，但就是很讨厌他不答应。我觉得他背叛了我。他甚至都没有提议先试一试，看看是不是能够应付得来。这个工作室对我自己的发展很重要，但在我看来，他完全不在意我能不能发展。我也不是要从此开启艺术的职业生涯，只是有一种冲动，去画一画我想画的东西，去创作一些作品。自此以后，我就再也没有像从前那样爱他了。因为他连帮我去追求对我真正重要的东西都不肯。

贝雷妮丝的情感需求有一个实际的支撑：一间工作室。她把自己看成是一个需要通过培养新品位、新活动获得发展的存在体，而这反过来又创造出了新的需求——既有情感需求，也有物质需求——因此改变了支撑着她和丈夫婚姻的初始契约（丈夫在外工作养家，她照护家庭和孩子）。她丈夫拒绝租赁一间工作室，对她来说就变成了一起情感事件，一个她在情感本体论的框架中解读出来的转折点，一系列对她来说真实存在的情感需求。她的欲望、需求、品位的转变与发展，她的前夫都没有参与其中，因此她就会通过前夫的拒绝所催生的一系列新情感，来质疑和评估这段关系。

个人意志的精进，是消费和心理治疗（心理治疗就是一种无实体的情感商品）这两种强大的文化力量造成的结果，而这两种力量都尤其吸引女性，女性在其中也尤其活跃。消费文化和心理治疗的内在动力交汇合一，迫使主体——尤其是女性——将注意力集中在他们的意志和欲望上，把他们的自我变成了由各种被他们阐述得越来越清晰的偏好组成的一个集合体，而这些偏好都在表达着他们内在的情感自我，因此变得越来越难以满足，难以驾驭。所以，共同的生活就不是共度同一个情感流的经验，而变成了具有不同需求、不同欲望的两个分歧的意志之间的拉扯协商。再次引用萨福兰·弗尔小说中的叙述者所说的话："朱莉娅和雅各布家庭生活的特征，变成了解决一个个分歧的过程，没完没了的协商，还有无数微小的调整。"[56]

由多种心理学学派共同浇灌而成的心理治疗技能，一直是人们塑造这种协商和调整所使用的主要文化工具。心理治疗对亲密性有三大影响：第一可能也是最重要的影响，是它提升了人们对自我价值的意识和门槛，使愤怒成为人们应对自我价值遭受威胁时的正当反应，并且提供了一套保障自我价值在情感互动中安然无恙的技能（要自信坚定，要爱自己，不要焦虑）。在心理学家的带领下，婚姻已经发生了一个重大的改变：表达愤怒开始有了正当性。弗兰切斯卡·坎奇安（Francesca Cancian）和史蒂文·戈登（Steven Gordon）指出，在整个 20 世纪，作为一种自我实现的爱，其规范和在婚姻中表达愤怒的规范，二者是紧密联系、齐头并进的，这表明了一个矛盾的现实：对爱的社会期望增加了的同时，愤怒的表达也增加了。[57]第二个影响在于，心理治疗的主体开始能够自觉地意识到他们的情感，不管是被压抑的还是明显表达出来的情感，而这一点是通过标注[i]的过程实现的（"我生我丈夫的气已经很久了，但我一直没有意识到"）。一旦在人的意识中把情感摊开来讲明白，它就变成了人与人之间相互主张和协商的对象（"想办法来减少愤怒"）。

住在波士顿，今年 63 岁的心理治疗师海伦娜，就以这样的方式讨论了她与丈夫的情感疏离和她遭受的婚姻危机：

> 我觉得我是在开始新的心理疗程之后，才开始体会到（情感疏离）的。我以前也做过很多次心理治疗，但这次特别有效。现在我对自己的认识加深了很多，就好像这些年我努力压抑的一切都已经宣泄出来了。本来我接受这次心理

---

i 情绪标注（affect labeling）或译"情绪标签"法，是心理学家教人们应对情绪，特别是负面情绪的一种方法。用著名心理学家马修·利伯曼（Matthew D. Lieberman）的论文标题总结，就是"将感受变为文字"（putting feelings into words），也就是通过"愤怒""悲伤""无力"等情绪标签词来描述自己遭遇的情感刺激或情感事件。心理学家们认为，将情感转化为文字有助于管理负面情绪体验。

治疗的目的是减轻我的抑郁，但治疗之后我感到了更多的愤怒。因为我开始感受到，我曾经有过这么多需求，却都没有得到满足。

和海伦娜的例子遥相呼应的是住在以色列的医疗工程师，49 岁的丹妮拉：

> 我一直有种感觉，好像他并没有真的跟我在一起一样。他通常不会支持我，不会支持我理解这个世界的方式，在各种事情上一般也不会站在我这边。但我们的婚姻还在运转着。我是说，我和他有家庭、有共同的朋友，我们也会一起旅行之类的，这些都在正常地运转着。但有一天，大概是五六年前吧，我很想去看一下心理医生，因为那时我一直焦虑发作，所以最后就去了。去了我才慢慢意识到，和他的关系就是我最大的焦虑来源，我才意识到其实自己根本感觉不到他的任何支持。外在的我还跟以前一样，做着同样的事情，但真正的我已经改变了。我再也受不了像以前那样，得不到我想要的那种支持了。所以之后的某一刻，我也不确定具体是什么时候，也许是我女儿去瑞士学厨艺的时候吧，我下定决心，决定不继续留在这段婚姻里了。因为我感觉这段关系压得我喘不过气。

在这个故事里，心理治疗最直接的影响，就是让那些"被压抑"

的需求和情感浮现出来。它为这些需求和情感提供了一个标注、一个框架，从而把这些情感整合进一个叙事当中，而通过这个叙事，就能在回顾中意识到婚姻的困苦。心理治疗巩固了一种叙事，赋予了这种叙事高于其他叙事的特殊地位；它把以非反身性的情感过程为基础的关系，转变成一种反身性的、有自觉意识的关系；同时，在治疗的疗程中，围绕着一个变得有意识的、通过语言表达出来的、阐述清楚的情感支点组织起治疗对象的自我。总之，心理治疗帮助人们去经历一个精进自我及其情感的过程，让女性更加充分地意识到自己的需求和价值。就像家庭社会学者奥利·本杰明（Orly Benjamin）说的："妇女发起的运动，尤其是这些运动在心理治疗行业领域内引发的共振，带来了一个转折点……：个体、家庭和伴侣所寻求的心理咨询开始支持自我肯定，支持人们摆脱讨好他人的行为，支持自我发展。"[58] 海伦娜和丹妮拉都在接受心理治疗之后，建立了新的自我价值的门槛，而这反过来动摇了她们婚姻中隐含的规则。心理治疗的目的主要就是强化自我，由此鼓励了一种我称之为"超尊严"（hyper-dignified）的自我期许。超尊严的自我期许会让人开启防御策略，因为它鼓励人们持续地关注自我遭受的创伤。达娜是一名以色列女性，目前 46 岁，正在读博，由她提供的下面这个例子更清楚地展示了这个过程：

访谈者： 你能谈谈为什么离婚吗？

达娜： 因为我不快乐，而且不快乐已经很多年了。所以我带前夫一起去看了心理治疗。拉他去真的很不容易，但最后我还是拖着他去了。治疗起了点作用，但我还是觉得很不幸福，所以就决定继续治疗下去。这个疗程持续了六年，真正改变了我，改变了我对我那段婚姻的看法，让我明白了很多东西。

访谈者：怎样改变的呢？你能谈谈吗？

达娜：当然可以。当时我对自己究竟是谁没有一个清晰的认知。我非常依赖我的前夫来决定我们日常生活中的大小事情。其实这并不是因为我对周遭的事情没有自己的看法。我有的，只是很害怕说出来。我很怕跟他吵架，所以就顺着他来，让他决定一切。我的治疗师让我意识到，拥有自己的需求和看法完全不是一件错误的事，可是当我真的说出来的时候，我发现他根本听不见，所以我只能继续沉默，继续当过去那个寡言少语的女人。所以，当我真的改变了自己的时候，当我意识到他没办法面对这个新的"我"，希望我继续做那个被动、安静的妻子的时候，我的内心剧烈地转变了，差不多算是停止了和他进行的一切有意义的互动。我也不知道这种状况到底是什么时候、怎么发生的，但就是发生了。我想是因为那个时候我太激愤了吧。当我害怕做自己的时候，我还可以爱他；但是当我不再害怕的时候，我对他的爱就失去任何实际的意涵了。

在这个例子中，心理治疗最终导向了一个全新自我的形成，而且是符合女权主义的自我观念的全新自我。这个全新的自我也是通过一种情感的本体论——意识到她潜意识中的感受就是恐惧——来实现的，而这个过程反过来改变了关系的框架，提升了她自我价值感的门槛，并向她提供了重新评估婚姻的重要工具。这位女性发展了她曾经被物化，而现在要求得到"尊重"的意志和欲求，由此，她获得了一种独立感。情感上的重新定义大大地改变了人的意志，因此这个过程向我们展示了，意志的精进，这个处在市场核心位置的机制，是如何对关系的初始契约造成破坏的。

情感能力和女性在关系过程中的位置

性，以及拥有选择的资格或替代选项的感觉，通过消费品位和心理治疗达成的意志精进，自主与依恋之间的冲突，在他人面前严阵以待来保卫自我价值感的需求——以上各种因素，在已经建立起来并且稳定下来的关系（婚姻关系）中创造了新的不确定性，由此产生出一个"不爱"的动力。性化、通过消费品位进行的价值评估、自主与依恋的冲突以及保卫自我价值的需求，都是以我在本章中所说的"情感本体论"为中介的。女性使用情感本体论来评估和批评关系的可能性要大于男性，因为这样的本体论就是处在照护伦理核心位置的那些社会能力。当然，不同的性别角色和性别身份在性与情感的领域中创造出了不同的位置，在婚姻中就可以反映这一点。而这些位置反过来又反映出女性在资本主义社会中的双重地位：她们既是为男性凝视所排名、消费的性行动者，也是执掌情感领域的照护提供者。总而言之，女性同时扮演了情感与性的能动者。在与男性的关系当中，她们或摆荡于两种不同的位置之间，或同时利用这两种不同的位置。

虽然我访谈的离婚者样本数量太少，尚不足以给出一般的结论，但在有限的样本中还是能得到一些有趣的观察：相比于离婚的男性，离婚的女性更少地诉诸顿悟型叙事，更多地诉诸积累或创伤型叙事，而后两种叙事类型都与时间性有着紧密的关联，因为它们是随时间而展开的，并且都是基于各种"理由"。这些理由反过来又多基于情感的本体论，也就是说，基于这些理由给人们造成的感受。这与本章开头所援引的那些关于离婚的研究所报告的结果也是相符的。

女性运用情感本体论的方法有很多种：她们会在互动中紧密关注自己的情感；她们在同一场互动中也会关注他人的情感；她们会命名瞬息万变的情绪；她们会提出自己期待中的情感要遵循的标准；她们会诉诸情感需求；她们手握高度脚本化的亲密模式；最后，她们很有可能会引导、监视、控制互动中的情感强度和情感表达，这也就是阿莉·霍克希尔德（Arlie Hochschild）所说的"情感劳动"（emotional labor）。[59]人们开始以情感本体论为基础提出情感主张、展示特定形式的情感能力、阐述情感期望，以及为互动提供社会脚本。一旦情感被命名、被监控、被应用于各种文化模式和文化理想中，它们就会变成某种"硬事实"（hard facts），某种实体。心理学的框架往往倾向于给人们提供自我叙事和自我目标，这些自我叙事和自我目标又为情感赋予了框架和结构，这个事实更是增强了情感本体论的作用。

因此，在女性的经验中，她们把自己的情感当作一个压倒一切的基础，来体验现实、自我身份和社会能力。下面的两位女性分属不同的世代，但在诉诸情感本体论的方式上却异常相似。31岁的法国学者埃弗利娜离开了陪伴她八年的伴侣：

为什么要分？倒不是因为他有什么问题。他人很好，几乎人人都爱，每个女人都想得到他，所以他现在跟我的闺密在一起也不奇怪。他就是那种很受欢迎的男人。可我怎么也感觉不到他足够理解我。他爱我，也欣赏我，但他不懂我。他眼中的我是一个神秘复杂的女人。每次我做出什么他理解不了的行为，他就会对我说："你太有意思了。"这不是我想要从他那里得到的反应。我需要他真正理解我是谁。我不想当一个神秘莫测的女人。我只想被理解。

和埃弗利娜同病相怜的是前文中引述过的海伦娜，一位63岁的美国女性。海伦娜说自己"结婚35年之后陷入了婚姻危机"，我问她为何如此：

海伦娜：托马斯（她丈夫）爱我，以他自己的方式爱着我，我甚至觉得他相当爱我。但我从来都没有觉得他真的特别在意我，或认识到我到底是什么样的人。

访谈者：你能举个例子吗？

海伦娜：很多很多年前，大概有20年了，我做过一次公开的讲座。讲座之后，他一直揪着我犯的一个错说个不停，其实就是把某个事件发生的时间说晚了五年之类的小错误。对整个演讲他只字未提，就只是不停地说我犯的那个错。这件事我一直忘不了，你懂吗？要么就是，我给自己买几件新衣裳，他看到之后第一个关心的问题是："花了多少钱啊？"或者，他会在我生日的时候送一些要么我用不上，要么我不喜欢的东西。我真觉得，他眼里看不到真正的我。他不了解我的品位，也不知道如何回应我深层的需求。

埃弗利娜和海伦娜都展示了一种清晰明确的情感本体论，一种对情感需求——比如要以某种特定的方式"被看见"，要被理解，要她们的自我被认可——的感知和定位。我们应当确定的是，这样的需求处在一个人的主体性最隐蔽的深处，而且每个人的需求都不尽相同，他人更是无法轻易触及。只有经过精细的语言表达和复杂的协商工作之后，这些需求才能得到回应。这样的需求源自照护的伦理，因此具有道德要求的迫切性。

有些女权主义哲学家批评照护的伦理，认为它没能把自主性灌输给女性，也就是说，它没能为女性赋予这样的能力，让她们在自我定义的尊严感的界限范围内追寻自己的目标。可是，当照护伦理是基于情感本体论时，它却带来了完全相反的影响。结合了自我认知和自我管理等心理治疗技能的照护伦理，会让女性意识到自己的情感能力，因此它包含了女性的尊严和本真性，甚至会把它们放得过大，而女性的自我意识和自主感最终会由此得到提升。通过情感来保卫自我价值感，也就成了女性在关系中呈现自我、管理自我的第一要务。一些定量研究也证实了这一点：

"感觉不被爱"是两项研究中的女性受访者都常常提到的抱怨［在"加州离婚研究"（California Divorce Study）

中报告这一项的女性受访者占比 67%，"离婚调解项目"
（Divorce Mediation Project，DMP）则是 75%〕。对于配偶轻
视自己的敏感度，在过去 15 年间有了显著的增长。"加州离
婚研究"中有三分之一的女性报告了这一项，而在"离婚调
解项目"中更是有高达 59% 的女性指出自己被配偶轻视。[60]

现代性中的浪漫之爱最不同于以往的地方之一就在于，人们现在
会调动它来保卫主体的自我价值。于是，这种对自我价值的捍卫
会创造出它特有的情感规范，也就是说，它会建立一个内在的参
照点，让人们以此来评估一段关系或一次情感互动。心理自我是
从自我的独特内核（关系或情感会让每个个体产生什么样的感
觉）以及一系列元情感规范（meta-emotional norms）出发来经营、
处理关系的。所谓元情感规范，就是关于情感的规范（例如，
"你让我有负罪感是不对的""要是我跟你在一起的时候没办法悦
纳自己的话，那我一走了之完全没有问题"）。讽刺的是，这也正
是情感冲突如此棘手的原因。现代性中的个体，尤其是女性，从
普遍的心理治疗和心理自助文化中学到并发展出了自己独特的情
感规范性。个体现在会以他们个性化的情感为基础来开展互动，
并评估这些互动是否满足情感，有时还因为不满足情感而解除这
些互动。

我在前文中已经质疑了身体和性作为支撑关系的基础，特别
是它们在进入关系和评估关系的过程中所起到的作用，而以情
感作为监控关系的基础也同样不可靠。哈里·法兰克福（Harry

Frankfurt）指出：“关于我们自身的事实并非更加可靠，也并非更经得起怀疑论对它的瓦解。我们的本性确实是不稳固的，令人难以捉摸，与其他事物的本性相比，它是出了名地更不稳定，更不固有。”[61] 情感本体论并没有真正认识到，以脆弱不定的情感为基础建立关系是有困难的。在互动中，人们常常避而不谈情感，因为当这样的互动处在未命名的状态时，它就能行进得更加顺畅自如。如果人们关注情感，那他们就很有可能在互动中变得更加自觉，[62] 会把注意力放在互动的一个维度上，而忽视了另一个维度。因此，为情感命名就是一种把情感转变为某种程度的“硬事实”或某种事件的文化行为，而这些事实和事件又必须在关系中得到重新处理。威廉·雷迪（William Reddy）所谓的“衔情话语”（emotive）——某种情感表达，它可以塑造和改变互动——就由此固定在话语之中，而情感的主张在那些话语中获得了基础、正当性和效力。当“我很难过你根本不在意我”或者“我没有感觉到你像我期待的那样爱我”说出口时，就会让情感要么变成一个事件，要么变成一种事实，或变成事件和事实，而这些事件或事实必须得到承认、讨论、处理，进而牵动自我去改变其最无意识的习惯。

法国金融专家克里斯蒂安·沃尔特（Christian Walter）曾讨论过“需求的量子理论”（quantum theory of needs），指的是在做决定之前，人们并不知道自己的需求，而不同需求是相互对立的，因此整个决策过程都是不确定的。在沃尔特的观点中，向主体揭示自己的偏好，其实往往就是他决定或选择的过程。这个理论向我们展示了一种对选择和决策的不同看法：它们不是人的自我和心理的必然组成部分，而是一个在互动的过程中逐渐展开的属性，一个主体在阐述自己偏好的同时，也在塑造和发现这些偏好的动态过程。这和经济学认为主体是理性人的假设完全不同，也与心理学认为主体只要悉心感受，就能有效地发现自己的需求和偏好的观点截然不同。实际上，沃尔特主张，往往就是介入这个做选择的过程才让主体发现了一个其原本并不知晓的偏好。类似地，我们也许可以认为，需求不是固定的，而是在情感本体论——心理话语和叙事——之中形成的。

*

本章最重要的论点，也许是在离婚之前出现并最终导致离婚的"不爱"，其实同样是那些塑造着无承诺的消极关系的社会力量造成的结果。这些社会力量将人们推进了逆转的磁场之中，让人们相互排斥远离，而不是相互吸引。

上面提到的所有主题都向我们表明，我们说的"不爱"有很大一部分是被自我在资本主义社会中所处的位置决定的，它让主体难以独自确定自己的价值。价值是通过四种不同的场域而得到确定的：性化、消费对象和消费实践、经由退出关系而确认自主性的能力，以及情感本体论。有鉴于此，价值就被爱施展于私人领域中的方式不断地拷问着。但价值也在进入和离开关系时强迫性地、持续不停地展演着，让自我价值越来越具有一种"零和"的结构。于是，在自我的经验中，自我本身会因为性、欲望、消费身份和情感确定性而深深地依赖他人，因此自我所体验到的亲密和婚姻就变成了一系列对自由的约束。这就造成了一个让人讶异的后果：离婚反而成为一条通向自由之路。很多人一生当中经历的最痛苦的事情，反而最终变成了另一种体验自由的方法。例如，某篇报纸文章讨论了作家妮可·克劳斯（Nicole Krauss）所述的她与乔纳森·萨福兰·弗尔离婚的经历：

> 从开始写作《乌有》（*Forest Dark*）[i] 至今，克劳斯始终苦苦思索的重要问题之一就是自由的问题，而她对此的理解在过去的四年中已经发生了天翻地覆的改变。她说，在意识到自己可以离婚的那一刻，"一想明白我现在面临的选择，就是要教给我的孩子哪一种观念：第一，守住自己许下的诺言很重要，哪怕这会委屈自己，也不能使他人受到伤害；第二，给他们树一个榜样，告诉他们什么才是朝着自由，朝着幸福，朝着更宽广的自我意识而活——我立刻就没有疑问了。很明显我应该选择后者。很明显那就是我想让孩子们学会的"。[63]

---

i Nicole Krauss, *Forest Dark*, Harper Collins, 2017；中译本：妮可·克劳斯，《乌有》，施清真译，台北时报出版社，2020。

在她的讲述中，离婚不再是许多人经受过的那种肝肠寸断的痛苦，而是一个看起来十分迷人的标志，象征着自由——现代性的科学技术、心理治疗和消费为我们精心打造出来的那种自由。我们或许想知道，这种看上去很美的自由究竟有几分真实。

结语　消极关系和性的蝴蝶政治

人们其实不喜欢别人向自己解释已经被自己奉为"绝对不可置疑"的事物。可我觉得还是知道为好。我们只能承受这么一点现实主义，真是太奇怪了。说到底，社会学是非常接近我们称为智慧的那种东西的。它让我懂得了，要对那些神秘化的事物保持警惕。我选择抛除那些虚假的迷魅，而叹服于真正的"奇迹"。我知道那些真正的"奇迹"非常珍贵，因为它们非常易碎。

——皮埃尔·布尔迪厄 [1]

所以我要让心灵先感受痛苦，给它穿上丧服：这不是温和的处方，而是烧灼与刀割。

——塞涅卡 [2]

米歇尔·维勒贝克在他备受争议的小说《屈服》(*Submission*, 2015) 中，设想了这样一个场景：在不远的将来，法国人选出了一位面相和善的伊斯兰教徒来做总统。[i] 小说选择用男主角弗朗索

---

i 《屈服》的法语原版标题是"Soumission"，情节设定在 2022 年。中译本：米榭·韦勒贝克，《屈服》，严慧莹译，台北麦田出版社，2017。

瓦，一位专长 19 世纪文学的学者经历的一场道德投降，来戏剧化地呈现故事设定的这个集体转向。从头到尾，小说都在描述弗朗索瓦面临的艰难选择：是皈依伊斯兰教，还是维持他阴郁厌世、醉生梦死的世俗法国人身份。选择变成穆斯林，他就可以获得晋升和财富，还能在合法的一夫多妻制度里，享受好几个女人来伺候他的性生活和家庭生活。选择继续玩世不恭，他就只能把他庸常的生活过下去，唯有一次次不经心、无承诺的性爱，间或打断一下这份存在主义层面上的无聊状态。最终，他被迫"屈服"（皈依伊斯兰教），因为他得到承诺，皈依之后就会有一位恭顺的女人来侍奉他的性生活和家庭生活，这个美好的前景最终说服他选择"投降"。这部小说呼应了维勒贝克在他前两部作品，《无所谓》(*Whatever*，法语版 1994 年出版) 和《基本粒子》(*Atomized*，法语版 1998 年出版)[i] 中始终思考的问题，并且算是为这个问题给出了一个结论。《无所谓》讲述了一个男人（"众人的英雄"）最终选择自杀的故事，因为他无法在竞争日益激烈的性市场上一展雄风。《基本粒子》则描写了人们在 1968 年后，通过性爱来疯狂地寻找本真性，但最终只收获了另一片形而上的虚无。最后，小说提供了一个通过克隆技术将人类从性的困苦中解放出来的愿景。这三部作品的共同之处在于，它们都把

---

i 《无所谓》的法语原版标题是 "Extension du domaine de la lutte"，直译为"竞争领域的扩张"，暂无中译。《基本粒子》的法语原版标题是 "Les particules élémentaires"，中译本：米歇尔·维勒贝克，《基本粒子》，罗国林译，海天出版社，2000。

性置于当代社会的核心位置，把性当作引发存在主义混乱的根源，当作最终导致政治不满和文明变革的原因。亨利·詹姆斯、巴尔扎克和左拉在他们的小说里审视了从前现代的等级制度和宇宙观念，转向被交换和金钱支配的社会的剧烈变迁，维勒贝克的小说也一样，但他审视的变迁，是转向一个被性自由支配的社会：在那样的社会里，消费、社会关系和政治都或多或少地渗透了让"古典"社会安排崩坏的性。甚至，在维勒贝克的小说宇宙中，对性的约束（和解除约束）攸关西方文明的未来（和毁灭）。

*

与许多社会面对的主要问题相比，不经心的性与关系的性化也许显得相当边缘（似乎只有当问题放在"经济"或"政治"的框架中，它们才会变得"重要"），但它们实则在经济、人口、政治和身份认同等问题上，起着至关重要的作用，所有社会皆然，当代社会尤其如此。原因就像现象学哲学学者们和女性主义学者们不断强调的那样：身体是（社会）存在的一个关键维度。[3] 西蒙娜·德·波伏瓦站在完全现象学的脉络中充分说明了这一点：

> 我们的身体存在于这个世界的方式，并不是像一棵树或

者一块石头最初被放置在这里一样。我们的身体活在这个世界上；这是我们拥有一个世界的一般方法。它表达了我们的存在，但这并非意味着，身体是外在于我们存在的伴随之物，而是说，我们的存在实现于身体之中。[4]

身体是社会存在实现自身的场所。社会学家、经济学家、哲学家和政策的制定者们应该注意到，性化的身体已经成为消费资本主义、亲密关系、婚姻乃至性关系本身（这一点很有讽刺意味）的基本单元了。在此，我们依循凯瑟琳·麦金农"蝴蝶政治"（butterfly politics）概念的理路：微小的变化能够引发巨变，就像混沌理论认为一只蝴蝶在地球上的某个地方扇了扇翅膀，就能在几周之后给另一个地方带来剧烈的天气变化一样（即蝴蝶效应）。[5] 在这个意义上，本书描述了性的蝴蝶政治：看起来稍纵即逝的时刻、难以捉摸的现象，其实都反映甚至引发了家庭和经济的巨大变革。

艾里希·弗洛姆（Erich Fromm）在他的名作《逃避自由》（*Escape from Freedom*）中，对积极自由和消极自由做出了区分："自由虽然给他［'人类'］带来了独立与理性，但也使他陷入与他人分隔的孤立境地，并因此感到焦虑和无力。"[6] 弗洛姆认为，自由会产生非常深刻的心理社会影响；它会造成焦虑，而这就解释了为什么有些人宁愿把自由拱手让渡于极权体制（或交给厌女的意识形态、家庭价值等）。但弗洛姆没有感知到，或者说他无法感知到的一点是，自由的焦虑直接来源于人们被强制要求自我实现，而非相反。积极自由和消极自由远非对立，而是无法分开。自由之所以变成了这个在规范性上如此令人困扰、令人迷惑的现象，是因为它被当作意识形态的大旗，被高高举在政治社会运动手中，举在追寻本真性的享乐伦理手中，以及最重要的也是本书始终在强调的，举在视觉资本主义这个通过视觉产业对身体进行的密集而无处不在的剥削手中。对西方社会的成员来说，自由已经成为一种具体的、活生生的现实，而使之成为现实的那些图像和故事，是靠视觉资本主义这个具有支配地位的框架组织起来的。也正因如此，就像我在前文已经论述过的，自由的规范性理想，已经从自由实现一个人对美好生活的计划和定义，变成了被消费市场和技术塑造的消极关系。消极关系和视觉资本主义之间的亲和关系始终是贯穿本书的主线。请让我稍作梳理。

第一重亲和关系可以见于这一事实：市场开始作为组织人际接触的社会学框架。市场是行动者交换某种东西的社会场域，受供需关系的支配。在传统的婚姻中，男性和女性（基本上都是）横向配对的（在他们所处的社会群体内部），而婚配的目的是让资产和财富最大化。在性市场中，男性和女性的配对依据是性资本，配对的目的多种多样（经济的、享乐的、情感的……），并且双方常常来自不同的社会群体和背景（文化的、宗教的、种族的、社会的……），而且常常交换的是不对等的属性（例如美貌和社会地位的不对等）。资本主义和消极关系的第二重亲和关系，来自它的市场形式，这种亲和关系最典型的单元就是不经心性爱。这是一种陌生人为了各自满足自己的某种功用[i]而进行的互动，因此它模仿了消费互动及其享乐主义前提（消费文化同样反映了性）。

第三重亲和关系源自这个事实：被视觉资本主义支配的性为男女生产了不同形式的经济价值和社会价值。女性通过消费市场生产价值，这种价值既是经济价值，也是性的价值；男性则在消费女性的性价值，以此来显示他们在男性竞争的场域中所处的地位。

第四重亲和关系则在于交易物的价值不确定性。对自我和他人价值的不确定性非常普遍，视觉资本主义会让自我的价值迅速过时则越发加剧了这一点。由于人们对主体价值的需求增强了（以"自尊""自爱""自信"等心理治疗的教条为形式），防御策略便产生了，以应对人们感知到的价值威胁。

第五重亲和关系可以在维持或形成情感契约的困难中发现，这种困难是因为技术创新、人们跨地域的流动、投资向多个高回报领域的分散，还有生产线和劳动力的灵活机动，都让企业变成了非承诺的实体。这些因素同样组成了消极关系的标志性特征，显示出市场、消费实践、资本主义工作场所的特征如何反映在亲密关系、性和家庭上，或被它们挪用。消极关系有两大属性：第一，它们是未定的（在这种关系中，我无法对我究竟想要什么、

---

i 功用（utility）是英国功利主义哲学家边沁提出的概念，后世的经济学家和哲学家引申了这个概念并赋予其新的意涵。在边沁的原意中，功用不是某件物品的实际功能，而是这件物品给人带来的幸福感和满足感。

究竟是什么样的人，给出一锤定音的终极答案）；第二，它们的破裂是包含在正常的行事方式中的，而这个事实已经变成这种关系的一项特征了。或许本书最重要的一个论点就是，被社会和经济力量塑造的那个特定的消极动力学决定了（如果决定这个词合适的话）纽带的非形成（non-formation），决定了已经建立起来的纽带也会瓦解。无论是关系消散于无形，还是已经稳定下来的依恋土崩瓦解，它们其实是对同一个由各种文化、经济和社会力量所组成的单一矩阵的不同心理反应。视觉资本主义对自我价值的来源、新的不确定性的来源以及创造新的社会等级造成了深刻的影响。它扰乱了传统的承认过程，即人们如何在他人眼中感受到自己的价值，特别是女性如何在持续掌控并组织社会生活的男性眼中感受到自己的价值。在新自由主义的庇佑下组织起来的视觉资本主义，创造出了一种经济与性无缝交织、相互操演的自我性。

当下已经出现了一个新的感觉结构，它跨越了经济领域和性领域并遍布于其中，同时把这两个领域接合在一起。这个新的感觉结构所产生的浪漫与性的自我性具有以下几项关键特征：灵活性（同时流连在好几个伴侣身边的能力，同时积累多种经验、处理多项任务的能力）；对风险、失败、拒绝的适应力；内在的不忠（爱人就像持股人一样，可能随时就会离开去投资收益更高的"企业"）。性的能动者很像经济的能动者，它们的经营处事之中具备了对竞争的敏锐意识，同时发展出了自力更生的技能和普遍的不稳定感。伴随普遍的不安全感而来的，是人们之间竞争的激烈和信任的缺乏。这使得性能动者发展出一系列技能来捍卫自我价值，舒缓焦虑，提高（情感）表现以及投资不确定的未来，而这些技能都是由日益扩张的心理自助、精神慰藉以及灵修的市场所提供的。

这种新的状况对性与亲密意味着什么，我们现在还看不分明。不过自由的理想已经实现了不少它当初许下的承诺，这一点应该没什么疑问，比如：男女在性场域中的行动要更自由了，进入家庭生活的方式更平等了，也更能够理直气壮地将性快感当作良好生活的维度之一。同样没有疑问的是，在性领域，性自由也带来了更大程度的两性平等。总体而言，性自由减弱了性别角色在性上的二元对立，也让欲望不再等同于被压抑、被禁止的东西。但是，自由是一个内涵过于丰富的术语，必然包含了——或许也可能掩蔽了——许多不同的逻辑。因为自由已经被利用来服务于视觉资本主义的目标和利益，所以它加深了种种不平等，既包括视觉资本主义出现之前就存在的（性别）不平等，还有视觉资本主义新创造的不平等。新旧不平等都产生了太多的消极影响，导致自由这个朴素的理想总是伴随着令人忧虑的后果。

2018 年这一年，诡异地呼应着维勒贝克笔下的世界，还见证了一种新形式的恐怖主义猛然崛起——既不是宗教恐怖主义，也不是政治恐怖主义，而是性恐怖主义。2018 年 4 月底，一名叫阿列克·米纳西安（Alek Minassian）的年轻人在多伦多杀害了十多个人，其中绝大部分是女性。[7]

我们并不清楚米纳西安的精神出现了多少问题，但没有争议的事实是，他追随着"非单"（incel）的暴力意识形态。"非单"是一群因仇恨女性而纠集起来的男性所组成的在线社群。他们之所以厌女，是因为他们认为自己有权获得性爱，获得女性的关注，然而却得不到这些，因为那些女人们看不上他们，喜欢的是其他男性。

可悲又可笑的是，incel 这个词最初的含义截然不同：一位叫阿兰娜（Alana）的女性在 20 多年前创造了这个词，用来指代自己"非自愿单身"（involuntary celibacy），希望借此为那些无法拥有性生活或无法进入一段关系的人，创造一个相互支持的在线社群。[8] 而厌女的"非单"们完全重写了这个词的意义。在他们眼中，世界上只有两类人，"Chad"和"Stacy"[i]，分别指具有性吸引力且彼此吸引的男性和女性。

我们可以（也应该）对"非单"现象表达道德上的愤怒。但是，去理解产生这种现象的社会境况，才是更有意义也更有意思的做法。

从社会学的角度来看，"非单"和本书的研究是相关的，原因在于，它是由视觉资本主义产生的新社会等级引发的性变革最极端也最令人忧虑的表现。"非单"们认为，在当下的社会秩序

---

i 对"非单"来说，"chad"指的是想吸引什么女性就能吸引到的英俊男性，即"非单"们想成为而不得因而仇恨的对象；"stacy"是"非单"们想吸引却无法吸引到的美丽女性，即他们想得到却得不到因而仇恨的对象。参见"'非单'黑话指南"，VICE 中国，2018 年 7 月 9 日，http：//www.vice.cn/read/learn-to-decode-the-secret-language-of-the-incel-subculture。

中，性赋予人们社会地位，并且是与良好生活和标准男性特质画等号的，而他们自己则被这个社会秩序排除在外了。无论"非单"们是不是厌女主义者，他们都（暴力地）体现着这样一种社会秩序：性与亲密象征着社会地位，甚至标志着社会成员资格。正如维勒贝克20多年前的小说《无所谓》写到的那样，被剥夺了性和性亲密，就等于被剥夺了人的社会存在。虽然对某些人来说，性是践行自由的场域，但它会给其他人带来"非自愿的"（以及被迫的）被羞辱与排斥的经验。就这个意义而言，"非单"这个现象，处在传统的（暴力）父权制与高速的技术资本主义和视觉资本主义之间的断层线上。视觉资本主义虽然在使用着自由、解放等价值，却创造了新的社会等级和特权，改造甚至强化了支配女性的传统模式。

性等级就像社会等级或文化等级一样，是通过"区分"的过程来维持的。皮埃尔·布尔迪厄指出，"区分"是一种结构性的心理过程，我们通过这个过程来把其他群体的成员和我们自己区隔开来。例如，否定他人品位的同时肯定我们自己的，就是一种在品位上做出"区分"的过程。[9]"性区分"的机制处于浪漫身份和性地位的核心位置。性区分是靠拒绝他人（和被他人拒绝）来实现的。因此从这个意义上说，性区分与阶级区分是不同的：阶级区分取决于建立价值和价值差异的能力，而性区分难以真正地建立起性客体的价值。阶级区分关乎文化客体和消费实践，性区分则关乎人，并且会直接影响人的价值感。"非自愿单身"就体现了这种（消极的）性区分，尤其体现了行使拒绝他人的自由这个已经常规化的行为。行使拒绝他人的自由会通过性拒绝的共同社会经验，创造出新的社会群体，让价值的自我贬低成为他们的日常经验。

在情感上"不受欢迎"和在性上"不被欲求"并不是什么新的社会经验。过去的求爱也会以失败告终，从前的男女也会经历单相思，也有可能并且确实常常会遭遇背叛。所以，拒绝的经验并不是什么新出现的事物。但是在今天，它已经变成了许多人的生活中意义重大的一部分，并且实际上已经成了许多人，甚至也许是大多数人的性与浪漫生活必然逃不掉的体验。比如说，"白人至上主义"这种现象，就不仅仅是人们对外国移民做出的反应，也是对两性关系巨变的反映。

与男性的"非单"相对应的女性群体，是"侍奉白人至上主义的家庭主妇"[10]，她们既拒绝对女性的性客体化，也拒绝性自由，力求夺回传统的性别角色和家庭价值。她们对性自由和性平等的拒绝在白人至上主义现象中扮演了相当重要的角色，虽然这一点不那么显而易见，也不常被拿来讨论。[11]确实，视觉资本主义在占有性资本和缺乏性资本的人之间创造了新形式的性不平等，以及（主要针对女性的）新形式的不确定性和价值贬低，而它们都会产生连锁反应，最终波及社会纽带。因为女性身份被性化的过程并没有伴随着社会权力和经济权力的真正再分配，甚至在某种程度上还强化了男性对女性的性权力，所以它反而让传统的父权制对人们的吸引力增强了。视觉资本主义在使用自由这套惯用的言辞时，反而加深了各种支配女性的模式，让自由变成了一种会产生不安和焦虑的社会经验，甚至还会产生逆反女权主义的反作用回应。在自由的作用下，不确定性、价值贬低、虚无等经验变得更加普遍，也更加正当了。

*

本书采用的这种哲学社会学分析，并不是要一锤定音地给出什么清晰明确的规范性原则，而是旨在寻找内嵌于各种实践中的模糊性与矛盾性。这种模糊性是我们的经验中最困难的层面，几乎总是不可言说，也难以明确地呈现；社会学的使命，就是在哲学的帮助下努力地揭示它们，讨论它们。哲学家乔尔·安德森（Joel Anderson）在评论阿克塞尔·霍耐特的研究时指出，霍耐特分析社会现象的基本观点之一是围绕着"语义剩余"（semantischer Überschuß）的概念展开的，而所谓的"语义剩余"，就是一种"内涵与意义的'过剩'，已经超出了我们现在能够完整把握、欣赏、表达的范围。……正是在我们未完全成形的感觉里，在各种传统的边缘地带，以及更一般的状况下，在遇到冲突与未解决的问题时，我们才能找到批判理论所需要的那些革新性的资源。"[12]

当代的自由就产生了许多这样的模糊地带，本书所描述的各种不确定性的经验就是这些模糊地带呈现在世人面前的形式。这些不确定性的经验需要通过审慎的澄清工作才能实现自我理解。

本书力求克制一听到自由就条件反射般地表态拥护或谴责，也拒绝使用心理学的"赋能"或"创伤"之类的词汇来阐明这些经验的本质，希望由此完成上面说的这种澄清工作。本书也是对心理学在情感领域的认识论霸权做出的一次反抗。对于澄清这些构成我们私人生活的困惑经验，社会学一样能做出不亚于心理学的重要贡献。实际上，如果要理解现代的主体性遭遇的各种陷阱、困境、矛盾，社会学可供使用的资源也许更加充足。

唯心主义哲学提出的一个问题是，主体如何能够从来自外在世界的各种感觉和印象中创造出一种统一性。所谓主体，就是在进入意识的不同力量之间形成统一性的东西。黑格尔进一步发展了这个想法：在追求统一性的过程中，自我会产生一系列对立、冲突、矛盾、内部的分裂和解离，黑格尔称之为"否定"。[13] 作为统一性的自我，就是以这种否定之否定的能力，从否定的工作中形成的。罗伯特·皮平（Robert Pippin）在论及黑格尔时指出：意识"始终在解决它自身的概念活动；在某种程度上，这意味着，它既可以说是自我肯定的，能做出判断和命令，也可以说是'自我否定'的，知道它所解决的可能并非如此[i]"。[14]

在黑格尔的观点中，矛盾是生产性的、积极的，因为它能产生新的实体。比如说，矛盾内在于承认的过程之中，而承认也要努力克服意识中固有的矛盾。

可是，本书中所记录的这种性-经济主体所创造出的断裂和

---

i 指做出的判断和命令可能并不正确或不完备，认识到自我的不可靠性。

否定，并没有被"升华"为一个更宏大的融贯的整体，也没有被"升华"成一个承认的过程。它的矛盾仍然是否定性的，是未能解决的矛盾和断裂。内部的断裂发生在性和情感之间，发生在男性身份和女性身份之间，发生在被承认的需求和自主性的需求之间，也发生在女权主义的平等和被男性控制的资本主义工业生产的视觉性约束下的自我性之间。这些矛盾之所以产生，是因为人的自我被纳入了一种特定的性之中，这种性是在视觉资本主义的结构和程序内部组织起来并受其支配的；而且这些矛盾往往仍然无法被克服或升华，只会变成否定性的否定。

于是，在这样的社会环境当中，主体奔忙于处理这些无法解决的矛盾，承认——克服主体间否定的过程——就不可能发生。在某种程度上，这也是内奥米·沃尔夫（Naomi Wolf）在她对美貌的经典研究中所做的诊断："情感上不稳定的关系、高离婚率，还有涌入性市场的大量人口，这些对消费经济中的生意都是有益的。贩卖美貌的色情制品故意把现代的性爱变得粗暴又无趣，就像镜子背面涂的那层水银一样浅薄，对男女来说都会消灭情欲（anti-erotic）。" [15]

市场作为一种自由制度，把个体径直丢上了一条消费-技术的大道。这条道路既使人们的行为理性化了，又使人们对人际互动的规则和本质、对自我与他人价值产生了挥之不去的不确定性。反过来，这种不确定性又进一步被转化成情感商品，由无限庞大的商品市场源源不断地提供着，而人们期待这些情感商品能帮助自己实现最佳自我和最佳关系。

毫无疑问，有人会提出这样的问题：这本书是不是夸大了事实，错把本来对人有益的清醒洞察，当成了惨淡凄凉的现实？毕竟浪漫的形式变化了，并不表示它在我们生活中的存在就减少了。还有，自由哪怕会带来风险和不确定性，也并不会让自由变得不值得追求。况且，自由也没有改变这样的现实：我们大多数人依然处在或者希望能够处在稳定的伴侣关系中。有些人甚至还会引用看起来令人安心的统计数据：当下每三对婚姻中，就有一对是靠网络姻缘一线牵成的，[16] 这似乎表明技术-市场远远没有本书所描述的那么可怕。

但这些论点都把孤立、抽象的"婚姻"或"伴侣关系"事件当作唯一有意义的分析单元了，没能理解浪漫与性经验的本质在婚前、婚内、婚外发生了怎样的变化。因此，本书绝不是在焦虑地拷问婚姻或稳定关系还有没有未来，也绝不是呼吁人们反对不经心性爱——虽然毫无疑问，有人会这样来解读本书。在不经心性爱最耀眼、最欢愉的形式里，它的确构成了自我肯定和自我表达的来源。我关注的重点并不是要支持或反对不经心性爱，也不是要支持或反对长期付诸承诺的关系。我在前文中已经描述了视觉资本主义对性身体的僭占如何以各种方式改变了人的自我，改变了人们对自我价值的感知，改变了形成关系的规则。所以我要论述的是，这种新形式的资本主义改变了亲密关系的生态，改变了女性的屈从地位，还创造出了大量拒绝、受伤、失望——"不爱"——的经验，这些经验在各种形式的心理治疗的庞大的经济文化机器中不断流通着。这虽然并不是视觉资本主义的唯一效应，却是非常重要的一个。

无论是马克思主义取向还是功能主义取向，大部分研究社会的进路都在预设社会为个体提供了齐全的工具，让他们成为能力合格的社会成员。与这种观点不同，本书提出的批判重新回到了弗洛伊德在《文明及其不满》(*Civilization and Its Discontents*)中所做的社会学批判上去。弗洛伊德在这本声名卓著的作品中指出，文明要求个体压抑自己的本能，还把罪疚感放在现代主体的心理经济过于核心的位置上，而这样做是对个体索取了过于高昂的代价。[17]所以《文明及其不满》认为，现代性的一大特点，就是个体的心理结构与社会对它的要求之间相冲突。因而，弗洛伊德提出了一种非常有趣的批判方式：不是从清晰的规范性观点入手，而是考察社会结构和个体的心理结构之间的契合程度。与他的理路相似，我也在前文中论述了视觉资本主义向性与浪漫的行动者索取了过高的心理代价，而且与当代行动者的目标与理想有冲突。这个代价过高，因为人的内在生命过于复杂，无法靠自我审视和自我生成的欲望来单独应对。这个要求太严苛，因为性市场残酷的竞争会让行动者遭受逃无可逃的排斥和性羞辱。

如果内省和自我不是承诺和清晰度的可靠来源，那么仅凭自由是无法产生社会性的，而且会向社会行动者索取高昂的心理代价。为了生成社会团结，也就是霍耐特恰切地称为"社会自由"的机制，自由就需要与仪式结合。仪式会为参与者创造出共同的情感关注，既不需要内在审视，也不需要恒久地自我生成或自我监控着欲望。然而这些社会性的仪式大部分都已经消失，或者被不确定性取代了，而这反过来又要求人们在心理上进行大量的自我管理，也就是说，要深刻地改造自己的欲望，不再以"宏大"的术语或通过其超越社会秩序的能力定义它。性行为和爱不再代表着自我可以对抗社会的场所。性与亲密成了经济自我得到操演的绝佳场域，并且不再是个体与社会之间创造性张力的来源。正如欧文·豪（Irving Howe）所指出的：

> 在每一个极权社会中，国家与家庭之间必然存在着深刻的冲突。原因只有一个：国家要求每一个人都对它绝对忠诚，因而它就会把家庭视作争夺个体忠诚的主要对手。……不管是政治人还是非政治人，家庭都是人道价值最后的庇护所。因此在极权之下，捍卫家庭的"保守"制度是一种极具颠覆性的行为。[18]

虽然豪论述的是极权社会，但他没有看到的是，我们社会中的经济和政治已经在不知不觉中完全渗透了家庭、性和爱，让它们不再能扮演"人道价值最后的庇护所"的角色。性和爱现在是再生产消费资本主义的最佳阵地，也是人们磨炼自力更生和独立自主技能的最佳阵地，而这些技能现在到处都在要求。法国心理分析学者夏尔·梅尔曼（Charles Melman）在《失重的人》（*L'homme sans gravité*, 2005）中表示，当代社会已经从欲望（desire）转向了享乐（jouissance）——欲望受到稀缺性和禁令的约束，而享乐关乎一种想从大量存在的客体中找寻即时满足的不受限制的需求。

因此，享乐是消费社会真正的欲望模式，在这样的社会中，自我的道德核心被客体、情感和性满足完全取代了。可是，享乐并不能真正找到或构成互动、爱和团结的客体。

本书并不呼唤人们重新回到家庭价值，或者回到社群共同体中，也绝非呼吁缩减人的自由。然而，本书确确实实严肃地考察了女权主义与宗教对性自由的批判，并且提出：自由已经让视觉资本主义无远弗届的触手掌控了我们行动与想象的领域，而心理产业帮它管理着它所造成的各种情感伤口与心理裂痕。如果说自由确实意味着什么，那它的意义中当然必须包含我们对那些束缚我们、蒙蔽我们的隐秘力量的觉知。

致谢

在研究"爱"这个主题二十多年后，我开始对常常跟在"爱"后面登场的"不爱"产生了兴趣。"不爱"是一个过程，同时也是一种感觉，一个事件。与"爱"相比，"不爱"这个话题令人压抑。但正如我所发现的，它比"爱"更能切中肯綮地揭示影响我们心理生活的社会力量。在许多人的帮助下，我努力地思索这些力量的本质是什么。

我要感谢的人，依时间顺序，首先是令我叹服的讨论伙伴，斯文·希伦坎普（Sven Hillenkamp）。斯文的消极现代性概念和我关于消极关系的概念并没有太多共同点，但他真诚的智慧是我最好的他山之石，让我萌生了许多新想法。本书从动笔到完稿的整个过程得益于许多人的支持，令最终呈现在读者面前的这份文本有了长足的进步：丹尼尔·吉隆（Daniel Gilon）用他永远不知疲倦的精力、他的周密严谨和有问必答，让这本书上了好几层台阶。奥里·施瓦茨（Ori Schwarz）、沙伊·德罗米（Shai Dromi）、阿维塔勒·希克隆（Avital Sikron）和达娜·卡普兰（Dana Kaplan）拨冗阅读了本书初稿，惠赐了许多有启发的评论和值得参考的文献。我想感谢耶鲁大学、剑桥大学、哈佛大学、纽约大学、普林斯顿大学、法国社会科学高等研究院的师生，以及普林斯顿高等研究院的诸位同人。我收到了许多批评和意见，有些非常尖锐甚至带点敌意，有些则友善同情，但它们全都对我很有助益，督促我更努力地思考。我想感谢巴黎科学艺术人文大学（Paris Sciences & Lettres），如果没有他们以聘我出任杰出讲席教授的形式对我慷慨资助，我就不可能完成这个项目。

我想感谢约翰·汤普森（John Thompson）和政体出版社（Polity Press）的全体团队，他们的付出，把这本书从一次又一次的触礁中挽救回来。

最后，或许也是最重要的，我想感谢所有参与正式访谈和非正式谈话的男男女女，向我无私分享他们的故事，帮助我把纷乱无章的一个个生命拼成一道有章可循的图景。以上提到的所有人都在提醒我，学术和智识生活依赖深度的合作，如果没有他们的剖白和交流织成纽带牵动着我，关起门来的孤独写作是不可能取得任何结果的。我深深地感谢你们所有人。

作者注释 ⁱ

题词

1 引自 Saphora Smith, "Marc Quinn: Evolving as an Artist and Social Chronicler," *The New York Times*, August 13, 2015, http://www.nytimes.com/2015/08/14/arts/marc-quinn-evolving-as-an-artist-and-social-chronicler.html。

2 法语原文: Comprendre qu'être subversif c'est passer de l'individuel au collectif。参见 Adb Al Malik, "Césaire (Brazzaville via Oujda)," https://genius.com/Abd-al-malik-cesaire-brazzaville-via-oujda-lyrics。

3 S. A. Alexievich, 转引自 Alison Flood, "Nobel Laureate Svetlana Alexievich Heads Longlist for UK's Top Nonfiction Award," *The Guardian*, September 21, 2016, https://www.theguardian.com/books/2016/sep/21/nobel-laureate-longlist-for-uks-top-nonfiction-award-baillie-gifford (中译引自: S. A. 阿列克谢耶维奇,《二手时间》, 吕宁思译, 中信出版社, 2016, 第 XIV 页)。

第一章

1 George Orwell, "In Front of Your Nose," *The Collected Essays, Journalism and Letters of George Orwell* (1946; New York: Harcourt, Brace & World, 1968; 中译引自: 乔治·奥威尔,《就在你的鼻子底下》,《奥威尔杂文全集 (下)》, 陈超译, 上海译文出版社, 2018, 第 1206 页)。

2 关于柏拉图理念论 (theory of forms) 的更多讨论, 参见 Russell M. Dancy, *Plato's*

---

i 为方便读者查考, 对于有中文版的资料来源, 译者在注释中首次出现处附上了中文书目信息; 作者特别标注了页码的, 译者依照中文资料尽可能列出了可以参考的中文版页码出处, 并尽可能引用了已有的翻译, 但为求上下文行文连贯和术语统一, 对某些转引的译文作了部分改动, 不再一一注出。

Introduction of Forms (Cambridge: Cambridge University Press, 2004) ; Gail Fine, *Plato on Knowledge and Forms: Selected Essays* (Oxford: Oxford University Press, 2003)。

3 本段摘自我讨论"不爱"的文章 "The Thrill Is Gone: Why Do We Fall Out of Love?" *Haaretz*, September 7, 2013, https: //www.haaretz.com/premium-why-do-we-fall-out-of-love-1.5329206。

4 Émile Durkheim, *Suicide: A Study in Sociology*, trans. John A. Spaulding and George Simpson (1897; New York: Simon & Schuster, 1997; 埃米尔·迪尔凯姆,《自杀论: 社会学研究》,冯韵文译,商务印书馆,1996)。

5 Wendell Bell, "Anomie, Social Isolation, and the Class Structure," *Sociometry* 20, no. 2 (1957): 105—116; Durkheim, *Suicide*; Claude S. Fischer, "On Urban Alienations and Anomie: Powerlessness and Social Isolation," *American Sociological Review* 38, no. 3 (1973): 311—326; Robert D. Putnam, *Bowling Alone: The Collapse and Revival of American Community* (New York: Simon & Schuster, 2001); Frank Louis Rusciano, "'Surfing Alone': The Relationships among Internet Communities, Public Opinion, Anomie, and Civic Participation," *Studies in Sociology of Science* 5, no. 3 (2014): 1—8; Melvin Seeman, "On the Meaning of Alienation," *American Sociological Review* 24, no. 6 (1959), 783—791; Bryan Turner, "Social Capital, Inequality and Health: The Durkheimian Revival," *Social Theory and Health* 1, no. 1 (2003): 4—20.

6 Leslie C. Bell, *Hard to Get: Twenty-Something and the Paradox of Sexual Freedom* (Berkeley: University of California Press, 2013) .

7 Pierre Bourdieu, *Distinction: A Social Critique of the Judgement of Taste*, trans. Richard Nice (Cambridge, MA: Harvard University Press, 1984; 皮埃尔·布尔迪厄,《区分: 判断力的社会批判》,刘晖译,商务印书馆,2015); Mary Douglas and Baron Isherwood, *The World of Goods: Towards an Anthropology of Consumption*, vol. 6 (1979; London: Psychology Press, 2002); Mike Featherstone, *Consumer Culture and Postmodernism* (London: SAGE Publications, 2007); Eva Illouz, *Consuming the Romantic Utopia: Love and the Cultural Contradictions of Capitalism* (Berkeley:

University of California Press, 1997); Eva Illouz, *Cold Intimacies: The Making of Emotional Capitalism*(Cambridge: Polity Press, 2007; 伊娃·易洛思,《冷亲密》, 汪丽译, 湖南人民出版社, 2023); Arlie Russell Hochschild, *The Managed Heart: Commercialization of Human Feeling*(Berkeley: University of California Press, 1992; 阿莉·拉塞尔·霍克希尔德,《心灵的整饰: 人类情感的商业化》, 成伯清 等译, 上海三联书店, 2020); Arlie Russell Hochschild, *The Commercialization of Intimate Life: Notes from Home and Work*(Berkeley: University of California Press, 2003); Axel Honneth, "Organized Self-realization: Some Paradoxes of Individualization," *European Journal of Social Theory* 7, no. 4(2004): 463—478; Micki McGee, *Self-help, Inc.: Makeover Culture in American Life*(New York: Oxford University Press, 2005); Ann Swidler, *Talk of Love: How Culture Matters*(Chicago: University of Chicago Press, 2003)。

8 Milton Friedman, *Capitalism and Freedom*(1962; Chicago: University of Chicago Press, 2009; 米尔顿·弗里德曼,《资本主义与自由》, 张瑞玉译, 商务印书 馆, 2004); Friedrich August Hayek, *The Road to Serfdom: Text and Documents*, *The Definitive Edition*, ed. Bruce Caldwell(1944; New York: Routledge, 2014; 弗里德 利希·冯·哈耶克,《通往奴役之路》, 王明毅、冯兴元译, 中国社会科学出版 社, 1997); Karl Polanyi, *The Great Transformation: The Political and Economic Origins of Our Time*(1944; Boston: Beacon Press, 1944; 卡尔·波兰尼,《巨变》, 黄树民 译, 社会科学文献出版社, 2013)。

9 (在与我的私人谈话中)比阿特丽斯·斯梅德利(Beatrice Smedley)指出, 并非 所有的印度爱情故事都受制于宗教价值[比如 14 世纪迦梨陀娑(Kalidasa)的 《沙恭达罗》(*Shakuntala*), 或者所谓的《爱经》(*Kama Sutra*)], 中国的爱情故 事(如 17 世纪李渔的《肉蒲团》), 还有紫式部的《源氏物语》(11 世纪日本) 也非如此。与之类似, 在西方, 非宗教的浪漫主义传统与被基督宗教塑造的浪 漫传统并存: 如萨福(Sappho)、卡图卢斯(Catullus)、奥维德(Ovid)、龙沙 (Ronsard)和彼特拉克(Ronsard)都是从古典神话中汲取各自的灵感。

10 Howard R. Bloch, *Medieval Misogyny and the Invention of Western Romantic Love*

（Chicago：University of Chicago Press，1992）；Karen Lystra, *Searching the Heart: Women, Men, and Romantic Love in Nineteenth-century America*（New York：Oxford University Press，1989）；Steven Seidman, *Romantic Longings: Love in America, 1830—1980*（New York：Routledge，1991）；Irving Singer, *The Nature of Love*, vol. 3, *The Modern World*（Chicago：University of Chicago Press，1989）．

11 奇怪的是，马克斯·韦伯（Max Weber）在他研究东西方不同文化进路的那本巨著中却并没有讨论这一点。参见 Max Weber, *The Religion of China: Confucianism and Taoism*, ed. and trans. Hans Gerth（1915；London：MacMillan Publishing Company，1951；马克斯·韦伯，《儒教与道教》，王容芬译，商务印书馆，2004）。

12 Stephanie Coontz, *Marriage, A History: From Obedience to Intimacy, or How Love Conquered Marriage*（New York：Viking Press，2006；斯蒂芬妮·孔茨，《为爱成婚：婚姻与爱情的前世今生》，刘君宇译，中信出版集团，2020）。

13 Ulrich Beck, Elisabeth Beck-Gernsheim, Mark Ritter, and Jane Wiebel, *The Normal Chaos of Love*（Cambridge：Polity Press，1995；乌利西·贝克、伊利莎白·贝克-葛恩胥菡，《爱情的正常性混乱：一场浪漫的社会谋反》，苏峰山等译，立绪文化，2014）；Ulrich Beck and Elisabeth Beck-Gernsheim, *Individualization: Institutionalized Individualism and Its Social and Political Consequences*（London：SAGE Publications，2002；乌尔里希·贝克、伊丽莎白·贝克-格恩斯海姆，《个体化》，李荣山等译，北京大学出版社，2011）；Coontz, *Marriage, A History*；Helga Dittmar, *Consumer Culture, Identity and Well-being: The Search for the "Good Life" and the "Body Perfect"*（London：Psychology Press，2007）；Anthony Giddens, *Modernity and Self Identity: Self and Society in Late-Modern Age*（Cambridge: Polity Press，1991；安东尼·吉登斯，《现代性与自我认同：现代晚期的自我与社会》，赵旭东、方文译，生活·读书·新知三联书店，1998）；Anthony Giddens, *The Transformation of Intimacy: Sexuality, Love, and Eroticism in Modern Societies*（Stanford, CA：Stanford University Press，1992；安东尼·吉登斯，《亲密关系的变革：现代社会中的性、爱和爱欲》，陈永国、汪民安等译，社会科学文献出版社，2001）；Jason Hughes, "Emotional Intelligence: Elias, Foucault, and the Reflexive Emotional

Self," *Foucault Studies* 8（2010）: 28—52; Alan Hunt, "The Civilizing Process and Emotional Life: The Intensification and Hollowing Out of Contemporary Emotions," in *Emotions Matter: A Relational Approach to Emotions*, ed. Alan Hunt, Kevin Walby, and Dale Spencer（Toronto: University of Toronto Press, 2012）, 137—160; Mary Holmes, "The Emotionalization of Reflexivity," *Sociology* 44, no. 1（2010）: 139—154; Richard Sennett, *The Fall of Public Man*（Cambridge: Cambridge University Press, 1977; 理查德·桑内特,《公共人的衰落》, 李继宏译, 上海译文出版社, 2008）; Lawrence D. Stone, *The Family, Sex and Marriage in England 1500—1800*（London: Penguin Books, 1982）.

14 Coontz, *Marriage, A History.*

15 Gerald Allan Cohen, *Self-ownership, Freedom, and Equality*（Cambridge: Cambridge University Press, 1995; G. A. 柯亨,《自我所有、自由和平等》, 李朝晖译, 东方出版社, 2008）, 12（中文出处第 13 页）.

16 Giddens, *Modernity and Self-Identity*; Giddens, *The Transformation of Intimacy.*

17 Axel Honneth, *The Struggle for Recognition: The Moral Grammar of Social Conflicts*, trans. Joel Anderson（Cambridge: Polity Press, 1995; 阿克塞尔·霍耐特,《为承认而斗争: 论社会冲突的道德语法》, 胡继华译, 上海人民出版社, 2005）.

18 Camille Paglia, *Sex, Art and American Culture*（New York: Vintage, 1992）.

19 George G. Brenkert, "Freedom and Private Property in Marx," *Philosophy and Public Affairs* 2, no. 8（1979）: 122—147; Émile Durkheim, *The Elementary Forms of the Religious Life*, trans. Karen E. Fields（1912; New York: Free Press, 1995; 爱弥尔·涂尔干,《宗教生活的基本形式》, 渠东、汲喆译, 商务印书馆, 2011）; Émile Durkheim, *Moral Education*, trans. Everett K. Wilson and Herman Schnurer（1925; New York: Free Press, 1961; 爱弥尔·涂尔干,《道德教育》, 陈光金等译, 上海人民出版社, 2006）; Émile Durkheim, *Durkheim on Politics and the State*, ed. Anthony Giddens, trans. W. D. Halls（Stanford, CA: Stanford University Press, 1986）; Durkheim, *Suicide*; Anthony Giddens, *Capitalism and Modern Social Theory: An Analysis of the Writings of Marx, Durkheim and Max Weber*（Cambridge: Cambridge

University Press，1971；安东尼·吉登斯，《资本主义与现代社会理论：对马克思、涂尔干和韦伯著作的分析》，郭忠华、潘华凌译，上海译文出版社，2013）；Karl Marx，*The Grundrisse*，ed. and trans. David McLellan［1939—1941；New York：Harper & Row，1970；马克思，"经济学手稿（1857—1858年）"，《马克思恩格斯全集（第46卷，上、下）》，中央编译局编，人民出版社，1979—1980］；Karl Marx，"The Power of Money，" in *Karl Marx and Friedrich Engels: Collected Works*，vol. 3［1844；New York：International Publishers，1975；马克思，"货币"节，"1844年经济学哲学手稿"，《马克思恩格斯全集（第42卷）》，中央编译局编，1979］；Karl Marx，"Speech on the Question of Free Trade，" in *Karl Marx and Friedrich Engels: Collected Works*，vol. 6［1848；New York：International Publishers，1976；马克思，"关于自由贸易的演说"，《马克思恩格斯全集（第4卷）》，中央编译局编，1974］；Karl Marx and Friedrich Engels，"The German Ideology，" in *Karl Marx and Friedrich Engels: Collected Works*，vol. 5［1932；New York：International Publishers，1975；马克思、恩格斯，"德意志意识形态"，《马克思恩格斯全集（第3卷）》，中央编译局编，1974］；Karl Marx and Friedrich Engels，"Manifesto of the Communist Party，" in *Karl Marx and Friedrich Engels: Collected Works*，vol. 6［1848；New York：International Publishers，1976；马克思、恩格斯，"共产党宣言"，《马克思恩格斯全集（第4卷）》，中央编译局编，1974］；Georg Simmel，*Freedom and the Individual*，in *On Individuality and Social Forms: Selected Writings*，ed. and with an introduction by Donald N. Levine（Chicago：University of Chicago Press，1971），217—226；Georg Simmel，"The Stranger，" in *On Individuality and Social Forms: Selected Writings*，ed. and with an introduction by Donald N. Levine（Chicago：University of Chicago Press，1971；齐美尔，"陌生人"，《社会是如何可能的》，林荣远编译，广西师范大学出版社，2002），143—149（中文出处第341—348页）；Max Weber，*Die Verhältnisse der Landarbeiter im ostelbischen Deutschland*，vol. 55（Leipzig：Duncker & Humblot，1892）；Max Weber，*The Protestant Ethic and the Spirit of Capitalism*，trans. T. Parsons，A. Giddens，with an introduction by A. Giddens（1904—1905；London：Routledge，1992；马克斯·韦伯，《新教伦理与资本主

义精神》，阎克文译，上海人民出版社，2018）；Max Weber, *The Theory of Social and Economic Organization*, trans. A. M. Henderson and T. Parsons, ed. and with an introduction by T. Parsons（1947; New York: The Free Press, 1964; 马克斯·韦伯，"第一部分"，《经济与社会（第一卷）》；阎克文译，上海人民出版社，2019）。

20 Axel Honneth, *Freedom's Right: The Social Foundations of Democratic Life*, trans. Joseph Ganahl（New York: Columbia University Press, 2014; 阿克塞尔·霍耐特，《自由的权利》，王旭译，社会科学文献出版社，2013）。

21 Wendy Brown, *States of Injury: Power and Freedom in Late Modernity*（Princeton, NJ: Princeton University Press, 1995）, 5.

22 David Bloor, *Knowledge and Social Imagery*（London: Routledge & Kegan Paul, 1976; 大卫·布鲁尔，《知识和社会意象》，艾彦译，东方出版社，2001）。

23 Richard A. Posner, *Sex and Reason*（Cambridge, MA: Harvard University Press, 1994; 理查德·A. 波斯纳，《性与理性》，苏力译，中国政法大学出版社，2002）。

24 参见 Robin West, "Sex, Reason, and a Taste for the Absurd," Georgetown Public Law and Legal Theory Research Paper No. 11—76, 1993。

25 Lila Abu-Lughod, "Do Muslim Women Really Need Saving? Anthropological Reflections on Cultural Relativism and Its Others," *American Anthropologist* 104, no. 3（2002）: 783—790, esp. 785; Saba Mahmood, *Politics of Piety: The Islamic Revival and the Feminist Subject*（Princeton, NJ: Princeton University Press, 2011）.

26 Michel Foucault, *Discipline and Punish: The Birth of the Prison*, trans. Alan Sheridan（1975; New York: Pantheon Books, 1977; 米歇尔·福柯，《规训与惩罚：监狱的诞生》，刘北成、杨远婴译，生活·读书·新知三联书店，2019）。

27 Michel Foucault, *Security; Territory; Population: Lectures at the Collège de France 1977—1978*, ed. Arnold I. Davidson, trans. Graham Burchell（New York: Palgrave Macmillan, 2007; 米歇尔·福柯，《安全、领土与人口：法兰西学院课程系列，1977—1978》，钱翰、陈晓径译，上海人民出版社，2018）；Michel Foucault, *The Government of Self and Others: Lectures at the Collège de France 1982—1983*, ed. Arnold I. Davidson, trans. Graham Burchell（New York: Palgrave Macmillan, 2010; 米 歇

尔·福柯，《治理自我与治理他者：法兰西学院课程系列，1982—1983》，于奇志译，上海人民出版社，2020）。

28 Nikolas Rose, *Inventing Our Selves: Psychology*; *Power, and Personhood*（Cambridge：Cambridge University Press，1998）；Nikolas Rose, *Powers of Freedom: Reframing Political Thought*（Cambridge：Cambridge University Press，1999）.

29 Deborah L. Tolman, *Dilemmas of Desire: Teenage Girls Talk about Sexuality*（Cambridge，MA：Harvard University Press，2002），5—6.

30 引自 Wendy Brown, *States of Injury: Power and Freedom in Late Modernity*（Princeton，NJ：Princeton University Press），20。

31 特别参见大卫·M. 霍尔珀林（David M. Halperin）和特雷弗·霍庞（Trevor Hoppe）在他们主编的《向性开战》（*The War on Sex*）一书中所记录的美国性权利的扩张。正如他们的记录，在性的议题上，虽然在婚姻平等、生殖权利、获取生育控制等方面取得了进展，但仍然有很多领域，比如将性犯罪者造册管制、对 HIV 的入罪化、对性工作的惩处措施等，仍然在政府的社会控制之下。参见 David M. Halperin and Trevor Hoppe, eds., *The War on Sex*（Durham, NC：Duke University Press，2017）。

32 对此议题更详细的讨论，参见 Dana Kaplan, "Recreational Sexuality, Food, and New Age Spirituality: A Cultural Sociology of Middle-Class Distinctions"（PhD diss., Hebrew University，2014）；Dana Kaplan, "Sexual Liberation and the Creative Class in Israel," in *Introducing the New Sexuality Studies*, ed. S. Seidman, N. Fisher, and C. Meeks（2011；London：Routledge，2016），363—370；Volker Woltersdorff, "Paradoxes of Precarious Sexualities: Sexual Subcultures under Neo-liberalism," *Cultural Studies* 25, no. 2（2011）：164—182。

33 现代同性恋包含了性自由及其道德具身体现的一项历史性成就：与古希腊的同性恋相比，现代同性恋不再将不平等作为组织化、自然化的对象（它不再是男性对奴隶或对小伙子的权力展示）。

34 Camille Paglia, *Sex, Art, and American Culture: Essays*（1992；New York：Vintage，2011，ii）.

35 出处同上。

36 Jeffrey Weeks, *Invented Moralities: Sexual Values in an Age of Uncertainty* (New York: Columbia University Press, 1995).

37 出处同上, 29。这种论断只和西方世界有关, 和中国这样的社会没有那么强的关系。

38 顺带一提, 这一点同样适用于同性恋的接触, 并且相比异性恋的接触有过之而无不及。

39 Jens Beckert, "Imagined Futures: Fictional Expectations in the Economy," *Theory and Society* 42, no.2, 219—240.

40 Leo Tolstoy, *War and Peace*, trans. George Gibian (1896; New York: W. W. Norton & Company, 1966; 列夫·托尔斯泰,《战争与和平》, 刘辽逸译, 人民文学出版社, 2016), 24 (中文出处第 26 页)。

41 James Duesenberry, "Comment on 'An Economic Analysis of Fertility' " in Mark Granovetter, *Demographic and Economic Change in Developed Countries*, ed. Universities National Bureau Committee for Economic Research (Princeton, NJ: Princeton University Press, 1985), 233; Mark Granovetter, "Economic Action and Social Structure: The Problem of Embeddedness," *American Journal of Sociology* 91, no. 3 (1985): 458—510 (参见: 马克·格兰诺维特, "经济行动与社会结构: 镶嵌问题",《镶嵌: 社会网与经济行动》, 罗家德译, 社科文献出版社, 2015, 第 1—31 页)。

42 Sven Hillenkamp, Das Ende der Liebe: Gefühle im Zeitalter unendlicher Freiheit (Stuttgart: Klett-Cotta, 2010); Giddens, *Modernity and Self-identity*; Ian Greener, "Towards a History of Choice in UK Health Policy," *Sociology of Health and Illness* 31, no. 3 (2009): 309—324; Renata Salecl, "Society of Choice," *Differences* 20, no. 1 (2009): 157—180; Renata Salecl, "Self in Times of Tyranny of Choice," *FKW// Zeitschrift für Geschlechterforschung und visuelle Kultur*, no. 50 (2010): 10—23; Renata Salecl, *The Tyranny of Choice* (London: Profile Books, 2011; 蕾娜塔·莎莉塞,《选择: 为什么选择越多, 我们越焦虑、越不幸福?》, 杨佛尘译, 中信出版社, 2011)。

43 Stephenie Meyer, "Frequently Asked Questions: Breaking Dawn," http: // stepheniemeyer.com/the-books/breaking-dawn/frequently-asked-questions-breaking-dawn/.

44 Renata Salecl, "Society of Choice;" Renata Salecl, "Self in Times of Tyranny of Choice;" Renata Salecl, *The Tyranny of Choice*.

45 Durkheim, *Suicide*.

46 Günther Anders, "The Pathology of Freedom: An Essay on Non-identification," trans. Katharine Wolfe, *Deleuze Studies* 3, no. 2 (2009): 278—310. See also Eric S. Nelson "Against Liberty: Adorno, Levinas and the Pathologies of Freedom," *Theoria* 59, no. 131 (2012): 64—83.

47 参见 Manuel Castells, "The Net and the Self: Working Notes for a Critical Theory of the Informational Society," *Critique of Anthropology* 16, no. 1 (1996): 9—38。

48 Eva Illouz, *Why Love Hurts* (Cambridge: Polity Press, 2012；伊娃·易洛思,《爱,为什么痛?》,叶嵘译,华东师范大学出版社,2015)。

49 参见 Wolfgang Streeck, "How to Study Contemporary Capitalism?" *European Journal of Sociology/Archives Européennes de Sociologie* 53, no. 1 (2012): 1—28 (沃尔夫冈·施特雷克,"应该怎样研究当代资本主义?",《资本主义将如何终结》,贾拥民译,中国人民大学出版社,2021,第 262—294 页)。

50 可参考 Peter Brooks and Horst Zank, "Loss Averse Behavior," *Journal of Risk and Uncertainty* 31, no. 3 (2005): 301—325; Matthew Rabin, "Psychology and Economics," *Journal of Economic Literature* 36, no. 1 (1998): 11—46; Colin F. Camerer, "Prospect Theory in the Wild: Evidence from the Field," in *Choices, Values, and Frames*, ed. Daniel Kahneman and Amos Tversky (Cambridge: Cambridge University Press, 2000), 288—300。

51 "I Don't," *The Economist*, September 1, 2016, http: //www.economist.com/news/asia/21706321-most-japanese-want-be-married-are-finding-it-hard-i-dont.

52 Nancy Fraser, "Contradictions of Capitalism and Care," *New Left Review*, June-July, 2016, 99—117.

53 丹尼尔·巴赫曼（Daniel Bachman）和阿克鲁尔·巴鲁阿（Akrur Barua）根据美国人口普查局的报告指出："从 1960 年到 2014 年，美国男性初婚年龄的中位数从 22.8 岁升至 29.3 岁，女性则从 20.3 岁升至 27.0 岁。在这段时间内，一人户数量占总户数的比例翻倍，达到了 27.7%，而每户平均人口数从 3.33 人下降至 2.54 人。……从 1999 年到 2014 年，一人户数量从 2660 万升至 3420 万，年均增长 1.7%。而同期总户数的增长较低（增长率 1.1%），导致一人户占总户数比例的增长超过了 2%。……预测显示，到 2030 年，一人户家庭将达到 4140 万，在 2015—2030 年的时间段中，年均增长 1.1%。" US Census Bureau, "Families and Living Arrangements: Marital Status," October 21, 2015, https://www.census.gov/hhes/families/data/marital.html; US Census Bureau, "Families and Living Arrangements: Households," October 21, 2015。出处同上。Daniel Bachman and Akrur Barua, "Single-person Households: Another Look at the Changing American Family." (n.p.: Deloitte University Press, 2015), http://dupress.deloitte.com/dup-us-en/economy/behind-the-numbers/single-person-households-and-changing-american-family.html。

54 W. Bradford Wilcox, "The Evolution of Divorce," *National Affairs* (Fall 2009), http://nationalaffairs.com/publications/detail/the-evolution-of-divorce.

55 克莱尔·凯恩·米勒（Claire Cain Miller）根据美国"收入与项目参与调查"（Survey of Income and Program Participation, SIPP）的数据报告的结论。同时值得重视的是，米勒指出，经过了 20 世纪七八十年代的离婚率高峰之后，90 年代以后结婚的人群中，离婚率在下降。Claire Cain Miller, "The Divorce Surge Is Over, but the Myth Lives On," *The New York Times*, December 4, 2014, http://www.nytimes.com/2014/12/02/upshot/the-divorce-surge-is-over-but-the-myth-lives-on.html。

56 Charlotte Lytton, "I Me Wed: Why Are More Women Choosing to Marry Themselves?" *The Telegraph*, September 28, 2017 http://www.telegraph.co.uk/women/life/women-choosing-marry/.

57 G. Oscar Anderson, *Loneliness among Older Adults: A National Survey of Adults 45+.*

Washington，DC：AARP Research，September 2010，https：//doi.org/10.26419/ res.00064.001.

58 Julianne Holt-Lunstad，"So Lonely I Could Die，" *American Psychological Association*，August 5，2017，https：//www.apa.org/news/press/releases/2017/08/lonely-die.aspx.

59 Jane E. Brody，"The Surprising Effects of Loneliness on Health，" *The New York Times*，December 11，2017，https：//www.nytimes.com/2017/12/11/well/mind/how-loneliness-affects-our-health.html.

60 Anna Goldfarb，"How to Maintain Friendships，" *The New York Times*，January 18，2018，https：//www.nytimes.com/2018/01/18/smarter-living/how-to-maintain-friends.html.

61 Julian，Kate，"Why Are Young People Having So Little Sex？" *The Atlantic*，December 2018，https：//www.theatlantic.com/magazine/archive/2018/12/the-sex-recession/573949/.

62 有些访谈对象是通过滚雪球采样法募集到的，我们在咖啡馆里完成了访谈。还有些访谈对象是我认识的人，他们向我分享了自己的经历。所有访谈对象的名字均为化名。如果访谈引文中出现了可能暴露他们真实身份的细节，我会做出调整，以极大程度确保匿名（比如某个人的职位比较特殊，我会特意改变他真实的职位，但同时会为其保留一个大致相似的教育和经济背景）。我所访谈的对象大部分都是异性恋，但如果某些同性恋者的经历也能很好地反映在异性恋伴侣的关系中发挥作用的过程，那么我偶尔也会引述他们。所有样本中，24人离异，34人已婚，还有34人有不经心关系或者没有处在任何关系中。访谈对象有47位女性，45位男性。鉴于访谈话题较为敏感，我很快就放弃了使用录音设备和签署访谈协议，转而采用以非正式交谈引发对象讲述的形式，并在访谈之后立即凭记忆整理成文字。这种方法对于访谈对象的侵扰当然要小一些，也符合民族志研究的分析模式。有时我也会一边访谈一边记录访谈要点。这些访谈时长从半小时到一个半小时不等。

63 Lauren Berlant，"Slow Death（Sovereignty，Obesity，Lateral Agency），" *Critical Inquiry* 33，no. 4（2007）：754—780.

第二章

1 *The Realist*, no.40（December 1962），15。转引自 Charles I. Glicksberg, *The Sexual Revolution in Modern American Literature*（The Hague：Martinus Nijhoff, 1971），4。

2 Anthony Trollope, *An Old Man's Love*（1884；Oxford：Oxford University Press，1951），33.

3 参见 Charles Horton Cooley, *Human Nature and the Social Order*（1902；Pisataway, NJ：Transaction Publishers, 1992；查尔斯·霍顿·库利，《人类本性与社会秩序》，包凡一、王湲译，华夏出版社，2015），184（中文出处第 129 页）；David D. Franks and Viktor Gecas, "Autonomy and Conformity in Cooley's Self-theory：The Looking-glass Self and Beyond," *Symbolic Interaction* 15, no. 1（1992）：49—68；George. H. Mead, "Cooley's Contribution to American Social Thought," *American Sociological Review* 35, no. 5（1930）：693—706；George H. Mead, *Mind, Self and Society*（Chicago：University of Chicago Press, 1934；乔治·H. 米德，《心灵、自我与社会》，赵月瑟译，上海译文出版社，2005）；J. Sidney Shrauger and Thomas J. Schoeneman, "Symbolic Interactionist View of Self-concept：Through the Looking Glass Darkly," *Psychological bulletin* 86, no. 3（1979）：549—573；Dianne M. Tice, "Self-concept Change and Self-presentation：The Looking Glass Self Is Also a Magnifying Glass," *Journal of Personality and Social Psychology* 63, no. 3（1992）：435—451。

4 Durkheim, *Suicide.*

5 19 世纪晚期，一种新的社会类型——享乐主义的单身男性开始出现，并且在文学著作，比如居斯塔夫·福楼拜、夏尔·波德莱尔（Charles Baudelaire）、马塞尔·普鲁斯特（Marcel Proust）、斯蒂芬·茨威格（Stephan Zweig）和伊莱娜·内米洛夫斯基的作品中得到了大量描写。这种新的社会角色和文学人物的特征，是缺乏步入婚姻的愿望，这使得他们避开了这个对当时的许多人来说，仍然是实现财务与社会流动的特权方式。

6 法语原文：Si ses jouissances［de l'homme marie］sont définies, elles sont assurées, et cette certitude consolide son assiette mentale. Tout autre est la situation du célibataire.

Comme il peut légitimement s'attacher à ce qui lui plaît, il aspire à tout et rien ne le contente. Ce mal de l'infini, que l'anomie apporte partout avec elle, peut tout aussi bien atteindre cette partie de notre conscience que toute autre; il prend très souvent une forme sexuelle que Musset a décrite (1). Du moment qu'on n'est arrêté par rien, on ne saurait s'arrêter soi-même. Au delà des plaisirs dont on a fait l'expérience, on en imagine et on en veut d'autres; s'il arrive qu'on ait à peu près parcouru tout le cercle du possible, on rêve à l'impossible; on a soif de ce qui n'est pas (2). Comment la sensibilité ne s'exaspérerait-elle pas dans cette poursuite qui ne peut pas aboutir ? Pour quelle en vienne à ce point, il n'est même pas nécessaire qu'on ait multiplié à l'infini les expériences amoureuses et vécu en Don Juan. L'existence médiocre du célibataire vulgaire suffit pour cela. Ce sont sans cesse des espérances nouvelles qui s'éveillent et qui sont déçues, laissant derrière elles une impression de fatigue et de désenchantement. Comment, d'ailleurs, le désir pourrait-il se fixer, puisqu'il n'est pas sûr de pouvoir garder ce qui l'attire; car l'anomie est double. De même que le sujet ne se donne pas définitivement, il ne possède rien à titre définitif. L'incertitude de l'avenir, jointe à sa propre indétermination, le condamne donc à une perpétuelle mobilité. De tout cela résulte un état de trouble, d'agitation et de mécontentement qui accroît nécessairement les chances de suicide." Durkheim, *Suicide*, 234; Émile Durkheim, *Le suicide: Étude de sociologie* (Paris: F. Alcan, 1897), 304—305 (中译引自: 涂尔干, 《自杀论》, 第 291—292 页)。

7　Véronique Mottier, *Sexuality: A Very Short Introduction* (New York: Oxford University Press, 2008; 韦罗妮克·莫捷, 《性存在（牛津通识读本）》, 刘露译, 译林出版社, 2015), 5(中文出处第 6 页)。

8　参见 William. E. Mann, "Augustine on Evil and Original Sin," in *The Cambridge Companion to Augustine*, ed. Eleonore Stump and Norman Kretzmann (Cambridge: Cambridge University Press, 2001), 40—48; Marjorie Hewitt Suchocki, *The Fall to Violence: Original Sin in Relational Theology* (New York: Continuum, 1994)。

9　参见 John Giles Milhaven, "Thomas Aquinas on Sexual Pleasure," *The Journal of Religious*

Ethics 5, no. 2（1977）: 157—181。

10 奥古斯丁在 13 世纪的同道、神学家托马斯·阿奎纳（Thomas Aquinas）认为，性爱只能以生殖为目的，而不能为了愉悦。阿奎纳允许已婚人士做爱，但只肯不情愿地容忍限定在婚姻框架之内、以愉悦为目的的性行为。

11 参见 Jack Goody, *The Development of the Family and Marriage in Europe*（Cambridge: Cambridge University Press, 1983）; Philip Lyndon Reynolds, *Marriage in the Western Church: The Christianization of Marriage during the Patristic and Early Medieval Periods*, vol. 24（Leiden: Brill, *1994*）。

12 Faramerz Dabhoiwala, "Lust and Liberty," *Past & Present* 207, no. 1（2010）: 89—179, esp. 90.

13 Richard Godbeer, *Sexual Revolution in Early America*（Baltimore: Johns Hopkins University Press, 2002）, 10—11.

14 出处同上, 3。

15 Faramerz Dabhoiwala, "Lust and Liberty," 89—179, esp. 90.

16 关于西方性道德的历史回顾，参见 Posner, *Sex and Reason*, 37—65。

17 Immanuel Kant, "Duties to the Body and Crimes against Nature," in D. P. Verene, *Sexual Love and Western Morality*（1972; Boston: Jones and Bartlett, 1995）, 110 ［中文译文参考了 Immanuel Kant, eds., and trans. Peter Heath, *Lectures on Ethics*,（Cambridge University Press, 1997）, 156］。

18 出处同上。

19 参见 Ann Heilmann, "Mona Caird（1854—1932）: Wild Woman, New Woman, and Early Radical Feminist Critic of Marriage and Motherhood," *Women's History Review* 5, no. 1（1996）: 67—95; Joanne E. Passet, *Sex Radicals and the Quest for Women's Equality*, vol. 112（Urbana and Chicago: University of Illinois Press, 2003）。

20 关于中世纪法国的恋爱、求爱、性爱，更多讨论请参考 E. Jane Burns, *Courtly Love Undressed: Reading through Clothes in Medieval French Culture*（Philadelphia: University of Pennsylvania Press, 2005）; Laurie A. Finke, "Sexuality in Medieval French Literature: 'Séparés, on est ensemble'," in *Handbook of Medieval Sexuality*,

ed. Vern L. Bullough and James A. Brundage（New York/London：Taylor & Francis，1996），345—368；Simon Gaunt, *Love and Death in Medieval French and Occitan Courtly Literature: Martyrs to Love*（Oxford University Press on Demand，2006）；Robert W. Hanning，"Love and Power in the Twelfth Century，with Special Reference to Chrétien de Troyes and Marie de France，" in *The Olde Daunce: Love, Friendship, Sex, and Marriage in the Medieval World*, ed. Robert R. Edwards and Stephen Spector（Albany：SUNY Press，1991），87—103。

21 一些著名的中世纪爱情故事，如但丁和彼特拉克的例子说明，一个男人可以在他爱的女人过世以后很久才郑重宣誓对她足以谱写为诗篇的狂热爱慕，就好像求爱是一种仅仅从自我出发的示爱仪式而非与他人实际的互动一样，演成了一种如宗教祝祷似的情感。

22 正如凯瑟琳·贝茨所论述的："'求爱'本身就是一种制造爱意的艺术，因为向异性表达爱意被认为是一套高度复杂的、考验战术战略的言辞程序。伴侣们被看成是两个间隔遥远的个体，而他们之间的交流表现出了难度和压力。诺贝特·埃利亚斯（Norbert Elias）认为，这种情感与爱的行为的转变，是整个'文明的进程'产生的直接结果，而它来自专制的君主靠压制臣民们自发的暴力或情感的表达，来维持自己对这些情感的垄断。个体被鼓励将自己的欲望升华为崇高的宗教情感，从而持久地将'文明'的社会行为所提出的要求，转化为对自我的约束。"参见 Catherine Bates, *The Rhetoric of Courtship in Elizabethan Language and Literature*（Cambridge：Cambridge University Press，1992），11。

23 关于求爱的历史，更多的讨论参考 Catherine Bates, *The Rhetoric of Courtship in Elizabethan Language and Literature*；Catherine Bates, *Courtship and Courtliness*（PhD diss.，University of Oxford，1989）；Ilona Bell, *Elizabethan Women and the Poetry of Courtship*（New York：Cambridge University Press，1998）；Ellen K. Rothman, *Hands and Hearts: A History of Courtship in America*（New York：Basic Books，1984）。

24 Niklas Luhmann, *Love as Passion: The Codification of Intimacy*（Cambridge，MA：Harvard University Press，1986；尼克拉斯·卢曼，《作为激情的爱情：关于亲密性编码》，范劲译，华东师范大学出版社，2019），77（中文出处第 189 页）。

25 关于美国的新教伦理对性规管的历史趋势，请参考 John D'Emilio and Estelle B. Freedman，*Intimate Matters: A History of Sexuality in America*（Chicago：University of Chicago Press，1998）。

26 这就是为什么，唐璜，一个必将招致神罚的 17 世纪宗教道德的越轨者，是一个勾引女人的风流浪子。因为反叛了求爱的道德规矩，就等于反叛了整个社会和全部的道德。

27 Lawrence Stone，*Uncertain Unions: Marriage in England，1660—1753*（Oxford：Oxford University Press，1992），8.

28 Giddens，*Modernity and Self-identity.*

29 参见 Luhmann，*Love as Passion*，147—148（卢曼，《作为激情的爱情》，第 334—339 页）；and Niklas Luhmann，*Social Systems*（Stanford，CA：Stanford University Press，1995；尼克拉斯·卢曼，《社会系统：一个一般理论的大纲》，鲁贵显、汤志杰译，暖暖书屋，2021）。

30 Niklas Luhmann，*Love: A Sketch*（Cambridge：Polity Press，2010），10.

31 Denise Haunani Solomon and Leanne K. Knobloch. "Relationship Uncertainty, Partner Interference, and Intimacy within Dating Relationships," *Journal of Social and Personal Relationships* 18, no. 6（2001）：804—820, esp. 805.

32 *The Blackwell Encyclopedia of Sociology*, ed. George Ritzer, s.v. "Uncertainty"（Hoboken, NJ：Blackwell, 2007），http：//www.blackwellreference.com/public/tocnode?id=g9781405124331_chunk_g978140512433127_ss1-l#citation, accessed June 21, 2017.

33 参见 Anthony Fletcher, "Manhood, the Male Body, Courtship and the Household in Early Modern England," *History* 84, no. 275（1999）：419—436；Marie H. Loughlin, *Hymeneutics: Interpreting Virginity on the Early Modern Stage*（Lewisburg, PA：Bucknell University Press, 1997）；Kim M. Phillips and Barry Reay, *Sex before Sexuality: A Premodern History*（Cambridge：Polity Press, 2011）；Ulrike Strasser, *State of Virginity: Gender, Religion, and Politics in an Early Modern Catholic State*（Ann Arbor：University of Michigan Press, 2004）。

34　Adele Schopenhauer，引自 Diethe Carol，*Towards Emancipation: German Women Writers of the Nineteenth Century*（New York/Oxford：Berghahn Books，1998），55. Victoria Gairin depicts the episode in "Comment devient-on-misogyne，" in *Le Point Hors-série* 21（2016）：S. 23。

35　Richard Godbeer，*Sexual Revolution in Early America*（Baltimore：Johns Hopkins University Press，2002），3.

36　Thomas E. Buckley, ed. "If You Love That Lady Don't Marry Her，" *The Courtship Letters of Sally McDowell and John Miller，1854—1856*（Columbia: University of Missouri Press，2000, 6），emphasis added.

37　乔治·赫伯特·帕尔默是美国学者、作家，翻译了许多经典著作，如《奥德赛》（*The Odyssey*，1884）等。艾丽斯·弗里曼是美国教育家，一生倡导女性接受大学教育，曾任卫斯理女子学院（Wellesley College）院长。

38　引自 M. A. DeWolfe Howe，"An Academic Courtship: Letters of Alice Freeman Palmer and George Herbert Palmer，" *The New England Quarterly* 14，no. 1（March 1941）：153—155，emphasis added。

39　引自 John Mullan，*Courtship, Love and Marriage in Jane Austen's Novels: Discovering Literature, Romantics and Victorians*，British Library，May 15, 2017，http：//www.bl.uk/romantics-and-victorians/articles/courtship-love-and-marriage-in-jane-austens-novels（中译引自：奥斯丁，《诺桑觉寺》，金绍禹译，上海译文出版社，2008，第81页）。

40　Marilyn Ferris Motz，"Thou Art My Last Love：The Courtship and Remarriage of a Rural Texas Couple in 1892，" *The Southwestern Historical Quarterly* 93，no. 4（1990）：457—474，esp. 457.

41　John R. Gillis，*For Better, for Worse: British Marriages，1600 to the Present*（New York：Oxford University Press，1985），33.

42　出处同上。

43　出处同上。

44　出处同上，33—34。

45 Richard Bulcroft, Kris Bulcroft, Karen Bradley, and Carl Simpson, "The Management and Production of Risk in Romantic Relationships: A Postmodern Paradox," *Journal of Family History* 25, no. 1 (2000): 63—92, esp. 69.

46 James H. S. Bossard, "Residential Propinquity as a Factor in Marriage Selection," *American Journal of Sociology* 38, no. 2 (1932): 219—224.

47 Gustave Flaubert, *Madame Bovary*, trans. *Margaret Mauldon* (1856; Oxford: Oxford University Press, 2004; 居斯塔夫·福楼拜, 《包法利夫人》, 李健吾译, 人民文学出版社, 2003), 23—24(中文出处第 19—20 页)。

48 出处同上, 24(中文出处第 20 页)。

49 Richard Bulcroftet al., "The Management and Production of Risk in Romantic Relationships: A Postmodern Paradox," *Journal of Family History* 25, no. 1 (2000): 63—92, esp. 69。亦参见 John R. Gillis, *For Better, for Worse: British Marriages, 1600 to the Present*(New York: Oxford University Press, 1985)。

50 引自 Carol Berkin, *Civil War Wives*(New York: Vintage, 2009), 58。

51 引自 Robert K. Nelson, "'The Forgetfulness of Sex': Devotion and Desire in the Courtship Letters of Angelina Grimke and Theodore Dwight Weld," *Journal of Social History* 37, no. 3(2004): 663—679, esp. 670。

52 引文出处同上, 671, emphasis added。

53 McDowell and Miller. *"If You Love That Lady Don't Marry Her,"* 15, emphasis added.

54 Darlene Clark Hine and Earnestine L. Jenkins, eds., *A Question of Manhood: A Reader in U.S. Black Men's History and Masculinity*, vol. 2: *The 19th Century: From Emancipation to Jim Crow*(Bloomington: Indiana University Press, 2001), 234.

55 Anthony Trollope, *The Claverings* (1867; Oxford: Oxford University Press, 1998), 120.

56 Durkheim, *The Elementary Forms of the Religious Life.*

57 参考出处同上。亦参见 Douglas A. Marshall, "Behavior, Belonging and Belief: A Theory of Ritual Practice," *Sociological Theory* 20, no. 3(November 2002): 360—380。

58 Joel Robbins, "Ritual Communication and Linguistic Ideology: A Reading and Partial

Reformulation of Rappaports Theory of Ritual," in *Current Anthropology* 42, no. 5 (December 2001): 591—614, esp. 592.

59 出处同上。

60 "Conversations with History: Harry Kreisler with Michael Walzer," Institute of International Studies at the University of California, Berkeley, November 12, 2013, http://conversations.berkeley.edu/content/michael-walzer.

61 Luhmann, *Social Systems*; Niklas Luhmann, *Die Gesellschaft der Gesellschaft*(Frankfurt: Suhrkamp, 1997).

62 Åsa Boholm, "The Cultural Nature of Risk: Can There Be an Anthropology of Uncertainty," *Ethnos* 68, no. 2 (2003): 159—178; Niklas Luhmann, *Trust and Power*(New York: John Wiley & Sons, 1979).

63 Mottier, *Sexuality*, 1(参考: 莫捷，《性存在》，第 1 页)。

64 要参考一个不同政治体制与性之间的精彩分析，见 Dagmar Herzog, *Sex after Fascism: Memory and Morality in Twentieth-century Germany*(Princeton, NJ: Princeton University Press, 2007)。

65 Michel Foucault, *The History of Sexuality: An Introduction*, vol. 1, trans. Robert Hurley (1976; New York: Vintage, 1990; 米歇尔·福柯，《性经验史》第一卷，佘碧平译，上海人民出版社，2016); James O'Higgins and Michel Foucault, "II. Sexual Choice, Sexual Act: An Interview with Michel Foucault," *Salmagundi* 58/59(1982): 10—24(米歇尔·福柯，"性的选择"，《权力的眼睛：福柯访谈录（修订译本）》，严锋译，上海人民出版社，2021，第 104—117 页）。要参考对福柯的自由（与真理）观的讨论，见 Charles Taylor, "Foucault on Freedom and Truth," *Political Theory* 12, no. 2 (1984): 152—183(查尔斯·泰勒，"福柯论自由与真理"，陈通造译，《复旦政治哲学评论（第 9 辑）》，洪涛编，上海人民出版社，2018，第 299—333 页）。

66 Dabhoiwala, "Lust and Liberty," 89—179, esp. 92.

67 Samuel D. Warren and Louis D. Brandeis, "The Right to Privacy," *Harvard Law Review* 4, no. 5 (December 1, 1890): 5; 193—220（路易斯·D. 布兰代斯、塞缪

尔·D. 沃伦等著，《隐私权》，宦盛奎译，北京大学出版社，2014）。

68 Mary Beth Oliver and Janet Shibley Hyde, "Gender Differences in Sexuality: A Meta-analysis," *Psychological Bulletin* 114, no. 1 (1993): 29—51; Mottier, *Sexuality*.

69 Lisa Wade, *American Hookup: The New Culture of Sex on Campus* (New York: W. W. Norton & Company, 2017), 57.

70 对这个观点的回顾，请参考 Mari Jo Buhle, *Feminism and Its Discontents: A Century of Struggle with Psychoanalysis* (Cambridge, MA: Harvard University Press, 2009); Thea Cacchioni, "The Medicalization of Sexual Deviance, Reproduction, and Functioning," in *Handbook of the Sociology of Sexualities*, ed. John DeLamater and Rebecca F. Plante (New York: Springer International Publishing, 2015), 435—452; Eva Illouz, *Saving the Modern Soul: Therapy Emotions, and the Culture of Self-help* (Berkeley: University of California Press, 2008); Janice M. Irvine, *Disorders of Desire: Sexuality and Gender in Modern American Sexology* (Philadelphia: Temple University Press, 2005); Jeffrey Weeks, *Sexuality and Its Discontents: Meanings, Myths, and Modern Sexualities* (New York: Routledge, 2002)。

71 T.J. Jackson Lears, *No Place of Grace: Antimodernism and the Transformation of American Culture, 1880—1920* (Chicago/London: University of Chicago Press, 1981); Lawrence Birken, *Consuming Desire* (Ithaca: Cornell University Press), 1988.

72 David Allyn, *Make Love, Not War: The Sexual Revolution: An Unfettered History* (London: Routledge, 2016); Attwood Feona and Clarissa Smith, "More Sex! Better Sex! Sex Is Fucking Brilliant! Sex, Sex, Sex, SEX," *Routledge Handbook of Leisure Studies*, ed. Tony Blackshaw (London: Routledge, 2013), 325—336。亦参见 Jay A. Mancini and Dennis K. Orthner, "Recreational Sexuality Preferences among Middle-class Husbands and Wives," *Journal of Sex Research* 14, no. 2 (1978): 96—106; Edward O. Laumann, John H. Gagnon, Robert T. Michael, and Stuart Michaels, *The Social Organization of Sexuality: Sexual Practices in the United States* (Chicago: University of Chicago Press, 1994)。

73 Charles I. Glicksberg, *The Sexual Revolution in Modern American Literature* (The

Hague: Martinus Nijhoff, 1971）; Charles I. Glicksberg, "The Sexual Revolution and the Modern Drama," in *The Sexual Revolution in Modern English Literature*（The Hague: Springer Science+Business Media, 1973）, 43—70.

74 要参考对欧洲性革命的一个分析，见 "Pleasure and Rebellion 1965 to 1980" in Dagmar Herzog, *Sexuality in Europe: A Twentieth-century History*, vol. 45（Cambridge: Cambridge University Press, 2011）。

75 John Levi Martin, "Structuring the Sexual Revolution," *Theory and Society* 25, no. 1（February 1996）: 105—151.

76 参见 Richard Dyer, *Heavenly Bodies: Film Stars and Society*（London: Psychology Press, 2004）。

77 参见 Elizabeth Goren, "America's Love Affair with Technology: The Transformation of Sexuality and the Self over the Twentieth Century," *Psychoanalytic Psychology* 20, no. 3（2003）: 487—508; Brian McNair, *Striptease Culture: Sex, Media and the Democratization of Desire*（London: Psychology Press, 2002）。

78 参见 Heather Addison, "Hollywood, Consumer Culture and the Rise of 'Body Shaping'," in *Hollywood Goes Shopping*, ed. David Desser and Garth Jowett（Minneapolis: University of Minnesota Press, 2000）, 3—33; Mike Featherstone, "The Body in Consumer Culture," *Theory, Culture & Society* 1, no. 2（1982）: 18—33; Valerie Steele, *Fashion and Eroticism: Ideals of Feminine Beauty from the Victorian Era to the Jazz Age*（New York: Oxford University Press, 1985）; Elizabeth Wilson, *Adorned in Dreams: Fashion and Modernity*（1985; London: IB Tauris, 2003; 伊丽莎白·威尔逊，《梦想的装扮：时尚与现代性》，孟雅等译，重庆大学出版社，2020）。

79 参见 Peter Biskind, *Easy Riders Raging Bulls: How the Sex-Drugs-and-Rock'n'Roll Generation Saved Hollywood*（New York: Simon & Schuster, 1999）; Thomas Doherty, *Pre-Code Hollywood: Sex, Immorality, and Insurrection in American Cinema, 1930—1934*（New York: Columbia University Press, 1999）; Juliann Sivulka, *Soap, Sex, and Cigarettes: A Cultural History of American Advertising*（Boston: Cengage Learning, 2011）。

80 引自 Esteban Buch, *La musique fait l'amour: Une enquête sur la bande-son de la vie*

sexuelle (submitted for publication), 7。

81 参见 Eva Illouz, ed., *Emotions as Commodities* (London: Routledge, 2018)。

82 Wolfgang Streeck, "Citizens as Customers: Considerations on the New Politics of Consumption," *New Left Review* 76 (2012): 27—47, esp. 33 (参考: 沃尔夫冈·施特雷克, "作为顾客的公民: 新消费政治学的思考",《资本主义将如何终结》, 贾拥民译, 中国人民大学出版社, 2021, 第 129—151 页)。

83 参见 Stuart Hall, *The Hard Road to Renewal: Thatcherism and the Crisis of the Left* (London: Verso, 1988)。亦参见 Thomas Frank, *The Conquest of Cool: Business Culture, Counterculture, and the Rise of Hip Consumerism* (Chicago: University of Chicago Press, 1997)。

84 Susie Bright, *Full Exposure: Opening Up to Sexual Creativity and Erotic Expression* (New York: HarperCollins, 2009), 52—53.

85 出处同上, 6, emphasis added。

86 Mottier, *Sexuality*, 44 (中译引自: 莫捷,《性存在》, 第 46 页)。

87 Stephen Garton, *Histories of Sexuality: Antiquity to Sexual Revolution* (New York: Routledge, 2004), 210.

88 Kate Millett, *Sexual Politics* (New York: Doubleday Publishers, 1970; 凯特·米利特,《性政治》, 宋文伟译, 江苏人民出版社, 2000)。

89 引自 Micaela Di Leonardo and Roger Lancaster, "Gender, Sexuality, Political Economy," *New Politics* 6, no. 1 (1996): 29—43, esp. 35。

90 引自 Dagmar Herzog, "What Incredible Yearnings Human Beings Have," *Contemporary European History* 22, no. 2 (May 2013): 303—317。最初登载于 Kurt Starke [in conversation with Uta Kolano], "...ein romantisches Ideal," in Uta Kolano, *Nackter Osten* (Frankfurt and Oder: Frankfurter Oder Editionen, 1995), 103—104。

91 Robert Sherwin and Sherry Corbett, "Campus Sexual Norms and Dating Relationships: A Trend Analysis," *Journal of Sex Research* 21, no. 3 (1985): 258—274, esp. 265.

92 Paula England, Emily Fitzgibbons Shafer, and Alison C. K Fogarty, "Hooking Up and Forming Romantic Relationships on Todays College Campuses," *The Gendered Society Reader*, 3rd ed., ed. Michael S. Kimmel and Amy Aronson (New York: Oxford

University Press, 2008), 531—593.

93　Vanessa Friedman, "Pinups in the Post-Weinstein World," *The New York Times*, November 27, 2017, https://www.nytimes.com/2017/11/27/style/victorias-secret-fashion-show-love-advent-weinstein.html.

94　出处同上。

95　要参考罗莎琳德·吉尔与安吉拉·麦克罗比对此的精彩讨论，见 Rosalind Gill, *Gender and the Media*（Cambridge：Polity Press, 2007）; 以及 Angela McRobbie, *The Aftermath of Feminism: Gender, Culture and Social Change*（London：SAGE Publications, 2009）。

96　关于这种逻辑是如何应用在浪漫约会网站上的，参见 Eva Illouz, "Romantic Webs," *Cold Intimacies*, 74—114（易洛思，《冷亲密》，第 109—170 页）。

97　Gill, *Gender and the Media*; Catharine A. MacKinnon, *Feminism Unmodified: Discourses on Life and Law*（Cambridge, MA：Harvard University Press, 1987）; Naomi Wolf, *The Beauty Myth: How Images of Beauty Are Used against Women*（New York：Random House, 2013）.

98　参见 Barbara A. Brown, Thomas I. Emerson, Gail Falk, and Ann E. Freedman, "The Equal Rights Amendment: A Constitutional Basis for Equal Rights for Women," *The Yale Law Journal* 80, no. 5（1971）：871—985; Nicola Lacey, "Feminist Legal Theories and the Rights of Women," *Gender and Human Rights: Collected Courses of the Academy of European Law*（XII/2）, ed. Karen Knop（Oxford University Press, 2004）, 13—56; Diane Richardson, "Constructing Sexual Citizenship: Theorizing Sexual Rights," *Critical Social Policy* 20, no. 1（2000）：105—135。

99　参见 Ester Boserup, *Woman's Role in Economic Development*（Routledge：Abingdon-on-Thames, 2007）; Derek H. C. Chen, "Gender Equality and Economic Development: The Role for Information and Communication Technologies," World Bank Policy Research Working Paper 3285（Washington, DC, 2004）; Matthias Doepke, Michèle Tertilt, and Alessandra Voena, "The Economics and Politics of Women's Rights," *Annual Review of Economics* 4, no. 1（2012）：339—372; Esther Duflo, "Women

Empowerment and Economic Development," *Journal of Economic Literature* 50, no. 4（2012）：1051—1079；Ronald F. Inglehart, "Changing Values among Western Publics from 1970 to 2006," *West European Politics* 31, nos. 1—2（2008）：130—146。

100 参见 Robert G. Dunn, "Identity, Commodification, and Consumer Culture," in *Identity and Social Change*, ed. Joseph E. Davis（New York：Routledge, 2000）, 109—134；Yiannis Gabriel and Tim Lang, *The Unmanageable Consumer*（London：SAGE Publications, 2015）；Margaret K. Hogg and Paul C. N. Michell, "Identity, Self and Consumption：A Conceptual Framework," *Journal of Marketing Management* 12, no. 7（1996）：629—644；Alan Tomlinson, ed., *Consumption, Identity and Style: Marketing, Meanings, and the Packaging of Pleasure*（New York：Routledge, 2006）。

101 Honneth, *Freedom's Right.*

102 Peter Brown, "Rome：Sex and Freedom," review of *From Shame to Sin: The Christian Transformation of Sexual Morality in Late Antiquity*, by Kyle Harper, *The New York Review of Books*, December 9, 2013, http：//www.nybooks.com/articles/2013/12/19/rome-sex-freedom/.

103 Hauzel Kamkhenthang, *The Paite: A Transborder Tribe of India and Burma*（New Delhi：Mittal Publications, 1988）, 161.

104 Marshall Sahlins, *What Kinship Is—and Is Not*（Chicago：University of Chicago Press, 2013；司马少林,《亲属关系是什么, 不是什么》, 陈波译, 商务印书馆, 2018）, 2（中文出处第 1 页）。

105 Enric Porqueres i Gené and Jérôme Wilgaux, "Incest, Embodiment, Genes and Kinship," *European Kinship in the Age of Biotechnology*, ed. Jeanette Edwards and Carles Salazar（New York, Oxford：Berghahn, 2009）, 112—127, esp. 122, emphasis added.

106 出处同上, 123。

107 Martin King Whyte, *Dating Mating, and Marriage*（Berlin：Aldine de Gruyter, 1990）, 22—24, 引自 Barry Reay, "Promiscuous Intimacies：Rethinking the History of American Casual Sex," *Journal of Historical Sociology 27*, no. 1（2014）：1—24,

esp. 5。

108 曼宁（Manning）等（原出处第116页）认为，因为美国首次结婚时的年龄处在历史高点（男性的初婚年龄平均为27.6岁，女性为25.9岁），新一代的成年人就有更多时间来体验各种婚前的关系。1992年的一项调查了8450名14—22岁男女的研究显示，初次发生性关系时年龄越低，在过去三个月内，有两个及以上伴侣的概率就会增加，而结婚后多伴侣的概率就会降低。此外，另一项研究还发现，31.1%的21岁女性、45%的21岁男性有过六个及以上的性伴侣［John S. Santelli, Nancy D. Brener, Richard Lowry, Amita Bhatt, and Laurie S. Zabin, "Multiple Sexual Partners among US Adolescents and Young Adults," *Family Planning Perspectives* 30, no. 6（1998）: 271—275, esp. 271 ］。在劳曼（Laumann）的经典研究中，作者发现在1963年至1974年间出生的人群中，有20.9%的男性和8.2%的女性在正式婚姻之前有过至少五个性伴侣。参见 Edward O. Laumann, *The Social Organization of Sexuality: Sexual Practices in the United States*（Chicago: University of Chicago Press, 1994）, 208; Wendy D. Manning, Jessica A. Cohen, and Pamela J. Smock, "The Role of Romantic Partners, Family, and Peer Networks in Dating Couples Views about Cohabitation," *Journal of Adolescent Research* 26, no. 1（2011）: 115—149。

109 对正当化（justification）过程的更多讨论，参见 Luc Boltanski and Laurent Thévenot, *On Justification: Economies of Worth*（Princeton, NJ: Princeton University Press, 2006）。

110 出处同上，348。

111 Gayle Rubin, *Deviations: A Gayle Rubin Reader*（Durham, NC: Duke University Press, 2011）, 154（中译引自：盖尔·卢宾，"关于性的思考：性政治学激进理论的笔记"，李银河译，《女权主义理论读本》，佩吉·麦克拉肯编，广西师范大学出版社，2007，第407页）。

第三章

1 *The Misunderstanding*, 2013 [1926], London: Vintage Books: p. 17.

2 参见 Drucilla Cornell, *At the Heart of Freedom: Feminism, Sex, and Equality*（Princeton,

NJ: Princeton University Press, 1998）; Naomi B. McCormick, *Sexual Salvation: Affirming Women's Sexual Rights and Pleasures*（Santa Barbara: Greenwood Publishing Group, 1994）; Diane Richardson, "Constructing Sexual Citizenship: Theorizing Sexual Rights," *Critical Social Policy* 20, no. 1（2000）: 105—135; Steven Seidman, "From the Polluted Homosexual to the Normal Gay: Changing Patterns of Sexual Regulation in America," in *Thinking Straight: The Power, the Promise, and the Paradox of Heterosexuality*, ed. Chrys Ingraham（London: Psychology Press, 2005）, 39—61。

3　有各种不同的性健康定义都在强调性生活对个体身心健康的重要意义。要参考对这些不同定义的一个概述，参见 Weston M. Edwards and Eli Coleman, "Defining Sexual Health: A Descriptive Overview," *Archives of Sexual Behavior* 33, no. 3（2004）: 189—195。

4　可参考 Ruth Colker, "Feminism, Sexuality and Authenticity," in *At the Boundaries of Law（RLE Feminist Theory）: Feminism and Legal Theory*, ed. Martha Albertson Fineman and Nancy Sweet Thomadsen（New York: Routledge, 2013）, 135—148; Fiona Handyside, "Authenticity, Confession and Female Sexuality: From Bridget to Bitchy," *Psychology & Sexuality* 3, no. 1（2012）: 41—53。

5　参见 Friedrich Engels and Lewis Henry Morgan, *The Origin of the Family, Private Property and the State*［1884; Moscow: Foreign Languages Publishing House, 1978; 恩格斯，"家庭、私有制和国家的起源"，《马克思恩格斯全集（第21卷）》，中央编译局编，1974］; Christopher Freeman and Luc Soete, *The Economics of Industrial Innovation*（London: Psychology Press, 1997; 克里斯·弗里曼、卢克·苏特，《产业创新经济学》，华宏勋、华宏慈译，东方出版中心，2022）。

6　Gilles Deleuze, "Postscript on the Societies of Control," *October* 59（Winter 1992）: 3—7, esp. 6（吉尔·德勒兹，"附文：关于控制的社会"，《哲学与权力的谈判》，刘汉全译，2014，第198页）。

7　出处同上，6（中文出处第198页）。亦参见 Nicholas Thoburn, *Deleuze, Marx and Politics*（London: Routledge, 2003, 96）。

8　参见本书第四章。

9 参见 Richard Godbeer, *Sexual Revolution in Early America* (Baltimore: John Hopkins University Press, 2002)。

10 Erica Jong, *Fear of Flying* (New York: Signet, 1973; 埃丽卡·容,《怕飞》, 石雅芳译, 上海译文出版社, 2013)。

11 参见 Justin R. Garcia et al., "Sexual Hookup Culture: A Review," *Review of General Psychology* 16, no. 2 (2012): 161; Lisa Wade, *American Hookup: The New Culture of Sex on Campus* (New York: W.W. Norton & Company, 2017); Jocelyn J. Wentland and Elke Reissing, "Casual Sexual Relationships: Identifying Definitions for One Night Stands, Booty Calls, Fuck Buddies, and Friends with Benefits," *The Canadian Journal of Human Sexuality* 23, no. 3 (2014): 167—177; Angela D. Weaver, Kelly L. MacKeigan, and Hugh A. MacDonald, "Experiences and Perceptions of Young Adults in Friends with Benefits Relationships: A Qualitative Study," *The Canadian Journal of Human Sexuality* 20, nos. 1/2 (2011): 41—53。

12 Reay, "Promiscuous Intimacies," 1—24, esp. 13.

13 Nancy Jo Sales, "Tinder and the Dawn of the 'Dating Apocalypse,'" *Vanity Fair*, September 2015, http: //www.vanityfair.com/culture/2015/08/tinder-hook-up-culture-end-of-dating.

14 参见 Kathleen A. Bogle, "The Shift from Dating to Hooking Up in College: What Scholars Have Missed," *Sociology Compass* 1, no. 2 (2007): 775—778; Kathleen A. Bogle, *Hooking Up: Sex, Dating, and Relationships on Campus* (New York: New York University Press, 2008); Christopher R. Browning and Matisa Olinger-Wilbon, "Neighborhood Structure, Social Organization, and Number of Short-Term Sexual Partnerships," *Journal of Marriage and Family* 65, no. 3 (2003): 730—774; Paula England and Jonathan Bearak, "The Sexual Double Standard and Gender Differences in Attitudes toward Casual Sex Among US University Students," *Demographic Research* 30 (2014): 1327—1338; Edward O. Laumann, *The Social Organization of Sexuality*; Edward O. Laumann, Anthony Paik, and Raymond C. Rosen, "Sexual Dysfunction in the United States: Prevalence and Predictors," *Jama* 281, no. 6 (1999): 537—544。

15 Bell, *Hard to Get*, 4.

16 热门电视剧《疯狂前女友》(*Crazy Ex-girlfriend*) 甚至在第一季第四集呈现了一段戏仿这种情形的歌曲《与陌生人做爱》，https：//www.youtube.com/watch？v=iH3FPrI_Cuw。

17 Lisa Wade, *American Hookup: The New Culture of Sex on Campus* (New York：W. W. Norton & Company, 2017), 33.

18 早在 1903 年，齐奥尔格·西美尔就讨论过，城市的特征是过多的刺激、过少的熟悉，因而创造出了对社会环境的冷漠与疏离。参见 Georg Simmel, *The Metropolis and Mental Life* (1903；London：Routledge, 1997；齐奥尔格·西美尔，"大都会与精神生活"，《时尚的哲学》，费勇等译，花城出版社，2017，第 246—263 页)。

19 Daniel Mendelsohn, *Elusive Embrace: Desire and the Riddle of Identity* (New York：Vintage, 2012, 87—88.

20 Natalie Kitroeff, "In Hookups, Inequality Still Reigns," *The New York Times*, November 11, 2013, https：//well.blogs.nytimes.com/2013/11/11/women-find-orgasms-elusive-in-hookups/.

21 Wade, *American Hookup*, 167.

22 引自 Reay, "Promiscuous Intimacies," 1—24, esp. 12。

23 "Have You Ever Had Sex with a Complete Stranger, and If So, What's Your Story？" *Quora*, https：//www.quora.com/Have-you-ever-had-sex-with-a-complete-stranger-and-if-so-whats-your-story.

24 参 见 Kath Albury, "Porn and Sex Education, Porn as Sex Education," *Porn Studies* 1, nos. 1—2 (2014)：172—181; Nicola M. Döring, "The Internet's Impact on Sexuality：A Critical Review of 15 Years of Research," *Computers in Human Behavior* 25, no. 5 (2009)：1089—1101; Panteá Farvid and Virginia Braun, "The 'Sassy Woman' and the 'Performing Man'：Heterosexual Casual Sex Advice and the (Re) constitution of Gendered Subjectivities," *Feminist Media Studies* 14, no. 1 (2014)：118—134; Alain Giami and Patrick de Colomby, "Sexology as a Profession in

France," *Archives of Sexual Behavior* 32, no. 4 (2003): 371—379; Julia Hirst, "Developing Sexual Competence？ Exploring Strategies for the Provision of Effective Sexualities and Relationships Education," *Sex Education* 8, no. 4 (2008): 399—413; Brian McNair, 2002; Ross Morrow, "The Sexological Construction of Sexual Dysfunction," *The Australian and New Zealand Journal of Sociology* 30, no. 1 (1994): 20—35。

25 Monique Mulholland, "When Porno Meets Hetero: SEXPO, Heteronormativity and the Pornification of the Mainstream," *Australian Feminist Studies* 26, no. 67 (2011): 119—135; Monique Mulholland, *Young People and Pornography: Negotiating Pornification* (New York: Springer, 2013); Brian McNair, *Striptease Culture: Sex, Media and the Democratization of Desire* (London: Psychology Press, 2002) .

26 Luc Boltanski, *The Foetal Condition: A Sociology of Engendering and Abortion* (Hoboken, NJ: Wiley, 2013), 28—29.

27 参见 Barbara Critchlow Leigh, "Reasons for Having and Avoiding Sex: Gender, Sexual Orientation, and Relationship to Sexual Behavior," *Journal of Sex Research* 26, no. 2 (1989): 199—209; Cindy M. Meston and David M. Buss, "Why Humans Have Sex," *Archives of Sexual Behavior* 36, no. 4 (2007): 477—507。

28 另外，在同性恋的不经心性行为中，人们的互动是在清晰无误的文化框架中发生的，双方抱有相似的期待，也把对方当作具有相称的力量与性别身份的个体来看待，因而同性恋的不经心性爱产生了更多的欢娱而非焦虑。

29 Lena Dunham, *Not That Kind of Girl: A Young Woman Tells You What She's "Learned"* (New York: Random House, 2014; 莉娜·杜汉姆，《不是那种女孩：女性、梦想及向前一步的勇气》，王思宁译，天地出版社，2015)。

30 引自 Elizabeth Bernstein, *Temporarily Yours: Intimacy, Authenticity, and the Commerce of Sex* (Chicago: University of Chicago Press, 2007), 11—12。

31 参见维尔日妮·德斯潘特的《金刚理论》，她的立场与此相差不远。Virginie Despentes, *King Kong Théorie* (Paris: Grasset, 2006)。

32 Russell D. Clark, "The Impact of AIDS on Gender Differences in Willingness to

Engage in Casual Sex," *Journal of Applied Social Psychology* 20, no. 9（1990）：771—782；Catherine M. Grello, Deborah P. Welsh, and Melinda S. Harper, "No Strings Attached: The Nature of Casual Sex in College Students," *Journal of Sex Research* 43, no. 3（2006）：255—267, esp. 255；Edward S. Herold and Dawn-Marie K. Mewhinney, "Gender Differences in Casual Sex and AIDS Prevention: A Survey of Dating Bars," *Journal of Sex Research* 30, no. 1（1993）：36—42；Eleanor Maticka-Tyndale, Edward S. Herold, and Dawn Mewhinney, "Casual Sex on Spring Break: Intentions and Behaviors of Canadian Students," *Journal of Sex Research* 35, no. 3（1998）：254—264；Jennifer L. Petersen and Janet Shibley Hyde, "A Meta-analytic Review of Research on Gender Differences in Sexuality, 1993—2007," *Psychological Bulletin* 136, no. 1（2010）：21—38.

[33] Robert William Connell, *The Men and the Boys*（Berkeley: University of California Press, 2000）, 120, 转引自 Rachel O'Neill, *Seduction: Men, Masculinity, and Mediated Intimacy*（Cambridge: Polity Press, 2018）, 83。

[34] O'Neill, *Seduction*, 3—45

[35] 参见上条出处的研究。

[36] *Real Women One Night Stands*, http：//www.refinery29.com/one-night-stand.

[37] Laura Hamilton and Elizabeth A. Armstrong, "Gendered Sexuality in Young Adulthood: Double Binds and Flawed Options," *Gender & Society* 23, no. 5（2009）：589—616。二位作者精辟地指出："对美国的特权阶级年轻人来说，无论男女，大家都有预期这些人会把组建家庭的时间向后推迟，到 25 岁左右甚至 30 岁出头，好让他们可以专注于教育和对自己职业生涯的投资——也就是我们说的自我发展的要求（Arnett 2004；Rosenfeld 2007）。在这种要求下，受承诺约束的关系不太可能作为唯一的婚前性行为的发生背景。就像婚姻一样，关系或许也是'贪婪'的，会吸走人们用在自我发展上的时间和精力（Gerstel and Sarkisian 2006；Glenn and Marquardt 2001）。而约炮为他们提供了性愉悦，但又不会破坏对个人人力资本的投资，因此越来越被视为在那个生命阶段的一种合适的性实验。自我保护——无论是身体的还是情感的——在这个逻辑中都处在核心的位

置，表明人们越来越多地对性与关系采用一种战略的方法（Brooks 2002；Illouz 2005）。这种战略方法在提供短期性伙伴的情欲市场，特别是在大学校园里，能够得到体现（Collins 2004）。"

38 Jerel P. Calzo, Epstein Marina, Andrew P. Smiler, L. Monique Ward, "'Anything from Making Out to Having Sex': Men's Negotiations of Hooking Up and Friends with Benefits Scripts," *Journal of Sex Research* 46, no. 5 (2009): 414—424.

39 参见 Melanie A. Beres and Panteá Farvid, "Sexual Ethics and Young Women's Accounts of Heterosexual Casual Sex," *Sexualities* 13, no 3 (2010): 377—393; Lisa Duggan and Nan D. Hunter, *Sex Wars: Sexual Dissent and Political Culture* (Abingdon-on-Thames: Taylor & Francis, 2006); Elisa Glick, "Sex Positive: Feminism, Queer Theory, and the Politics of Transgression," *Feminist Review* 64, no. 1 (2000): 19—45; Marcelle Karp and Debbie Stoller, eds., *The BUST Guide to the New Girl Order* (New York: Penguin Books, 1999), especially part 3: "Sex and the Thinking Girl," 75—124; Angela McRobbie, "Top Girls? Young Women and the Post-Feminist Sexual Contract," *Cultural Studies* 21, nos. 4—5 (2007): 718—737; Lynne Segal, *Straight Sex: Rethinking the Politics of Pleasure* (Berkeley: University of California Press, 1994); Kate Taylor "Sex on Campus: She Can Play That Game, Too," *The New York Times*, July 12, 2013, http://www.nytimes.com/2013/07/14/fashion/sex-on-campus-she-can-play-that-game-too.html。

40 Illouz, *Why Love Hurts.*

41 François Berthomé, Julien Bonhomme, and Grégory Delaplace, "Preface: Cultivating Uncertainty," *HAU: Journal of Ethnographic Theory* 2, no. 2 (2012): 129—137, esp. 129.

42 Elizabeth Cooper and David Pratten, eds., *Ethnographies of Uncertainty in Africa* (New York: Springer, 2014), 1.

43 Erving Goffman, *Frame Analysis: An Essay on the Organization of Experience* (Cambridge, MA: Harvard University Press, 1974).

44 "Was It a Date?" *New Yorker Videos*, May 1, 2016, https://www.newyorker.com/humor/daily-shouts/was-it-a-date.

45 Sarah Dunn, *The Big Love* (Boston: Little, Brown and Company, 2004; 莎拉·邓恩,《爱情芥末酱》,苏菲雅译,花城出版社, 2007), 102—104（中文出处第95—96 页）。

46 Kathryn Bogle, *Hooking Up: Sex, Dating, and Relationships on Campus* (New York: NYU Press, 2008), 39.

47 Madeleine Holden, "Dating with Tinder: Your Definitive Guide to Getting All the Tinder Matches," https: //uk.askmen.com/dating/curtsmith/dating-with-tinder.html, emphasis added.

48 Elaine M. Eshbaugh and Gary Gute, "Hookups and Sexual Regret among College Women," *The Journal of Social Psychology 148*, no. 1 (2008): 77—90.

49 Elizabeth L. Paul, Brian McManus, and Allison Hayes, "'Hookups': Characteristics and Correlates of College Students' Spontaneous and Anonymous Sexual Experiences," *Journal of Sex Research* 37, no. 1 (2000): 76—88; Elizabeth L. Paul and Kristen A. Hayes, "The Casualties of 'Casual' Sex: A Qualitative Exploration of the Phenomenology of College Students' Hookups," *Journal of Social and Personal Relationships* 19, no. 5 (2002): 639—661; N. J. Roese, G. L. Pennington, J. Coleman, M. Janicki, N. P. Li, and D. Kenrick, "Sex Differences in Regret: All for Love or Some for Lust ?" *Personality and Social Psychology Bulletin* 32 (2006): 770—780.

50 Elaine M. Eshbaugh and Gary Gute, "Hookups and Sexual Regret among College Women," *The Journal of Social Psychology 148*, no. 1 (2008): 77—90, esp. 78.

51 在一篇讨论男女性差异的评论中,利蒂希娅·佩普劳（Letitia Peplau）对此有这样的描述:"女同性恋者们就像异性恋女性一样,对待不经心性爱以及主要关系之外的性行为,不像男同性恋者或异性恋男性放得那么开。女同也和异性恋女性一样,她们的性幻想相比于男同和异性恋男性,要更加私人化、浪漫化。……处于承诺关系之中的男同,要比女同或异性恋男女更容易与主要关系之外的性伴侣发生性关系。"参见 Letitia Anne Peplau, "Human Sexuality: How Do Men and Women Differ ?" *Current Directions in Psychological Science* 12, no. 2 (2003): 37—40, esp. 38。

52 C. M. Grello, D. P. Welsh, M. S. Harper, and J. W. Dickson, "Dating and Sexual Relationship Trajectories and Adolescent Functioning," *Adolescent & Family Health* 3, no. 3 (2003): 103—112.

53 D. P. Welsh, C. M. Grello, andM. S. Harper, "When Love Hurts: Depression and Adolescent Romantic Relationships," in *Adolescent Romantic Relations and Sexual Behavior: Theory, Research, and Practical Implications*, ed. P. Florsheim (Mahwah, NJ: Lawrence Erlbaum Associates, 2003), 185—212, esp. 197.

54 Elizabeth L. Paul, Brian McManus, and Allison Hayes, "'Hookups': Characteristics and Correlates of College Students Spontaneous and Anonymous Sexual Experiences," *Journal of Sex Research* 37, no. 1 (2000): 76—88.

55 出处同上, 85。

56 例如 Amy L. Gentzler and Kathryn A. Kerns, "Associations between Insecure Attachment and Sexual Experiences," *Personal Relationships* 11, no. 2 (2004): 249—265; Elizabeth L. Paul, Brian McManus, and Allison Hayes, "'Hookups': Characteristics and Correlates of College Students Spontaneous and Anonymous Sexual Experiences," *Journal of Sex Research* 37, no. 1 (2000): 76—88; Anthony Walsh, "Self-esteem and Sexual Behavior: Exploring Gender Differences," *Sex Roles* 25, no. 7 (1991): 441—450。

57 Hamilton and Armstrong, "Gendered Sexuality in Young Adulthood," 593.

58 参见 Michele Hoffnung, "Wanting It All: Career, Marriage, and Motherhood during College-Educated Women's 20s," *Sex Roles* 50, nos. 9—10 (2004): 711—723; Illouz, *Cold Intimacies*; Heather AK Jacques and H. Lorraine Radtke, "Constrained by Choice: Young Women Negotiate the Discourses of Marriage and Motherhood," *Feminism and Psychology* 22, no. 4 (2012): 443—461; Allan G. Johnson, *The Gender Knot: Unraveling Our Patriarchal Legacy* (Philadelphia: Temple University Press, 2005); Dennis K. Mumby, "Organizing Men: Power, Discourse, and the Social Construction of Masculinity (s) in the Workplace," *Communication Theory* 8, no. 2 (1998): 164—183; Ann Shola Orloff, "Gender and the Social Rights of Citizenship:

The Comparative Analysis of Gender Relations and Welfare States," *American Sociological Review* (1993): 303—328。

59 Gaëlle Ferrant, Luca Maria Pesando, and Keiko Nowacka, "Unpaid Care Work: The Missing Link in the Analysis of Gender Gaps in Labour Outcomes," *Issues Paper*, OECD Development Centre (December 2014); Nancy Folbre, "Measuring Care: Gender, Empowerment, and the Care Economy," *Journal of Human Development* 7, no. 2 (2006): 183—199; Hoffnung, "Wanting It All; " Jacques and Radtke, "Constrained by Choice; " Julia McQuillan et al., "The Importance of Motherhood among Women in the Contemporary United States," *Gender & Society* 22, no. 4 (2008): 477—496; Madonna Harrington Meyer, ed., *Care Work: Gender; Labor, and the Welfare State* (London: Routledge, 2002); Fiona Robinson, "Beyond Labour Rights: The Ethics of Care and Women's Work in the Global Economy," *International Feminist Journal of Politics* 8, no. 3 (2006): 321—342; Liana C. Sayer, "Gender, Time and Inequality: Trends in Women's and Men's Paid Work, Unpaid Work and Free Time," *Social Forces* 84, no. 1 (2005): 285—303; Linda Thompson and Alexis J. Walker, "Gender in Families: Women and Men in Marriage, Work, and Parenthood," *Journal of Marriage and the Family* (1989): 845—871.

60 丽莎·韦德根据她对美国大学校园约炮文化的研究，提出了类似的观点。参见 Wade, *American Hookup*。

61 Nancy Jo Sales, "Tinder is the Night," *Vanity Fair*, September 2015, https://archive.vanityfair.com/article/2015/9/tinder-is-the-night.

62 这是对美国心理学会应对性化女童问题工作组报告的总结，完整报告见 American Psychological Association (APA) Task Force on the Sexualization of Girls, "Report of the APA Task Force on the Sexualization of Girls" (2010), 1, http://www.apa.org/pi/women/programs/girls/report-full.pdf。

63 美国心理学会的定义为当下讨论性化问题提供了一个基础。可参考的讨论 如 Linda Hatch, "The American Psychological Association, Task Force on the Sexualization of Girls: A Review, Update and Commentary," *Sexual Addiction &*

Compulsivity 18, no. 4（2011）: 195—211; Linda Smolak, Sarah K. Murnen, and Taryn A. Myers, "Sexualizing the Self: What College Women and Men Think About and Do to Be 'Sexy,'" *Psychology of Women Quarterly* 38, no. 3（2014）: 379—397。

64 参见 Gerald Dworkin, *The Theory and Practice of Autonomy*（Cambridge: Cambridge University Press, 1988）; Jerome B. Schneewind, *The Invention of Autonomy: A History of Modern Moral Philosophy*（Cambridge: Cambridge University Press, 1998; J. B. 施尼温德,《自律的发明: 近代道德哲学史》, 张志平译, 上海三联书店, 2012）。亦参见本书第二章。

65 Marcel Mauss, *The Gift: The Form and Reason for Exchange in Archaic Societies*（1925; Translated by W. D. Halls, New York: W. W. Norton & Company, 2000; 马塞尔·莫斯,《礼物: 古式社会中交换的形式与理由》, 汲喆译, 商务印书馆, 2016）。

66 对布尔迪厄礼物理论的评论, 参见 Ilana F. Silber, "Bourdieu's Gift to Gift Theory: An Unacknowledged Trajectory," *Sociological Theory* 27, no. 2（2009）: 173—190。

67 *The Blackwell Encyclopedia of Sociology*, s.v. "Uncertainty." 关于此节的讨论, 亦参见 Niklas Luhmann, *Risk: A Sociological Theory*（New York: Aldine de Gruyter, 1993; 尼克拉斯·卢曼,《风险社会学》, 孙一洲译, 广西人民出版社, 2020）。

68 Gaëlle Ferrant, Luca Maria Pesando, and Keiko Nowacka（December 2014）; Nancy Folbre, "Measuring Care: Gender, Empowerment, and the Care Economy," *Journal of Human Development* 7, no. 2（2006）: 183—199; Madonna Harrington Meyer, eds., *Care Work: Gender, Labor, and the Welfare State*（London: Routledge, 2002）; Fiona Robinson, "Beyond Labour Rights: The Ethics of Care and Women's Work in the Global Economy," *International Feminist Journal of Politics* 8, no. 3（2006）: 321—342; Liana C. Sayer, "Gender, Time and Inequality: Trends in Women's and Men's Paid Work, Unpaid Work and Free Time," *Social Forces* 84, no. 1（2005）: 285—303.

69 参见本书第四章和第六章。

70 SiaLv82, "Keeping His Options Open," March 13, 2016, http: //www.loveshack.org/forums/breaking-up-reconciliation-coping/breaks-breaking-up/573363-keeping- his-options-open.

71 Pierre Bourdieu, "Marriage Strategies as Strategies of Social Reproduction," eds. Robert Forster and Orest Ranum, trans. Elborg Forster and Patricia M. Ranum, *Family and Society: Selections from the "Annales: Économies, Sociétés, Civilisations"* (Baltimore：Johns Hopkins University Press，1976；皮埃尔·布尔迪厄，"第二部分　生育策略体系中的婚姻策略"，《单身者舞会》，姜志辉译，上海译文出版社，2009，第149—184页）；Pierre Bourdieu, *Outline of a Theory of Practice*, vol. 16 (Cambridge：Cambridge University Press，1977；皮埃尔·布尔迪厄，《实践理论大纲》，高振华、李思宇译，中国人民大学出版社，2017）；Pierre Lamaison, "From Rules to Strategies：An Interview with Pierre Bourdieu," *Cultural Anthropology* 1, no. 1 (1986)：110—120；Ann Swidler, "Culture in Action：Symbols and Strategies," *American Sociological Review* (1986)：273—286（安·斯威德勒，"行动中的文化"，王化险译，《文化社会学：经典与前沿》，周怡编，北京大学出版社，2022，第3—31页）；Swidler, *Talk of Love*。

72 Zygmunt Bauman, *Liquid Modernity* (2000；Hoboken, NJ：Wiley, 2013；齐格蒙特·鲍曼，《流动的现代性》，欧阳景根译，中国人民大学出版社，2018）；Zygmunt Bauman, *Liquid Love: On the Frailty of Human Bonds* (2003；Hoboken, NJ：Wiley, 2013；齐格蒙·包曼，《液态之爱：论人际纽带的脆弱》，何定照、高瑟濡译，商周出版，2008）；Zygmunt Bauman, *Liquid Life* (Cambridge：Polity Press, 2005；齐格蒙特·鲍曼，《流动的生活》，徐朝友译，江苏人民出版社，2012）。

73 Venn, "On the Verge of Killing Myself," February 26, 2016, http：//www.loveshack. org/forums/breaking-up-reconciliation-coping/breaks-breaking-up/571318-verge-killing-myself.

74 Theodor W. Adorno, *Negative Dialectics*, vol. 1 (London：A&C Black, 1973；阿多尔诺，《否定辩证法》，王凤才译，商务印书馆，2019）。

75 Georg Wilhelm Friedrich Hegel, *Phenomenology of Spirit* (1807；Delhi：Motilal Banarsidass Publishers, 1998；黑格尔，《精神现象学（新校重排本）》，贺麟、王玖兴译，上海人民出版社，2013）。

76 Alexandre Kojève, *Introduction to the Reading of Hegel* (Ithaca, NY：Cornell University

Press，1980；亚历山大·科耶夫，《黑格尔导读》，姜志辉译，译林出版社，2021），38（中文出处第 196 页）。

77 参见 Jacques Lacan，"The Subversion of the Subject and the Dialectic of Desire in the Freudian Unconscious，" in *Hegel and Contemporary Continental Philosophy*，ed. Dennis King Keenan（Albany：SUNY Press，2004），205—235。

78 Sarah Bakewell，*At the Existentialist Café: Freedom，Being and Apricot Cocktails*（London: Chatto and Windus，2016；莎拉·贝克韦尔，《存在主义咖啡馆》，沈敏一译，北京联合出版公司，2017），153（中文出处第 216 页）。

79 Martin Heidegger，*Being and Time*（1927；Albany：SUNY Press，2010；马丁·海德格尔，《存在与时间》，陈嘉映、王庆节译，生活·读书·新知三联书店，2014）。

80 Bakewell，*At the Existentialist Café*，69（参考：中文出处第 98 页，参考了胡翌霖的译法）。贝克韦尔也描述了海德格尔是如何总结的：Das Nur–noch–vorhandensein eines Zuhandenen（只存在当前在握而不再有什么是随时应手的了）。参见上条出处。

81 实际上，由于"积极关系"是建立在道德约束和社会不平等的基础上的，它们在道德的意义上比消极关系要更加消极。

82 Beck and Gernsheim-Beck，*The Normal Chaos of Love*.

83 虽然福柯会坚持认为，这种谕令能通过自我治理来部署监视的装置，但安东尼·吉登斯和贝克夫妇会认为这些变化是关系的民主化的征兆。参见 Beck and Gernsheim-Beck，*The Normal Chaos of Love*；Foucault，*Discipline and Punish*。亦参见 Johanna Oksala，*Foucault on Freedom*（Cambridge：Cambridge University Press，2005）；Giddens，*The Transformation of Intimacy*。

84 参见非常出色的研究：Gill，*Gender and the Media*。

85 引自 Ivan Krastev，*After Europe*（Philadelphia：University of Pennsylvania Press，2017；伊万·克拉斯特耶夫，《欧洲的黄昏》，马百亮译，东方出版中心，2021），24（中译引自第 31 页）。

86 Harry Kreisler，"The Individual，Charisma，and the Leninist Extinction，" *Conversations*

with History, 转引自 Ivan Kratsev, "The Return of Majoritarian Politics" in *The Great Regression*, ed. Heinrich Geiselberger (Wiley: Hoboken, NJ, 2017), 69。

第四章

1 Franz Kafka, *Letters to Milena*, 1920—1923 (New York: Schocken Books, 1990), 49.

2 Stanley Cavell, *Must We Mean What We Say?* （New York: Scribner, 1969; 卡维尔,《言必所指?（英文影印版）》, 上海外语教育出版社, 2009), 201（参考: 英文影印版同页码)。

3 https: //www.bbc.com/news/entertainment-arts-41593384.

4 有太多研究强调了性与暴力的交织, 在此无法一一列举。可参考凯瑟琳·麦金农的经典著作, 见 Catharine MacKinnon, *Only Words* (Cambridge, MA: Harvard University Press, 1993)。

5 Adam I. Green, "Toward a Sociology of Collective Sexual Life," *Sexual Fields: Toward a Sociology of Collective Sexual Life*, ed. Adam I. Green (Chicago: University of Chicago Press, 2014), 1—24, esp. 15.

6 Michel Foucault, *Histoire de la Sexualité*, vols. 1—3 (Paris: Editions Gallimard, 1976—1984; 米歇尔·福柯,《性经验史》, 佘碧平译, 上海人民出版社, 2016)。

7 T. J. Jackson Lears, *No Place of Grace: Antimodernism and the Transformation of American Culture, 1880—1920* (Chicago: University of Chicago Press, 1981); Naomi Wolf, *The Beauty Myth: How Images of Beauty Are Used against women* (New York: Random House, 2013).

8 Lauren Berlant and Michael Warner, "Sex in Public," *Critical Inquiry* 24, no. 2 (1998): 547—566; Lauren Berlant, ed., *Intimacy* (Chicago: University of Chicago Press, 2000); Lauren Berlant, *Cruel Optimism* (Durham, NC: Duke University Press, 2011).

9 Michael J. Sandel, *What Money Can't Buy: The Moral Limits of Markets* (New York: Macmillan, 2012; 迈克尔·桑德尔,《金钱不能买什么》, 邓正来译, 中信出版社, 2012)。

10 Karl Marx, "Part 1: Commodities and Money; Chapter 1: Commodities; Section 3: The Form of Value or Exchange-Value," in *Capital: A Critique of Political Economy. The Process of Capitalist Production*, vol. 1（1867；New York: Cosimo Classics, 2007；马克思，"《资本论》第一卷：资本的生产过程，第一篇：商品和货币，第一章：商品，第三节：价值形式或交换价值"，《马克思恩格斯全集（第 23 卷）》，中央编译局编，1975），54—80（中文出处第 61—86 页）。See also Arun Bose, "Marx on Value, Capital, and Exploitation," *History of Political Economy* 3, no. 2（1971）: 298—334.

11 Michèle Lamont, "Toward a Comparative Sociology of Valuation and Evaluation," *Annual Review of Sociology* 38（2012）: 201—221（米歇尔·拉蒙，"迈向评估与评价的比较社会学"，唐俊超译，《文化社会学：经典与前沿》，周怡编，北京大学出版社，2022，第 32—66 页）；Luc Boltanski and Eve Chiapello, "The New Spirit of Capitalism," *International Journal of Politics, Culture, and Society* 18, nos. 3—4（2005）: 161—188（吕克·博尔坦斯基、夏娃·希亚佩洛，《资本主义的新精神》，高铦译，译林出版社，2012）。

12 可以类比乔治·索罗斯（George Soros）在 1992 年 9 月表达自己对英镑缺乏信心，导致英镑大幅贬值；参见 Steve Schaefer, "Forbes Flashback: How George Soros Broke the British Pound and Why Hedge Funds Probably Can't Crack The Euro," *Forbes*, https://www.forbes.com/sites/steveschaefer/2015/07/07/forbes-flashback-george-soros-british-pound-euro-ecb/。

13 可参考阿克塞尔·霍耐特的规范性悖论（normative paradoxes）概念，见 Martin Hartmann and Axel Honneth, "Paradoxes of Capitalism," *Constellations* 13, no. 1（2006）: 41—58；Axel Honneth, "Organized Self-realization: Some Paradoxes of Individualization," *European Journal of Social Theory* 7, no. 4（2004）: 463—478；Axel Honneth, "Work and Recognition: A Redefinition," *The Philosophy of Recognition: Historical and Contemporary Perspectives*（2010）: 223—239。

14 Roy F. Baumeister and Kathleen D. Vohs, "Sexual Economics: Sex as Female Resource for Social Exchange in Heterosexual Interactions," *Personality and Social Psychology*

Review 8, no. 4 (2004): 339—363; Paola Tabet, Sexualité des Femmes et échange économico-sexuel (Paris: L'Harmattan [Bibliothèque du féminisme], 2004); Paola Tabet, "Through the Looking-glass: Sexual-Economic Exchange," *Chic, chèque, choc: Transactions autour des corps et stratégies amoureuses contemporaines*, ed. Françoise Omokaro and Fenneke Reysoo (Geneva: Graduate Institute Publications, 2012), 39.

15 Baumeister and Vohs, "Sexual Economies"; Denise Brennan, *What's Love Got to Do with It ? : Transnational Desires and Sex Tourism in the Dominican Republic* (Durham, NC: Duke University Press, 2004); Carol E. Kaufman and Stavros E. Stavrou, "'Bus Fare Please': The Economics of Sex and Gifts among Young People in Urban South Africa," *Culture, Health & Sexuality* 6, no. 5 (2004): 377—391.

16 参见 Mark Regnerus, *Cheap Sex: The Transformation of Men, Marriage, and Monogamy* (New York: Oxford University Press, 2017)。

17 Carole Pateman, "What's Wrong with Prostitution ?" *Women's Studies Quarterly* 27, nos. 1/2, Teaching about Violence against Women (Spring-Summer 1999): 53—64, esp. 53.

18 Kathy Peiss, *Hope in a Jar: The Making of Americas Beauty Culture* (Philadelphia: University of Pennsylvania Press, 2011); Wolf, *The Beauty Myth*.

19 Ashley Mears, *Pricing Beauty: The Making of a Fashion Model* (Berkeley: University of California Press, 2011; 阿什利·米尔斯,《美丽的标价：模特行业的规则》, 张皓译, 华东师范大学出版社, 2018)。

20 Alison Hearn, "Structuring Feeling: Web 2.0, Online Ranking and Rating, and the Digital 'Reputation' Economy," *Ephemera: Theory and Politics in Organisation* 10, nos. 3/4 (2010): 421—438, esp. 424. See also Warren Sussman, *Culture as History: The Transformation of American Society in the 20th Century* (New York: Pantheon, 1984) .

21 Feona Attwood, "Sexed Up: Theorizing the Sexualization of Culture," in *Sexualities* 9, no. 1 (February 2006): 77—94, esp. 82.

22 Walter Benjamin, *The Arcades Project*, ed. Rolf Tiedemann, trans. Howard Eiland and

Kevin McLaughlin（Cambridge, MA: Harvard University Press, 1999）, 339.

23 Colin Campbell, *The Romantic Ethic and the Spirit of Modern Consumerism*（New York: Blackwell, 1987）; Eva Illouz, "Emotions, Imagination and Consumption: A New Research Agenda," *Journal of Consumer Culture* 9, no. 3（2009）: 377—413.

24 Gill, *Gender and the Media*.

25 Pierre Bourdieu, *Language and Symbolic Power*（Cambridge, MA: Harvard University Press, 1991; 皮埃尔·布尔迪厄,《言语意味着什么：语言交换的经济》, 褚思真、刘晖译, 商务印书馆, 2005）。

26 Guy Debord, *Society of the Spectacle*（1967; Berlin: Bread and Circuses Publishing, 2012; 居伊·德波,《景观社会》, 张新木译, 南京大学出版社, 2017）。

27 例如："酷儿身份和可见性本身, 都是通过将身份重新配置为消费文化中的一种风格化的、自我打造的、可塑的身份而实现的。酷儿的生活方式主义（life-stylism）, 与消费资本主义的生活方式主义之间有太强的共鸣, 以至于亨尼希（Hennessy）认为, 酷儿理论本身必须通过其对日常生活的审美化过程的参与来理解。" 参见 Lisa Adkins, "Sexuality and the Economy: Historicisation vs. Deconstruction," *Australian Feminist Studies* 17, no. 37（2002）: 33; see also Beverley Skeggs, *Formations of Class and Gender: Becoming Respectable*（London: SAGE Publications, 1997）。

28 Feona Attwood, "Tits and Ass and Porn and Fighting: Male Heterosexuality in Magazines for Men," *International Journal of Cultural Studies* 8, no. 1（2005）: 83—100; Samantha Holland and Feona Attwood, *Keeping Fit in Six Inch Heels: The Mainstreaming of Pole Dancing*（London: IB Tauris, 2009）; Feona Attwood, ed., *Mainstreaming Sex: The Sexualization of Western Culture*（London: IB Tauris, 2014）.

29 Nicholas Mirzoeff, *An Introduction to Visual Culture*（London: Psychology Press, 1999; 尼古拉斯·米尔佐夫,《视觉文化导论》, 倪伟译, 江苏人民出版社, 2006）。

30 参见 Robert R. Williams, *Hegel's Ethics of Recognition*（Berkeley: University of California Press）, 1997。

31 参见 Holland and Attwood, *Keeping Fit in Six Inch Heels*; Annabelle Mooney, "Boys

Will Be Boys: Men's Magazines and the Normalisation of Pornography," *Feminist Media Studies* 8, no. 3 (2008): 247—265; Laramie D. Taylor, "All for Him: Articles about Sex in American Lad Magazines," *Sex Roles* 52, no. 3 (2005): 153—163。

32 "Wannabe Sugarbaby," http: //spoilmedaddy.blogspot.co.il/.

33 Lisa Adkins, "Sexuality and the Economy: Historicisation vs. Deconstruction," *Australian Feminist Studies* 17, no. 37 (2002): 31—4.1.

34 Mendelsohn, *The Elusive Embrace*, 103.

35 Baumeister and Vohs, "Sexual Economics."

36 Catherine Hakim, "Erotic Capital," *European Sociological Review* 26, no. 5 (2010): 499—518.

37 Michael Hardt and Antonio Negri, *Multitude: War and Democracy in the Age of Empire* (London: Hamish Hamilton, 2005); Rosalind Gill and Andy Pratt, "In the Social Factory? Immaterial Labour, Precariousness and Cultural Work," *Theory*; *Culture & Society* 25, nos. 7—8 (2008): 1—30.

38 Mears, *Pricing Beauty*, 75（参考：米尔斯，《美丽的标价》，第 104 页）。

39 Hearn, "Structuring Feeling," 427.

40 Laura Marsh, "Being Charlie," review of *The Naughty Nineties: The Triumph of the American Libido*, by David Friend, *The New York Review of Books*, April 5, 2018, https: //www.nybooks.com/articles/2018/04/05/naughty-nineties-being-charlie/.

41 这里描述的是媒体业的状况（在 2017 年年底）。美国的跨国大众媒体公司 21 世纪福斯的两位执行主席、首席执行官和总裁都是男性；美国的电影制片厂、制作公司和发行商哥伦比亚影业（现为索尼旗下企业）的总裁也是男性；美国的媒体企业米高梅制片、电影制片厂派拉蒙、跨国大众媒体娱乐集团时代华纳的主席和首席执行官全部是男性。美国的跨国媒体集团 NBC 环球的副主席和首席执行官也都是男性。时尚行业同样如此（2017 年年底）。欧洲跨国奢侈品集团路威酩轩（LVMH）的首席执行官和总经理都是男性；国际奢侈品集团开云（Kering）的主席和首席执行官也是男性；奢侈品控股集团历峰（Compagnie Financière Richemont SA）的主席也是男性；时尚和香氛公司普伊格（Puig）的首席执行官也是男性；诸多跨国时尚品牌的母公司 OTB 集团的总裁和 CEO 也是男性。杰西卡·阿萨夫（Jessica Assaf）也得到了类似的观察。她在 2015 年报道，欧莱雅、露华浓、雅诗兰黛、OPI 指甲油、MAC 美妆的首席执行官们全都是男性。同样的趋势一样适用广告行业。阿里·哈南（Ali Hanan）在《卫报》的一篇文章中描述广告业的状况："2008 年，全世界的创意总监中只有 3.6% 是女性。到今天，这个数字翻了两番，现在是 11%。而在我开展研究的伦敦，这个数字是 14%，依然低得令人震惊。因此不奇怪的是，我的研究发现，91% 的女性消费者感觉广告商不了解她们。十个女性中有七个进一步指出，她们觉得自己和广告之间有'隔阂'。男人们压倒性地主宰着创意部门及其产出的广告……我很清楚，因为这是我在这个行业担任创意总监 15 年间直接接触到的第一手信息。这么多年，女性在创意部门的代表性基本上没有变化：我用两只手就能数出我认识的女性执行创意总监。"阿维·丹（Avi Dan）以类似的口吻，于 2016 年在《福布斯》杂志刊文描述坐落于纽约麦迪逊大道的诸多广告公司："六家控股集团控制着广告业 75% 流水的广告巨头，而它们没有一家的首席执行官是女性。15 家全球广告网络，只有一家是被女性掌控的：来自智威汤逊（JWT）的塔玛拉·英格拉姆（Tamara Ingram）。"参见 Jessica Assaf, "Why Do Men Run the Beauty Industry？" *Beauty Lies Truth*, February 9，2015），http：//www.beautyliestruth.com/blog/2015/2/why-do-men-run-the-beauty-industry；Ali Hanan, "Five Facts That Show How the Advertising Industry Fails Women," *Guardian*, February 3, 2016, https：//www.theguardian.com/women-in-leadership/2016/feb/03/how-advertising-industry-fails-women；Avi Dan, "Why Aren't Women Starting Their Own Ad Agencies？" June 1, 2016, https：//www.forbes.com/sites/avidan/2016/06/01/why-arent-women-starting-their-own-ad-agencies/。

42 Maureen Dowd, "Bringing Down Our Monsters," *The New York Times*, December 16, 2017, https：//www.nytimes.com/2017/12/16/opinion/sunday/sexual-harassment-salma-hayek.html.

43 就色情片的制作方而言，MindGeek 这家旗下拥有且运营着多家热门色情网站的公司，其首席执行官和首席运营官都是男性。世界上最大的色情片网站

Pornhub（由 MindGeek 所有）的运营副总裁、产品副总裁、首席开发者、社区经理都是男性。

44 Heather A. Rupp and Kim Wallen, "Sex Differences in Response to Visual Sexual Stimuli: A Review," *Archives of Sexual Behavior* 37, no. 2（2008）: 206—218, esp. 206.

45 仅举一例：根据统计聚合门户 Statista 的数据，过去十年间，美国制药巨头辉瑞销售万艾可（伟哥）的收入超过每年 15 亿美元，2012 年的年销售收入达到了 20 亿美元。商业咨询公司 Grand View Research Inc. 的报告指出，全球勃起障碍药品市场在 2022 年预期将会超过 32 亿美元。参见 Grand View Research, "Erectile Dysfunction Drugs Market Worth $3.2 Billion by 2022," July 2016, https://www.grandviewresearch.com/press-release/global-erectile-dysfunction-drugs-market; Statista, "Worldwide Revenue of Pfizer's Viagra from 2003 to 2017（in million U.S. dollars）, https://www.statista.com/statis-tics/264827/pfizers-worldwide-viagra-revenue-since-2003/。

46 艾米丽·巴杰（Emily Badger）在《华盛顿邮报》写了一篇文章，估测了这些经济活动的规模。巴杰写道："都市研究的学者估计，2008 年，亚特兰大的全部非法的性经济——包括妓院、援交、按摩房——估值在 2.9 亿美元左右。在迈阿密，这个数字是 2.05 亿美元（这超过了毒品市场规模的两倍）。在华盛顿，这个数字是 1.03 亿美元。"参见 Emily Badger, "We Now Know More about the Economics of Prostitution Than Ever," *Washington Post*, March 12, 2014, https://www.washingtonpost.com/news/wonk/wp/2014/03/12/we-now-know-more-about-the-economics-of-prostitution-than-ever/。

47 Ori Schwarz, "On Friendship, Boobs and the Logic of the Catalogue: Online Self-Portraits as a Means for the Exchange of Capital," *Convergence* 16, no. 2（2010）: 163—183.

48 Jessica Ringrose, Lura Harvey, Rosalind Gill, and Sonia Livingstone, "Teen Girls, Sexual Double Standards and Sexting," *Feminist Theory* 14, no. 3（2013）: 305—323.

49 参见 Bryant Kelly, "YouTube and L'Oreal Paris Are Launching a Beauty Vlogger School,"

Instyle, April 21, 2016, http：//www.instyle.com/beauty/youtube-and-loreal-paris-are-launching-beauty-vlogger-school; Eva Wiseman, "Lights, Camera, Lipstick：Beauty Vloggers Are Changing the Face of the Make-up Industry," *The Guardian*, July 20, 2014, https：//www.theguardian.com/fashion/2014/jul/20/beauty-bloggers-changing-makeup-industry; "L'Oreal Finds a New Way of Working with Top Beauty Vloggers," *thinkwithgoogle*, February 2015, https：//www.thinkwithgoogle.com/intl/en-gb/advertising-channels/video/loreal-finds-a-new-way-of-working-with-top-beauty-vloggers/。

50 这些公司会为一张植人公司产品的图片报偿数百美元，会为短时间内发布多条推送的品牌活动支付数千美元。可参考的例子如 Ross Logan, "Instagram Model：I Make More Money from Posting a Single Selfie than Doing Four Days Work," *The Mirror*（UK）, October 4, 2015, https：//www.mirror.co.uk/news/world-news/instagram-model-make-more-money-6569672。

51 引自 http：//www.sugardaddysite.org/。

52 确实真的有一些网站在竞拍糖宝，让糖爹可以出价竞夺最吸引人的身体。比如，有一个评价不同糖爹的网站是这样描述 WhatsYourPrice.com 的："在 WhatsYourPrice.com 上，慷慨的成功男士通过竞价来约会诱惑的女人……过程很简单。女人自己决定自己的价格，并在网站上开启竞价。慷慨的男人可以开始出价，出价最高的男士得享一亲芳泽的机会。只有中标成功的竞价男士需要支付金额。"参见 "WhatsYourPrice Review," http：//www.sugardaddysite.org/whats-your-price.html。

53 Ann Ferguson, Rosemary Hennessy, and Mechthild Nagel, "Feminist Perspectives on Class and Work," *Stanford Encyclopedia of Philosophy*, 2004; Catherine Hoskyns, and Shirin M. Rai, "Recasting the Global Political Economy：Counting Women's Unpaid Work," *New Political Economy* 12, no. 3（2007）：297—317; Ann Shola Orloff, "Gender and the Social Rights of Citizenship：The Comparative Analysis of Gender Relations and Welfare States," *American Sociological Review*（1993）：303—328; Carole Pateman, *The Sexual Contract*（1988; Hoboken, NJ：Wiley, 2014; 卡罗

尔·帕特曼,《性契约》,李朝晖译,社科文献出版社,2004);Marilyn Waring and Gloria Steinem, *If Women Counted: A New Feminist Economics* (San Francisco: Harper & Row, 1988); Lise Vogel, *Marxism and the Oppression of Women: Toward a Unitary Theory* (Leiden: Brill 2013)。

54 Pateman, *Sexual Contract*, 17(参考: 中文出处第 16 页)。

55 参见 Axel Honneth, "Invisibility: On the Epistemology of 'Recognition,' " *Supplements of the Aristotelian Society* 75, no. 1 (2001): 111—126; Axel Honneth, *Unsichtbarkeit. Stationen einer Theorie der Intersubjektivität* (Frankfurt: Suhrkamp Verlag, 2003)。亦参见 James Jardine, "Stein and Honneth on Empathy and Emotional Recognition," *Human Studies* 38, no. 4 (2015): 567—589。

56 Luc Boltanski and Laurent Thévenot, "Finding One's Way in Social Space: A Study Based on Games," *Social Science Information* 22, nos. 4—5 (1983): 631—680; Luc Boltanski and Laurent Thévenot, "The Reality of Moral Expectations: A Sociology of Situated Judgement," *Philosophical Explorations* 3, no. 3 (2000): 208—231; Annick Bourguignon and Eve Chiapello, "The Role of Criticism in the Dynamics of Performance Evaluation Systems," *Critical Perspectives on Accounting* 16, no. 6 (2005): 665—700; Peter Dahler-Larsen, *The Evaluation Society* (Stanford, CA: Stanford University Press, 2011); Michèle Lamont, "Toward a Comparative Sociology of Valuation and Evaluation; " Peter Wagner, "After Justification: Repertoires of Evaluation and the Sociology of Modernity," *European Journal of Social Theory* 2, no. 3 (1999): 341—357.

57 可参考 Simon Thorpe, Denis Fize, and Catherine Marlot, "Speed of Processing in the Human Visual System," *Nature* 381, no. 6582 (1996): 520—522; Holle Kirchner and Simon J. Thorpe, "Ultra-rapid Object Detection with Saccadic Eye Movements: Visual Processing Speed Revisited," *Vision Research* 46, no. 11 (2006): 1762—1776; Thorpe, Fize, and Marlot, ibid。

58 Juliet A. Conlin, "Getting Around: Making Fast and Frugal Navigation Decisions," *Progress in Brain Research* 174 (2009): 109—117; Pierre Jacob and Marc Jeannerod,

Ways of Seeing: The Scope and Limits of Visual Cognition (Oxford: Oxford University Press, 2003); Daniel Kahneman, *Thinking, Fast and Slow* (New York: Macmillan, 2011；丹尼尔·卡尼曼，《思考，快与慢》，胡晓姣等译，中信出版社，2012)。

59 Jessica Ringrose, Lura Harvey, Rosalind Gill, and Sonia Livingstone, "Teen Girls, Sexual Double Standards and Sexting," *Feminist Theory* 14, no. 3 (2013): 305—323.

60 Matt Hill, Leon Mann, and Alexander J. Wearing, "The Effects of Attitude, Subjective Norm and Self-Efficacy on Intention to Benchmark: A Comparison between Managers with Experience and No Experience in Benchmarking," *Journal of Organizational Behavior* 17, no. 4 (1996): 313—327, esp. 314. The authors refer to Carol Jean McNair and Kathleen H. J. Leibfried, *Benchmarking: A Tool for Continuous Improvement* (New York: John Wiley & Sons, 1992) .

61 Rhiannon Williams, "How Tinder Ranks Its Users with a Secret 'Desirability Score,' " *The Telegraph*, January 12, 2016, http: //www.telegraph.co.uk/technology/news/12094539/How-Tinder-ranks-its-users-with-a-secret-desirability-score.html.

62 Alexandra Schwartz, "What Teen-Age Girls See When They Look in the Mirror," *The New Yorker*, May 7, 2017, https: //www.newyorker.com/culture/photo-booth/what-teen-age-girls-see-when-they-look-in-the-mirror.

63 Beth L. Bailey, *From Front Porch to Back Seat: Courtship in Twentieth-century America* (Baltimore: Johns Hopkins University Press, 1989); Eva Illouz, *Consuming the Romantic Utopia*; Steven Mintz and Susan Kellogg, *Domestic Revolutions: A Social History of American Family Life*(New York: Simon & Schuster, 1989) .

64 Bailey, *From Front Porch to Back Seat*; John D'emilio and Estelle B. Freedman, *Intimate Matters: A History of Sexuality in America* (Chicago: University of Chicago Press, 1988); Paula S. Fass, *The Damned and the Beautiful: American Youth in the 1920s*, book 567 (New York: Oxford University Press, 1979); Illouz, *Consuming the Romantic Utopia*.

65 Jason Hayes, "The Six Pizzas of Your Failed Relationship," *The New Yorker*, March 7, 2017, https: //www.newyorker.com/humor/daily-shouts/the-six-pizzas-of-your-failed-

relationship.

66 Brooke Lea Foster, "When You Know It's Love: A Vision Out of Your Dreams," *The New York Times*, May 9, 2017, https://www.nytimes.com/2017/05/09/fashion/weddings/when-you-know-its-love-paul-rust-lesley-arfin-dreams.html, emphasis added.

67 Donald W. Winnicott, "Transitional Objects and Transitional Phenomena: A Study of the First Not-Me," *International Journal of Psycho-Analysis* 34 (1953): 89—97.

68 引自 Micaela Di Leonardo, "White Ethnicities, Identity Politics, and Baby Bears Chair," *Social Text* 41 (1994): 165—191, esp. 178; Alice Echols, *Daring to Be Bad: Radical Feminism in America, 1967—1975* (Minneapolis: University of Minnesota Press, 1989), 6。

69 Illouz, *Why Love Hurts.*

70 Mark Regnerus, *Cheap Sex* (New York: Oxford University Press, 2017) .

71 出处同上, 11。

72 Randi Gunther, "Stop Spinning Your Wheels: Here's How to Finally Find the Love of Your Life," *Catch Him and Keep Him.com*, October 28, 2017, https://www.dontpayfull.com/at/catchhimandkeephim.com/newsletter/date-works-1299332, emphasis added.

73 Linda Smolak and Sarah K. Murnen, "The Sexualization of Girls and Women as a Primary Antecedent of Self-Objectification," in *Self-objectification in Women: Causes, Consequences, and Counteractions*, ed. Rachel M. Calogero, Stacey Ed Tantleff-Dunn, and J. Thompson (Washington, DC: *American Psychological Association*, 2011), 53—75, esp. 54.

74 要参考一个有用的关于色情化问题的讨论和批判, 见 Clarissa Smith, "Pornographication: A Discourse for All Seasons," *International Journal of Media & Cultural Politics* 6, no. 1 (2010): 103—108。要参考一个对色情化的控诉, 可参考的资料如 Ariel Levy, *Female Chauvinist Pigs: Women and the Rise of Raunch Culture* (New York: Free Press, 2005)。

75 Sendhil Mullainathan, "The Hidden Taxes on Women," *International New York*

Times, March 3—4, 2018, 15.

76 Francine D. Blau, *Gender, Inequality, and Wages*, ed. Anne C. Gielen and Klaus F. Zimmermann (New York: Oxford University Press, 2016); Herminia Ibarra, Nancy M. Carter, and Christine Silva, "Why Men Still Get More Promotions Than Women," *Harvard Business Review* 88, no. 9 (2010): 80—85; Cecilia L. Ridgeway, *Framed by Gender: How Gender Inequality Persists in the Modern World* (New York: Oxford University Press, 2011). For data on the OECD: OECD Gender Wage Gap (indicator), 2017, https: //data.oecd.org/earnwage/gender-wage-gap.htm; on USA: International Labour Organization, Gender Inequality and Women in the US Labor Force, http: //www.ilo.org/washington/areas/gender-equality-in-the-workplace/WCMS_159496/lang--en/index.htm.

77 蕾切尔·奥尼尔在她对撩妹工作坊的研究中所访谈的男性们认识到，女性对男性外形的重视程度，要低于男性对女性外貌的重视程度，对男性来说，女性的外貌对于构成她们的吸引力十分必要。参见 O'Neill, *Seduction*。

78 Illouz, *Why Love Hurts*, 77（参考：中文出处第 145—147 页）。

79 Calogero, Tantleff-Dunn, and Thompson, *Self-objectification in Women*, 53—54.

80 Avishai Margalit, *The Decent Society* (Cambridge, MA: Harvard University Press, 1998), 100—112; Martha C. Nussbaum, "Objectification," *Philosophy & Public Affairs* 24, no. 4 (1995): 249—291。这个议题还可参见 Lynn Morris and Jamie Goldenberg, "Women, Objects, and Animals: Differentiating Between Sex and Beauty-based Objectification," *Revue internationale de psychologie sociale* (2015): 15—38; Steve Loughnan and Maria Giuseppina Pacilli, "Seeing (and Treating) Others as Sexual Objects: Toward a More Complete Mapping of Sexual Objectification," *TPM: Testing, Psychometrics, Methodology in Applied Psychology* 21, no. 3 (2014): 309—325。

81 Barbara L. Fredrickson and Tomi-Ann Roberts, "Objectification Theory: Toward Understanding Women's Lived Experiences and Mental Health Risks," *Psychology of Women Quarterly* 21, no. 2 (1997): 173—206; Bonnie Moradi and Yu-Ping Huang,

"Objectification Theory and Psychology of Women: A Decade of Advances and Future Directions," *Psychology of Women Quarterly* 32, no. 4 (2008): 377—398; Dawn M. Szymanski, Lauren B. Moffitt, and Erika R. Carr, "Sexual Objectification of Women: Advances to Theory and Research," *The Counseling Psychologist* 39, no. 1 (2011): 6—38。关于此议题的研究, 参见 Rachel M. Calogero, "A Test of Objectification Theory: The Effect of the Male Gaze on Appearance Concerns in College Women," *Psychology of Women Quarterly* 28, no. 1 (2004): 16—21; Sarah J. Gervais, Theresa K. Vescio, and Jill Allen, "When What You See Is What You Get: The Consequences of the Objectifying Gaze for Women and Men," *Psychology of Women Quarterly* 35, no. 1 (2011): 5—17; Brit Harper and Marika Tiggemann, "The Effect of Thin Ideal Media Images on Women's Self-objectification, Mood, and Body Image," *Sex Roles* 58, no. 9—10 (2008): 649—657; Sarah J. Gervais, Arianne M. Holland, and Michael D. Dodd, "My Eyes Are Up Here: The Nature of the Objectifying Gaze toward Women," *Sex Roles* 69, nos. 11—12 (2013): 557—570。

82 参见 David Harvey for an analysis of the Marxist distinction between production and realization of value in *The Enigma of Capital: And the Crises of Capitalism* (New York: Oxford University Press, 2010; 大卫·哈维,《资本之谜: 人人需要知道的资本主义真相》, 陈静译, 电子工业出版社, 2011)。

83 Vicki Ritts, Miles L. Patterson, and Mark E. Tubbs, "Expectations, Impressions, and Judgments of Physically Attractive Students: A Review," *Review of Educational Research* 62, no. 4 (1992): 413—426.

84 Adelle Waldman, *The Love Affairs of Nathaniel P: A Novel* (London: Macmillan, 2014; 艾黛儿·瓦德曼,《纽约文青之恋》, 侯嘉珏、王远祥译, 联合文学, 2015), 39, emphasis added。

85 Rosemary Henessy, *Profit and Pleasure: Sexual Identities in Late Capitalism* (Abingdon-on-Thames: Routledge, 2000).

86 关于美貌与新自由主义的当代讨论, 参见 Ana Elias, Rosalind Gill, and Christina Scharff, eds., *Aesthetic Labour: Rethinking Beauty Politics in Neoliberalism* (London:

Palgrave Macmillan, 2017）。

87 在一长串无穷无尽的例子里，仅挑两个：唐纳德·特朗普和梅拉尼娅·特朗普，以及特朗普的财政部长史蒂芬·姆努钦和露易丝·林顿。

88 参见 Mears, *Pricing Beauty*。

89 有几个数字显示了美妆时尚行业的规模。据统计门户 Statista 的数据，美国的美容与个人护理市场在 2016 年创造了约 840 亿美元的收入。此外，Statista 还指出，2016 年"欧莱雅是全球排名第一的跨国美妆行业制造商，收入大约为 286亿美元"。莉迪亚·拉姆塞（Lydia Ramsey）在 2015 年表示，洁面、唇膏、化妆品、指甲油等产品在美国构成了约 600 亿美元的市场。克洛伊·索尔维诺（Chloe Sorvino）在 2017 年介绍："《福布斯》杂志估测，今天至少有 40 家著名的美妆初创企业是女性创立的，使得这个价值 4450 亿美元（销售额）的产业成为女性自己创业成功最普遍的行业之一。"咨询公司麦肯锡在 2016 年年底表示："过去十年中，时尚行业是相当罕见的经济神话。根据麦肯锡全球时尚指数，这十年间，时尚行业以每年 5.5% 的增速成长，至今据测估值 2.4 万亿美元。而事实上，时尚行业不仅触及了每一个人，如果把它单独列在各个国家的GDP 排名中的话，它将成为全球第七大经济体。"Statista 指出，美国的"时尚"行业"预期将达到 8.8% 的年增长率（复合年增长率 CAGR 2017—2022），让它在 2022 年达到 1234.03 亿美元的市场容量"。参见 "Statistics & Facts on the U.S. Cosmetics and Makeup Industry," https：//www.statista.com/topics/1008/cosmetics-industry/；"Revenue of the Leading 20 Beauty Manufacturers Worldwide in 2016（in Billion U.S. dollars），" https：//www.statista.com/statistics/243871/revenue-of-the-leading-10-beauty-manufacturers-worldwide/; Lydia Ramsey, "A $60 Billion Industry Is Shockingly Unregulated," October 11, 2015, http：//www.businessinsider.com/cosmetic-industry-is-shockingly-unregulated-2015-10; Chloe Sorvino, "Why the $445 Billion Beauty Industry Is a Gold Mine for Self-Made Women," May 18, 2017, https：//www.forbes.com/sites/chloesorvino/2017/05/18/self-made-women-wealth-beauty-gold-mine/#1936d672a3a5; McKinsey & Company, "The State of Fashion 2017," December 2016, https：//www.mckinsey.com/industries/retail/our-insights/the-state-

of-fashion; "Fashion," Statista, December 12, 2017, https: //www.statista.com/outlook/244/109/fashion/united-states#。

90 可参考 Rachel M. Calogero and J. Kevin Thompson, "Potential Implications of the Objectification of Women's Bodies for Women's Sexual Satisfaction," *Body Image* 6, no. 2 (2009): 145—148; Ellen E. Fitzsimmons-Craft et al, "Explaining the Relation between Thin Ideal Internalization and Body Dissatisfaction among College Women: The Roles of Social Comparison and Body Surveillance," *Body Image* 9, no. 1 (2012): 43—49; Brit Harper and Marika Tiggemann, "The Effect of Thin Ideal Media Images on Women's Self-objectification, Mood, and Body Image," *Sex Roles* 58, nos. 9—10 (2008): 649—657; Peter Strelan, Sarah J. Mehaffey, and Marika Tiggemann, "Brief Report: Self-objectification and Esteem in Young Women: The Mediating Role of Reasons for Exercise," *Sex Roles* 48, no. 1 (2003): 89—95。

91 相反，在一项运用 Meta 分析法（meta-analytic ），对自称的女权主义信仰与对自己身体看法之间关系的综述研究中，萨拉·穆尔宁和琳达·斯莫拉克发现，在她们分析的 26 项研究中，抱持女权主义的态度与更高的身体满意度呈正相关。参见 Sarah K. Murnen, and Linda Smolak, "Are Feminist Women Protected from Body Image Problems? A Meta-analytic Review of Relevant Research," *Sex Roles* 60, nos. 3—4 (2009): 186。

92 Glosswitch, "Why Is It So Hard for Women to Accept Their Bodies?" *New Statesman America*, December 3, 2015, http: //www.newstatesman.com/politics/feminism/2015/12/why-it-so-hard-women-accept-their-bodies.

93 Angela MacRobbie, "Notes on the Perfect: Competitive Femininity in Neoliberal Times," *Australian Feminist Studies* 30, no. 83(2015): 3—20.

94 P. Bernard, S. Gervais, J. Allen, S. Campomizzi, and O. Klein, "Integrating Sexual Objectification with Object versus Person Recognition: The Sexualized Body-inversion Hypothesis," *Psychological Science* 23, no. 5(2012): 469—471.

95 Rosalind Gill, "From Sexual Objectification to Sexual Subjectification: The Resexualisation of Women's Bodies in the Media," *Feminist Media Studies* 3, no. 1

（2003）：100—106.

96 Kathy Martinez-Prather and Donna M. Vandiver, "Sexting among Teenagers in the United States: A Retrospective Analysis of Identifying Motivating Factors, Potential Targets, and the Role of a Capable Guardian," *International Journal of Cyber Criminology* 8, no. 1（2014）: 21—35, esp. 21.

97 Lee Murray, Thomas Crofts, Alyce McGovern, and Sanja Milivojevici, *Sexting and Young People*, Report to the Criminology Research Advisory Council Grant: CRG 53/11—12, November 2015, 5, http: //www.criminologyresearchcouncil.gov.au/reports/1516/53-1112-FinalReport.pdf.

98 Richard A. Posner, "Sale of Body Parts—Posner," *The Becker-Posner Blog*, October 21, 2012, http: //www.becker-posner-blog.com/2012/10/sale-of-body-partsposner.html.

99 Pateman, "What's Wrong with Prostitution?" 3—64, esp. 60.

100 来自约那斯的文章，见 Hans Jonas, "Toward a Philosophy of Technology," *Hastings Center Report* 9, no. 1（1979）: 34—43（参考：约那斯，"走向技术哲学"，刘国琪译，《技术哲学经典读本》，吴国盛编，上海交通大学出版社，2008，第321—339页）。

101 出处同上，35（中文出处第324页）。

102 Jessica Benjamin, *Like Subjects, Love Objects: Essays on Recognition and Sexual Difference*（New Haven: Yale University Press, 1998）; Jessica Benjamin, "Recognition and Destruction," *Relational Perspectives in Psychoanalysis*（1992）; Nancy Fraser, "Rethinking Recognition," *New Left Review* 3（2000）: 107（南茜·弗雷泽，"重新思考承认：克服文化政治中的替代和具体化"，高静宇译，《伤害＋侮辱：争论中的再分配、承认和代表权》，奥尔森编，上海人民出版社，2009）; Nancy Fraser and Axel Honneth, *Redistribution or Recognition? : A Political-philosophical Exchange.*（London and New York: Verso Books, 2003; 南茜·弗雷泽、阿克塞尔·霍耐特，《再分配，还是承认？：一个政治哲学对话》，周德明译，上海人民出版社，2009）; Nancy Fraser, "Rethinking the Public Sphere: A Contribution

to the Critique of Actually Existing Democracy," *Social Text* 25/26（1990）：56—80（南茜·弗雷泽，"第三章：公共领域反思：一项对现存民主批判的贡献"，《正义的中断》，于海青译，上海人民出版社，2009）；Honneth, *The Struggle for Recognition*。

103 Axel Honneth, with Judith Butler, Raymond Geuss, and Jonathan Lear, *Reification: A New Look at an Old Idea*, ed. Martin Jay, The Berkeley Tanner Lectures（New York：Oxford University Press, 2008；阿克塞尔·霍耐特，《物化：承认理论探析》，罗名珍译，华东师范大学出版社，2018）。

104 出处同上，58（中文出处第 91 页）。

105 Bourdieu, *Distinction*; Jukka Gronow, *The Sociology of Taste*（Abingdon-on-Thames：Routledge, 2002）；Sarah Thornton, *Club Cultures: Music, Media, and Subcultural Capital*（Middletown, CT：Wesleyan University Press, 1996）.

106 Bourdieu, *Distinction*, 91, 175（参考：布尔迪厄，《区分》，第 152—154、274—275 页）。

107 Illouz, "Emotions, Imagination and Consumption," 377—413, esp. 401.

108 Leo Bersani and Adam Phillips, *Intimacies*（Chicago：University of Chicago Press, 2008）, 94.

109 Jens Beckert and Patrik Aspers, eds., *The Worth of Goods*（New York：Oxford University Press）, 6.

110 Christopher K. Hsee and Jiao Zhang, "Distinction Bias: Misprediction and Mischoice Due to Joint Evaluation," *Journal of Personality and Social Psychology* 86, no. 5（2004）：680.

111 S.A.M. I Am, "True Life Dating Stories," http：//www.explode.com/rr/lifesucks-dating.shtml.

112 Mears, *Pricing Beauty*, 10（中译引自：米尔斯，《美丽的标价》，第 15 页）。

113 Sheena S. Iyengar and Mark R. Lepper, "When Choice Is Demotivating: Can One Desire Too Much of a Good Thing？" *Journal of Personality and Social Psychology* 79, no. 6（2000）：995—1006.

114 David Harvey, *Marx, Capital, and the Madness of Economic Reason*（New York：Oxford University Press, 2017；大卫·哈维，《马克思与〈资本论〉》，周大昕译，中信出版社，2018）。

115 Karl Marx, "Part 3：The Law of the Tendency of the Rate of Profit to Fall," in *Capital：A Critique of Political Economy*, vol. 3, Penguin Classics［1863—1883；London：Penguin Books, 1993；马克思，"第三篇　利润趋向下降的规律"，《资本论》第三卷，《马克思恩格斯全集（第25卷）》，中央编译局编，1975］，279—306，317—376（参考中文出处第199—227页、第235—296页）。亦参见 Ben Fine and Laurence Harris, "The Law of the Tendency of the Rate of Profit to Fall," *Rereading Capital*（London：Macmillan Education, 1979），58—75。

116 David Harvey, *Seventeen Contradictions and the End of Capitalism*（New York：Oxford University Press, 2014；大卫·哈维，《资本社会的17个矛盾》，许瑞宋，中信出版社，2016），234（中文出处第259页）。

117 Adam Arvidsson, "The Potential of Consumer Publics," *Ephemera* 13, no. 2（2013）：367—391；Adam Arvidsson, "The Ethical Economy of Customer Coproduction," *Journal of Macromarketing* 28, no. 4（2008）：326—338.

118 Milton Friedman, *Capitalism and Freedom*；Friedrich August Hayek, "The Use of Knowledge in Society," *The American Economic Review* 35, no. 4（1945）：519—530（参考：F. A. 冯·哈耶克，"知识在社会中的运用"，《个人主义与经济秩序》，邓正来编译，生活·读书·新知三联书店，2003，第116—136页）。对新自由主义的综述，见 David Harvey, *A Brief History of Neoliberalism*（Oxford：Oxford University Press, 2007；大卫·哈维，《新自由主义简史》，王钦译，上海译文出版社，2010）；Thomas I. Palley, "From Keynesianism to Neoliberalism：Shifting Paradigms in Economics," in *Neoliberalism：A Critical Reader*, ed. Alfredo Saad-Filho and Deborah Johnston（Chicago：University of Chicago Press, 2005；托马斯·I. 帕雷，"从凯恩斯主义到新自由主义"，陈刚译，《新自由主义：批判读本》，阿尔弗雷多·萨德-费洛、黛博拉·约翰斯顿编，江苏人民出版社，2006），20—29（中文出处第24—36页）。

119 关于注意力的经济，参见 Daniel Kahneman, *Attention and Effort* (Englewood Cliffs, NJ: Prentice Hall, 1973); Warren Thorngate, "The Economy of Attention and the Development of Psychology," *Canadian Psychology/Psychologie Canadienne* 31, no. 3 (1990): 262—271。

120 American Psychological Association, Task Force on the Sexualization of Girls "Report of the APA Task Force on the Sexualization of Girls," 2007, http://www.apa.org/pi/women/programs/girls/report-full.pdf.

121 Ine Vanwesenbeeck, "The Risks and Rights of Sexualization: An Appreciative Commentary on Lerum and Dworkins 'Bad Girls Rule'," *Journal of Sex Research* 46, no. 4 (2009): 268—270, esp. 269.

122 要参考一个非常有用且深有启发的讨论，请见 Gill, "From Sexual Objectification to Sexual Subjectification"。

123 Rosalind Gill, "Empowerment/sexism: Figuring Female Sexual Agency in Contemporary Advertising," *Feminism & Psychology* 18, no. 1 (2008): 35—60.

124 参见 Gill, "From Sexual Objectification to Sexual Subjectification"。

125 Max Horkheimer and Theodor W. Adorno, *Dialectic of Enlightenment*, ed. Noeri Gunzelin (1944; Stanford, CA: Stanford University Press, 2002; 马克斯·霍克海默、西奥多·阿多诺，《启蒙辩证法：哲学断片》，渠敬东、曹卫东译，上海人民出版社，2020)。

126 Swidler, "Culture in Action."

127 Martin Heidegger, *Basic Writings*, ed. David Farrell Krell, trans. William Lovitt (New York: Harper & Row, 1977), 295—301 (参考：海德格尔，《技术的追问》，孙周兴译，《技术哲学经典读本》，吴国盛编，上海交通大学出版社，2008，第301—320页)。

128 参见 Bakewell, *At the Existentialist Café*, 183 (参考：贝克韦尔，《存在主义咖啡馆》，第256—257页；海德格尔，《技术的追问》，第308—315页)。

129 一封她 1922 年 12 月 19 日寄出的信，引自 Maria Popova, "How Virginia Woolf and Vita Sackville-West Fell in Love," *Brain Pickings*, https://www.brainpickings.

org/2016/07/28/virginia-woolf-vita-sackville-west/。

130 法语原文："Ma vision de l'amour ha pas changé, mais ma vision du monde, oui. C'est super agréable d'être lesbienne. Je me sens moins concernée par la féminité, par l'approbation des hommes, par tous ces trucs qu'on s'impose pour eux. Et je me sens aussi moins préoccupée par mon âge: c'est plus dur de vieillir quand on est hétéro. La séduction existe entre filles, mais elle est plus cool, on n'est pas déchue à 40 ans,"引自 Virginie Despentes, "Punk un jour, punk toujours," *Elle Québec*, January 2011。

131 "The Oppression of Women in the Western World," *Shannon Prusak's Stories Revealed*, https://shannonprusak.wordpress.com/the-oppression-of-women-in-the-western-world/.

第五章

1 Trollope, *The Claverings*.

2 摘自 *Sie Liebten Sich Beide*, A. S. Kline 译, 选自 All Poetry 网站, https://allpoetry.com/Sie-Liebten-Sich-Beide[原诗并没有标题, 是海涅《诗歌集》(*Buch der Lieder*) 中《还乡集》(*Die Heimkehr*) 组诗的一部分。] Dt.: Buch der Lieder: Die Heimkehr, Gedicht 33(中译引自: 海涅, "他们俩倾心相爱", 杨武能译,《海涅抒情诗选》, 杨武能编选, 译林出版社, 1991)。

3 舒曼夫妇关系的更多资料, 见 Robert Schumann, Clara Schumann, and Gerd Nauhaus, *The Marriage Diaries of Robert and Clara Schumann: From Their Wedding Day through the Russia Trip* (Boston: Northeastern University, 1993); John Worthen, *Robert Schumann: Life and Death of a Musician* (New Haven: Yale University Press, 2007)。

4 G. W. F. Hegel, *The Philosophy of Right* (1820; Indianapolis: Hackett Publishing, 2015; 黑格尔,《法哲学原理: 或自然法和国家学纲要》, 范扬、张启泰译, 商务印书馆, 2017), 143(中文出处第 209 页)。

5 Honneth, *Freedom's Right*.

6 参见第二章。

7　Honneth, *The Struggle for Recognition*; Honneth, *Freedom's Right*; Christopher Zurn, *Axel Honneth: A Critical Theory of the Social* (Hoboken, NJ: Wiley, 2015), esp. chapter 6 "Social Freedom and Recognition," 155—205.

8　James Leonard Park, *Loving in Freedom*, https://s3.amazonaws.com/aws-website-jamesleonardpark—freelibrary-3puxk/CY-L-FRE.html.

9　Pateman, *The Sexual Contract*, *39*（中译引自：帕特曼，《性契约》，第 40 页）。

10　出处同上，15（中文出处第 14 页）。

11　参见 Alberto Abadie and Sebastien Gay, "The Impact of Presumed Consent Legislation on Cadaveric Organ Donation: A Cross-country Study," *Journal of Health Economics* 25, no. 4 (2006): 599—620; Morris R. Cohen, "The Basis of Contract," *Harvard Law Review* 46, no. 4 (1933): 553—592; Ruth R. Faden and Tom L. Beauchamp, *A History and Theory of Informed Consent* (Oxford: Oxford University Press, 1986); Roscoe Pound, "The Role of the Will in Law," *Harvard Law Review* 68, no. 1 (1954): 1—19。

12　《卫报》的消息指出，英格兰和威尔士高级家庭法法官尼古拉斯·沃尔爵士（Sir Nicholas Wall）在 2012 年表示："夫妻分开的标准方法应该是'无过错'离婚，而不是需要证明其中一方对分开负有责任。"参见 Owen Bowcott, "No-fault Divorces 'Should Be Standard,'" March 27, 2012, *The Guardian*, https://www.theguardian.com/law/2012/mar/27/no-fault-divorces-standard-judge。

13　Giddens, *The Transformation of Intimacy*, 58（中译引自：吉登斯，《亲密关系的变革》，第 77 页）。

14　Neil Gross and Solon Simmons, "Intimacy as a Double-edged Phenomenon? An Empirical Test of Giddens," *Social Forces* 81, no. 2 (2002): 531—555, esp. 536.

15　参见 Pateman, *The Sexual Contract*, "Contracting In," 1—18（中文出处第 1—17 页）。

16　Andrew Dilts, "From 'Entrepreneur of the Self' to 'Care of the Self': Neoliberal Governmentality and Foucault's Ethics," *Western Political Science Association 2010 Annual Meeting Paper*, https://ssrn.com/abstract=1580709; Michel Feher, "Self-

Appreciation; Or, the Aspirations of Human Capital," *Public Culture* 21, no. 1（2009）: 21—41; Patricia Mccafferty, "Forging a 'Neoliberal Pedagogy': The 'Enterprising Education Agenda in Schools," *Critical Social Policy* 30, no. 4（2010）: 541—563.

17 Mandy Len Catron, "To Stay in Love, Sign on the Dotted Line," *The New York Times*, June 23, 2017, https://www.nytimes.com/2017/06/23/style/modern-love-to-stay-in-love-sign-on-the-dotted-line-36-questions.html, emphasis added.

18 Pateman, *The Sexual Contract*, 1—2（中文出处第 1—2 页）。

19 参见 William H. Sewell Jr., "Geertz, Cultural Systems, and History: From Synchrony to Transformation," in *The Fate of "Culture": Geertz and Beyond*, ed. Sherry B. Ortner（Berkeley: University of California Press, 1999）, 47（参考: 小威廉·休厄尔, "第六章: 历史、共时性和文化: 反思克利福德·格尔茨的研究",《历史的逻辑: 社会理论与社会转型（修订译本）》, 朱联璧、费滢译, 上海人民出版社, 2021, 第 185 页）。

20 Laura Sessions Stepp, "A New Kind of Date Rape," *Cosmopolitan*, October 12, 2007, http://web.archive.org/web/20071012024801/http://www.cosmopolitan.com/sex-love/sex/new-kind-of-date-rape, emphasis added.

21 我十分感谢伊丽莎白·A. 阿姆斯特朗, 在与她的私下交流中, 她让我开始关注"情境关系"这个概念。

22 参见 Aidan Neal, "9 Signs You're in a Situationship?" August 6, 2014, http://aidanneal.com/2014/08/06/9-signs-youre-situationship/。

23 O'Neill, *Seduction*。亦参见 Rachel O'Neill, "The Work of Seduction: Intimacy and Subjectivity in the London 'Seduction Community,'" *Sociological Research Online* 20, no. 4（2015）: 1—14, esp. 10。

24 eHarmony Staff, "Deciding Factors: Eight Solid Reasons to Break Up," September 26, 2013, https://www.eharmony.com/dating-advice/relationships/eight-solid-reasons-to-break-up/, emphasis added.

25 Denise Haunani Solomon and Leanne K. Knobloch, "Relationship Uncertainty, Partner

Interference, and Intimacy within Dating Relationships," *Journal of Social and Personal Relationships* 18, no. 6(2001): 804—820, esp. 805.

26 Alice Boyes, "51 Signs of an Unhealthy Relationship," February 10, 2015, https: // www.psychologytoday.com/blog/in-practice/201502/51-signs-unhealthy-relationship, emphasis added.

27 Rori Raye, "Stop Wondering if He's Going to Call... Because He'll Be Clamoring for Your Time and Attention," https: //www.catchhimandkeephim.com/m/email/nl/ roriraye/did-he-pursue-you-and-then-get-distant.html, emphasis added.

28 Swidler, *Talk of Love*, 107。亦参见 Swidler, "Culture in Action," esp. 280 (参考: 斯威德勒,"行动中的文化", 特别是第 16—17 页)。

29 Karin Knorr Cetina, "What Is a Financial Market？: Global Markets as Microinstitutional and Post-Traditional Social Forms," in *The Oxford Handbook of the Sociology of Finance*, ed. Karin Knorr Cetina and Alex Preda(Oxford: Oxford University Press, 2012; 卡瑞 恩·克诺尔·塞蒂娜,"第 6 章: 什么是金融市场? ——作为微观制度和后传 统的社会形态",《牛津金融社会学手册》, 卡瑞恩·克诺尔·塞蒂娜、亚历克 斯·普瑞达主编, 艾云等译, 社科文献出版社, 2019), 115—133, esp. 122 (参 考: 中文出处第 123—142 页, 尤其是第 129—130 页)。

30 Terje Aven, "Risk Assessment and Risk Management: Review of Recent Advances on Their Foundation," *European Journal of Operational Research* 253, no. 1 (2016): 1—13; Terje Aven and Yolande Hiriart, "Robust Optimization in Relation to a Basic Safety Investment Model with Imprecise Probabilities," *Safety Science* 55 (2013): 188—194; James Lam, *Enterprise Risk Management: From Incentives to Controls* (Hoboken, NJ: Wiley, 2014; 詹姆斯·林,《企业全面风险管理: 从激励到控 制》, 黄长权译, 中国金融出版社, 2006); José A. Scheinkman, *Speculation, Trading, and Bubbles*(New York: Columbia University, 2014; 何塞·沙因曼,《谁 都逃不掉的泡沫》, 崔传刚译, 中信出版社, 2016)。

31 Tali Kleiman and Ran R. Hassin, "Non-conscious Goal Conflicts," *Journal of Experimental Social Psychology* 47, no. 3(2011): 521—532, esp. 521.

32 出处同上，522。

33 Goal 12，"I Feel Lost." loveshack.org，April 3，2016，http：//www.loveshack.org/
forums/breaking-up-reconciliation-coping/breaks-breaking-up/575980-i-feel-lost，
emphasis added.

34 引自 Krastev，*After Europe*，51（中译引自：克拉斯特耶夫，《欧洲的黄昏》，第
64 页）。

35 Valeriya Safronova，"Exes Explain Ghosting, the Ultimate Silent Treatment，"June
26，2015，http：//www.nytimes.com/2015/06/26/fashion/exes-explain-ghosting-the-
ultimate-silent-treatment.html.［《纽约时报》最初把小男孩的名字说成了"卡
斯珀"（Casper），可能是和 1995 年上映的《鬼马小精灵》（*Casper*）的主角弄
混了。］

36 Boltanski and Thévenot，*On Justification*.

37 Volkmar Sigusch，"Lean Sexuality：On Cultural Transformations of Sexuality and
Gender in Recent Decades，"*Sexuality & Culture* 5，no. 2（2001）：23—56.

38 Hellen Chen，"Hellen Chens Love Seminar: The Missing Manual that Will Make Your
Relationship Last，"2013，https：//youtu.be/ezEeaBs84wO。亦参见 "Over 85% of
Dating Ends up in Breakups—Upcoming New Book on Relationships Sheds Light，"
October 28，2013，http：//www.prweb.com/releases/finding_right_date/lasting_
marriages/prweb11278931.htm。

39 Albert O. Hirschman，*Exit，Voice and Loyalty: Responses to Decline in Firms，
Organizations，and States*（Cambridge，MA: Harvard University Press，1970；艾伯
特·O. 赫希曼，《退出、发声与忠诚：对企业、组织和国家衰退的回应》，卢昌
崇译，格致出版社，2015）。

40 Deborah Davis，Phillip R. Shaver，and Michael L. Vernon，"Physical，Emotional，
and Behavioral Reactions to Breaking Up: The Roles of Gender，Age，Emotional
Involvement，and Attachment Style，"*Personality and Social Psychology Bulletin* 29，
no. 7（2003）：871—884，esp. 871.

41 Augustine J. Kposowa，"Marital Status and Suicide in the National Longitudinal

Mortality Study," *Journal of Epidemiology & Community Health* 54, no. 4 (2000) :
254—261, esp. 254.

42 Marianne Wyder, Patrick Ward, and Diego De Leo, "Separation as a Suicide Risk
Factor," *Journal of Affective Disorders* 116, no. 3 (2009) : 208—213.

43 Erica B. Slotter, Wendi L. Gardner, and Eli J. Finkel, "Who Am I without You? The
Influence of Romantic Breakup on the Self-concept," *Personality and Social Psychology
Bulletin* 36, no. 2 (2010) : 147—160.

44 Robin West, "The Harms of Consensual Sex," November 11, 2011, http://
unityandstruggle.org/wp-content/uploads/2016/04/West_The-harms-of-consensual-sex.pdf.

45 Mike Hardcastle, "Am I in Love?" http://teenadvice.about.com/u/sty/datinglove/
breakup_stories/He-d-Tell-Me-I-was-a-Horrible-Person.htm.

46 Avishai Margalit, *On Betrayal*(Cambridge, MA: Harvard University Press, 2017), 7。
既然现在素食主义作为一种新的道德形式已经蔚为风潮,那么显然马加利特选
了一个错误的类比,不过这不影响他的观点依然令人信服。

47 Alan Wertheimer, *Consent to Sexual Relations* (Cambridge: Cambridge University
Press, 2010) .

48 Hirschman, *Exit, Voice, and Loyalty*, 2(中译引自:赫希曼,《退出、呼吁与忠诚》,
第 2 页)。

49 Richard Sennett, *The Culture of the New Capitalism* (New Haven: Yale University
Press, 2006;理查德·桑内特,《新资本主义的文化》,李继宏译,上海译文出
版社, 2010), 4—5(中文出处第 4 页)。

50 Joseph A. Schumpeter, *Capitalism, Socialism and Democracy* (London: Routledge,
1942; 2013;约瑟夫·熊彼特,《资本主义、社会主义与民主》,吴良健译,商
务印书馆, 1999), specifically chapter 7, "The Process of Creative Destruction,"
81—86。

51 Sennett, *The Culture of the New Capitalism*, 48(中文出处第 29—30 页)。

52 Esther Perel, *The State of Affairs: Rethinking Infidelity* (New York: HarperCollins,
2017;埃丝特·佩瑞尔,《危险关系: 爱、背叛与修复之路》,兆新译,上海社

会科学院出版社，2020 ）。

53 Jennifer M. Silva, *Coming Up Short: Working Class Adulthood in an Age of Uncertainty* (Oxford: Oxford University Press, 2013), 6.

54 Uriel Procaccia, *Russian Culture, Property Rights, and the Market Economy* (Cambridge: Cambridge University Press, 2007).

55 Frank H. Knight, *Risk, Uncertainty and Profit* (1921; North Chelmsford: Courier Corporation, 2012; 奈特，《风险，不确定性与利润》，安佳译，商务印书馆，2010 ）。

56 出处同上，19 (中文出处第 18—19 页)。

57 Sennett, *The Culture of the New Capitalism*, 66 (中文出处第 45 页)。

58 David F. Haas and Forrest A. Deseran, "Trust and Symbolic Exchange," *Social Psychology Quarterly* (1981): 3—13, esp. 4; Peter Michael Blau, *Exchange and Power in Social Life* (New York: John Wiley & Sons, 1964; 彼得·M. 布劳，《社会生活中的交换与权力》，李国武译，商务印书馆，2012 ）。

59 Haas and Deseran, "Trust and Symbolic Exchange," 3.

60 Joyce Berg, John Dickhaut, and Kevin McCabe, "Trust, Reciprocity, and Social History," *Games and Economic Behavior 10*, no. 1 (1995): 122—142; Ernst Fehr and Simon Gachter, "How Effective Are Trust and Reciprocity-based Incentives?" *Economics, Values and Organizations* (1998): 337—363; Elinor Ostrom, "A Behavioral Approach to the Rational Choice Theory of Collective Action: Presidential Address, American Political Science Association, 1997," *American Political Science Review* 92, no. 1 (1998): 1—22; Elinor Ostrom and James Walker, eds., *Trust and Reciprocity: Interdisciplinary Lessons for Experimental Research* (New York: Russell Sage Foundation, 2003).

61 J. Mark Weber, Deepak Malhotra, and J. Keith Murnighan, "Normal Acts of Irrational Trust: Motivated Attributions and the Trust Development Process," *Research in Organizational Behavior* 26 (2004): 75—101, esp. 78.

62 Alvin W. Gouldner, "The Norm of Reciprocity: A Preliminary Statement," *American*

Sociological Review（1960）：161—178（阿尔文·古尔德纳，"互惠规范：一个初步的陈述"，胡伟译、冯钢校，《社会学基础文献选读》，冯钢选编，浙江大学出版社，2008，第338—365页）。

63 约翰·达菲（John Duffy）和杰克·奥克斯（Jack Ochs）发现，与每一轮博弈后随机重新配对的方式相比，实验对象在重复的囚徒困境博弈之后表现出了更高的合作水平。达尔·博（Dal Bó）发现，"未来的阴影"（即未来会出现报复的威胁）减少了囚徒困境博弈中的机会主义取巧行为。吉姆·恩格尔-沃尔尼克（Jim Engle-Warnick）和罗伯特·斯洛尼姆（Robert Slonim）发现，在缺乏确定性的信任博弈中，参与者的策略会包括构建重复博弈的均衡。参见 Pedro Dal Bó, "Cooperation under the Shadow of the Future: Experimental Evidence from Infinitely Repeated Games," *American Economic Review* 95, no. 5（December 2005）: 1591—1604; John Duffy and Jack Ochs, "Cooperative Behavior and the Frequency of Social Interaction," *Games and Economic Behavior* 66, no. 2（2009）: 785—812; Jim Engle-Warnick and Robert L. Slonim, "Inferring Repeated-game Strategies from Actions: Evidence from Trust Game Experiments," *Economic Theory* 28, no. 3（2006）: 603—632。

64 如丹尼丝·卢索（Denise Rousseau）等在一篇讨论信任问题的跨学科文章中说的："风险创造了表达信任的机会，会导致人们做出承担风险的行为。此外，当预期的行为兑现之后，承担风险的行为会增强信任感。"参见 Denise M. Rousseau et al., "Not So Different After All: A Cross-discipline View of Trust," *Academy of Management Review* 23, no. 3（1998）: 393—404, esp. 395。

65 Roger C. Mayer, James H. Davis, and F. David Schoorman, "An Integrative Model of Organizational Trust," *Academy of Management Review* 20, no. 3（1995）: 709—734, esp. 726.

66 参见 Weber, Malhotra, and Murnighan, "Normal Acts of Irrational Trust," 75—101。

67 Diego Gambetta, "Can We Trust Trust?" *Trust: Making and Breaking Cooperative Relations* 13（2000）: 213—237.

68 Weber and Murnighan, "Normal Acts of Irrational Trust," 75—101.

69 Luhmann, *Trust and Power*, especially chapter 4, "Trust as a Reduction of Complexity," 24—31.

70 出处同上, 5。

71 Sennett, *The Culture of the New Capitalism*, 79（中文出处第 56 页）。

72 Eva Illouz and Edgar Cabanas, *Happycratie Comment Vindustrie du bonheur a pris le contrôle de nos vies*（Paris：Premier Parall è le Editeur, 2018）.

73 Stefano Bory, *Il Tempo Sommerso. Strategie Identitarie Nei Giovani Adulti Del Mezzogiorno*（Naples: Liguori, 2008）.

74 一个文学上的例子, 可以参看畅销小说《纽约文青之恋》。这本书描述了一个对爱情和自我的全新叙事。年轻的男生和一位聪明、慷慨、善良、事业有成的女性开始了一段关系, 但他最终还是离开了她。小说的叙事让读者明白, 他离开她正是因为他越来越觉得, 她的个性太让他刻骨铭心了, 而这让他觉得自己没有"足够好", 或觉得自己"配不上"她。然后, 另一个女人突然就莫名其妙地出现在他的生命中。最初认识的时候, 他说这个女人不是他喜欢的类型, 但随着在一起的时间越来越久, 他们俩相处的感觉似乎不错, 她甚至搬过来和他住在了一起。不是出于某种情感意志的行动——这种情感意志处在求爱和感情的限制与结构之中, 并为它们所塑造——让他最终留在了这个女人身边。这个结果来源于一种尚未落定的情感流动。对这种情感流动来说, 并非一开始就存在一个清晰的结构来引导着它, 并赋予它形态或是目的。他们决定住到一起, 是因为他们"彼此感觉良好", 而不是因为他们在情感上得到了什么突然的启示, 或是他们为彼此的互动赋予了什么目的。参见 Waldman, *The Love Affairs of Nathaniel P.*。

75 Sandra L. Murray, John G. Holmes, and Dale W. Griffin, "The Self-fulfilling Nature of Positive Illusions in Romantic Relationships：Love Is Not Blind, But Prescient," *Journal of Personality and Social Psychology* 71, no. 6（1996）：1155—1180, esp. 1157.

76 Sennett, *The Culture of the New Capitalism*, 77（中文出处第 54 页）。

77 参见 David Stark, *The Sense of Dissonance: Accounts of Worth in Economic Life*（Princeton,

NJ: Princeton University Press, 2011)。

1 Emma Gray, "Octavia Spencer Reveals the Role She Was 'Destined to Play,' " *Huffington Post*, February 7, 2017, https: //www.huffpost.com/entry/octavia-spencer-reveals-the-role-she-was-destined-to-play_n_58996e44e4b0c1284f27ea2d.

2 Virginie Despentes, *Vernon Subutex*, Tome 1 (Paris: Grasset, 2015)63.

3 Stephen A. Mitchell, *Relational Concepts in Psychoanalysis* (Cambridge, MA: Harvard University Press, 1988), 273.

4 Andrew Cherlin, "Marriage Has Become a Trophy," *The Atlantic*, March 20, 2018, https: //www.theatlantic.com/family/archive/2018/03/incredible-everlasting-institution-marriage/555320/.

5 Giddens, *The Transformation of Intimacy.*

6 Lauren Berlant, *Desire/Love*(Brooklyn, NY: Punctum Books, 2012; 劳伦·勃兰特, 《情动驱力及其文化分析》, 周彦华、马添翼译, 重庆出版社, 2020), 44 (中文出处第 53 页)。

7 可参考的资料如 Paul R. Amato, "The Consequences of Divorce for Adults and Children," *Journal of Marriage and Family* 62, no. 4 (2000): 1269—1287; Paul R. Amato and Denise Previti, "Peoples Reasons for Divorcing: Gender, Social Class, the Life Course, and Adjustment," *Journal of Family Issues* 24, no. 5 (2003): 602—626; Paul R. Amato and Brett Beattie, "Does the Unemployment Rate Affect the Divorce Rate? An Analysis of State Data 1960—2005," *Social Science Research* 40, no. 3 (2011): 705—715; Anne-Marie Ambert, *Divorce: Facts, Causes, and Consequences* (Ottawa: Vanier Institute of the Family, 2005); Lynn Prince Cooke, "'Doing' Gender in Context: Household Bargaining and Risk of Divorce in Germany and the United States," *American Journal of Sociology* 112, no. 2 (2006): 442—472; Paul M. De Graaf and Matthijs Kalmijn, "Change and Stability in the Social Determinants of Divorce: A Comparison of Marriage Cohorts in the Netherlands," *European*

Sociological Review 22, no. 5 (2006): 561—572; Tamar Fischer, "Parental Divorce and Children's Socio-economic Success: Conditional Effects of Parental Resources Prior to Divorce, and Gender of the Child," *Sociology* 41, no. 3 (2007): 475—495; Matthijs Kalmijn and Anne-Rigt Poortman, "His or Her Divorce? The Gendered Nature of Divorce and Its Determinants," *European Sociological Review* 22, no. 2 (2006): 201—214; Ludwig F. Lowenstein, "Causes and Associated Features of Divorce as Seen by Recent Research," *Journal of Divorce & Remarriage* 42, nos. 3—4 (2005): 153—171; Michael Wagner and Bernd Weiss, "On the Variation of Divorce Risks in Europe: Findings from a Meta-analysis of European Longitudinal Studies," *European Sociological Review* 22, no. 5 (2006): 483—500; Yoram Weiss, "The Formation and Dissolution of Families: Why Marry? Who Marries Whom? And What Happens upon Divorce," *Handbook of Population and Family Economics* 1 (1997): 81—123。

8 报告这些理由的研究包括 Amato and Previti, "Peoples Reasons for Divorcing"; Amato and Beattie, "Does the Unemployment Rate Affect the Divorce Rate?"; Ambert, *Divorce*; De Graaf and Kalmijn, "Change and Stability in the Social Determinants of Divorce"; Kalmijn and Poortman, "His or Her Divorce?"; Ludwig F. Lowenstein, 2005; and Wagner and Weiss, "On the Variation of Divorce Risks in Europe"。

9 Lynn Gigy and Joan B. Kelly, "Reasons for Divorce: Perspectives of Divorcing Men and Women," *Journal of Divorce & Remarriage* 18, nos. 1—2 (1993): 169—188, esp. 170.

10 Paul M. De Graaf and Matthijs Kalmijn, "Divorce Motives in a Period of Rising Divorce: Evidence from a Dutch Life-history Survey," *Journal of Family Issues* 27, no. 4 (2006): 483—505; Gigy and Kelly, "Reasons for Divorce"; John Mordechai Gottman, *What Predicts Divorce?: The Relationship between Marital Processes and Marital Outcomes* (London: Psychology Press, 2014); Ilene Wolcott and Jody Hughes, "Towards Understanding the Reasons for Divorce," (working paper, Australian Institute of Family Studies, 1999).

11 Steven Ruggles, "The Rise of Divorce and Separation in the United States, 1880—

1990," *Demography* 34, no. 4 (1997): 455—466, esp. 455.

12 Gigy and Kelly, "Reasons for Divorce," 173.

13 Wolcott and Hughes, "Towards Understanding the Reasons for Divorce," 11—12.

14 Michael J. Rosenfeld, "Who Wants the Breakup? Gender and Breakup in Heterosexual Couples" in *Social Networks and the Life Course*, ed. Duane Alwin, Diane Felmlee, and Derek Kreager (New York: Springer, 2017), 221—243, esp. 221.

15 Andrew J. Cherlin, *Marriage, Divorce, Remarriage*, rev. and enl. ed. (Cambridge, MA: Harvard University Press, 1992), 51.

16 Rosenfeld, "Who Wants the Breakup?" 239.

17 Karen C. Holden and Pamela J. Smock, "The Economic Costs of Marital Dissolution: Why Do Women Bear a Disproportionate Cost?" *Annual Review of Sociology* 17, no. 1 (1991): 51—78.

18 参见本书第五章。

19 参见 Ruben C. Gur and Raquel E. Gur, "Complementarity of Sex Differences in Brain and Behavior: From Laterality to Multimodal Neuroimaging," in *Journal of Neuroscience Research* 95 (2017): 189—199。

20 参见 Greer Litton Fox and Velma McBride Murry, "Gender and Families: Feminist Perspectives and Family Research," *Journal of Marriage and Family* 62, no. 4 (2000): 1160—1172; Arlie Hochschild, *The Second Shift: Working Families and the Revolution at Home* (1989; New York: Penguin Books, 2012; 阿莉·拉塞尔·霍克希尔德,《职场妈妈不下班: 第二轮班与未完成的家庭革命》, 肖索未等译, 生活·读书·新知三联书店, 2021); Joan B. Landes, "The Public and the Private Sphere: A Feminist Reconsideration," in *Feminists Read Habermas: Gendering the Subject of Discourse*, ed. Johanna Meehan (London: Routledge, 2013), 107—132; Linda Thompson and Alexis J. Walker, "Gender in Families: Women and Men in Marriage, Work, and Parenthood," *Journal of Marriage and the Family* (1989): 845—871。

21 Francesca Cancian, *Love in America: Gender and Self-Development* (Cambridge: Cambridge University Press, 1990) .

22 参见 Julia Brannen and Jean Collard, *Marriages in Trouble: The Process of Seeking Help* (London: Taylor & Francis, 1982); Jean Duncombe and Dennis Marsden, "Love and Intimacy: The Gender Division of Emotion and 'Emotion Work': A Neglected Aspect of Sociological Discussion of Heterosexual Relationships," *Sociology* 27, no. 2 (1993): 221—241; Rebecca J. Erickson, "Why Emotion Work Matters: Sex, Gender, and the Division of Household Labor," *Journal of Marriage and Family* 67, no. 2 (2005): 337—351; Penny Mansfield and Jean Collard, *The Beginning of the Rest of Your Life?* (London: Macmillan, 1988)。

23 参见 Barbara Dafoe Whitehead and David Popenoe, "Who Wants to Marry a Soul Mate?" in *The State of Our Unions: The Social Health of Marriage in America* (New Brunswick, NJ: Rutgers University, 2001), 6—16, https: //www.stateofourunions.org/past_issues.php。

24 Andrew J. Cherlin, "The Deinstitutionalization of American Marriage," *Journal of Marriage and Family* 66, no. 4 (2004): 848—861, esp. 853.

25 Boltanski and Thévenot, *On Justification.*

26 引自 Margalit, *On Betrayal*, 109。

27 引自上条出处, 97。

28 Claire Bloom, *Leaving a Doll's House* (New York: Little, Brown and Company, 1996), 201.

29 参见 Margalit, *On Betrayal*, 56。

30 Paul R. Amato and Denise Previti, "Peoples Reasons for Divorcing; Denise Previti and Paul R. Amato, "Is Infidelity a Cause or a Consequence of Poor Marital Quality?" *Journal of Social and Personal Relationships* 21, no. 2 (2004): 217—223; Shelby B. Scott et al., "Reasons for Divorce and Recollections of Premarital Intervention: Implications for Improving Relationship Education," *Couple and Family Psychology: Research and Practice* 2, no. 2 (2013): 131—145.

31 Judith Stacey, *Brave New Families: Stories of Domestic Upheaval in Late-twentieth-century America* (Berkeley: University of California Press, 1990).

32 性关系是夫妻关系的核心——这个假设传播太普遍、影响太深远, 甚至让一项美以双边科学基金会（The U.S.-Israel Binational Science Foundation）资助的研究这样定义研究目标："这是一个许多夫妻都无比熟悉的故事：他们也许依然深爱对方，但彼此的性欲随着时间而慢慢衰减。但一项 BSF 研究发现，想要重燃欲火的夫妻有了希望。"参见"A New BSF-Supported Study Brings Promising News for Couples Looking to Put the Spark Back in Their Sex Lives," United States-Israel Binational Science Foundation, http：//www.bsf.org.il/bsfpublic/DefaultPage1.aspx？PageId=6144&innerTextID=6144。

33 Jonathan Safran Foer, *Here I Am*（New York：Penguin Books, 2016）, 46.

34 可参见 Joseph Kessel, *Belle de Jour*（1928；约瑟夫·凯塞尔，《白日美人》，周小珊译，重庆大学出版社，2013）；D. H. Lawrence, *Lady Chatterley's Lover*（1928；劳伦斯，《查特莱夫人的情人》，赵苏苏译，人民文学出版社，2004）；Tennessee Williams, *A Streetcar Named Desire*（1947；田纳西·威廉斯，《欲望号街车》，冯涛译，上海译文出版社，2010）。

35 Jeffry A. Simpson, "The Dissolution of Romantic Relationships：Factors Involved in Relationship Stability and Emotional Distress," *Journal of Personality and Social Psychology* 53, no. 4（1987）：683—692.

36 Adam Phillips, *Monogamy*（1996；London：Faber & Faber, 2017）, 69.

37 Sam Roberts, "Divorce after 50 Grows More Common," *The New York Times*, September 20, 2013, http：//www.nytimes.com/2013/09/22/fashion/weddings/divorce-after-50-grows-more-common.html.

38 出处同上。

39 Agnès Martineau-Arbes, Magali Giné, Prisca Grosdemouge, Rémi Bernad, "Le Syndrome d'epuisement, Une maladie professionnelle," May 2014, http：//www.rpbo.fr/wp-content/uploads/2017/04/Rapport-TechnologiaBurnOut.pdf.

40 David Gordon et al., "How Common Are Sexually 'Inactive Marriages？'" *Relationships in America Survey 2014*, The Austin Institute for the Study of Family and Culture, http：//relationshipsinamerica.com/relationships-and-sex/how-common-are-sexually-inactive-marriages.

41 Laura Hamilton and Elizabeth A. Armstrong, "Gendered Sexuality in Young Adulthood: Double Binds and Flawed Options," *Gender & Society* 23, no. 5 (2009): 589—616.

42 参见 Alison J. Pugh, *The Tumbleweed Society: Working and Caring in an Age of Insecurity* (New York: Oxford University Press, 2015)。

43 Safran Foer, *Here I Am*, 50.

44 Jean-Claude Kaufmann, *Agacements: Les petites guerres du couple* (Paris: Armand Colin, 2007; 让-克洛德·考夫曼,《不满：夫妻间的小战争》, 李园园、潘蕾译, 花城出版社, 2019)。

45 出处同上, 26(参考：中文出处, 第 24—25 页)。

46 "Comment Ikea se transforme en cauchemar pour les couples," *Le Monde*, September 21, 2015, http://bigbrowser.blog.lemonde.fr/2015/09/21/comment-ikea-se-transforme-en-cauchemar-pour-les-couples/.

47 参见本书第四章。

48 Algirdas Julien Greimas, *Structural Semantics: An Attempt at a Method* (1966; Lincoln: University of Nebraska Press, 1983; A. J. 格雷马斯,《结构语义学：方法研究》, 蒋梓骅译, 百花文艺出版社, 2002)。

49 Bruno Latour, *Changer de société. Refaire de la sociologie* (Paris: La Découverte, 2006).

50 Dan Slater, "A Million First Dates," *The Atlantic*, January—February 2013, https://www.theatlantic.com/magazine/archive/2013/01/a-million-first-dates/309195/.

51 Carol Gilligan, *In a Different Voice: Psychological Theory and Women's Development* (Cambridge, MA: Harvard University Press, 1982; 卡罗尔·吉利根,《不同的声音：心理学理论与妇女发展》, 肖巍译, 中央编译出版社, 1999)。

52 Mark Piper, "Achieving Autonomy," *Social Theory and Practice* 42, no. 4 (October 2016): 767—779, esp. 768.

53 Joel Anderson, "Regimes of Autonomy," *Ethical Theory and Moral Practice* 17, no. 3 (June 2014): 355—368.

54 Illouz, *Emotions as Commodities*.

55　Safran Foer, *Here I Am*, 50.

56　出处同上, 60。

57　Francesca M. Cancian and Steven L. Gordon, "Changing Emotion Norms in Marriage: Love and Anger in US Women's Magazines since 1900," *Gender & Society* 2, no. 3 (1988): 308—342.

58　Orly Benjamin, "Therapeutic Discourse, Power and Change: Emotion and Negotiation in Marital Conversations," *Sociology* 32, no. 4(1998): 771—793, esp. 772.

59　Hochschild, *The Managed Heart*.

60　Gigy and Kelly, "Reasons for Divorce," 184.

61　Harry G. Frankfurt, *On Bullshit*(Princeton, NJ: Princeton University Press, 2009；哈里 · G. 法兰克福,《论扯淡》, 南方朔译, 译林出版社, 2008), 66—67 (中文出处第 81 页)。

62　Keith Payne, "Conscious or What? Relationship between Implicit Bias and Conscious Experiences," *(Un)Consciousness: A Functional Perspective* (August 25—27, 2015), Israel Institute for Advanced Studies, The Hebrew University of Jerusalem.

63　Keziah Weir, "Nicole Krauss Talks Divorce, Freedom, and New Beginnings," *Elle*, October 2017, https://www.elle.com/culture/books/al2119575/nicole-krauss-profile-october-2017/.

结语

1　Entretien avec Catherine Portevin et Jean-Philippe Pisanias, "Pierre Bourdieu: Les aventuriers de l'île enchantée," *Télérama* n ° 2536, 19/08/98. http://www.homme-moderne.org/societe/socio/bourdieu/Btele985.html.

2　Seneca, "Letter to Helvia(*around the year 49 ce*), "*On the Shortness of Life*, trans. C. D. N Costa(*Penguin Book, 1997*), 35 (中译引自: 塞涅卡, "致赫尔维亚的告慰书", 《论生命之短暂》, 周殊平、胡晓哲译, 中国对外翻译出版公司, 2010, 第 27 页)。

3　参见 George Lakoff and Mark Johnson, *Philosophy in the Flesh: The Embodied Mind and*

Its Challenge to Western Thought (New York：Basic Books，1999；乔治·莱考夫、马克·约翰逊，《肉身哲学：亲身心智及其向西方思想的挑战》，李葆嘉译，世界图书出版公司，2018)；Janet Price and Margrit Shildrick，eds. *Feminist Theory and the Body: A Reader* (Abingdon-on-Thames：Routledge，2017)；Hilary Putnam，*The Threefold Cord: Mind, Body and World* (New York：Columbia University Press，2000；希拉里·普特南，《三重绳索：心灵、身体与世界》，孙宁译，复旦大学出版社，2017)；Susan Wendell，*The Rejected Body: Feminist Philosophical Reflections on Disability* (Abingdon-on-Thames：Routledge，2013)；Richard M. Zaner，*The Context of Self: A Phenomenological Inquiry Using Medicine as a Clue* (Athens：Ohio University Press，1981)。

4 Simone de Beauvoir，*La phénoménologie de la perception* de Maurice Merleau-Ponty，Paris；Les temps modernes 1，no. 2：363—367，"A Review of *The Phenomenology of Perception* by Maurice Merleau-Ponty，" trans. Marybeth Timmermann in *Simone de Beauvoir: Philosophical Writings*，ed. M. A. Simons (Champaign：University of Illinois Press，2004)，161.

5 Catharine A. MacKinnon，*Butterfly Politics* (Cambridge，MA：Harvard University Press，2017)。

6 Erich Fromm，*Escape from Freedom* (1941；New York：Henry Holt and Company，1994；艾里希·弗洛姆，《逃避自由》，刘林海译，上海译文出版社，2015)，x（中文出处第 2 页）。

7 Niraj Chokshi，"What Is an Incel？A Term Used by the Toronto Van Attack Suspect，Explained，" *The New York Times*，April 24，2018，https：//www.nytimes.com/2018/04/24/world/canada/incel-reddit-meaning-rebellion.html.

8 Ashifa Kassam，"Woman behind 'Incel' Says Angry Men Hijacked Her Word as a Weapon of War，' " *Guardian*，April 26，2018，https：//www.theguardian.com/world/2018/apr/25/woman-who-invented-incel-movement-interview-toronto-attack.

9 Bourdieu，*Distinction*.

10 Annie Kelly，"The Housewives of White Supremacy，" *The New York Times*，June 1，

2018，https：//www.nytimes.com/2018/06/01/opinion/sunday/tradwives-women-alt-right.html.

11 投票给特朗普、直到今天依然支持特朗普的许多白人男性当然呼应了他身上体现的那种男性气质类型。

12 Joel Anderson，"Situating Axel Honneth in the Frankfurt School Tradition，" *Axel Honneth: Critical Essays: With a Reply by Axel Honneth*，ed. Danielle Petherbridge（Leiden：Brill，2011），31—58，esp. 50.

13 参见 Terry Pinkard，*Hegel's Phenomenology: The Sociality of Reason*（Cambridge：Cambridge University Press，1996），66，394；Robert B. Pippin，*Hegel on Self-Consciousness: Desire and Death in the Phenomenology of Spirit*（Princeton，NJ：Princeton University Press，2011），21—39。

14 Pippin，*Hegel on Self-Consciousness*，25—26.

15 Wolf，*The Beauty Myth*，144.

16 Sharon Jayson，"Study: More Than a Third of New Marriages Start Online，" *USA Today*，June 3，2013，https：//www.usatoday.com/story/news/nation/2013/06/03/online-dating-marriage/2377961/.

17 参见 Sigmund Freud，*Civilization and Its Discontents*，ed. J. Riviere（London：Hogarth Press，1930；西格蒙德·弗洛伊德，《文明及其不满》，严志军、张沫译，浙江文艺出版社，2019），https：//bradleymurray.ca/freud-civilization-and-its-discontents-pdf/。

18 Irving Howe，转引自 Judith Shulevitz，"Kate Millett：'Sexual Politics' Family Values，" *The New York Review of Books*，September 29，2017。

参考书目

Abadie, Alberto, and Sebastien Gay. "The Impact of Presumed Consent Legislation on Cadaveric Organ Donation. A Cross-Country Study." *Journal of Health Economics* 25, no. 4 (2006): 599—620.

Abu-Lughod, Lila. "Do Muslim Women Really Need Saving? Anthropological Reflections on Cultural Relativism and Its Others." *American Anthropologist* 104, no. 3 (2002): 783—790.

Addison, Heather. "Hollywood, Consumer Culture and the Rise of 'Body Shaping.' " In *Hollywood Goes Shopping*, edited by David Desser and Garth S. Jowett, 3—33. Minneapolis: University of Minnesota Press, 2000.

Adkins, Lisa, "Sexuality and the Economy. Historicisation vs. Deconstruction." *Australian Feminist Studies* 17, no. 37 (2002): 31—41.

Adorno, Theodor W. *Negative Dialectics.* Great Britain: Routledge, 1990.

Albury, Kath. "Porn and Sex Education, Porn as Sex Education." In *Porn Studies* 1, nos. 1/2 (2014): 172—181.

Allyn, David. *Make Love: Not War: The Sexual Revolution: An Unfettered History.* New York: Routledge, 2016.

Amato, Paul R. "The Consequences of Divorce for Adults and Children." In *Journal of Marriage and Family* 62, no. 4 (2000): 1269—1287.

———. and Brett Beattie. "Does the Unemployment Rate Affect the Divorce Rate? An Analysis of State Data 1960—2005." In *Social Science Research* 40, no. 3 (2011): 705—715.

———. and Denise Previti. "Peoples Reasons for Divorcing: Gender, Social Class, the Life Course, and Adjustment." *Journal of Family Issues* 24, no. 5 (2003): 602—626.

Ambert, Anne-Marie. *Divorce. Facts, Causes, and Consequences* (Ottawa: Vanier Institute of the Family, 2005) .

American Psychological Association Task Force on the Sexualization of Girls. *Report of the APA Task Force on the Sexualization of Girls*, 2007, http: //www.apa.org/pi/women/ programs/girls/report-full.pdf.

Anders, Günther. "Pathologie de la liberté. Essai sur la non-identification." In *Recherches Philosophiques* 6 (1936/37): 32—57.

Anderson, Joel. "Regimes of Autonomy." In *Ethical Theory and Moral Practice* 17, no. 3 (2014): 355—368.

———. "Situating Axel Honneth in the Frankfurt School Tradition." In *Axel Honneth: Critical Essays: With a Reply by Axel Honneth.* Edited by Danielle Petherbridge. Leiden: Brill, 2011, 31—58.

Arvidsson, Adam. "The Ethical Economy of Customer Coproduction." In *Journal of Macromarketing* 28, no. 4 (2008): 326—338.

———. "The Potential of Consumer Publics." In *Ephemera* 13, no. 2 (2013): 367—391.

Attwood, Feona. "Sexed Up. Theorizing the Sexualization of Culture." In *Sexualities* 9, no. 1 (2006): 77—94.

———. "'Tits and Ass and Porn and Fighting' : Male Heterosexuality in Magazines for Men." In *International Journal of Cultural Studies* 8, no. 1 (2005): 83—100.

———. and Clarissa Smith. "Leisure Sex. More Sex ! Better Sex ! Sex Is Fucking Brilliant ! Sex, Sex, Sex, SEX." In *Routledge Handbook of Leisure Studies.* Edited by Tony Blackshaw. New York, 2013, 325—336.

Austen, Jane. *Kloster Northanger.* Edited by Ursula Grawe and Christian Grawe. 1818. Reprint, Stuttgart: Reclam, 2008.

Aven, Terje. "Risk Assessment and Risk Management: Review of Recent Advances on Their Foundation." In *European Journal of Operational Research* 253, no. 1 (2016): 1—13.

———. and Yolande Hiriart. "Robust Optimization in Relation to a Basic Safety Investment Model with Imprecise Probabilities." *Safety Science* 55 (2013): 188—194.

Bailey, Beth L. *From Front Porch to Back Seat: Courtship in Twentieth-Century America.* Baltimore: Johns Hopkins University Press, 1989.

Bakewell, Sarah. *At the Existentialist Café: Freedom, Being, and Apricot Cocktails with Jean-Paul Sartre, Simone de Beauvoir, Albert Camus, Martin Heidegger, Maurice Merleau-Ponty and Others.* Translated by Rita Seuss. New York: Other Press, 2016.

Bates, Catherine. *Courtship and Courtliness: Studies in Elizabethan Courtly Language and Literature.* PhD diss., Oxford University, 1989.

——. *The Rhetoric of Courtship in Elizabethan Language and Literature.* Cambridge, Cambridge University Press, 1992.

Bauman, Zygmunt. *Flüchtige Moderne.* Translated by Reinhard Kreissl. Frankfurt: Suhrkamp Verlag, 2003.

——. *Liquid Life.* Cambridge: Malden, 2005.

——. *Liquid Love: On the Frailty of Human Bonds.* Cambridge: Malden, 2003.

Baumeister, Roy F., and Kathleen D. Vohs. "Sexual Economics: Sex as Female Resource for Social Exchange in Heterosexual Interactions." In *Personality and Social Psychology Review* 8, no. 4 (2004): 339—363.

Beauvoir, Simonede. *La phénoménologie de la perception* de Maurice Merleau-Ponty, Paris: Les temps modernes 1, no. 2: 363—367 ("A Review of *The Phenomenology of Perception* by Maurice Merleau-Ponty"). Translated by Marybeth Timmermann. In *Simone de Beauvoir: Philosophical Writings.* Edited by M. A. Simons, 159—164. Champaign: University of Illinois Press, 2004.

Beck, Ulrich, and Elisabeth Beck-Gernsheim. *Individualization: Institutionalized Individualism and Its Social and Political Consequences.* London: SAGE Publications, 2002.

Beck, Ulrich, Elisabeth Beck-Gernsheim. *The Chaos of Love.* Translated by Mark Ritter and Jane Wiebel. Cambridge: Polity Press, 1995.

Beckert, Jens, and Patrik Apsers, eds. *The Worth of Goods: Valuation and Pricing in the Economy.* New York: Oxford University Press, 2011.

Bell, Ilona. *Elizabethan Women and the Poetry of Courtship.* Cambridge: Cambridge

University Press, 1998.

Bell, Leslie C. *Hard to Get: Twenty-Something Women and the Paradox of Sexual Freedom.* Berkeley: University of California Press, 2013.

Bell, Wendell. "Anomie, Social Isolation, and the Class Structure." In *Sociometry* 20, no. 2 (1957): 105—116.

Benjamin, Jessica, *Like Subjects, Love Objects: Essays on Recognition and Sexual Difference.* New Haven: Yale University Press, 1998.

———. "Recognition and Destruction: An Outline of Intersubjectivity." In *Relational Perspectives in Psychoanalysis.* Edited by Neil J. Skolnick and Susan C. Warshaw, 43—60. New York: Routledge, 1992.

Benjamin, Orly. "Therapeutic Discourse, Power and Change: Emotion and Negotiation in Marital Conversations." *Sociology* 32, no. 4 (1998): 771—793.

Benjamin, Walter. *Das Passagenwerk.* Edited by Rolf Tiedemann. Frankfurt: Suhrkamp Verlag, 1983.

Beres, Melanie A., and Panteá Farvid. "Sexual Ethics and Young Women's Accounts of Heterosexual Casual Sex." In *Sexualities* 13, no. 3 (2010): 377—393.

Berg, Joyce, John Dickhaut, and Kevin McCabe. "Trust, Reciprocity, and Social History." In *Games and Economic Behavior* 10, no. 1 (1995): 122—142.

Berkin, Carol. *Civil War Wives: The Lives and Times of Angelina Grimké Weld, Varina Howell Davis, and Julia Dent Grant.* New York: Vintage, 2009.

Berlant, Lauren, ed. *Intimacy.* Chicago: University of Chicago Press, 2000.

———. *Cruel Optimism.* Durham, NC: Duke University Press, 2011.

———. *Desire/Love.* Brooklyn, NY: Punctum Books, 2012.

———. "Slow Death (Sovereignty, Obesity, Lateral Agency) ." In *Critical Inquiry* 33, no. 4 (2007): 754—780.

———. and Michael Warner. "Sex in Public." In *Critical Inquiry* 24, no. 2 (1998): 547—566.

Bernard, Philippe, Sarah J. Gervais, Jill Allen, Sophie Campomizzi, and Olivier Klein. "Integrating Sexual Objectification with Object versus Person Recognition: The

Sexualized-Body-Inversion Hypothesis." In *Psychological Science* 23, no. 5 (2012): 469—471.

Bernstein, Elizabeth. *Temporarily Yours: Intimacy, Authenticity, and the Commerce of Sex.* Chicago: University of Chicago Press, 2007.

Bersani, Leo, and Adam Phillips. *Intimacies.* Chicago: University of Chicago Press, 2008.

Berthomé, François, Julien Bonhomme, and Grégory Delaplace. "Preface: Cultivating Uncertainty." *HAU. Journal of Ethnographic Theory* 2, no. 2 (2012): 129—137.

Birken, Lawrence. *Consuming Desire: Sexual Science and the Emergence of a Culture of Abundance 1871—1914.* Ithaca, NY: Cornell University Press, 1988.

Biskind, Peter. *Easy Riders, Raging Bulls. Wie die Sex-and-Drugs-and-Rock'n'Roll-Generation Hollywood rettete.* Edited by Fritz Schneider. Munich: Heyne, 2004.

Blau, Francine D. *Gender, Inequality, and Wages.* New York: Oxford University Press, 2016.

Blau, Peter M. *Exchange and Power in Social Life.* New York: John Wiley and Sons, 1964.

Bloch, Howard R. *Medieval Misogyny and the Invention of Western Romantic Love.* Chicago: University of Chicago Press, 1992.

Bloom, Claire. *Leaving a Doll's House: A Memoir.* New York: Little, Brown and Company, 1996.

Bloor, David. *Knowledge and Social Imagery.* London: Routledge and Kegan Paul, 1976.

Bogle, Kathleen A. *Hooking Up: Sex, Dating, and Relationships on Campus.* New York: New York University Press, 2008.

———. "The Shift from Dating to Hooking Up in College: What Scholars Have Missed." *Sociology Compass* 1, no. 2 (2007): 775—778.

Boholm, Åsa. "The Cultural Nature of Risk: Can There Be an Anthropology of Uncertainty?" *Ethnos* 68, no. 2 (2003): 159—178.

Boltanski, Luc. *The Foetal Condition: A Sociology of Engendering and Abortion.* Translated by Catherine Porter. Cambridge: Polity Press, 2013.

———. and Ève Chiapello. "The New Spirit of Capitalism." In *International Journal of*

Politics, Culture, and Society 18, nos. 3/4 (2005): 161—188.

Boltanski, Luc, and Laurent Thévenot. "Finding One's Way in Social Space: A Study Based on Games." In *Social Science Information* 22, nos. 4/5 (1983): 631—680.

———. "The Reality of Moral Expectations: A Sociology of Situated Judgement." In *Philosophical Explorations* 3, no. 3 (2000): 208—231.

———. *On Justification: Economies of Worth.* Translated by Catherine Porter. Princeton, NJ: Princeton University Press, 2006.

Bory, Stefano. *Il Tempo Sommerso: Strategie Identitarie Nei Giovani Adulti Del Mezzogiorno*, Naples: Liguori, 2008.

Bose, Arun. "Marx on Value, Capital, and Exploitation." In *History of Political Economy* 3, no. 2 (1971): 298—334.

Boserup, Ester. *Women's Role in Economic Development.* Translated by Suse Bouché. 1988. Reprint: Abingdon, Earthscan Publications, 2015.

Bossard, James H. S. "Residential Propinquity as a Factor in Marriage Selection." In *American Journal of Sociology* 38, no. 2 (1932): 219—224.

Bourdieu, Pierre. *Distinction: A Social Critique of the Judgement of Taste.* Translated by Richard Nice and Tony Bennett. 1984. Reprint, Abingdon: Routledge, 2015.

———. *Outline of a Theory of Practice.* Translated by Richard Nice. 1977. Reprint, Cambridge: Cambridge University Press, 2003.

———. "Marriage Strategies as Strategies of Social Reproduction." Eds. Robert Forster and Orest Ranum, trans. Elborg Forster and Patricia M. Ranum. In *Family and Society: Selections from the "Annales: Économies, Sociétés, Civilisations. "* Baltimore: Johns Hopkins University Press, 1976.

———. *Language and Symbolic Power.* Translated by Hella Beister. 1982. Reprint, Cambridge: Polity Press, 1991.

Bourguignon, Annick, and Eve Chiapello. "The Role of Criticism in the Dynamics of Performance Evaluation Systems." In *Critical Perspectives on Accounting* 16, no. 6 (2005): 665—700.

Brannen, Julia, and Jean Collard. *Marriages in Trouble: The Process of Seeking Help.*

London: Taylor and Frances, 1982.

Brenkert, George G. "Freedom and Private Property in Marx." In *Philosophy and Public Affairs* 2, no. 8 (1979): 122—147.

Brennan, Denise. *Whats Love Got to Do with It ? Transnational Desires and Sex Tourism in the Dominican Republic.* Durham, NC: Duke University Press, 2004.

Bright, Susie. *Full Exposure: Opening Up to Sexual Creativity and Erotic Expression.* New York: HarperCollins, 2009.

Brooks, Peter, and Horst Zank. "Loss Averse Behavior." In *Journal of Risk and Uncertainty* 31, no. 3 (2005): 301—325.

Brown, Barbara A., Thomas I. Emerson, Gail Falk, and Ann E. Freedman. "The Equal Rights Amendment: A Constitutional Basis for Equal Rights for Women." *The Yale Law Journal* 80, no. 5 (1971): 871—985.

Brown, Peter. "Rome: Sex and Freedom." Review of *From Shame to Sin*, by Kyle Harper. *The New York Review of Books* (December 9, 2013). http: //www.nybooks.com/articles/2013/12/19/rome-sex-freedom.

Brown, Wendy. *States of Injury: Power and Freedom in Late Modernity.* Princeton, NJ: Princeton University Press, 1995.

Browning, Christopher R., and Matisa Olinger-Wilbon. "Neighborhood Structure, Social Organization, and Number of Short-Term Sexual Partnerships." In *Journal of Marriage and Family* 65, no. 3 (2003): 730—774.

Buch, Esteban. *La musique fait l'amour. Une enquête sur la bande-son de la vie sexuelle.* Forthcoming.

Buckley, Thomas E., ed. "If You Love That Lady Don't Marry Her." *The Courtship Letters of Sally McDowell and John Miller; 1854—1856.* Columbia: University of Missouri Press, 2000.

Buhle, Mari Jo. *Feminism and Its Discontents: A Century of Struggle with Psychoanalysis.* Cambridge: Harvard University Press, 2009.

Bulcroft, Richard, Kris Bulcroft, Karen Bradley, and Carl Simpson. "The Management and Production of Risk in Romantic Relationships: A Postmodern Paradox." In

Journal of Family History 25, no. 1 (2000): 63—92.

Burns, E. Jane, *Courtly Love Undressed: Reading through Clothes in Medieval French Culture.* Philadelphia: University of Pennsylvania Press, 2005.

Cacchioni, Thea, "The Medicalization of Sexual Deviance, Reproduction, and Functioning." In *Handbook of the Sociology of Sexualities.* Edited by John DeLamater and Rebecca F. Plante, 435—452. Switzerland: Springer, 2015.

Calogero, Rachel M., "A Test of Objectification Theory: The Effect of the Male Gaze on Appearance Concerns in College Women." In *Psychology of Women Quarterly* 28, no. 1 (2004): 16—21.

———. and J. Kevin Thompson. "Potential Implications of the Objectification of Women's Bodies for Women's Sexual Satisfaction." In *Body Image* 6, no. 2 (2009): 145—148.

Campbell, Colin. *The Romantic Ethic and the Spirit of Modern Consumerism.* New York: Blackwell, 1987.

Camerer, Colin F. "Prospect Theory in the Wild Evidence from the Field." In *Choices, Values, and Frames.* Edited by Daniel Kahneman and Amos Tversky, 288—300. Cambridge: Cambridge University Press, 2000.

Cancian, Francesca. *Love in America: Gender and Self-Development.* Cambridge: Cambridge University Press, 1990.

———. and Steven L. Gordon. "Changing Emotion Norms in Marriage: Love and Anger in US Women's Magazines since 1900." *Gender and Society* 2, no. 3 (1988): 308—342.

Castells, Manuel. "The Net and the Self: Working Notes for a Critical Theory of the Informational Society." In *Critique of Anthropology* 16, no. 1 (1996): 9—38.

Chen, Derek H. C. "Gender Equality and Economic Development: The Role for Information and Communication Technologies." World Bank Policy Research Working Paper 3285. Washington, DC, 2004.

Chen, Hellen. *Hellen Chen's Love Seminar: The Missing Love Manual that Makes Your Relationship Last.* 2013. https: //youtu.be/ezEeaBs84w0.

Cherlin, Andrew J. "The Deinstitutionalization of American Marriage." In *Journal of Marriage and Family* 66, no. 4 (2004): 848—861.

————. *Marriage, Divorce, Remarriage.* Revised and enlarged edition. Cambridge: Harvard University Press, 1992.

Clark, Russell D. "The Impact of AIDS on Gender Differences in Willingness to Engage in Casual Sex." *Journal of Applied Social Psychology* 20, no. 9 (1990): 771—782.

Cohen, G. A. *Self-Ownership, Freedom, and Equality.* Cambridge: Cambridge University Press, 1995.

Cohen, Morris R. "The Basis of Contract." In *Harvard Law Review* 46, no. 4 (1933): 553—592.

Colker, Ruth. "Feminism, Sexuality and Authenticity." In *At the Boundaries of Law: Feminism and Legal Theory.* Edited by Martha Albertson Fineman and Nancy Sweet Thomadsen, 135—148. New York: Routledge, 2013.

Conlin, Juliet A. "Getting Around: Making Fast and Frugal Navigation Decisions." *Progress in Brain Research* 174 (2009): 109—117.

Cooke, Lynn Prince. "'Doing' Gender in Context: Household Bargaining and Risk of Divorce in Germany and the United States." In *American Journal of Sociology* 112, no. 2 (2006): 442—472.

Cooley, Charles Horton. *Human Nature and the Social Order.* 1902. Reprint, Piscataway, NJ: Transaction Publishers, 1992.

Coontz, Stephanie. *Marriage, a History: How Love Conquered Marriage.* New York: Penguin, 2006.

Cooper, Elizabeth, and David Pratten, eds. *Ethnographies of Uncertainty in Africa.* New York: Springer, 2014.

Cornell, Drucilla. *At the Heart of Freedom: Feminism, Sex, and Equality.* Princeton, NJ: Princeton University Press, 1998.

Dabhoiwala, Faramerz. "Lust and Liberty." In *Past and Present* 207, no. 1 (2010): 89—179.

Dahler-Larsen, Peter. *The Evaluation Society.* Stanford, CA: Stanford University Press,

2011.

Dal Bó, Pedro, "Cooperation under the Shadow of the Future: Experimental Evidence from Infinitely Repeated Games." *American Economic Review* 95, no. 5 (2005): 1591—1604.

Dancy, Russell M. *Plato's Introduction of Forms.* Cambridge: Cambridge University Press, 2004.

Davis, Deborah, Phillip R. Shaver, and Michael L. Vernon. "Physical, Emotional, and Behavioral Reactions to Breaking Up: The Roles of Gender, Age, Emotional Involvement, and Attachment Style." *Personality and Social Psychology Bulletin* 29, no. 7 (2003): 871—884.

Debord, Guy. *Society of the Spectacle.* Translated by Ken Knapp. 1967. Reprint, London: Rebel Press, 2005.

De Graaf, Paul M., and Matthijs Kalmijn. "Divorce Motives in a Period of Rising Divorce: Evidence from a Dutch Life-History Survey." In *Journal of Family Issues* 27, no. 4 (2006): 483—505.

———. "Change and Stability in the Social Determinants of Divorce: A Comparison of Marriage Cohorts in the Netherlands." *European Sociological Review* 22, no. 5 (2006): 561—572.

Deleuze, Gilles. "Postscripts on Control Societies." In *Negotiations 1972—1990.* Translated by Martin Joughin, 177—182. New York: Columbia University Press, 1995.

D'Emilio, John, and Estelle B. Freedman. *Intimate Matters: A History of Sexuality in America.* Chicago: University of Chicago Press, 1998.

Despentes, Virginie. *King Kong Théorie.* Paris: Grasset, 2006.

Diethe, Carol. *Towards Emancipation. German Women Writers of the Nineteenth Century.* New York: Oxford, 1998.

Di Leonardo, Micaela. "White Ethnicities, Identity Politics, and Baby Bear's Chair." *Social Text*, no. 41 (1994): 165—191.

———. and Roger Lancaster. "Gender, Sexuality, Political Economy." In *New Politics 6*,

no. 1 (1996): 29—43.

Dilts, Andrew. "From 'Entrepreneur of the Self' to 'Care of the Self': Neoliberal Governmentality and Foucault's Ethics." *Western Political Science Association 2010 Annual Meeting Paper*. https: //papers.ssrn.com/sol3/papers.cfm? abstract_id=1580709.

Dittmar, Helga. *Consumer Culture, Identity and Well-being: The Search for the "Good Life" and the "Body Perfect."* New York: Psychology Press, 2007.

Doepke, Matthias, Michele Tertilt, and Alessandra Voena. "The Economics and Politics of Women's Rights." In *Annual Review of Economics* 4 (2012): 339—372.

Doherty, Thomas. *Pre-Code Hollywood: Sex, Immorality, and Insurrection in American Cinema, 1930—1934*. New York: Columbia University Press, 1999.

Döring, Nicola M. "The Internets Impact on Sexuality: A Critical Review of 15 Years of Research." In *Computers in Human Behavior* 25, no. 5 (2009): 1089—1101.

Douglas, Mary, and Baron Isherwood. *The World of Goods: Towards an Anthropology of Consumption.* 1979. Reprint, London: Psychology Press, 2002.

Duffy, John, and Jack Ochs. "Cooperative Behavior and the Frequency of Social Interaction." *Games and Economic Behavior* 66, no. 2 (2009): 785—812.

Duflo, Esther. "Women Empowerment and Economic Development." In *Journal of Economic Literature* 50, no. 4 (2012): 1051—1079.

Duggan, Lisa, and Nan D. Hunter. *Sex Wars: Sexual Dissent and Political Culture.* Abingdon-on-Thames: Taylor and Frances, 2006.

Duncombe, Jean, and Dennis Marsden. "Love and Intimacy: The Gender Division of Emotion and 'Emotion Work': A Neglected Aspect of Sociological Discussion of Heterosexual Relationships." *Sociology* 27, no. 2 (1993): 221—241.

Dunham, Lena. *Not That Kind of Girl: A Young Woman Tells You What She's "Learned."* New York: Random House, 2015.

Dunn, Robert G. "Identity, Commodification, and Consumer Culture." In *Identity and Social Change.* Edited by Joseph E. Davis, 109—134. New York: Routledge, 2000.

Dunn, Sarah. *The Big Love.* New York: Little Brown and Company, 2004.

Durkheim, Émile. *Suicide: A Study in Sociology.* Translated by John A. Spaulding and George Simpson. 1951. Reprint, New York: The Free Press, 1979.

———. *The Elementary Forms of Religious Life.* Translated by Carol Cosman. Oxford: Oxford University Press, 2001.

———. *Moral Education.* Translated by Librarie Felix Alcan. 1925. New York: The Free Press, 1961.

Dworkin, Gerald. *The Theory and Practice of Autonomy.* Cambridge: Cambridge University Press, 1988.

Dyer, Richard. *Heavenly Bodies: Film Stars and Society.* New York: Psychology Press, 2004.

Echols, Alice. *Daring to Be Bad: Radical Feminism in America, 1967—1975.* Minneapolis: University of Minnesota Press, 1989.

Edwards, Weston M., and Eli Coleman. "Defining Sexual Health: A Descriptive Overview." *Archives of Sexual Behavior 33*, no. 3 (2004): 189—195.

Elias, Ana Sofia, Rosalind Gill, and Christina Scharff, eds. *Aesthetic Labour: Rethinking Beauty Politics in Neoliberalism.* London: Palgrave Macmillan, 2017.

Engels, Friedrich. *The Origin of the Family, Private Property, and the State, in the Light of the Researches of Lewis H. Morgan.* New York: International Publishers Co., 1972, 25—173.

England, Paula, and Jonathan Bearak. "The Sexual Double Standard and Gender Differences in Attitudes toward Casual Sex among US University Students." *Demographic Research 30*, no. 46 (2014): 1327—1338.

England, Paula, Emily Fitzgibbons Shafer, and Alison C. K. Fogarty. "Hooking Up and Forming Romantic Relationships on Todays College Campuses." In *The Gendered Society Reader.* 3rd ed. Edited by Michael S. Kimmel and Amy Aronson, 531—593. New York: Oxford University Press, 2008.

Engle-Warnick, Jim, and Robert L. Slonim. "Inferring Repeated-Game Strategies from Actions: Evidence from Trust Game Experiments." *Economic Theory* 28, no. 3 (2006): 603—632.

Epstein, Marina, Jerel P. Calzo, Andrew P. Smiler, and L. Monique Ward. "'Anything from Making Out to Having Sex': Men's Negotiations of Hooking Up and Friends with Benefits Scripts." *Journal of Sex Research* 46, no. 5 (2009): 414—424.

Erickson, Rebecca J. "Why Emotion Work Matters: Sex, Gender, and the Division of Household Labor." *Journal of Marriage and Family* 67, no. 2 (2005): 337—351.

Eshbaugh, Elaine M., and Gary Gute. "Hookups and Sexual Regret among College Women." *The Journal of Social Psychology* 148, no. 1 (2008): 77—90.

Faden, Ruth R., and Tom L. Beauchamp. *A History and Theory of Informed Consent.* New York: Oxford University Press, 1986.

Farvid, Panteá, and Virginia Braun. "The 'Sassy Woman' and the 'Performing Man.' Heterosexual Casual Sex Advice and the (Re)constitution of Gendered Subjectivities." *Feminist Media Studies* 14, no. 1 (2014): 118—134.

Fass, Paula S. *The Damned and the Beautiful: American Youth in the 1920s.* Book 567. New York: Oxford University Press, 1979.

Featherstone, Mike. "The Body in Consumer Culture." In *The American Body in Context: An Anthology.* Edited by Jessica R. Johnston. 1982. Reprint, Wilmington: Rowman and Littlefield, 2001, 79—102.

———. *Consumer Culture and Postmodernism.* London: Sage Publications Ltd, 2007.

Feher, Michel. "Self-Appreciation; Or, the Aspirations of Human Capital." In *Public Culture* 21, no. 1 (2009): 21—41.

Fehr, Ernst, and Simon Gächter. "How Effective Are Trust and Reciprocity-Based Incentives?" In *Economics, Values and Organizations.* Edited by Avner Ben-Ner and Louis Putterman, 337—363. Cambridge: Cambridge University Press, 1998.

Ferguson, Ann, Rosemary Hennessy, and Mechthild Nagel. "Feminist Perspectives on Class and Work." In *The Stanford Encyclopedia of Philosophy.* Edited by Edward N. Zalta. 2004, Reprint, 2018, https://plato.stanford.edu/archives/spr2018/entries/feminism-class/.

Ferrant, Gaëlle, Luca Maria Pesando, and Keiko Nowacka. "Unpaid Care Work: The Missing Link in the Analysis of Gender Gaps in Labour Outcomes." Issues Paper.

OECD Development Centre. December 2014.

Fine, Ben, and Laurence Harris. "The Law of the Tendency of the Rate of Profit to Fall." In *Rereading Capital.* London: Macmillan Education UK, 1979, 58—75.

Fine, Gail. *Plato on Knowledge and Forms: Selected Essays.* Oxford: Oxford University Press, 2003.

Finke, Laurie A. "Sexuality in Medieval French Literature. 'Séparés, on est ensemble'." In *Handbook of Medieval Sexuality.* Edited by Vern L. Bullough and James A. Brundage. New York/London: Taylor and Francis, 1996, 345—368.

Fischer, Claude S. "On Urban Alienations and Anomie: Powerlessness and Social Isolation." *American Sociological Review* 38, no. 3 (1973): 311—326.

Fischer, Tamar. "Parental Divorce and Children's Socio-economic Success: Conditional Effects of Parental Resources Prior to Divorce, and Gender of the Child." In *Sociology* 41, no. 3 (2007): 475—495.

Fitzsimmons-Craft, Ellen E. "Explaining the Relation between Thin Ideal Internalization and Body Dissatisfaction among College Women: The Roles of Social Comparison and Body Surveillance." *Body Image* 9, no. 1 (2012): 43—49.

Flaubert, Gustave. *Madame Bovary.* Translated by Eleanor Marx-Aveling. 1856. Reprint, London: Macmillan, 2017.

Fletcher, Anthony. "Manhood, the Male Body, Courtship and the Household in Early Modern England." *History* 84, no. 275 (1999): 419—436.

Folbre, Nancy. "Measuring Care: Gender, Empowerment, and the Care Economy." In *Journal of Human Development* 7, no. 2 (2006): 183—199.

Foucault, Michel. *The Government of Self and Others: Lectures at the Collège de France 1982—1983.* Translated by Graham Burchell. New York: Picador, 2010.

———. *Security; Territory; Population: Lectures at the Collège de France 1977—1978.* Translated by Graham Burchell. New York: Picador, 2007.

———. *The History of Sexuality.* Volume 1: *An Introduction.* 1978; Volume 2: *The Use of Pleasure.* 1985; Volume 3: *The Care of the Self.* 1986, Translated by Ulrich Raulff and Walter Seitter. Reprint, New York: Vintage Press, 1990.

———. "Sexuelle Wahl, sexueller Akt." Translated by Hans-Dieter Gondek. In *Dits et Ecrits: Schriften in vier Banden*, book 4. 1980—1988. 1982. Reprint, Frankfurt: Suhrkamp Verlag, 2005, 382—402.

———. *Discipline and Punish: The Birth of the Prison*. Translated by Alan Sheridan. 1977. Reprint, New York: Vintage Books, 1995.

Fox, Greer Litton, and Velma McBride Murry. "Gender and Families: Feminist Perspectives and Family Research." *Journal of Marriage and Family* 62, no. 4 (2000): 1160—1172.

Frank, Thomas. *The Conquest of Cool: Business Culture, Counterculture, and the Rise of Hip Consumerism*. Chicago: University of Chicago Press, 1997.

Frankfurt, Harry G. *Bullshit*. Translated by Michael Bischoff. Frankfurt: Publisher, 2006.

Franks, David D., and Viktor Gecas. "Autonomy and Conformity in Cooley's Self-Theory: The Looking-Glass Self and Beyond." *Symbolic Interaction* 15, no. 1 (1992): 49—68.

Fraser, Nancy. "Rethinking the Public Sphere: A Contribution to the Critique of Actually Existing Democracy." In *Social Text*, no. 25/26 (1990): 56—80.

———. "Rethinking Recognition." *New Left Review*, no. 3 (2000): 107—118.

———. and Axel Honneth. *Redistribution or Recognition?: A Political-Philosophical Exchange*. Translated by Joel Golb, James Ingram, and Christiane Wilke. London: Verso, 2018.

Fredrickson, Barbara L., and Tomi-Ann Roberts, "Objectification Theory: Toward Understanding Women's Lived Experiences and Mental Health Risks." In *Psychology of Women Quarterly* 21, no 2 (1997): 173—206.

Freeman, Chris, and Luc Soete. *The Economics of Industrial Innovation*. London: Psychology Press, 1997.

Freud, Sigmund. *Das Unbehagen in der Kultur*. Edited by Lothar Bayer and Kerstin Krone-Bayer. 1930. Reprint, Stuttgart: Reclam Verlag, 2010, http://gutenberg.spiegel.de/buch/das-unbehagen-in-der-kultur-922/1.

Friedman, Milton. *Capitalism and Freedom*. 1962. Reprint, Chicago: Chicago University

Press, 2002.

Fromm, Erich. *The Fear of Freedom.* 1941. London: Routledge, 2010.

Gabriel, Yiannis, and Tim Lang. *The Unmanageable Consumer.* 1995. London: Sage Publications Ltd., 2015.

Gambetta, Diego. "Can We Trust Trust?" In *Trust: Making and Breaking Cooperative Relations.* Oxford: Blackwell Publishing, 2000, 213—237.

Garcia, Justin R., Chris Reiber, Sean G. Massey, and Ann M. Merriwether. "Sexual Hookup Culture: A Review." In *Review of General Psychology* 16, no. 2 (2012): 161—176.

Garton, Stephen. *Histories of Sexuality: Antiquity to Sexual Revolution.* New York: Routledge, 2004.

Gaunt, Simon. *Love and Death in Medieval French and Occitan Courtly Literature: Martyrs to Love.* Oxford University Press on Demand, 2006.

Gentzler, Amy L., and Kathryn A. Kerns. "Associations between Insecure Attachment and Sexual Experiences." *Personal Relationships* 11, no. 2 (2004): 249—265.

Gervais, SarahJ., Arianne M. Holland, and Michael D. Dodd. "My Eyes Are Up Here: The Nature of the Objectifying Gaze toward Women." In *Sex Roles* 69, nos. 11/12 (2013): 557—570.

Gervais, Sarah, Theresa K. Vescio, and Jill Allen. "When What You See Is What You Get: The Consequences of the Objectifying Gaze for Women and Men." In *Psychology of Women Quarterly* 35, no. 1 (2011): 5—17.

Giami, Alain, and Patrickde Colomby. "Sexology as a Profession in France." In *Archives of Sexual Behavior* 32, no. 4 (2003): 371—379.

Giddens, Anthony. *Capitalism and Modern Social Theory: An Analysis of the Writings of Marx, Durkheim and Max Weber.* Cambridge: Cambridge University Press, 1971.

———. ed. *Durkheim on Politics and the State.* Translated by W. D. Halls. Stanford: Stanford University Press, 1986.

———. *Modernity and Self-Identity: Self and Society in Late Modern Age.* Cambridge: Polity Press, 1991.

————. *The Transformation of Intimacy: Sexuality*, *Love*, *and Eroticism in Modern Societies*. Cambridge: Polity Press, 1992.

Gigy, Lynn, and Joan B. Kelly. "Reasons for Divorce: Perspectives of Divorcing Men and Women." In *Journal of Divorce and Remarriage* 18, nos. 1/2 (1993): 169—188.

Gill, Rosalind. "From Sexual Objectification to Sexual Subjectification: The Resexualisation of Women's Bodies in the Media." In *Feminist Media Studies* 3, no. 1 (2003): 100—106.

————. "Empowerment/Sexism: Figuring Female Sexual Agency in Contemporary Advertising." In *Feminism and Psychology* 18, no. 1 (2008): 35—60.

————. *Gender and the Media*. Cambridge: Polity Press, 2007.

————. and Andy Pratt. "In the Social Factory? Immaterial Labour, Precariousness and Cultural Work." In *Theory, Culture and Society* 25, nos. 7/8 (2008): 1—30.

Gilligan, Carol. *In a Different Voice: Psychological Theory and Women's Development*. 1982. Reprint, Cambridge: Harvard University Press, 2003.

Gillis, John R. *For Better, for Worse: British Marriages, 1600 to the Present*. New York: Oxford University Press, 1985.

Glick, Elisa. "Sex Positive: Feminism, Queer Theory, and the Politics of Transgression." In *Feminist Review* 64, no. 1 (2000): 19—45.

Glicksberg, Charles I. "The Sexual Revolution and the Modern Drama." In *The Sexual Revolution in Modern English Literature*. The Hague: Springer Science+Business Media, 1973, 43—70.

————. *The Sexual Revolution in Modern American Literature*. The Hague: Martinus Nijhoff, 1971.

Godbeer, Richard. *Sexual Revolution in Early America*. Baltimore: Johns Hopkins University Press, 2002.

Goffman, Erving. *Frame Analysis: An Essay on the Organization of Experience*. 1974. Reprint: Boston: Northeastern University Press, 2010.

Goody, Jack. *The Development of the Family and Marriage in Europe*. Cambridge: Cambridge University Press, 1983.

Gordon, David, Austin Porter, Mark Regnerus, Jane Ryngaert, and Larissa Sarangaya. *Relationships in America Survey 2014.* The Austin Institute for the Study of Family and Culture. "How Common Are Sexually 'Inactive' Marriages?" http: // relationshipsina-merica.com/relationships-and-sex/how-common-are-sexually-inactive-marriages.

Goren, Elizabeth. "America's Love Affair with Technology: The Transformation of Sexuality and the Self over the 20th Century." In *Psychoanalytic Psychology* 20, no. 3 (2003): 487—508.

Gottman, John Mordechai. *What Predicts Divorce? The Relationship between Marital Processes and Marital Outcomes.* New York: Hove, 2014.

Gouldner, Alvin W. "The Norm of Reciprocity: A Preliminary Statement." *American Sociological Review* 25, no. 2 (1960): 161—178.

Granovetter, Mark. "Economic Action and Social Structure: The Problem of Embeddedness." *American Journal of Sociology* 91, no. 3 (1985): 481—510.

Green, Adam Isaiah. "Toward a Sociology of Collective Sexual Life." In *Sexual Fields: Toward a Sociology of Collective Sexual Life.* Chicago: University of Chicago Press, 1—24.

Greener, Ian. "Towards a History of Choice in UK Health Policy." In *Sociology of Health and Illness* 31, no. 3 (2009): 309—324.

Greimas, Algirdas Julien. *Structural Semantics: An Attempt at a Method.* Translated by Daniele McDowell, Ronald Schleifer, and Alan Velie. Lincoln: University of Nebraska Press, 1983.

Grello, Catherine M., Deborah P. Welsh, and Melinda S. Harper. "No Strings Attached: The Nature of Casual Sex in College Students." *Journal of Sex Research* 43, no. 3 (2006): 255—267.

Grello, Catherine M., Deborah P. Welsh, Melinda S. Harper, and Joseph W. Dickson. "Dating and Sexual Relationship Trajectories and Adolescent Functioning." In *Adolescent and Family Health* 3, no. 3 (2003): 103—112.

Gronow, Jukka. *The Sociology of Taste.* Abingdon-on-Thames: Routledge, 2002.

Gross, Neil, and Solon Simmons. "Intimacy as a Double-Edged Phenomenon? An

Empirical Test of Giddens." In *Social Forces* 81, no. 2 (2002): 531—555.

Gur, Ruben C., and Raquel E. Gur. "Complementarity of Sex Differences in Brain and Behavior: From Laterality to Multimodal Neuroimaging." In *Journal of Neuroscience Research* 95, nos. 1/2 (2017): 189—199.

Haas, David E, and Forrest A. Deseran. "Trust and Symbolic Exchange." *Social Psychology Quarterly* 44, no. 1 (1981): 3—13.

Hakim, Catherine. "Erotic Capital." *European Sociological Review.* 26, no. 5 (2010): 499—518.

Hall, Stuart. *The Hard Road to Renewal: Thatcherism and the Crisis of the Left.* London: Verso, 1988.

Halperin, David M., and Trevor Hoppe, eds. *The War on Sex.* Durham, NC: Duke University Press, 2017.

Hamilton, Laura, and Elizabeth A. Armstrong. "Gendered Sexuality in Young Adulthood: Double Binds and Flawed Options." *Gender and Society* 23, no. 5 (2009): 589—616.

Handyside, Fiona. "Authenticity, Confession and Female Sexuality: From Bridget to Bitchy." In *Psychology and Sexuality* 3, no. 1 (2012): 41—53.

Hanning, Robert W. "Love and Power in the Twelfth Century, with Special Reference to Chrétien de Troyes and Marie de France." In *The Olde Daunce: Love, Friendship, Sex, and Marriage in the Medieval World.* Edited by Robert R. Edwards und Stephen Spector. Albany: SUNY Press, 1991, 87—103.

Hardt, Michael, and Antonio Negri. *Multitude: War and Democracy in the Age of Empire.* New York: Penguin Books, 2004.

Harper, Brit, and Marika Tiggemann. "The Effect of Thin Ideal Media Images on Women's Self-Objectification, Mood, and Body Image." In *Sex Roles* 58, nos. 9/10 (2008): 649—657.

Hartmann, Martin, and Axel Honneth. "Paradoxien des Kapitalismus: Ein Untersuchungsprogramm." In *Berliner Debatte Initial* 15, no. 1 (2004): 4—17.

Harvey, David. *A Brief History of Neoliberalism.* Oxford: Oxford University Press, 2005.

———. *The Enigma of Capital and the Crises of Capital.* London: Profile Books, 2011.

———. *Marx, Capital, and the Madness of Economic Reason*. Oxford: Oxford University Press, 2017.

———. *Seventeen Contradictions and the End of Capitalism*. London: Profile Books, 2015.

Hatch, Linda. "The American Psychological Association Task Force on the Sexualization of Girls: A Review, Update and Commentary." In *Sexual Addiction and Compulsivity* 18, no. 4 (2011): 195—211.

Hayek, Friedrich August. *The Road to Serfdom*. Edited by Bruce Caldwell. 1944. Reprint, London: University of Chicago Press, 2007.

———. "The Use of Knowledge in Society." *The American Economic Review* 35, no. 4 (1945): 519—530.

Hearn, Alison. "Structuring Feeling: Web 2.0, Online Ranking and Rating, and the Digital 'Reputation Economy' ." *Ephemera. Theory and Politics in Organization* 10, nos. 3/4 (2010): 421—438.

Hegel, Georg Wilhelm Friedrich. *Elements of the Philosophy of Right*. Vol. 7. 1820. Translated by H. B. Nisbet. Cambridge: Cambridge University Press, 1991.

Heidegger, Martin. "The Question Concerning Technology." In *Basic Writings*. Edited by David Farrell Krell. Harper and Row, 1977, 307—342.

Heilmann, Ann, Mona Caird (1854—1932): "Wild Woman, New Woman, and Early Radical Feminist Critic of Marriage and Motherhood." *Women's History Review* 5, no. 1 (1996): 67—95.

Hennessy, Rosemary. *Profit and Pleasure: Sexual Identities in Late Capitalism*, Abingdon-on-Thames: Routledge, 2000.

Herold, Edward S., and Dawn-Marie K. Mewhinney. "Gender Differences in Casual Sex and AIDS Preventio: A Survey of Dating Bars." *Journal of Sex Research* 30, no. 1 (1993): 36—42.

Herzog, Dagmar. *Sex after Fascism: Memory and Morality in Twentieth-Century Germany*. Princeton, NJ: Princeton University Press, 2005.

———. *Sexuality in Europe: A Twentieth-Century History*. Cambridge: Cambridge University Press, 2011.

————. "What Incredible Yearnings Human Beings Have." In *Contemporary European History* 22, no. 2 (2013): 303—317.

Hill, Matt, Leon Mann, and Alexander J. Wearing. "The Effects of Attitude, Subjective Norm and Self-Efficacy on Intention to Benchmark: A Comparison between Managers with Experience and No Experience in Benchmarking." *Journal of Organizational Behavior* 17, no. 4 (1996): 313—327.

Hillenkamp, Sven. *Das Ende der Liebe: Gefühle im Zeitalter unendlicher Freiheit.* Stuttgart: Klett-Cotta, 2009.

Hine, Darlene Clark, and Earnestine L. Jenkins, eds. *A Question of Manhood: A Reader in U.S. Black Men's History and Masculinity.* Volume 2: *The 19th Century: From Emancipation to Jim Crow.* Bloomington: Indiana University Press, 2001.

Hirschman, Albert O. *Exit, Voice and Loyalty: Responses to Decline in Firms, Organizations and States.* Cambridge: Harvard University Press, 1970.

Hirst, Julia. "Developing Sexual Competence? Exploring Strategies for the Provision of Effective Sexualities and Relationships Education." *Sex Education* 8, no. 4 (2008): 399—413.

Hochschild, Arlie Russell. *The Commercialization of Intimate Life: Notes from Home and Work.* Berkeley: University of California Press, 2003.

————. *The Managed Heart: Commercialization of Human Feeling.* 1983. Reprint, Berkeley: University of California Press, 2012.

————. with Anne Machung. *The Second Shift: Working Families and the Revolution at Home.* 1989. Reprint, New York: Penguin Books, 2015.

Hoffnung, Michele. "Wanting It All: Career, Marriage, and Motherhood during College-Educated Women's 20s." *Sex Roles* 50, nos. 9/10 (2004): 711—723.

Hogg, Margaret K., and Paul C. N. Michell. "Identity, Self and Consumption: A Conceptual Framework." *Journal of Marketing Management* 12, no. 7 (1996): 629—644.

Holden, Karen C., and Pamela J. Smock. "The Economic Costs of Marital Dissolution: Why Do Women Bear a Disproportionate Cost?" *Annual Review of Sociology* 17,

no. 1 (1991): 51—78.

Holland, Samantha, and Feona Attwoo. "Keeping Fit in Six Inch Heels: The Mainstreaming of Pole Dancing." In *Mainstreaming Sex: The Sexualization of Western Culture.* Edited by Feona Attwood. London: IB Tauris, 2009, 165—181.

Holmes, Mary. "The Emotionalization of Reflexivity." In *Sociology* 44, no. 1 (2010): 139—154.

Honneth, Axel. "Arbeit und Anerkennung: Versuch einer Neubestimmung." *Deutsche Zeitschrift für Philosophie* 56, no. 3 (2008): 327—341.

———. "Invisibility: On the Epistemology of 'Recognition.' " In *Supplements of the Aristotelian Society* 75, no. 1 (2001): 111—126.

———. *The Struggle for Recognition: The Moral Grammar of Social Conflicts.* Translated by Joel Anderson. Cambridge: Polity Press, 1995.

———. *Suffering from Indeterminacy: An Attempt at a Reactualization of Hegel's Philosophy of Right.* Assen: Van Gorcum, 2000.

———. "Organisierte Selbstverwirklichung: Paradoxien der Individualisierung." In *Befreiung aus der Mündigkeit: Paradoxien des gegenwärtigen Kapitalismus*, ed. Honneth. Frankfurt: Campus Verglag, 2002, 141—158.

———. *Freedoms Right: The Social Foundations of Democratic Life.* Translated by Joseph Ganahl. New York: Columbia University Press, 2014.

———. *Unsichtbarkeit: Stationen einer Theorie der Intersubjektivität.* Frankfurt: Suhrkamp Verlag, 2003.

———. *Verdinglichung: Eine anerkennungstheoretische Studie.* Frankfurt: Suhrkamp Verlag, 2005.

Horkheimer, Max, and Theodor W. Adorno. *Dialectic of Enlightenment: Philosophical Fragments.* Translated by Edmund Jephcott. Stanford: Stanford University Press, 2007.

Hoskyns, Catherine, and Shirin M. Rai. "Recasting the Global Political Economy: Counting Women's Unpaid Work," *New Political Economy* 12, no. 3 (2007): 297—317.

Howe, M. A. DeWolfe. "An Academic Courtship: Letters of Alice Freeman Palmer and George Herbert Palmer." *The New England Quarterly* 14, no. 1 (1941): 153—155.

Hsee, Christopher K., and Jiao Zhang. "Distinction Bias: Misprediction and Mischoice Due to Joint Evaluation." *Journal of Personality and Social Psychology* 86, no. 5 (2004): 680—695.

Hughes, Jason. "Emotional Intelligence: Elias, Foucault, and the Reflexive Emotional Self." *Foucault Studies* no. 8 (February 2010): 28—52.

Hunt, Alan. "The Civilizing Process and Emotional Life: The Intensification and Hollowing Out of Contemporary Emotions." In *Emotions Matter: A Relational Approach to Emotions*. Edited by Dale Spencer, Kevin Walby, and Alan Hunt. Toronto: University of Toronto Press, 2012, 137—160.

Ibarra, Herminia, Nancy M. Carter, and Christine Silva. "Why Men Still Get More Promotions Than Women." *Harvard Business Review* 88, no. 9 (2010): 80—85.

Illouz, Eva. "Emotions, Imagination and Consumption: A New Research Agenda." *Journal of Consumer Culture* 9, no. 3 (2009): 377—413.

————. *Saving the Modern Soul: Therapy Emotions, and the Culture of Self-Help*. Berkeley: University of California Press, 2008.

————. *Cold Intimacies: The Making of Emotional Capitalism*. Cambridge: Polity Press, 2007.

————. *Consuming the Romantic Utopia: Love and the Cultural Contradictions of Capitalism*. Berkeley: University of California Press, 1997.

————. ed. *Emotions as Commodities: Capitalism, Consumption and Authenticity*. New York: Routledge, 2018.

————. *Why Love Hurts: A Sociological Explanation*. Cambridge: Polity Press, 2012.

————. and Edgar Cabanas. *Happycratie: Comment Vindustrie du bonheur a pris le contrôle de nos vies*. Paris: Premier Parallèle, 2018.

Inglehart, Ronald F. "Changing Values among Western Publics from 1970 to 2006." *West European Politics* 31, nos. 1/2 (2008): 130—146.

Irvine, Janice M. *Disorders of Desire: Sexuality and Gender in Modern American Sexology*.

Philadelphia: Temple University Press, 2005.

Iyengar, Sheena S., and Mark R. Lepper. "When Choice Is Demotivating: Can One Desire Too Much of a Good Thing?" *Journal of Personality and Social Psychology* 79, no. 6 (2000): 995—1006.

Jacob, Pierre, and Marc Jeannerod. *Ways of Seeing: The Scope and Limits of Visual Cognition.* Oxford: Oxford University Press, 2003.

Jacques, Heather A. K., and H. Lorraine Radtke. "Constrained by Choice: Young Women Negotiate the Discourses of Marriage and Motherhood." In *Feminism and Psychology* 22, no. 4 (2012): 443—461.

Jardine, James. "Stein and Honneth on Empathy and Emotional Recognition." *Human Studies* 38, no. 4 (2015): 567—589.

Johnson, Allan G. *The Gender Knot: Unraveling Our Patriarchal Legacy.* Philadelphia: Temple University Press, 2005.

Jonas, Hans. "Toward a Philosophy of Technology." *Hastings Center Report* 9, no. 1 (1979): 34—43.

Jong, Erica. *Angst vorm Fliegen.* Translated by Kai Molvig. 1973. Reprint, Berlin 2014.

Kahneman, Daniel. *Attention and Effort.* Englewood Cliffs, NJ: Prentice Hall, 1973.

———. *Thinking, Fast and Slow.* New York: Farrar, Straus and Giroux, 2011.

Kalmijn, Matthijs, and Anne-Rigt Poortman. "His or Her Divorce? The Gendered Nature of Divorce and Its Determinants." In *European Sociological Review* 22, no. 2 (2006): 201—214.

Kamkhenthang, Hauzel. *The Paite: A Transborder Tribe of India and Burma.* New Delhi: Mittal Publications, 1988.

Kant, Immanuel. *Kants gesammelte Schriften.* Akademie-Ausgabe 27. *Vorlesungen über Moralphilosophie.* First half published Berlin: De Gruyter, 1974.

Kaplan, Dana. "Recreational Sexuality, Food, and New Age Spirituality: A Cultural Sociology of Middle-Class Distinctions." PhD dissertation, Hebrew University, 2014.

———. "Sexual Liberation and the Creative Class in Israel." In *Introducing the New Sexuality Studies*, 3rd ed. Edited by Steven Seidman, Nancy Fisher, and Chet

Meeks. London: Routledge, 2016.

Karp, Marcelle, and Debbie Stoller, eds. *The BUST Guide to the New Girl Order.* New York, Penguin Books, 1999.

Kaufman, Carol E., and Stavros E. Stavrou. "'Bus Fare Please'; The Economics of Sex and Gifts among Young People in Urban South Africa." *Culture, Health and Sexuality* 6, no. 5 (2004): 377—391.

Kaufmann, Jean-Claude, *Gripes: The Little Quarrels of Couples.* Translated by Helen Morrison. Cambridge: Polity Press, 2009.

Kirchner, Holle, and Simon J. Thorpe. "Ultra-Rapid Object Detection with Saccadic Eye Movements: Visual Processing Speed Revisited." *Vision Research* 46, no. 11 (2006): 1762—1776.

Kleiman, Tali, and Ran R. Hassin. "Non-Conscious Goal Conflicts." *Journal of Experimental Social Psychology* 47, no. 3 (2011): 521—532.

Knight, Frank H. *Risk, Uncertainty and Profit.* 1921. Reprint, North Chelmsford Courier Corporation, 2012.

Knorr Cetina, Karin. "What Is a Financial Market? Global Markets as Microinstitutional and Post-Traditional Social Forms." In *The Oxford Handbook of the Sociology of Finance.* Edited by Karin Knorr Cetina and Alex Preda. Oxford: Oxford University Press, 2012, 115—133.

Kojève, Alexandre. *Introduction to the Reading of Hegel: Lectures on the Phenomenology of Spirit.* Translated by James H. Nichols, Jr. 1947. New York: Basic Books, 1969.

Kposowa, Augustine J. "Marital Status and Suicide in the National Longitudinal Mortality Study." *Journal of Epidemiology and Community Health* 54, no. 4 (2000): 254—261.

Krastev, Ivan. "Majoritarian Futures" In *The Great Regression.* Edited by Heinrich Geiselberger. Cambridge: Polity Press, 2017. 117—134.

———. *After Europe.* Philadelphia: University of Pennsylvania Press, 2017.

Lacan, Jacques. "The Subversion of the Subject and the Dialectic of Desire in the Freudian Unconscious." In *Écrits: A Selection.* London: W. W. Norton and Company,

2002, 281—312.

Lacey, Nicola. "Feminist Legal Theories and the Rights of Women." In *Gender and Human Rights: Collected Courses of the Academy of European Law* (*XII/2*) . Edited by Karen Knop. Oxford: Oxford University Press, 2004, 13—56.

Lakoff, George, and Mark Johnson. *Philosophy in the Flesh: The Embodied Mind and Its Challenge to Western Thought.* New York: Basic Books, 1999.

Lam, James. *Enterprise Risk Management: From Incentives to Controls.* Hoboken, NJ: Wiley, 2014.

Lamaison, Pierre, "From Rules to Strategies: An Interview with Pierre Bourdieu." *Cultural Anthropology* 1, no. 1 (1986): 110—120.

Lamont, Michèle. "Toward a Comparative Sociology of Valuation and Evaluation." *Annual Review of Sociology* 38 (2012) .

Landes, Joan B. "The Public and the Private Sphere: A Feminist Reconsideration." In *Feminists Read Habermas: Gendering the Subject of Discourse.* Edited by Johanna Meehan. Abingdon-on-Thames: Routledge, 2013, 107—132.

Laumann, Edward O., John H. Gagnon, Robert T. Michael, and Stuart Michaels. *The Social Organization of Sexuality: Sexual Practices in the United States.* Chicago: University of Chicago Press, 1994.

———. Anthony Paik, and Raymond C. Rosen. "Sexual Dysfunction in the United States: Prevalence and Predictors." *JAMA* 281, no. 6 (1999): 537—544.

Lears, T. J. Jackson. *No Place of Grace: Antimodernism and the Transformation of American Culture, 1880—1920.* Chicago: University of Chicago Press, 1981.

Lee, Murray, Thomas Crofts, Alyce McGovern, and Sanja Milivojevic. *Sexting and Young People.* Report to the Criminology Research Advisory Council. November 2015. http: // www.criminologyresearchcouncil.gov.au/reports/1516/53-1112-FinalReport.pdf .

Leigh, Barbara Critchlow. "Reasons for Having and Avoiding Sex: Gender, Sexual Orientation, and Relationship to Sexual Behavior." In *Journal of Sex Research* 26, no. 2 (1989): 199—209.

Levy, Ariel. *Female Chauvinist Pigs: Women and the Rise of Raunch Culture.* New York: Free

Press, 2005.

Loughlin, Marie H. *Hymeneutics: Interpreting Virginity on the Early Modern Stage.* Lewisburg, PA: Bucknell University Press, 1997.

Loughnan, Steve, and Maria Giuseppina Pacill., "Seeing (and Treating) Others as Sexual Objects: Toward a More Complete Mapping of Sexual Objectification." *TPM: Testing, Psychometrics, Methodology in Applied Psychology* 21, no. 3 (2014): 309—325.

Lowenstein, Ludwig F. "Causes and Associated Features of Divorce as Seen by Recent Research." *Journal of Divorce and Remarriage* 42, nos. 3/4 (2005): 153—171.

Luhmann, Niklas. *Die Gesellschaft der Gesellschaft.* Frankfurt: Suhrkamp Verlag, 1997.

———. *Love: A Sketch.* Translated by Kathleen Cross. Cambridge: Polity Press, 2010.

———. *Love as Passion: The Codification of Intimacy.* Translated by Jeremy Gaines. Cambridge: Harvard University Press, 1987.

———. *Macht.* 1975. Konstanz, Munich: UVK, 2012.

———. *Soziale Systeme: Grundrifiß einer allgemeinen Theorie.* Frankfurt: Suhrkamp Verlag, 1984.

———. *Vertrauen: Fin Mechanismus der Reduktion sozialer Komplexität.* 1968. Konstanz, München: UVK, 2014.

Lystra, Karen. *Searching the Heart: Women, Men, and Romantic Love in Nineteenth-Century America.* New York: Oxford University Press, 1989.

MacKinnon, Catharine A. *Butterfly Politics.* Cambridge: Harvard University Press, 2017.

———. *Feminism Unmodified: Discourses on Life and Law.* Cambridge: Harvard University Press, 1987.

———. *Only Words.* Cambridge: Harvard University Press, 1993.

Mahmood, Saba. *Politics of Piety: The Islamic Revival and the Feminist Subject.* Princeton, NJ: Princeton University Press, 2011.

Mancini, Jay A., and Dennis K. Orthner. "Recreational Sexuality Preferences among Middle-Class Husbands and Wives." *Journal of Sex Research* 14, no. 2 (1978): 96—106.

Mann, William E., "Augustine on Evil and Original Sin." In *The Cambridge Companion to Augustine*. Edited by Eleonore Stump and Norman Kretzmann. Cambridge: Cambridge University Press, 2001, 40—48.

Manning, Wendy D., Jessica A. Cohen, and Pamela J. Smock. "The Role of Romantic Partners, Family, and Peer Networks in Dating Couples Views about Cohabitation." *Journal of Adolescent Research* 26, no. 1 (2011): 115—149.

Mansfield, Penny, and Jean Collard. *The Beginning of the Rest of Your Life?* London: Macmillan, 1988.

Margalit, Avishai. *On Betrayal*. Cambridge: Harvard University Press, 2017.

———. *The Decent Society*. Translated by Naomi Goldblum. 1996. Reprint, Cambridge: Harvard University Press, 1998.

Marshall, Douglas A. "Behavior, Belonging and Belief: A Theory of Ritual Practice." *Sociological Theory* 20, no. 3 (2002): 360—380.

Martin, John Levi. "Structuring the Sexual Revolution." *Theory and Society* 25, no. 1 (1996): 105—151.

Martineau-Arbes, Agnès, Magali Giné, Prisca Grosdemouge, and Rémi Bernad. "Le Syndrome d'épuisement, une maladie professionnelle." May 2014. http: //www. techno-logia.fr/blog/wp-content/uploads/2014/04/BurnOutVersiondef.pdf.

Martinez-Prather, Kathy, and Donna M. Vandiver, "Sexting among Teenagers in the United States: A Retrospective Analysis of Identifying Motivating Factors, Potential Targets, and the Role of a Capable Guardian." *International Journal of Cyber Criminology* 8, no. 1 (2014): 21—35.

Marx, Karl. *Capital: A Critique of Political Economy*, Vol. 1, 1976. Reprint: New York: Penguin Classics, 1990.

———. *Capital: A Critique of Political Economy* Vol. 3, 1981. Reprint: New York: Penguin Classics, 1991.

———. *Grundrisse der Kritik der politischen Ökonomie*. Frankfurt: Europäische Verlags-Anstalt. 1967. http: //catalog.hathitrust.org/api/volumes/oclc/6570978.html.

———. *Economic and Philosophic Manuscripts of 1844*. Third manuscript, "Money." Translated by Martin Milligan. Floyd, VA: Wilder Publications, 2014.

————. "Rede über die Frage des Freihandels." ["On the Question of Free Trade"]
MEW 4. 1848. Reprint, Berlin: Dietz Verlag, 1990, 444—458.

————. and Friedrich Engels. "The German Ideology." In *Collected Works of Karl Marx
and Friedrich Engels*, 1845—1847: Volume 05. 1932. Reprint, London: Lawrence
and Wishart, 1976, 9—530.

————. and Friedrich Engels. "Manifest der Kommunistischen Partei." ["The Manifesto
of the Communist Party"] MEW 4. 1848. Reprint, Berlin: Dietz Verlag: 1990,
459—493.

Maticka-Tyndale, Eleanor, Edward S. Herold, and Dawn Mewhinney. "Casual Sex on
Spring Break: Intentions and Behaviors of Canadian Students." In *Journal of Sex
Research* 35, no. 3 (1998): 254—264.

Mauss, Marcel. *The Gift: Forms and Functions of Exchange in Archaic Societies.* Translated
by W. D. Halls. London: Routledge, 1990.

Mayer, Roger C., James H. Davis, and F. David Schoorman. "An Integrative Model of
Organizational Trust." *The Academy of Management Review* 20, no. 3 (1995):
709—734.

Mccafferty, Patricia. "Forging a 'Neoliberal Pedagogy' : The 'Enterprising Education'
Agenda in Schools." *Critical Social Policy* 30, no. 4 (2010): 541—563.

McCormick, Naomi B. *Sexual Salvation: Affirming Women's Sexual Rights and Pleasures.*
Westport: Greenwood Publishing Group, 1994.

McGee, Micki. *Self-Help, Inc.: Makeover Culture in American Life.* New York: Oxford
University Press, 2005.

McNair, Brian. *Striptease Culture: Sex, Media and the Democratization of Desire.* London:
Psychology Press, 2002.

McQuillan, Julia, Arthur L. Greil, Karina M. Shreffler, and Veronica Tichenor.
"The Importance of Motherhood among Women in the Contemporary United
States." *Gender and Society* 22, no. 4 (2008): 477—496.

McRobbie, Angela. *The Aftermath of Feminism: Gender, Culture and Social Change.*
London: SAGE Publications, 2009.

———. "Notes on the Perfect: Competitive Femininity in Neoliberal Times." *Australian Feminist Studies* 30, no. 83 (2015): 3—20.

———. "Top Girls? Young Women and the Post-Feminist Sexual Contract." *Cultural Studies* 21, nos. 4/5 (2007): 718—737.

Mead, George H. "Cooley's Contribution to American Social Thought." *American Sociological Review* 35, no. 5 (1930): 693—706.

———. *Geist, Identität und Gesellschaft aus der Sicht des Sozialbehaviorismus.* Translated by Ulf Pacher. 1934. Reprint, Frankfurt, 1988.

Mears, Ashley. *Pricing Beauty: The Making of a Fashion Model.* Berkeley: University of California Press, 2011.

Mendelsohn, Daniel. *The Elusive Embrace: Desire and the Riddle of Identity.* New York: Vintage, 1999.

Meston, Cindy M., and David M. Buss. "Why Humans Have Sex." *Archives of Sexual Behavior* 36, no. 4 (2007): 477—507.

Meyer, Madonna Harrington, ed. *Care Work: Gender, Labor, and the Welfare State.* London: Routledge, 2002.

Millett, Kate. *Sexual Politics.* 1969. Reprint, New York: Columbia University Press, 2016.

Milhaven, John Giles. "Thomas Aquinas on Sexual Pleasure." *The Journal of Religious Ethics* 5, no. 2 (1977): 157—181.

Mintz, Steven, and Susan Kellogg. *Domestic Revolutions: A Social History of American Family Life.* New York: Simon and Schuster, 1989.

Mirzoeff, Nicholas. *An Introduction to Visual Culture.* London: Psychology Press, 1999.

Mitchell, Stephen A., *Relational Concepts in Psychoanalysis: An Integration.* Cambridge: Harvard University Press, 1988.

Mooney, Annabelle. "Boys Will Be Boys: Men's Magazines and the Normalisation of Pornography." *Feminist Media Studies* 8, no. 3 (2008): 247—265.

Moradi, Bonnie, and Yu-Ping Huang. "Objectification Theory and Psychology of Women: A Decade of Advances and Future Directions." *Psychology of Women Quarterly* 32,

no. 4 (2008): 377—398.

Morris, Kasey Lynn, and Jamie Goldenberg. "Women, Objects, and Animals: Differentiating between Sex- and Beauty-Based Objectification." *Revue Internationale de Psychologie Sociale* 28, no. 1 (2015): 15—38.

Morrow, Ross. "The Sexological Construction of Sexual Dysfunction." *The Australian and New Zealand Journal of Sociology* 30, no. 1 (1994): 20—35.

Mottier, Véronique. *Sexuality: A Very Short Introduction.* New York: Oxford University Press, 2008.

Motz, Marilyn Ferris. " 'Thou Art My Last Love' : The Courtship and Remarriage of a Rural Texas Couple in 1892." *The Southwestern Historical Quarterly* 93, no. 4 (1990): 457—474.

Mulholland, Monique. "When Porno Meets Hetero: SEXPO, Heteronormativity and the Pornification of the Mainstream." *Australian Feminist Studies* 26, no. 67 (2011): 119—135.

———. *Young People and Pornography: Negotiating Pornification.* New York: Springer, 2013.

Mumby, Dennis K. "Organizing Men: Power, Discourse, and the Social Construction of Masculinity (s) in the Workplace." *Communication Theory* 8, no. 2 (1998): 164—183.

Murnen, Sarah K., and Linda Smolak. "Are Feminist Women Protected from Body Image Problems? A Meta-analytic Review of Relevant Research." *Sex Roles* 60, nos. 3/4 (2009): 186—197.

Murray, Sandra L., John G. Holmes, and Dale W. Griffin. "The Self-Fulfilling Nature of Positive Illusions in Romantic Relationships: Love Is Not Blind, but Prescient." *Journal of Personality and Social Psychology* 71, no. 6 (1996): 1155—1180.

Nelson, Eric S. "Against Liberty: Adorno, Levinas and the Pathologies of Freedom." *Theoria* 59, no. 131 (2012): 64—83.

Nelson, Robert K. " 'The Forgetfulness of Sex' : Devotion and Desire in the Courtship

Letters of Angelina Grimke and Theodore Dwight Weld." In *Journal of Social History* 37, no. 3(2004): 663—679.

Nussbaum, Martha C. "Objectification." In *Sex and Social Justice*. New York: Oxford University Press, 1999. 213—239.

Oksala, Johanna. *Foucault on Freedom*. Cambridge: Cambridge University Press, 2005.

Oliver, Mary Beth, and Janet Shibley Hyde. "Gender Differences in Sexuality: A Meta-Analysis." *Psychological Bulletin* 114, no. 1(1993): 29—51.

O'Neill, Rachel. *Seduction: Men, Masculinity, and Mediated Intimacy*. Cambridge: Polity Press, 2018.

———. "The Work of Seduction: Intimacy and Subjectivity in the London 'Seduction Community.' " *Sociological Research Online* 20, no. 4(2015): 1—14.

Orloff, Ann Shola. "Gender and the Social Rights of Citizenship: The Comparative Analysis of Gender Relations and Welfare States." *American Sociological Review* 58, no. 3(1993): 303—328.

Ostrom, Elinor. "A Behavioral Approach to the Rational Choice Theory of Collective Action: Presidential Address, American Political Science Association, 1997." *American Political Science Review* 92, no. 1(1998): 1—22.

———. and James Walker, eds. *Trust and Reciprocity: Interdisciplinary Lessons for Experimental Research*. New York: Russel Sage Foundation, 2003.

Paglia, Camille. *Sex, Art, and American Culture: Essays*. New York: Vintage Books, 1990.

Palley, Thomas I. "From Keynesianism to Neoliberalism: Shifting Paradigms in Economics." In *Neoliberalism: A Critical Reader*. Edited by Alfredo Saad-Filho and Deborah Johnston. Chicago: University of Chicago Press, 2005, 20—29.

Passet, Joanne E. *Sex Radicals and the Quest for Women's Equality*. Urbana and Chicago: University of Illinois Press, 2003.

Pateman, Carole. *The Sexual Contract*. Stanford: Stanford University Press, 1988.

———. "What's Wrong with Prostitution?" *Women's Studies Quarterly* 27, nos. 1/2 (1999): 53—64.

Paul, Elizabeth L., and Kristen A. Hayes. "The Casualties of 'Casual' Sex: A Qualitative Exploration of the Phenomenology of College Students' Hookups." *Journal of Social and Personal Relationships* 19, no. 5 (2002): 639—661.

————. Brian McManus, and Allison Hayes. "'Hookups': Characteristics and Correlates of College Students' Spontaneous and Anonymous Sexual Experiences." *Journal of Sex Research* 37, no. 1 (2000): 76—88.

Payne, Keith. "Conscious or What? Relationship between Implicit Bias and Conscious Experiences (25 August 2015) . Conference Lecture, (*Un*) *Consciousness: A Functional Perspective* (25.—27.8. 2015) . Israel Institute for Advanced Studies. Hebrew University Jerusalem.

Peiss, Kathy. *Hope in a Jar: The Making of Americas Beauty Culture.* Philadelphia: University of Pennsylvania Press, 2011.

Peplau, Letitia Anne. "Human Sexuality: How Do Men and Women Differ?" *Current Directions in Psychological Science* 12, no. 2 (2003): 37—40.

Petersen, Jennifer L., and Janet Shibley Hyde. "A Meta-Analytic Review of Research on Gender Differences in Sexuality, 1993—2007." *Psychological Bulletin* 136, no. 1 (2010): 21—38.

Phillips, Adam. *Monogamy.* New York: Vintage Books, 1996.

Phillips, Kim M., and Barry Reay. *Sex before Sexuality: A Premodern History.* Cambridge: Polity Press, 2011.

Pinkard, Terry. *Hegel's Phenomenology: The Sociality of Reason.* Cambridge: Cambridge University Press, 1996.

Piper, Mark. "Achieving Autonomy." *Social Theory and Practice* 42, no. 4 (2016): 767—779.

Pippin, Robert B. *Hegel on Self-Consciousness: Desire and Death in the Phenomenology of Spirit.* Princeton, NJ: Princeton University Press, 2011.

Polanyi, Karl. *The Great Transformation: The Political and Economic Origins of Our Time.* 1944. Reprint, Boston, Beacon Press, 2014.

Porqueres i Gené, Enric, and Jérôme Wilgaux. "Incest, Embodiment, Genes and

Kinship." In *European Kinship in the Age of Biotechnology.* Edited by Jeanette Edwards and Carles Salazar, 112—127. New York, Oxford: Berghahn, 2009.

Posner, Richard A. *Sex and Reason.* Cambridge: Harvard University Press, 1992.

Pound, Roscoe. "The Role of the Will in Law." *Harvard Law Review* 68, no. 1 (1954): 1—19.

Previti, Denise, and Paul R. Amato. "Is Infidelity a Cause or a Consequence of Poor Marital Quality ? " *Journal of Social and Personal Relationships* 21, no. 2 (2004): 217—223.

Price, Janet, and Margrit Shildrick, eds. *Feminist Theory and the Body: A Reader.* Abingdon-on-Thames: Routledge, 2017.

Procaccia, Uriel. *Russian Culture, Property Rights, and the Market Economy.* Cambridge: Cambridge University Press, 2007.

Pugh, Alison J. *The Tumbleweed Society: Working and Caring in an Age of Insecurity.* New York: Oxford University Press, 2015.

Putnam, Hilary. *The Threefold Cord: Mind, Body and World.* New York: Columbia University Press, 2000.

Putnam, Robert D. *Bowling Alone: The Collapse and Revival of American Community.* New York: Simon and Schuster, 2001.

Rabin, Matthew. "Psychology and Economics." *Journal of Economic Literature* 36, no. 1 (1998): 11—46.

Reay, Barry. "Promiscuous Intimacies: Rethinking the History of American Casual Sex." *Journal of Historical Sociology* 27, no. 1 (2014): 1—24.

Regnerus, Mark. *Cheap Sex: The Transformation of Men, Marriage, and Monogamy.* New York: Oxford University Press, 2017.

Reynolds, Philip Lyndon. *Marriage in the Western Church: The Christianization of Marriage during the Patristic and Early Medieval Periods.* Leiden: Brill, 1994.

Richardson, Diane. "Constructing Sexual Citizenship: Theorizing Sexual Rights." *Critical Social Policy* 20, no. 1 (2000): 105—135.

Ridgeway, Cecilia L. *Framed by Gender: How Gender Inequality Persists in the Modern*

World. New York: Oxford University Press, 2011.

Ringrose, Jessica, Laura Harvey, Rosalind Gill, and Sonia Livingstone. "Teen Girls, Sexual Double Standards and Sexting." *Feminist Theory* 14, no. 3 (2013): 305—323.

Ritts, Vicki, Miles L. Patterson, and Mark E. Tubbs. "Expectations, Impressions, and Judgments of Physically Attractive Students: A Review." *Review of Educational Research* 62, no. 4 (1992): 413—426.

Robbins, Joel. "Ritual Communication and Linguistic Ideology: A Reading and Partial Reformulation of Rappaports Theory of Ritual." *Current Anthropology* 42, no. 5 (2001): 591—614.

Robinson, Fiona. "Beyond Labour Rights: The Ethics of Care and Women's Work in the Global Economy." *International Feminist Journal of Politics* 8, no. 3 (2006): 321—342.

Rose, Nikolas. *Inventing Our Selves: Psychology, Power, and Personhood.* Cambridge: Cambridge University Press, 1998.

———. *Powers of Freedom: Reframing Political Thought.* Cambridge: Cambridge University Press, 1999.

Rosenfeld, Michael J. "Who Wants the Breakup? Gender and Breakup in Heterosexual Couples." In *Social Networks and the Life Course: Integrating the Development of Human Lives and Social Relational Networks.* Edited by Duane F. Alwin, Diane H. Felmlee, and Derek A. Kreager, 221—243. Cham: Springer, 2018.

Rothman, Ellen K. *Hands and Hearts: A History of Courtship in America.* New York: Basic Books, 1984.

Rousseau, Denise M., Sim B. Sitkin, Ronald S. Burt, and Colin Camerer. "Not So Different after All: A Cross-Discipline View of Trust." *The Academy of Management Review* 23, no. 3 (1998): 393—404.

Rubin, Gayle S. *Deviations: A Gayle Rubin Reader.* Durham, NC: Duke University Press, 2011.

Ruggles, Steven. "The Rise of Divorce and Separation in the United States, 1880—1990." *Demograph* 34, no. 4 (1997): 455—466.

Rupp, Heather A., and Kim Wallen. "Sex Differences in Response to Visual Sexual Stimuli: A Review." *Archives of Sexual Behavior* 37, no. 2 (2008): 206—218.

Rusciano, Frank Louis. "'Surfing Alone': The Relationships among Internet Communities, Public Opinion, Anomie, and Civic Participation." *Studies in Sociology of Science* 5, no. 3 (2014): 1—8.

Sahlins, Marshall. *What Kinship Is—and Is Not.* Chicago: University of Chicago Press, 2013.

Salecl, Renata. *The Tyranny of Choice.* London: Profile Books, 2010.

———. "Self in Times of Tyranny of Choice," *FKW//Zeitschrift für Geschlechterforschung und visuelle Kultur*, no. 50 (2010) : 10—23.

———. "Society of Choice." *differences* 20, no. 1 (2009): 157—180.

Sandel, Michael J. *What Money Can't Buy: The Moral Limits of Markets.* New York: Farrar, Straus and Giroux, 2012.

Santelli, John S., Nancy D. Brener, Richard Lowry, Amita Bhatt, and Laurie S. Zabin. "Multiple Sexual Partners among US Adolescents and Young Adults." *Family Planning Perspectives* 30, no. 6 (1998): 271—275.

Sayer, Liana C. "Gender, Time and Inequality: Trends in Women's and Men's Paid Work, Unpaid Work and Free Time." *Social Forces* 84, no. 1 (2005): 285—303.

Scheinkman, José A., with Kenneth J. Arrow, Patrick Bolton, Sanford J. Grossman, and Joseph E. Stiglitz. *Speculation, Trading, and Bubbles.* New York: Columbia University Press, 2014.

Schneewind, Jerome B. *The Invention of Autonomy: A History of Modern Moral Philosophy.* Cambridge: Cambridge University Press, 1998.

Schumann, Robert, Clara Schumann, and Gerd Nauhaus. *The Marriage Diaries of Robert and Clara Schumann: From Their Wedding Day to the Russia Trip.* Translated by Peter Oswald. London: Robson Books, 1993.

Schumpeter, Joseph A. *Capitalism, Socialism, and Democracy.* 1942. Reprint, New York: Harper Perennial, 2008.

Schwarz, Ori. "On Friendship, Boobs and the Logic of the Catalogue: Online Self-

Portraits as a Means for the Exchange of Capital." *Convergence* 16, no. 2 (2010): 163—183.

Scott, Shelby B., Galena K. Rhoades, Scott M. Stanley, Elizabeth S. Allen, and Howard J.Markman. "Reasons for Divorce and Recollections of Premarital Intervention: Implications for Improving Relationship Education." *Couple and Family Psychology: Research and Practice* 2, no. 2 (2013): 131—145.

Segal, Lynne. *Straight Sex: Rethinking the Politics of Pleasure.* Berkeley: University of California Press, 1994.

Seeman, Melvin. "On the Meaning of Alienation." *American Sociological Review* 24, no. 6 (1959): 783—791.

Seidman, Steven. "From the Polluted Homosexual to the Normal Gay: Changing Patterns of Sexual Regulation in America." In *Thinking Straight: The Power, the Promise, and the Paradox of Heterosexuality.* Edited by Chrys Ingraham, 39—61. London: Psychology Press, 2005.

————. *Romantic Longings: Love in America, 1830—1980.* New York: Routledge, 1991.

Sennett, Richard. *The Culture of the New Capitalism.* New Haven: Yale University Press, 2006.

————. *The Fall of Public Man.* 1974. Reprint, New York: W. W. Norton and Company, 2017.

Sewell, William H., Jr., "Geertz, Cultural Systems, and History: From Synchrony to Transformation." In *The Fate of "Culture": Geertz and Beyond.* Edited by Sherry B. Ortner, 35—55. Berkeley: University of California Press, 1999.

Sherwin, Robert, and Sherry Corbett. "Campus Sexual Norms and Dating Relationships: A Trend Analysis." *Journal of Sex Research* 21, no. 3 (1985): 258—274.

Shrauger, J. Sidney, and Thomas J. Schoeneman. "Symbolic Interactionist View of Self-Concept: Through the Looking Glass Darkly." *Psychological Bulletin* 86, no. 3 (1979): 549—573.

Sigusch, Volkmar. "Lean Sexuality: On Cultural Transformations of Sexuality and Gender in Recent Decades." *Sexuality and Culture* 5, no. 2 (2001): 23—56.

Silber, Ilana F. "Bourdieu's Gift to Gift Theory: An Unacknowledged Trajectory." *Sociological Theory* 27, no. 2 (2009): 173—190.

Silva, Jennifer M. *Coming Up Short: Working Class Adulthood in an Age of Uncertainty.* Oxford: Oxford University Press, 2013.

Simmel, Georg. "Der Individualismus der modernen Zeit." *Postume Veröffentlichungen: Schulpädgogik.* Gesamtausgabe, vol. 20. Frankfurt: Suhrkamp Verlag, 2004, 249—258.

————. "Die Großstädte und das Geistesleben." In *Aufsätze und Abhandlungen 1901—1908*, volume 1. Gesamtausgabe, vol. 7. Frankfurt: Suhrkamp Verlag, 1995, S. 116—131.

————. "The Stranger." *The Sociology of Georg Simmel.* Translated by Kurt H. Wolff. New York: The Free Press, 1950, 402—408.

Simpson, Jeffry A. "The Dissolution of Romantic Relationships: Factors Involved in Relationship Stability and Emotional Distress." *Journal of Personality and Social Psychology* 53, no. 4 (1987): 683—692.

Singer, Irving. *The Nature of Love.* Vol. 3, *The Modern World.* Chicago: University of Chicago Press, 1989.

Sivulka, Juliann. *Soap, Sex, and Cigarettes: A Cultural History of American Advertising.* Boston: Cengage, 2011.

Skeggs. Beverley. *Formations of Class and Gender: Becoming Respectable.* London: SAGE Publications, 1997.

Slotter, Erica B., Wendi L. Gardner, and Eli J. Finkel. "Who Am I Without You? The Influence of Romantic Breakup on the Self-Concept." *Personality and Social Psychology Bulletin* 36, no. 2 (2010): 147—160.

Smith, Clarissa. "Pornographication: A Discourse for All Seasons." In *International Journal of Media and Cultural Politics* 6, no. 1 (2010): 103—108.

Smolak, Linda, and Sarah K. Murnen. "The Sexualization of Girls and Women as a Primary Antecedent of Self-Objectification." *Self-Objectification in Women: Causes, Consequences, and Counteractions.* Edited by Rachel M. Calogero, Stacey Tantleff-

Dunn, and J. Kevin Thompson. Washington, DC: American Psychological Association, 2011, 53—75.

———. Sarah K. Murnen, and Taryn A. Myers. "Sexualizing the Self: What College Women and Men Think about and Do to Be 'Sexy'." In *Psychology of Women Quarterly* 38, no. 3 (2014): 379—397.

Solomon, Denise Haunani, and Leanne K. Knobloch. "Relationship Uncertainty, Partner Interference, and Intimacy within Dating Relationships." *Journal of Social and Personal Relationships* 18, no. 6 (2001): 804—820.

Stacey, Judith. *Brave New Families: Stories of Domestic Upheaval in Late-Twentieth- Century America*. Berkeley: University of California Press, 1990.

Stark, David. *The Sense of Dissonance: Accounts of Worth in Economic Life.* Princeton, NJ: Princeton University Press, 2011.

Steele, Valerie. *Fashion and Eroticism: Ideals of Feminine Beauty from the Victorian Era to the Jazz Age.* New York: Oxford University Press, 1985.

Stone, Lawrence D. *The Family, Sex and Marriage in England 1500—1800.* London: Penguin Books, 1982.

———. *Uncertain Unions: Marriage in England, 1660—1753.* Oxford: Oxford University Press, 1992.

Strasser, Ulrike. *State of Virginity: Gender, Religion, and Politics in an Early Modern Catholic State.* Ann Arbor: University of Michigan Press, 2004.

Streeck, Wolfgang. "Bürger als Kunden: Überlegungen zur neuen Politik des Konsums." In *Kapitalismus und Ungleichheit: Die neuen Verwerfungen.* Edited by Heinz Bude and Philipp Staab. Frankfurt: Campus Verlag, 2016, 261—284.

———. "How to Study Contemporary Capitalism?" *European Journal of Sociology/ Europäisches Archiv für Soziologie* 53, no. 1 (2012) : 1—28.

Strelan, Peter, Sarah J. Mehaffey, and Marika Tiggemann. "Brief Report: Self-Objectification and Esteem in Young Women: The Mediating Role of Reasons for Exercise." *Sex Roles* 48, no. 1 (2003): 89—95.

Suchocki, Marjorie Hewitt. *The Fall to Violence: Original Sin in Relational Theology.* New

York: Continuum, 1994.

Susman, Warren. *Culture as History: The Transformation of American Society in the 20th Century.* New York: Pantheon, 1984.

Swidler, Ann. "Culture in Action: Symbols and Strategies." *American Sociological Review* 51, no. 2 (1986): 273—286.

———. *Talk of Love: How Culture Matters.* Chicago: University of Chicago Press, 2001.

Szymanski, Dawn M., Lauren B. Moffitt, and Erika R. Carr. "Sexual Objectification of Women: Advances to Theory and Research 1 ψ 7." *The Counseling Psychologist* 39, no. 1 (2011): 6—38.

Tabet, Paola. *La Grande Arnaque: Sexualité des femmes et échange économico-sexuel.* Paris: L'Harmattan, 2004.

———. "Through the Looking-Glass: Sexual-Economic Exchange." In *Chic, chèque, choc: Transactions autour des corps et stratégies amoureuses contemporaines.* Edited by Françoise Grange Omokaro and Fenneke Reysoo. Genève: Graduate Institute Publications, 2016, 39—51.

Taylor, Charles. "Foucault über Freiheit und Wahrheit." In *Negative Freiheit? Zur Kritik des neuzeitlichen Individualismus.* Translated by Hermann Kocyba. Frankfurt: Suhrkamp Verlag, 1995, 188—234.

Taylor, Laramie D. "All for Him: Articles about Sex in American Lad Magazines." *Sex Roles* 52, no. 3 (2005): 153—163.

Thoburn, Nicholas. *Deleuze, Marx and Politics.* London, New York: Routledge, 2003.

Thompson, Linda, and Alexis J. Walker. "Gender in Families. Women and Men in Marriage, Work, and Parenthood," *Journal of Marriage and Family* 51, no. 4 (1989), 845—871.

Thorngate, Warren, "The Economy of Attention and the Development of Psychology," *Canadian Psychology/Psychologie Canadienne* 31, no. 3 (1990), 262—271.

Thornton, Sarah, *Club Cultures. Music, Media, and Subcultural Capital*, Cambridge 1995.

Thorpe, Simon, Denis Fize und Catherine Marlot, "Speed of Processing in the Human Visual System." *Nature* 381, no. 6582 (1996), 520—522.

Tice, Dianne M., "Self-Concept Change and Self-Presentation: The Looking Glass Self Is Also a Magnifying Glass." *Journal of Personality and Social Psychology* 63, no. 3 (1992): 435—451.

Tolman, Deborah L. *Dilemmas of Desire: Teenage Girls Talk about Sexuality.* Cambridge: Harvard University Press, 2002.

Tolstoy, Leo. *War and Peace*, Vol. 1. Translated by Louise and Aylmer Maude. 1896. Reprint, New York: Knopf, 1992.

Tomlinson, Alan, ed. *Consumption, Identity and Style: Marketing, Meanings, and the Packaging of Pleasure.* New York: Routledge, 2006.

Trollope, Anthony. *The Claverings.* 1867. Reprint, New York: Oxford University Press, 1998.

———. *An Old Man's Love.* 1884. Reprint, Oxford: Oxford University Press, 1951.

Turner, Bryan. "Social Capital, Inequality and Health: The Durkheimian Revival." *Social Theory and Health* 1, no. 1 (2003): 4—20.

Vanwesenbeeck, Ine. "The Risks and Rights of Sexualization: An Appreciative Commentary on Lerum and Dworkins 'Bad Girls Rule'." *Journal of Sex Research* 46, no. 4 (2009): 268—270.

Vogel, Lise. *Marxism and the Oppression of Women: Toward a Unitary Theory.* 1983. Reprint, Chicago: Haymarket Books, 2014.

Wade, Lisa. *American Hookup: The New Culture of Sex on Campus.* New York: W.W. Norton and Company, 2017.

Wagner, Michael, and Bernd Weiss. "On the Variation of Divorce Risks in Europe: Findings from a Meta-Analysis of European Longitudinal Studies." In *European Sociological Review* 22, no. 5 (2006): 483—500.

Wagner, Peter. "After Justification: Repertoires of Evaluation and the Sociology of Modernity." *European Journal of Social Theory* 2, no. 3 (1999): 341—357.

Waldman, Adelle. *Love Affairs of Nathaniel P.* New York: Picador, 2014.

Walsh, Anthony. "Self-Esteem and Sexual Behavior: Exploring Gender Differences." *Sex Roles* 25, no. 7 (1991): 441—450.

Waring, Marilyn, and Gloria Steinem. *If Women Counted: A New Feminist Economics.* San Francisco: Harper and Row, 1988.

Warren, Samuel D., and Louis D. Brandeis. "The Right to Privacy." *Harvard Law Review* 4, no. 5 (1890): 193—220.

Weaver, Angela D., Kelly L. MacKeigan, and Hugh A. MacDonald. "Experiences and Perceptions of Young Adults in Friends with Benefits Relationships: A Qualitative Study." *The Canadian Journal of Human Sexuality* 20, nos. 1/2 (2011): 41—53.

Weber, J. Mark, Deepak Malhotra, and J. Keith Murnighan. "Normal Acts of Irrational Trust: Motivated Attributions and the Trust Development Process." In *Research in Organizational Behavior* 26 (2004): 75—101.

Weber, Max. *Die Lage der Landarbeiter im ostelbischen Deutschland.* Gesamtausgabe vol. 1, no. 3, 2 Halbbde. 1892. Reprint, Tübingen, Mohr Siebeck, 1984.

———. *The Protestant Ethic and the Spirit of Capitalism: And Other Writings.* Translated by Peter Baehr and Gordon C. Wells. New York: Penguin Books, 2002.

———. *Die Wirtschaftsethik der Weltreligionen: Konfuzianismus und Taoismus. Regulations 1915—1920.* Gesamtausgabe, vol. 1, no. 19. Tübingen: Mohr Siebeck, 1991.

———. *Economy and Society.* Edited by Guenther Roth and Claus Wittich. Berkeley: University of California Press, 2013.

Weeks, Jeffrey. *Invented Moralities: Sexual Values in an Age of Uncertainty.* New York: Columbia University Press, 1995.

———. *Sexuality and Its Discontents: Meanings, Myths, and Modern Sexualities.* 1985. New York: Routledge, 2002.

Weiss, Yoram. "The Formation and Dissolution of Families: Why Marry? Who Marries Whom? And What Happens Upon Divorce." *Handbook of Population and Family Economics* 1A. Oxford: North Holland (1997): 81—123.

Welsh, Deborah R, Catherine M. Grello, and Melinda S. Harper. "When Love Hurts: Depression and Adolescent Romantic Relationships." In *Adolescent Romantic*

Relations and Sexual Behavior: Theory, Research, and Practical Implications. Edited by Paul Florsheim, 185—212. Mahwah, NJ: Lawrence Erlbaum Associates, 2003.

Wendell, Susan. *The Rejected Body: Feminist Philosophical Reflections on Disability.* Abingdon-on-Thames: Routledge, 2013.

Wentland, Jocelyn J., and Elke Reissing. "Casual Sexual Relationships: Identifying Definitions for One Night Stands, Booty Calls, Fuck Buddies, and Friends with Benefits." *The Canadian Journal of Human Sexuality* 23, no. 3 (2014): 167—177.

Wertheimer, Alan. *Consent to Sexual Relations.* Cambridge: Cambridge University Press, 2010.

West, Robin. "The Harms of Consensual Sex." November 2011, 11.http: // unityandstruggle.org/wp-content/uploads/2016/04/West_The-harms-of-consensual-sex.pdf.

———. "Sex, Reason, and a Taste for the Absurd." Georgetown Public Law and Legal Theory Research Paper No. 11—76. 1993. https: //scholarship.law.georgetown.edu/ cgi/viewcontent.cgi?referer=https: //www.google.com/andhttpsredir=1andarticle=16 58andcontext=facpub.

Whitehead, Barbara Dafoe, and David Popenoe. "Who Wants to Marry a Soul Mate ? " In *The State of Our Unions: The Social Health of Marriage in America.* New Brunswick, NJ: Rutgers University, 2001, 6—16, https: //www.stateofourunions.org/past_ issues.php.

Williams, Robert R. *Hegel's Ethics of Recognition.* Berkeley: University of California Press, 1997.

Wilson, Elizabeth. *Adorned in Dreams: Fashion and Modernity.* 1985. Reprint: London: New York: I.B. Tauris and Co. Ltd., 2016.

Winnicott, Donald W. "Transitional Objects and Transitional Phenomena." *Through Paediatrics to Psycho-Analysis: Collected Papers.* 1992. Reprint, Abingdon: Routledge, 2014. 229—242, 307.

Wolcott, Ilene, and Jody Hughes. "Towards Understanding the Reasons for Divorce." *Australian Institute of Family Studies.* Working Paper 20 (1999) .

Wolf, Naomi. *The Beauty Myth: How Images of Beauty Are Used Against.* 1991. Reprint:
New York, Harper Perennial, 2002.

Woltersdorff, Volker. "Paradoxes of Precarious Sexualities: Sexual Subcultures under
Neo-Liberalism." *Cultural Studies* 25, no. 2 (2011): 164—182.

Worthen, John. *Robert Schumann: Life and Death of a Musician.* New Haven: Yale
University Press, 2007.

Wyder, Marianne, Patrick Ward, and Diego De Leo. "Separation as a Suicide Risk
Factor." *Journal of Affective Disorders* 116, no. 3 (2009): 208—213.

Zaner, Richard M. *The Context of Self: A Phenomenological Inquiry Using Medicine as a Clue.*
Athens: Ohio University Press, 1981.

Zinn, Jens. "Uncertainty." Edited by George Ritzer. *Blackwell Encyclopedia of Sociology.*
2007. https: //doi.org/10.1002/9781405165518.wbeosu001.

Zurn, Christopher F. *Axel Honneth: A Critical Theory of the Social.* Hoboken, NJ: Wiley,
2015.

图书在版编目（CIP）数据

爱的终结／（法）伊娃·易洛思著；叶晗译. — 长
沙：岳麓书社，2023.9
ISBN 978-7-5538-1913-6

Ⅰ.①爱…　Ⅱ.①伊…②叶…　Ⅲ.①情感–社会学
–研究　Ⅳ.①B842.6

中国国家版本馆CIP数据核字（2023）第152723号

The End of Love：A Sociology of Negative Relations by Eva Illouz
© Suhrkamp Verlag Berlin 2018.
All rights reserved by and controlled through Suhrkamp Verlag Berlin.
Simplified Chinese Edition © 2023 Shanghai Insight Media Co.

著作权合同登记号：18-2021-294

AI DE ZHONGJIE
爱的终结

作　　者　　［法］伊娃·易洛思
译　　者　　叶　晗
责任编辑　　刘丽梅
装帧设计　　Mᵒᵒᵒ Design
责任印制　　王　磊

岳麓书社出版发行
地　　址　　湖南省长沙市爱民路47号
直销电话　　0731-88804152　0731-88885616
邮　　编　　410006

2023年11月第1版第2次印刷
开　　本　　880 mm×1230 mm　1/32
印　　张　　16.5
字　　数　　335千字
书　　号　　978-7-5538-1913-6
定　　价　　69.00元
承　　印　　河北鹏润印刷有限公司

出 品 人：陈　垦
出版统筹：胡　萍
监　　制：余　西
策划编辑：廖玉笛
装帧设计：M°°° Design

欢迎出版合作，请邮件联系：insight@prshanghai.com
新浪微博@浦睿文化